全彩图解变频空调器维修实例精解

李志锋　主编

机械工业出版社

本书作者有超过10年的维修经验，并且一直工作在维修第一线，书中很多内容都是作者长期维修经验的总结，非常有价值。本书采用电路原理图和实物照片相结合，并在图片上增加标注的方法来介绍变频空调器维修所必须掌握的基本知识和检修方法，重点介绍变频空调器维修过程中遇到的典型案例，主要内容包括变频空调器通风系统故障维修实例、变频空调器制冷剂泄漏和膨胀阀故障维修实例、变频空调器室内机故障维修实例、变频空调器通信故障维修实例、变频空调器单元电路故障维修实例、变频空调器强电负载和开关管故障维修实例、变频空调器室外风机和压缩机故障维修实例。另外，本书附赠有视频维修资料（通过"机械工业出版社E视界"微信公众号下载），内含变频空调器维修实际操作视频文件，能带给读者更直观的感受，便于读者学习理解。

本书适合初学、自学空调器维修人员阅读，也适合空调器维修售后服务人员、技能提高人员阅读，还可以作为职业院校、培训学校空调器相关专业学生的参考书。

图书在版编目（CIP）数据

全彩图解变频空调器维修实例精解 / 李志锋主编．—北京：机械工业出版社，2019.4（2024.8重印）

（变频空调器维修三部曲）

ISBN 978-7-111-62087-7

Ⅰ．①全…　Ⅱ．①李…　Ⅲ．①变频空调器－维修－图解

Ⅳ．① TM925.120.7-64

中国版本图书馆 CIP 数据核字（2019）第 035197 号

机械工业出版社（北京市百万庄大街 22 号　邮政编码 100037）

策划编辑：刘星宁　责任编辑：朱　林

责任校对：王　欣　封面设计：马精明

责任印制：常天培

北京机工印刷厂有限公司印刷

2024 年 8 月第 1 版第 6 次印刷

184mm × 260mm · 13.5 印张 · 334 千字

标准书号：ISBN 978-7-111-62087-7

定价：58.00 元

凡购本书，如有缺页、倒页、脱页，由本社发行部调换

电话服务

服务咨询热线：010-88361066

读者购书热线：010-68326294

网络服务

机 工 官 网：www.cmpbook.com

机 工 官 博：weibo.com/cmp1952

金 书 网：www.golden-book.com

教育服务网：www.cmpedu.com

Preface

前言

最近几年，变频空调器由于具有明显的节能性和舒适性已经成为市场的主流产品，很多产品也已经进入了维修期，随之而来的是维修服务需求的大量增加。并且变频空调器每年都会有大量的新机型、新技术不断涌现，更新迭代速度也在不断加快。新从业的维修人员有希望在短期掌握变频空调器维修基本技能的需求，原有的维修人员也有提高维修技术、掌握新方法和新技术的需求。本套丛书正是为了满足这些需求而编写的。

本套丛书共分为三本，分别为《全彩图解变频空调器维修极速入门》《全彩图解变频空调器电控系统维修》和《全彩图解变频空调器维修实例精解》。

本套丛书从入门（基础）—电控（提高）—实例（精通）三个学习层次，逐步深入，覆盖变频空调器维修所涉及的各种专项知识和技能，满足一线维修人员的需求，构建完整的知识体系。本套丛书的作者有超过10年的维修经验，并在多个大型品牌售后服务部门工作过，书中内容源于自己长期实践经验的总结，很多内容在其他同类书中很难找到，非常有价值。另外，本套丛书提供免费的维修视频供读者学习使用，内容涉及变频空调器维修实际操作技能，能够帮助读者快速掌握相关技能。读者可通过“机械工业出版社E视界”微信公众号下载。

《全彩图解变频空调器维修实例精解》是本套丛书中的一种，重点介绍变频空调器维修过程中遇到的典型案例，主要内容包括变频空调器通风系统故障维修实例、变频空调器制冷剂泄漏和膨胀阀故障维修实例、变频空调器室内机故障维修实例、变频空调器通信故障维修实例、变频空调器单元电路故障维修实例、变频空调器强电负载和开关管故障维修实例、变频空调器室外风机和压缩机故障维修实例。

提醒读者注意的是，为了与电路板上实际元器件文字符号保持一致，书中部分元器件文字符号未按国家标准修改。本书测量电子元器件时，如未特别说明，均使用数字万用表测量。

本书由李志锋主编，参与本书编写并为本书编写提供帮助的人员有周涛、李嘉妍、李明相、班艳、刘提、刘均、金闯、金华勇、金坡、李文超、金科技、高立平、辛朝会、王松、陈文成、王志奎等。值此成书之际，对他们的辛勤工作表示衷心的感谢。

由于作者能力水平所限加之编写时间仓促，书中错漏之处难免，希望广大读者提出宝贵意见。

作 者

目　录 CONTENTS

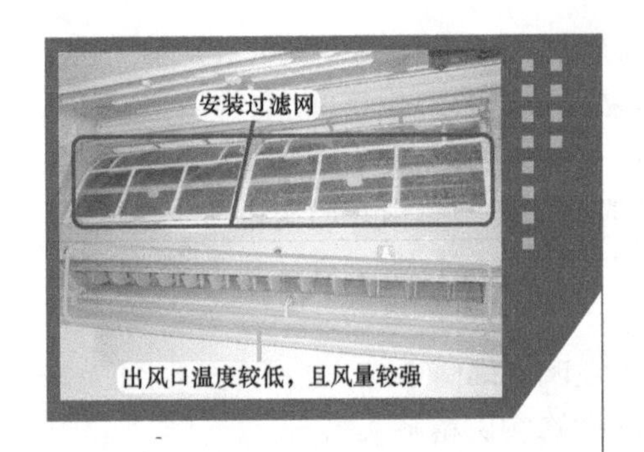

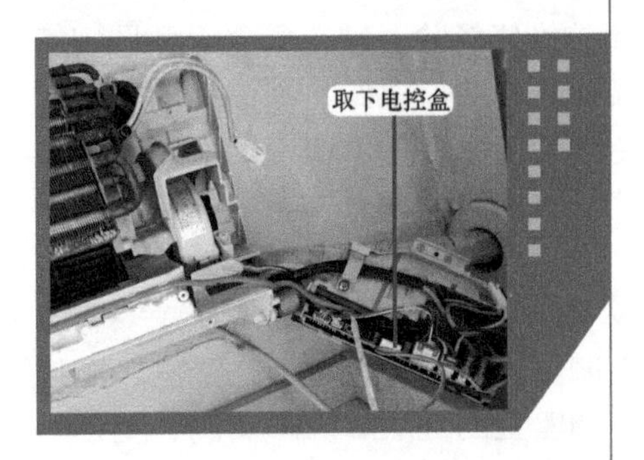

前　言

第一章　变频空调器通风系统故障 // 1

第一节　室内机通风系统故障 // 1
一、出风口有遮挡，制冷效果差 // 1
二、过滤网脏堵，制冷效果差 // 4
三、贯流风扇脏堵，制冷效果差 // 7
第二节　室外机通风系统故障 // 11
一、泡沫卡住室外风扇，不制冷 // 11
二、室外机散热差，制冷效果差 // 14
三、冷凝器脏堵，格力空调器显示 H4 代码 // 17
四、风机电容容量减小，制冷效果差 // 21

第二章　变频空调器制冷剂泄漏和膨胀阀故障 // 26

第一节　制冷剂泄漏故障 // 26
一、细管接口制冷剂泄漏，格力空调器显示 F0 代码 // 26
二、粗管接口制冷剂泄漏，不制冷 // 29
三、细管螺母有裂纹，不制冷 // 32
四、压缩机排气管有裂纹，不制冷 // 36
第二节　电子膨胀阀故障 // 37
一、线圈开路，不制冷 // 37
二、膨胀阀阀体卡死，不制冷 // 41
三、更换膨胀阀阀体步骤 // 45

第三章　变频空调器室内机故障 // 52

第一节　常见故障 // 52

一、变压器损坏，上电无反应 // 52

二、旋转插座未安装到位，上电无反应 // 55

三、接收器损坏，不接收遥控器信号 // 58

四、管温传感器阻值变小，不制冷 // 60

五、室内风机线圈开路，不制冷 // 63

第二节　导风机构故障 // 65

一、驱动盒损坏，格力空调器显示 FC 代码 // 65

二、光电开关损坏，格力空调器显示 FC 代码 // 70

第四章　变频空调器通信故障 // 77

第一节　连接线故障 // 77

一、连接线接错，海信空调器报通信故障 // 77

二、连接线接头断路，格力空调器显示 E6 代码 // 79

三、加长连接线断路，海尔空调器显示 E7 代码 // 82

四、连接线短路，格力空调器显示 E6 代码 // 86

第二节　通信电路的单元电路故障 // 90

一、降压电阻开路，海信空调器显示 36 代码 // 90

二、通信电路电阻开路，格力空调器显示 E6 代码 // 94

三、通信电路分压电阻开路，海信空调器报通信故障 // 100

第五章　变频空调器单元电路故障 // 105

第一节　常见故障 // 105

一、电压检测电路电阻开路，海信空调器报过、欠电压故障 // 105

二、存储器电路电阻开路，格力空调器显示 EE 代码 // 110

三、室外风机继电器触点锈蚀，海尔空调器显示 F1 代码 // 114

第二节　开关电源电路和格力空调器模块保护故障 // 120

一、开关电源电路损坏，海尔空调器报通信故障 // 120

二、电源电路取样电阻开路，格力空调器显示 E6 代码 // 123

三、相电流电路电阻开路，格力空调器显示 H5 代码（一）// 132

四、相电流电路电阻开路，格力空调器显示 H5 代码（二）// 137

第六章 变频空调器强电负载和开关管故障 // 144

第一节 强电负载故障 // 144
一、20A 熔丝管开路，海信空调器报通信故障 // 144
二、滤波电感线圈漏电，断路器跳闸 // 146
三、硅桥击穿短路，断路器跳闸 // 150
四、硅桥击穿短路，格力空调器显示 E6 代码 // 153
五、模块 P-N 端子击穿，海信空调器报通信故障 // 159
六、模块 P-U 端子击穿，海信空调器报模块故障 // 162
第二节 开关管故障 // 164
一、开关管短路，三菱重工空调器报通信故障 // 164
二、开关管短路，格力空调器显示 E6 代码 // 169
三、开关管短路，海尔空调器显示 E7 代码 // 175
四、安装模块板组件引线 // 179

第七章 变频空调器室外风机和压缩机故障 // 183

第一节 室外风机故障 // 183
一、轴承卡死，不制冷 // 183
二、线圈开路，海尔空调器显示 F1 代码 // 185
三、线圈漏电，断路器跳闸 // 188
四、直流风机线圈开路，格力空调器显示 L3 代码 // 191
五、15V 熔丝管开路，三菱重工空调器报室外风机异常 // 195
六、直流电机线束磨断，海尔空调器报直流风机异常 // 198
七、直流电机损坏，海尔空调器报直流风机异常 // 201
第二节 压缩机故障 // 204
一、线圈对地短路，海信空调器显示 5 代码 // 204
二、线圈短路，海信空调器显示 05 代码 // 207

第一章 Chapter 1

变频空调器通风系统故障

第一节　室内机通风系统故障

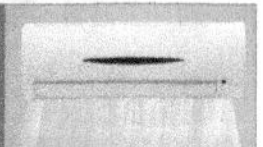

一、出风口有遮挡，制冷效果差

➡ 故障说明：格力 KFR-32GW/（32583）FNAa-A2 挂式全直流变频空调器（冷静王 - Ⅱ），用户反映制冷效果差。

1. 二通阀、三通阀冰凉和运行压力低

上门检查，将遥控器设定温度为 16℃后再上电开机，室外风机和压缩机均起动运行，见图 1-1 左图，约 10min 后手摸二通阀感觉冰凉、三通阀也冰凉。

在三通阀检修口接上压力表，测量系统运行压力，见图 1-1 右图，实测约为 0.7MPa，略低于正常压力值，根据二通阀、三通阀均冰凉和运行压力略低，判断室内机通风系统出现故障。

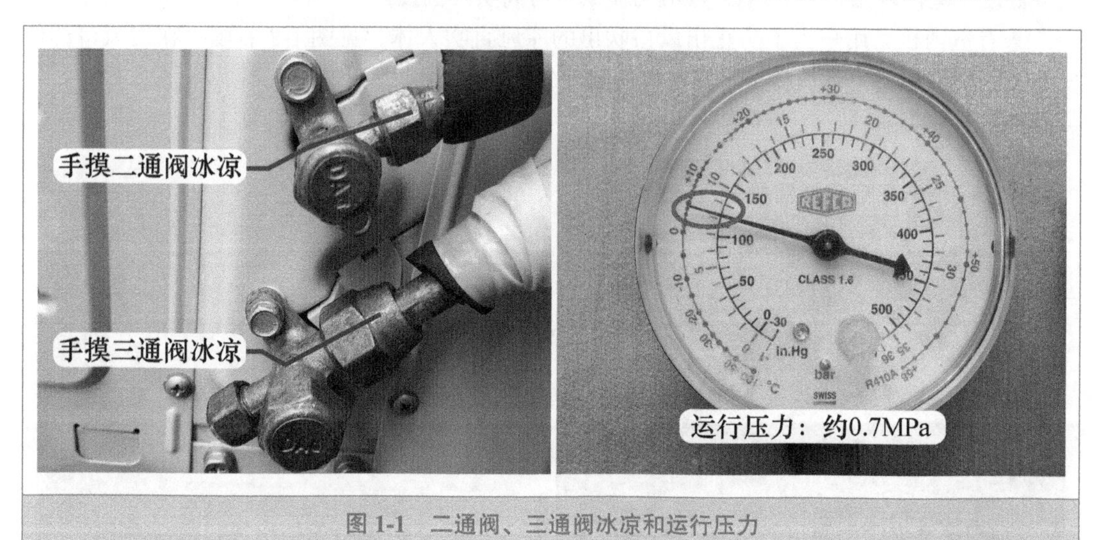

图 1-1　二通阀、三通阀冰凉和运行压力

2. 使用检测仪检测代码

格力变频空调器设计有检测电控数据的专用检测仪套装，见图 1-2 左图，主要由检测仪主机和连接线组成。检测仪主机正面为显示屏，右侧设有 3 个按键（确认、翻页、返回）。

切断空调器电源，见图1-2中图和右图，将检测仪3根连接线中的1号蓝线接入N(1)号端子、2号黑线接入2号端子、3号棕线接入3号端子，检测仪通过连接线并联在电控系统中。

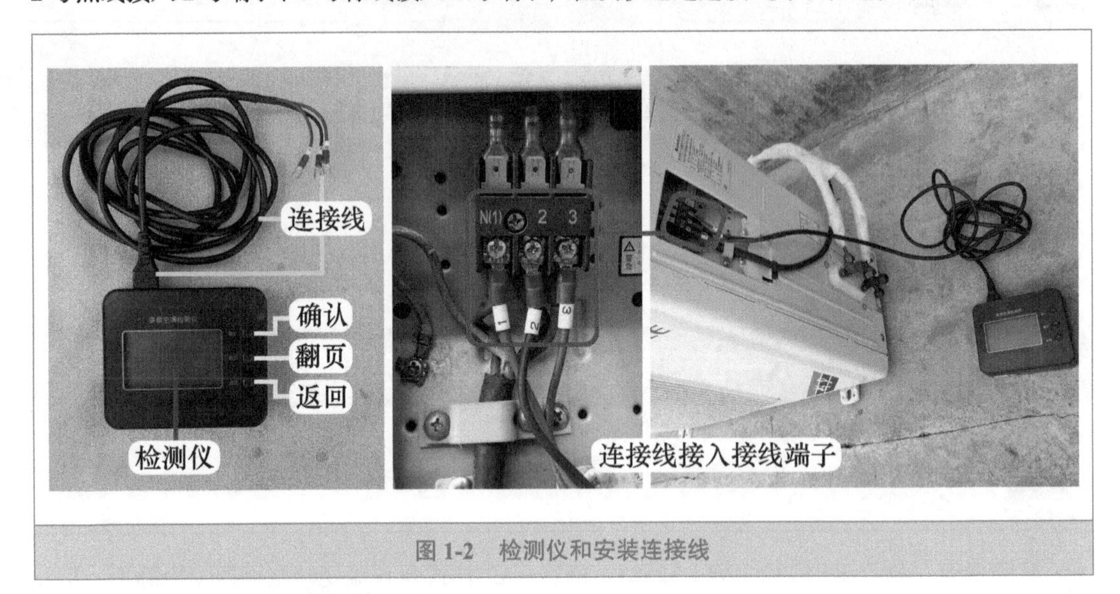

图1-2　检测仪和安装连接线

3. 查看检测仪数据和室内机出风口

再次上电开机，查看检测仪显示屏已点亮，说明室内机主板已向室外机输出供电。检测仪待机界面共有4项功能，选择第1项数据监控，按“确认”键后显示：信息检测中，请不要进行按键操作。在通信电路正常运行约5s后检测仪即可显示电控系统数据，见图1-3左图，查看内管温度（室内管温）为4℃，蒸发器温度很低，也说明室内机通风系统有故障，查看内环温度（室内环温）为20℃，数值明显低于房间实际温度。

查看室内机，用户为了防止出风口吹出的凉风直吹人体，见图1-3右图，在出风口部位安装了一块体积较大（长度长于室内机、宽度较宽）的挡风板。

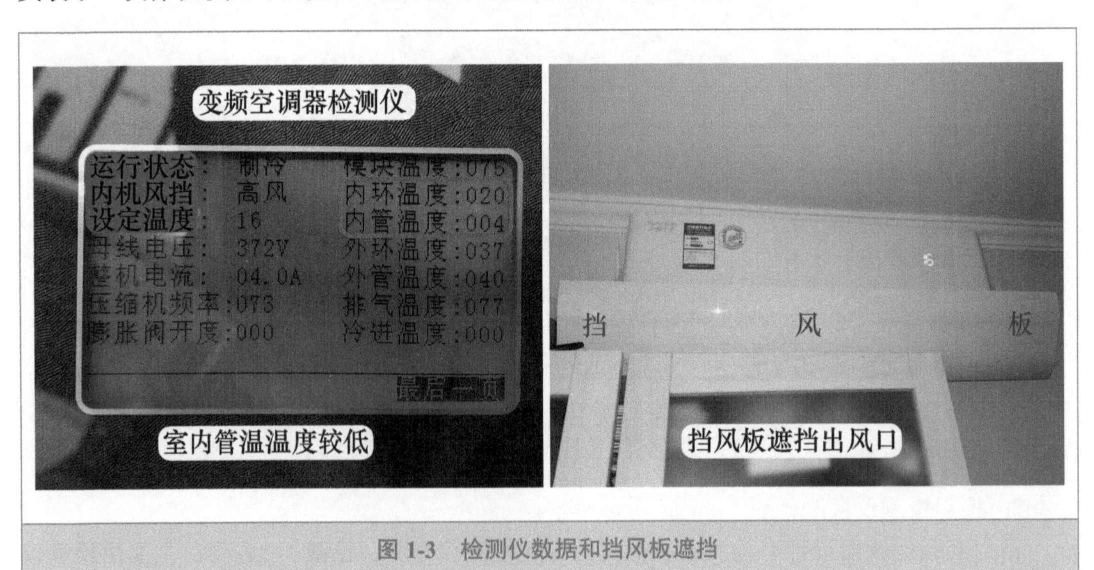

图1-3　检测仪数据和挡风板遮挡

4. 感觉出风口和挡风板风量

将手放在室内机出风口位置，见图 1-4 左图，感觉温度较低且风量很强，排除室内风机转速慢和过滤网脏堵故障。

再将手放在挡风板上方和下方位置，见图 1-4 右图，感觉温度较低但风量很弱，说明挡风板阻挡了很大部分的风量，使得室内机吹出的冷风不能送到房间里面，只在室内机附近循环，顶部进风口的温度较低，因而蒸发器温度也很低，室内环温传感器检测到的房间温度也较低。

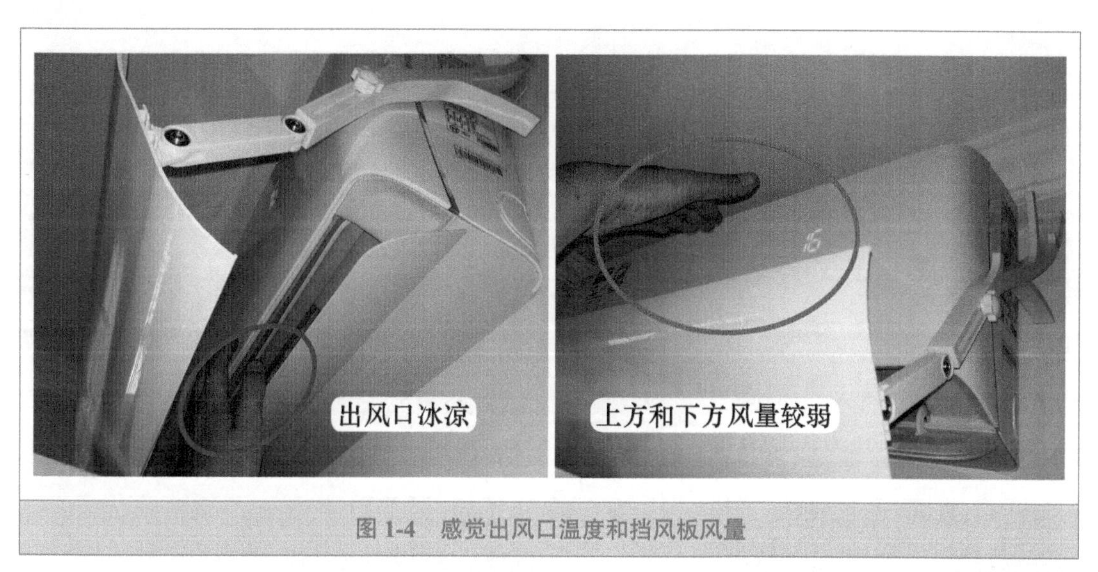

图 1-4 感觉出风口温度和挡风板风量

5. 扳开挡风板和感觉出风口温度

查看挡风板连杆设有角度调节螺钉，见图 1-5 左图，松开螺钉后向下扳动挡风板，角度位于最下方即水平朝下，使挡风板不起作用，室内机出风口吹出的风直接送至房间内。

再将手放在出风口位置，见图 1-5 右图，感觉温度较低，但风量较强，说明通风系统已恢复正常。

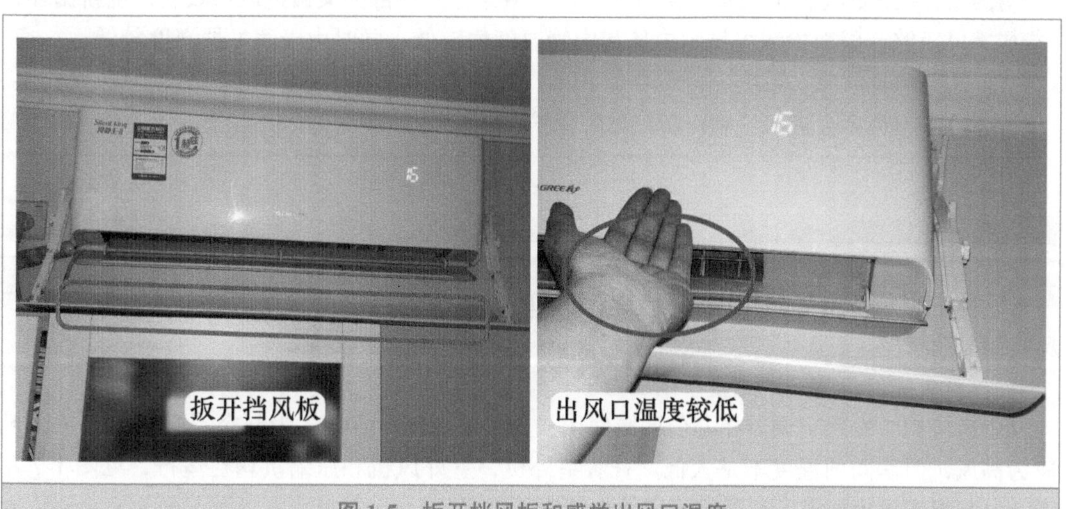

图 1-5 扳开挡风板和感觉出风口温度

6. 查看运行压力和检测仪数据

再到室外机检查，见图 1-6 左图，查看运行压力约为 0.95MPa，较扳开挡风板之前略微上升，手摸二通阀和三通阀感觉温度均较低（不是冰凉的感觉）。

约 3min 后查看检测仪数据，见图 1-6 右图，内管温度为 9℃，蒸发器温度已上升，说明由于通风量变大，蒸发器和房间空气的热交换量也明显变大，即蒸发器产生的冷量已输送至房间内；查看内环温度为 28℃，和实际温度相接近。运行一段时间后，房间的实际温度明显下降，制冷恢复正常。

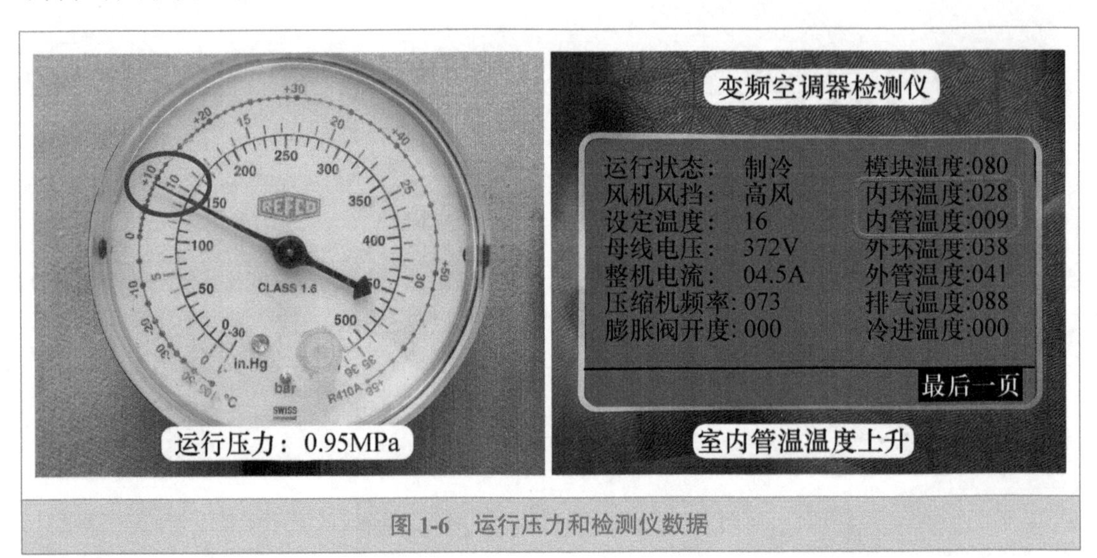

图 1-6　运行压力和检测仪数据

➠ 维修措施：使用时如感觉房间温度下降速度慢，可调整挡风板角度使通风顺畅或直接取下挡风板。

总　结：

本例用户加装防止直吹人体的挡风板，使得出风口吹出的冷风一部分以较弱的风量送至房间内，用户感觉房间温度下降较慢，制冷效果差；一部分又被进风口吸回，重新循环，造成冷风短路，因而检测仪显示内环和内管温度均较低，同时由于蒸发器温度较低，二通阀、三通阀感觉冰凉、系统运行压力也下降。如果长时间运行，室内机 CPU 检测蒸发器温度一直较低，程序会进入“制冷防结冰”保护，压缩机会降频或限频运行。

二、过滤网脏堵，制冷效果差

➠ 故障说明：格力 KFR-35GW/K（35556）FdB3A 挂式直流变频空调器（绿嘉园），用户反映制冷效果差。

1. 查看室外机阀门和测量系统压力

上门检查，发现空调器在办公区域使用，查看遥控器设定模式为制冷，温度为 20℃，风速为高风，但房间内温度不是太低。查看室外机，室外风机和压缩机均在运行，见图 1-7 左图，二通阀正常为结露，三通阀不正常为结霜。

在三通阀检修口接上压力表，测量系统运行压力，见图 1-7 右图，查看约为 0.4MPa（此机制冷系统使用 R22 制冷剂），低于正常值。根据三通阀结霜、系统运行压力低现象，说明蒸发器冷量散不出来，常见原因为过滤网脏堵、贯流风扇脏堵、室内风机转速慢等，应检查室内机。

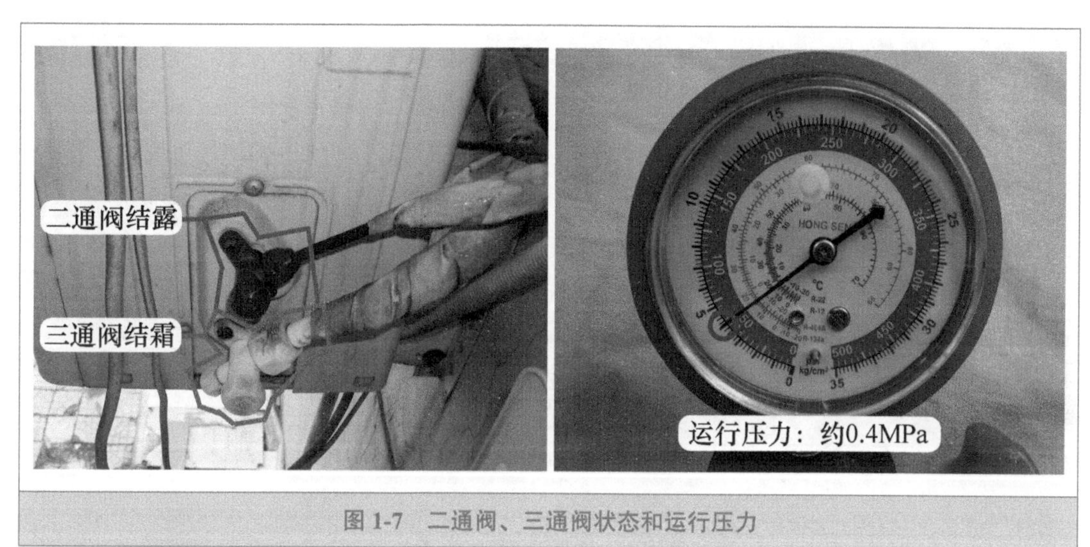

图 1-7　二通阀、三通阀状态和运行压力

2. 感觉出风口温度和查看过滤网

检查室内机，见图 1-8 左图，将手放在出风口，感觉温度很低，但风量较弱，同时能听到“呼呼”的风声。

掀开室内机的进风格栅，见图 1-8 右图，查看两个过滤网均已经严重脏堵，表面布满厚厚的灰尘（毛絮）。

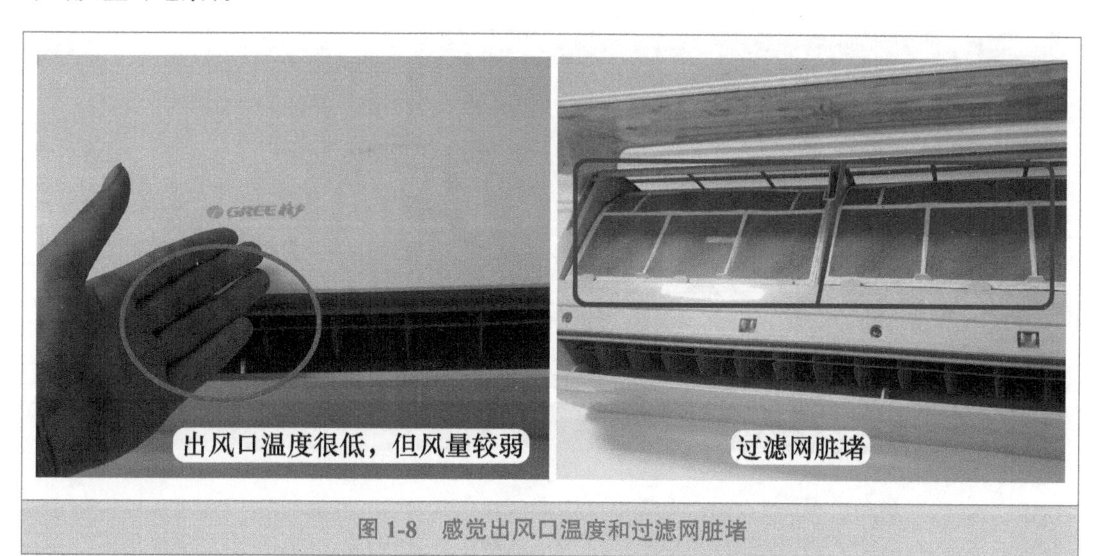

图 1-8　感觉出风口温度和过滤网脏堵

3. 清洗和安装过滤网

从室内机上面取下过滤网，见图 1-9 左图，放在地面，从前面看灰尘已经堵死过滤网，

看不到下面的地板砖，使用清水清洗两个过滤网表面的灰尘。

见图 1-9 右图，甩干过滤网表面水分并安装至室内机，将手放在出风口，感觉温度较低，且风量明显变大，吹出的风也较远，房间温度比清洗前明显降低。

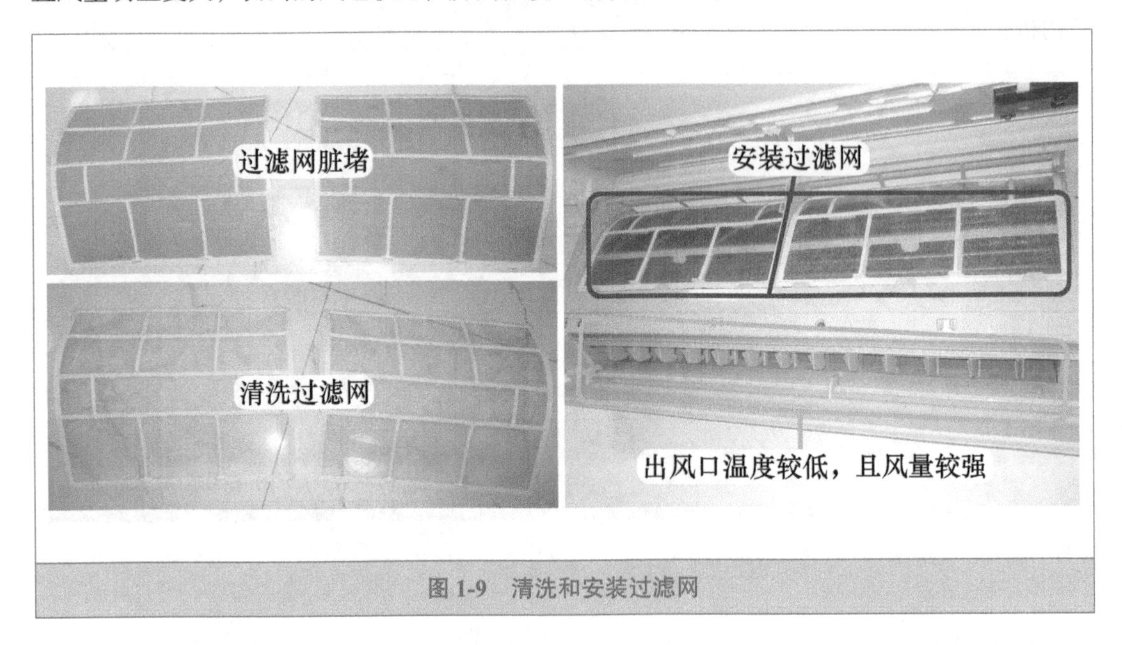

图 1-9　清洗和安装过滤网

4. 查看系统压力和二通阀、三通阀状态

再查看室外机，见图 1-10，系统运行压力略有上升，由 0.4MPa 升至正常的 0.45MPa，查看三通阀表面霜层融化，和二通阀相同均为结露，说明制冷系统已恢复正常。

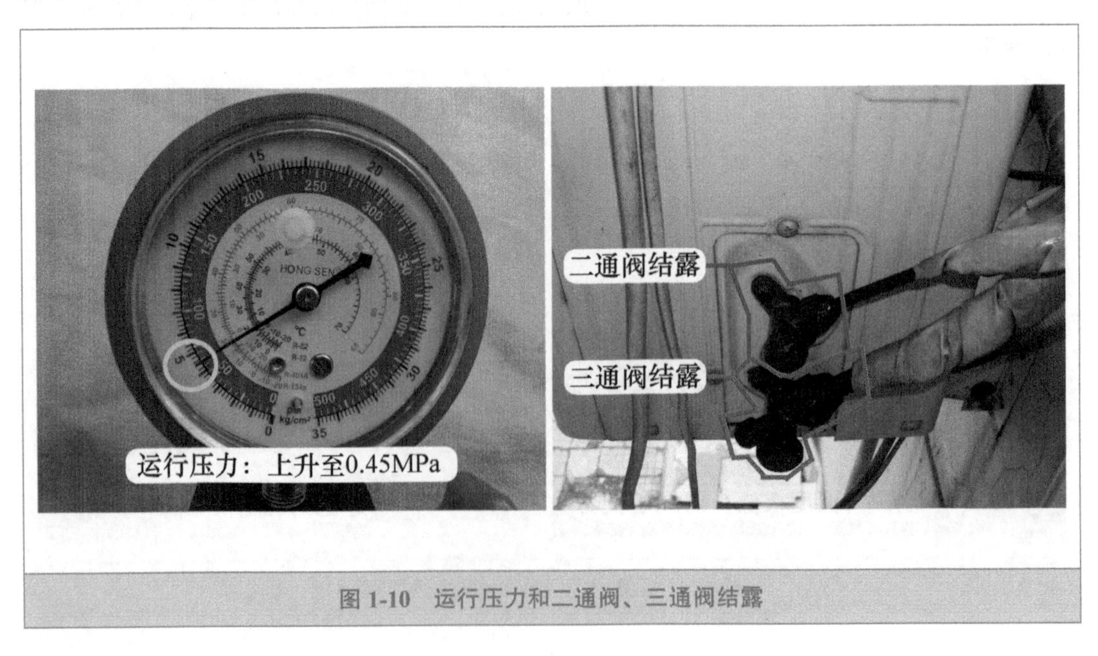

图 1-10　运行压力和二通阀、三通阀结露

➡ 维修措施：清洗过滤网。

总 结：

① 本例由于灰尘过多堵塞过滤网，蒸发器进风量减少，产生的制冷量不能全部吹出，因而房间温度下降较慢，用户感觉制冷效果差；同时由于蒸发器温度较低，三通阀结霜和系统运行压力略微下降。

② 厂家建议过滤网 15~30 天清洗一次，如果是商业或办公场所，清洗周期应当缩减，因此维修完成后应提示客户及时清洗过滤网，以避免此类故障再次发生。

三、贯流风扇脏堵，制冷效果差

➡ 故障说明：格力 KFR-26GW/（26556）FNDc-3 挂式直流变频空调器（凉之静），用户反映制冷效果差。

1. 测量压力和手摸二通阀、三通阀

上门检查，用户正在使用空调器，检查室外机，室外风机和压缩机均在运行，见图 1-11 左图，用手摸二通阀感觉冰凉、手摸三通阀感觉冰凉，说明制冷系统基本正常。

在三通阀检修口接上压力表，测量系统运行压力，见图 1-11 右图，实测约为 0.75MPa，稍微低于正常值，用户反映前一段时间刚加过制冷剂（R410A），根据二通阀、三通阀均冰凉、运行压力稍低的现象，应检查室内机通风系统。

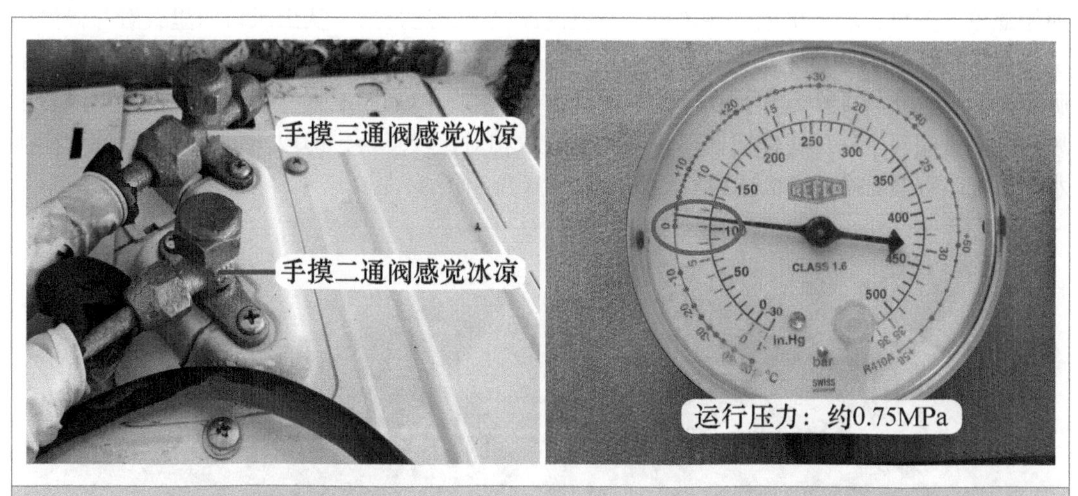

图 1-11 手摸二通阀、三通阀感觉冰凉和实测运行压力较低

2. 检查出风口温度

检查室内机，掀开进风格栅，首先查看过滤网，发现表面很干净，无脏堵现象（用户刚清洗过），用手摸蒸发器，感觉很凉，也说明制冷系统正常。

将手放在出风口感觉温度较低但风量较弱，同时能听到明显的“呼呼”的风声，见图 1-12，感觉左侧和中部的出风口风量较弱（风量小）、右侧的出风口风量稍微强一些（风量变大），并且将手放在出风口左侧位置时，还能感觉到吹出的风时有时无，判断系统运行压力低和制冷效果差均由出风口风量弱引起。

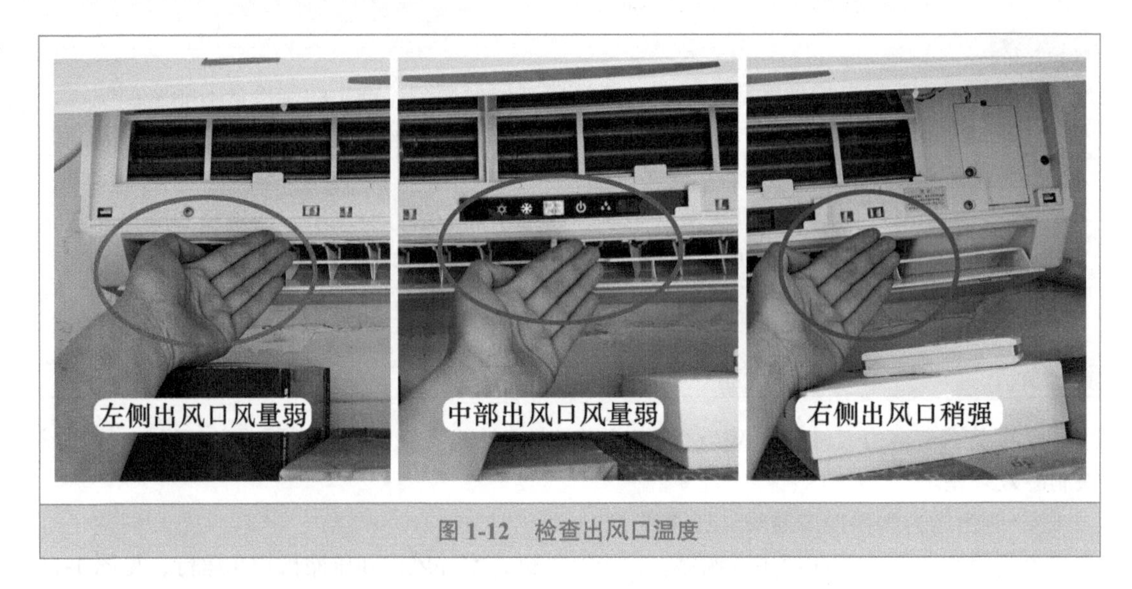

图 1-12　检查出风口温度

3. 贯流风扇毛絮较多

风量弱常见由室内风机转速慢、贯流风扇（室内风扇）或蒸发器脏堵引起，查看遥控器设定模式为制冷、温度为 20℃、风速为高速，说明设定正确。

根据出风口有“呼呼”的风声和在左侧感觉风量时有时无，应检查贯流风扇是否脏堵，使用遥控器关机，取下出风口导风板，待室内风机停止运行后，从出风口向里查看并慢慢拨动贯流风扇，见图 1-13，发现贯流风扇左侧毛絮较多，但右侧毛絮相对较少，说明贯流风扇脏堵。简单应急的维修方法是用牙刷从出风口伸入，刷掉表面毛絮，但这样清洗不彻底，出风口的风量相对于出厂时依旧偏弱；根治的方法相对比较复杂，即取出贯流风扇，使用高压水泵清洗或直接更换，本例选择使用高压水泵清洗。

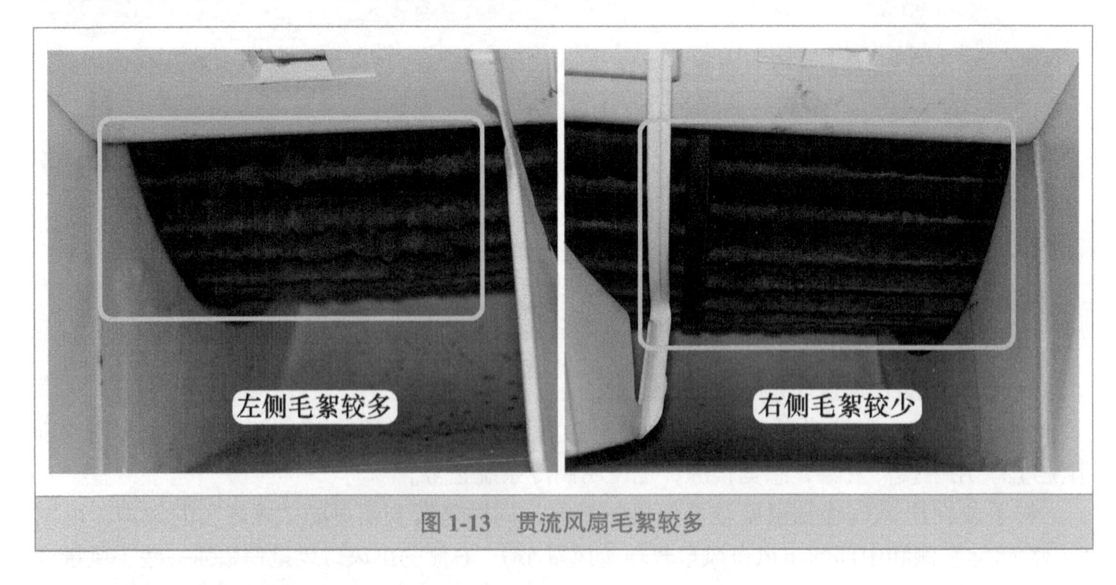

图 1-13　贯流风扇毛絮较多

4. 取出贯流风扇步骤

首先拔下空调器电源插头，见图 1-14 左图，松开固定螺钉后取下室内机外壳，再拔下室内机主板上辅助电加热对接插头、室内风机线圈供电和霍尔反馈等插头，然后取下电控盒。

取下室内风机盖板的固定螺钉，再取下蒸发器左侧和右侧的螺钉，见图 1-14 右图，两侧同时向上掀起蒸发器。

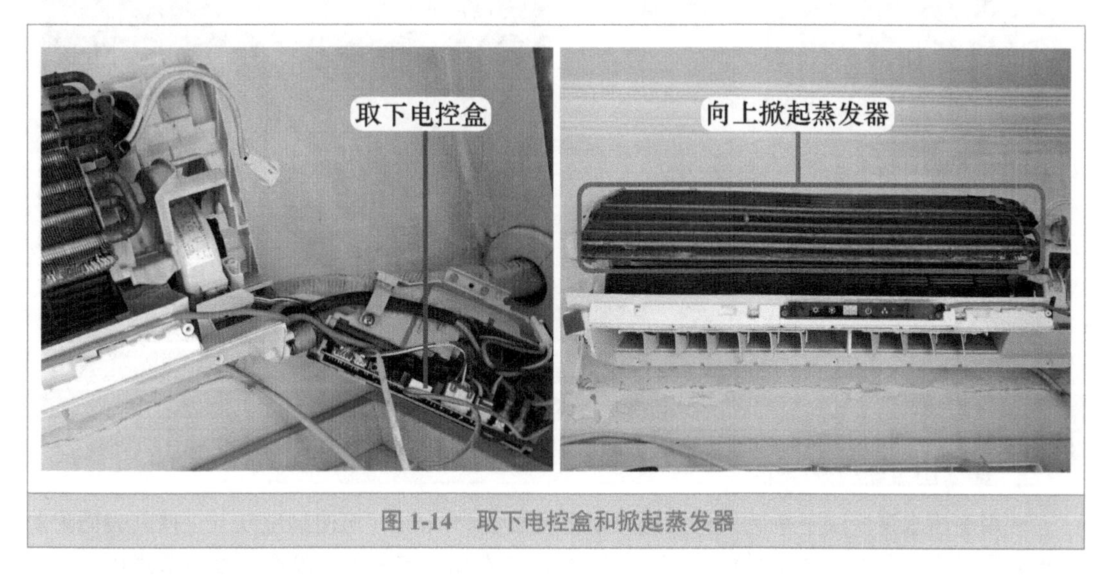

图 1-14 取下电控盒和掀起蒸发器

见图 1-15，松开室内风机和贯流风扇的固定螺钉，取下室内风机，再用手扶住贯流风扇向右侧移动直至取出。

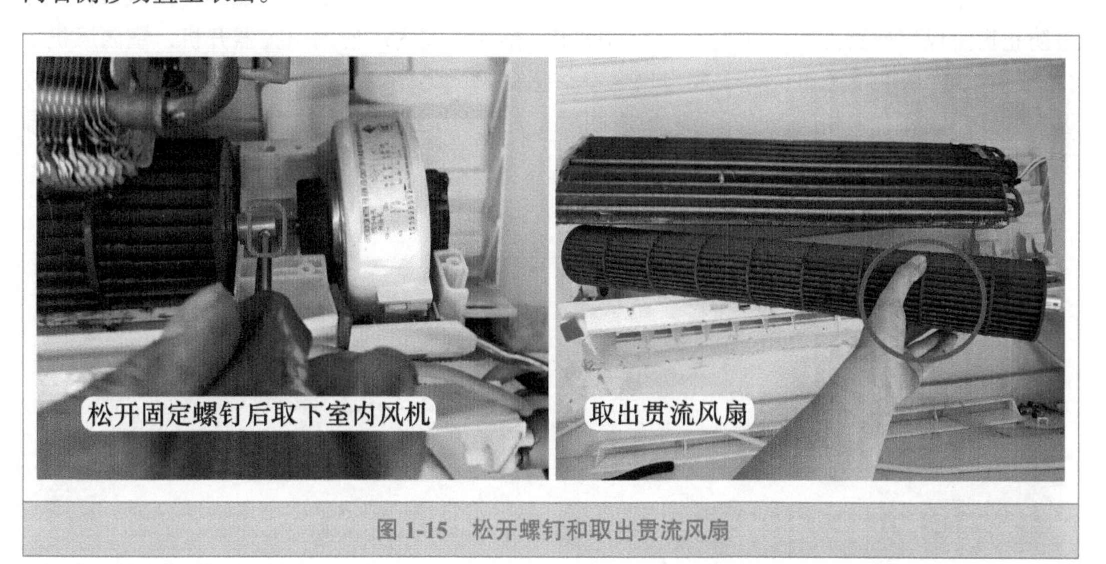

图 1-15 松开螺钉和取出贯流风扇

5. 用高压水泵清洗

将取下的贯流风扇放在地面，见图 1-16 左图，查看表面毛絮较多，尤其是左侧部位，毛絮堵塞了翅片间隙。

为防止压力过高而冲断翅片，将高压水泵接通电源，水枪出水口调成雾状，见图 1-16 右图，仔细清洗贯流风扇，以清除毛絮。

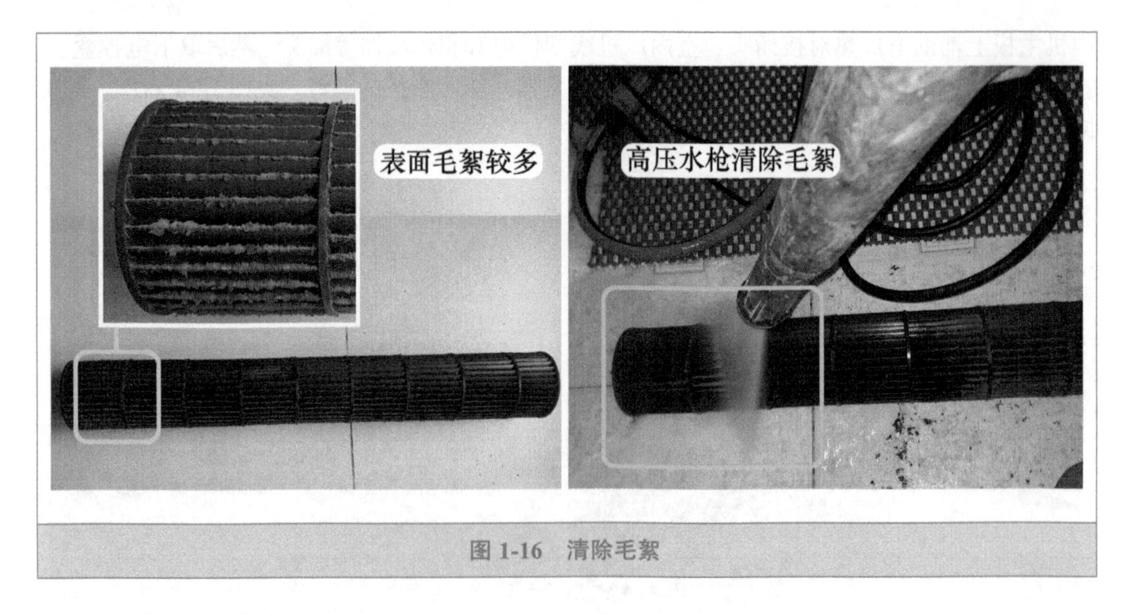

图 1-16　清除毛絮

6. 清洗完成和安装试机

使用高压水泵清洗干净后，将贯流风扇垂直放置约 1min，再使劲甩几下，使其表面附着的水分尽可能流出来。放置地面上查看，见图 1-17 左图，表面干净没有毛絮堵塞翅片。

将贯流风扇安装在室内机底座上面，再依次安装室内风机、室内风机盖板、固定蒸发器、电控盒、室内机主板拔下的插头。再找一条毛巾，见图 1-17 右图，遮挡住出风口，这样可防止贯流风扇残留的水分在高速运行时吹出，落在房间内。使用遥控器开机，室内风机运行，待约 30s 后取下毛巾，将手放在出风口，感觉风量明显变强，吹出的风比清洗前距离较远，并且左侧和右侧相同，待运行一段时间后，查看系统运行压力约为 0.9MPa，同时房间温度也迅速下降，说明制冷恢复正常。

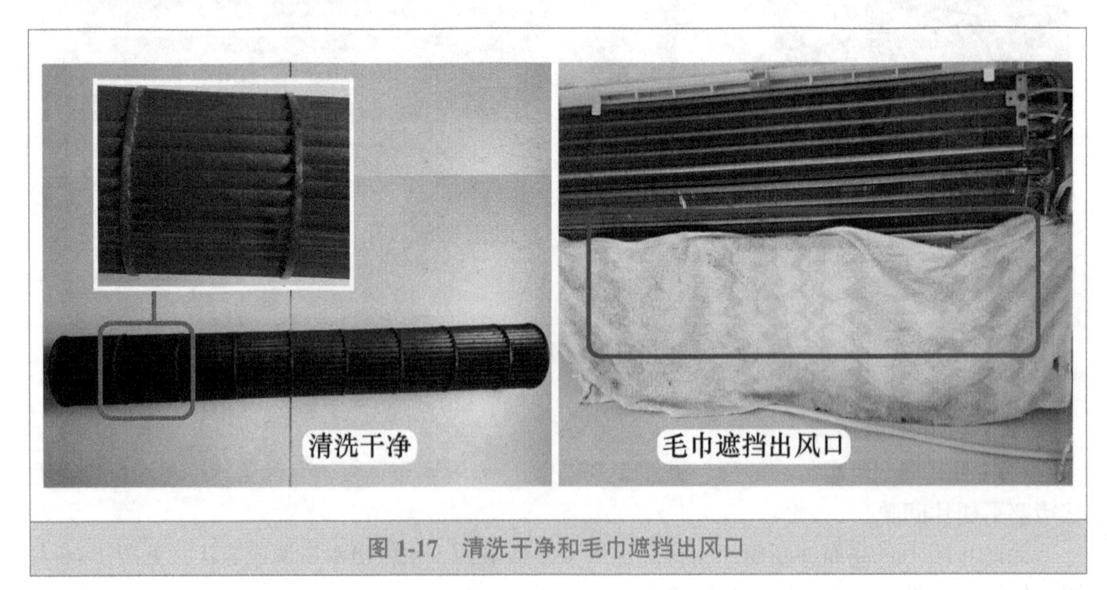

图 1-17　清洗干净和毛巾遮挡出风口

➡ 维修措施：使用高压水泵清洗贯流风扇。

总 结：

① 本例由于毛絮等脏物堵塞贯流风扇间隙，使通风量下降，制冷时蒸发器产生的冷量不能及时输送至房间内，蒸发器温度较低，使得二通阀和三通阀的温度均较低；同时房间内温度下降较慢，用户感觉为制冷效果差；如果长时间运行，室内机 CPU 检测蒸发器温度一直较低，将进入“制冷防结冰”保护模式，压缩机将降频或限频运行。

② 贯流风扇脏堵时，比较明显的现象为室内机出风口有“呼呼”声，将手放在出风口时感觉风量明显变弱且时有时无。

第二节　室外机通风系统故障

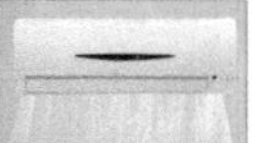

一、泡沫卡住室外风扇，不制冷

➡ 故障说明：格力 KFR-26GW/（26592）FNhDa-A3 挂式直流变频空调器（品圆），用户反映新装空调器未使用，等使用时发现不制冷。

1. 感觉出风口和二通阀、三通阀温度

上门检查，将空调器重新接通电源，使用遥控器开机，室内风机运行，见图 1-18 左图，将手放在出风口，吹出的风基本为自然风，掀开室内机进风格栅，抽出过滤网后手摸蒸发器，感觉基本上仍为常温，说明不制冷。

检查室外机，手摸室外机有振动感，说明室外机通电运行。见图 1-18 右图，手摸二通阀感觉为常温、手摸三通阀感觉也为常温，没有凉的感觉。

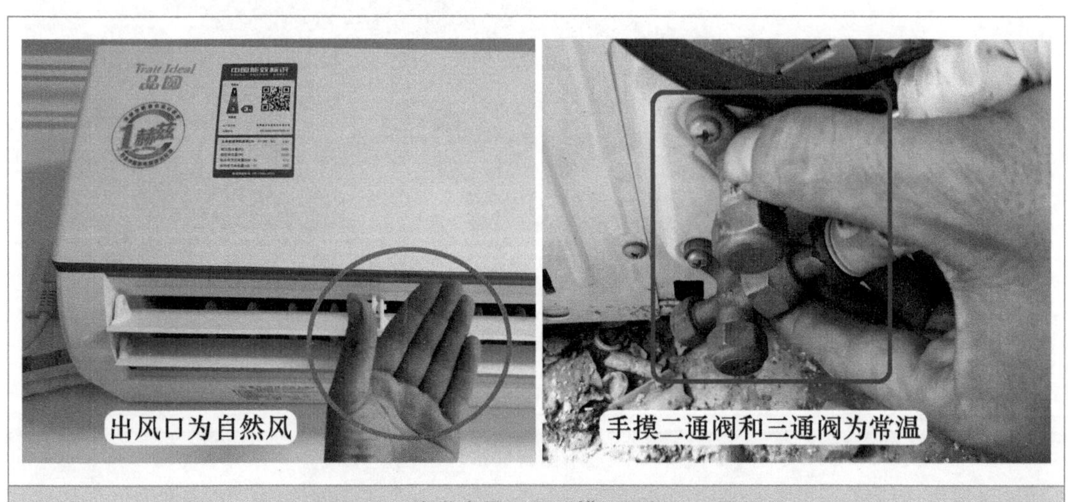

图 1-18　感觉出风口和手摸二通阀、三通阀

2. 手摸冷凝器和感觉出风口温度

手摸二通阀和三通阀时由于其在室外机上面，感觉热量较高，见图 1-19 左图，用手摸冷凝器时感觉上部和下部的温度均较高。

见图 1-19 右图，将手放在室外机出风口，感觉没有风吹出来，说明室外风机不运行，由于是新装的空调器，常见为插头接触不良或室外风扇被卡住引起，室外风机和室外机主板损坏的故障率较低。

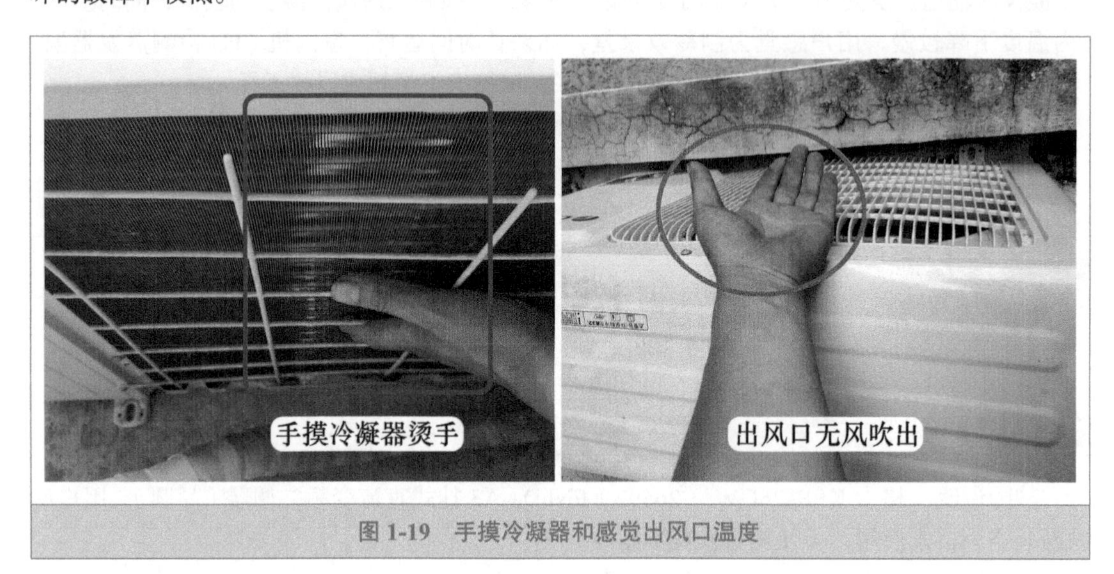

图 1-19　手摸冷凝器和感觉出风口温度

3. 泡沫卡住室外风扇

本机使用环保制冷剂 R32，其温度较高时容易发生危险，于是使用遥控器关机，再切断空调器电源，强制停止压缩机工作，再慢慢分析故障原因。取下室外机顶盖，见图 1-20，查看泡沫已经卡住室外风扇，用手轻轻转动室外风扇时感觉转不动，阻力很大。

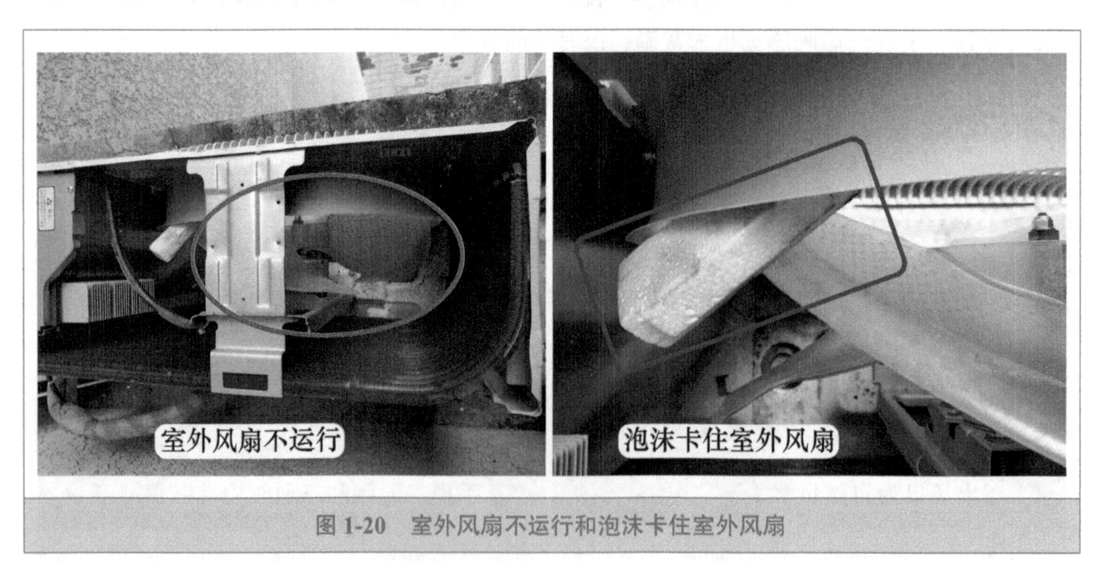

图 1-20　室外风扇不运行和泡沫卡住室外风扇

4. 泡沫安装位置

慢慢取下泡沫，见图 1-21，查看实物外形，根据内部设有孔位，分析其出厂时安装在冷凝器右侧，作用是减少冷凝器和外壳之间的振动。

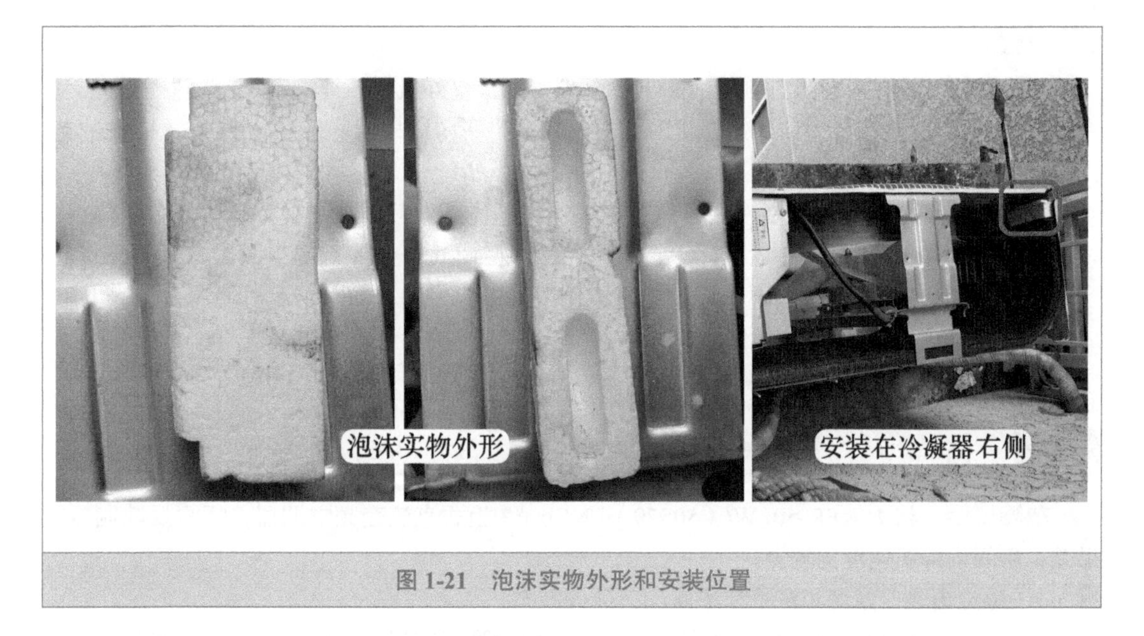

图 1-21　泡沫实物外形和安装位置

5. 取下泡沫和二通阀、三通阀均结露

由于不知道泡沫是运输过程中或者安装时掉落，还是开机时由于振动掉落，导致室外风机运行时带动泡沫转动，最终卡住室外风扇，使得室外风机不能运行。为防止故障再次发生，见图 1-22 左图，最终取下泡沫不再安装。

再次将空调器接通电源并使用遥控器开机，室外风扇和压缩机均开始运行，手摸冷凝器，上部热、中部温、下部略高于室外温度，说明散热正常；运行一段时间后，室内机出风口吹出的风较凉，见图 1-22 右图，查看室外机二通阀和三通阀均结露，说明制冷恢复正常。

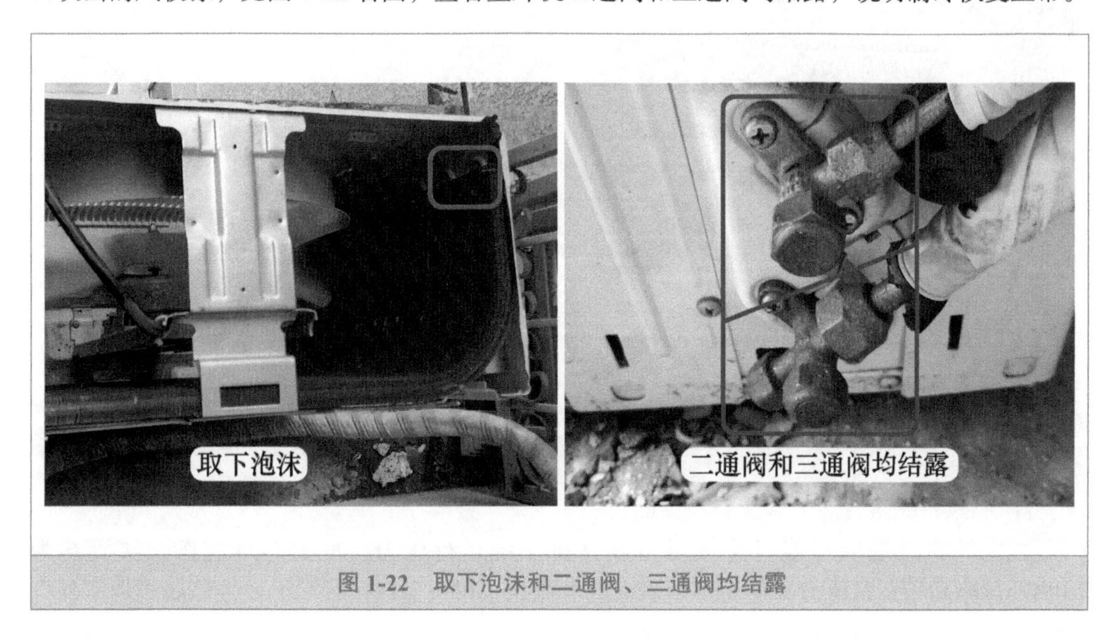

图 1-22　取下泡沫和二通阀、三通阀均结露

➡ 维修措施：泡沫卡住室外风扇，取下泡沫不再安装。

总 结：

① 本例安装在冷凝器右侧的泡沫卡住室外风扇，室外风机不能运行为冷凝器散热，因而压缩机运行时电流较大，如果开机时间再长一些，室内机显示屏将会显示 H5（模块过电流保护）的代码。

② 本机使用 R32 环保制冷剂，具有能效比高等优点，但同时也具有易燃易爆等缺点，室外机顶部和侧面均标贴有危险标识，因此在维修使用 R32 制冷剂的空调器时，如遇到室外风机不运行、冷凝器散热不良等类似于本例故障，应尽量在切断电源后使用万用表电阻档测量室外风机阻值等方法检修。

二、室外机散热差，制冷效果差

➡ 故障说明：格力 KFR-50LW/（50579）FNCb-A3 柜式直流变频空调器，用户反映制冷效果差，房间内降温速度比较慢。

1. 感觉出风口温度和查看二通阀、三通阀状态

上门检查，用户正在使用空调器，一进门能感觉到房间温度较低，但用户反映温度下降较慢，查看遥控器设定模式为制冷、温度为 16℃，设定温度已经是最低温度。见图 1-23 左图，将手放在室内机出风口，感觉吹出的风较凉，也初步说明制冷系统基本正常。

检查室外机，见图 1-23 右图，看到二通阀干燥、三通阀结露，手摸二通阀接近于常温、三通阀温度较低。

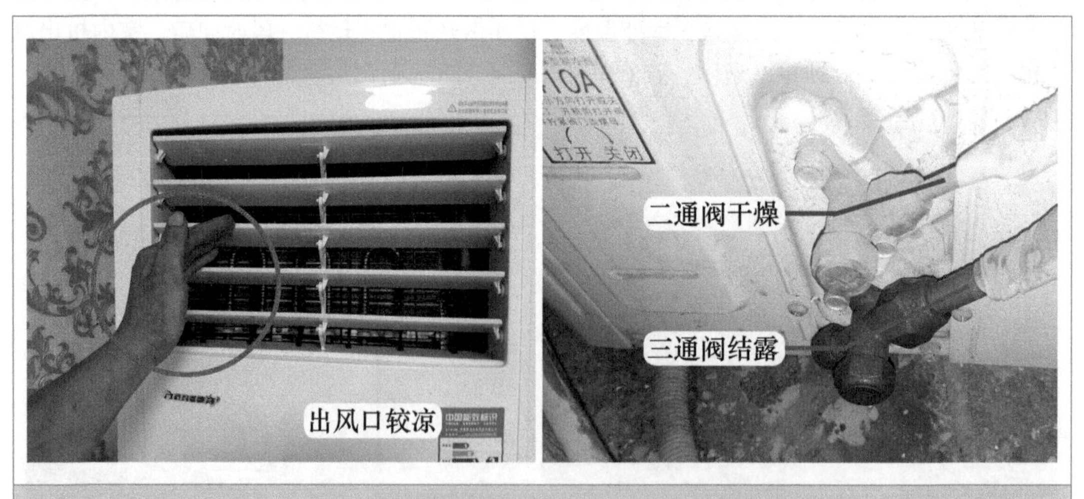

图 1-23 感觉出风口温度和查看二通阀、三通阀状态

2. 测量系统运行压力和查看冷凝器

在室外机三通阀检修口连接压力表测量系统运行压力，见图 1-24 左图，实测约为 1.0MPa，略高于正常压力；使用万用表交流电流档，钳头卡在接线端子 3 号棕线测量室外机电流，实测约为 7.2A，在正常范围以内。

根据二通阀干燥和运行压力略高于正常值现象，判断冷凝器散热不好，查看室外机背面

和侧面即冷凝器进风面，见图 1-24 右图，发现基本干净，没有脏堵现象，用户也反映室外机前一段时间刚用高压水泵清洗过，排除冷凝器脏堵故障。

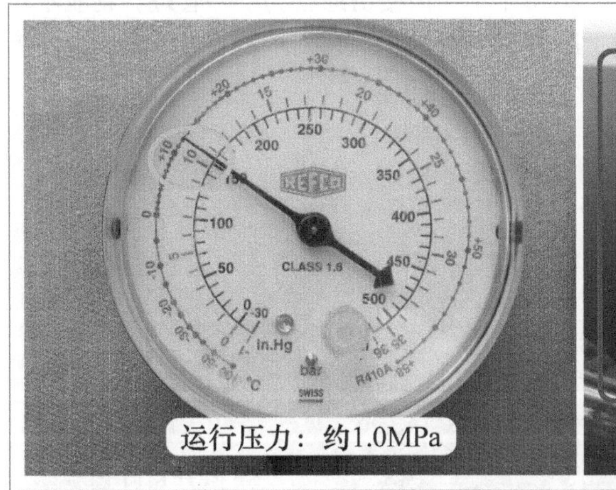

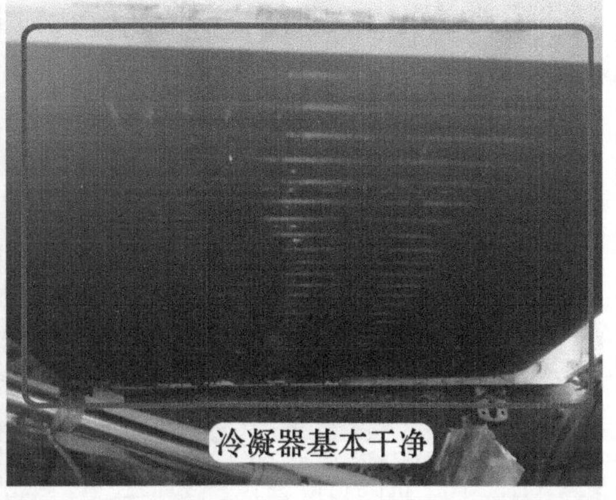

图 1-24 测量系统运行压力和查看冷凝器

3. 查看检测仪数据和出风框遮挡

使用遥控器关机，并切断空调器电源，将格力空调器专用检测仪的 3 根引线接在室外机接线端子，再使用遥控器开机，待运行约 10min 后查看检测仪数据，见图 1-25 左图，内管温度（室内管温）为 11℃，说明蒸发器温度较低，制冷基本正常；查看外管温度（室外管温检测）为 49℃，说明冷凝器温度较高；外环温度（室外环温）为 36℃，略高于实际的室外温度；外管温度减外环温度的差值为 13℃，也说明冷凝器散热不好。

见图 1-25 右图，查看本机室外机安装在专用的安装孔内，其右侧和背面（即冷凝器进风面）为实墙，左侧（连接管）为阳台玻璃，均不能使室外机的自然空气顺利通过，只能通过前方和室外空气进行热交换，但由于空间较为狭小，室外机为斜放安装，最重要的是前方为百叶窗，室外风机吹出的较热空气一部分通过百叶窗的间隙吹向室外，但部分由于百叶窗阻挡，较热的空气重新被吸入进风面为冷凝器散热（热风短路），因而制冷效果变差。

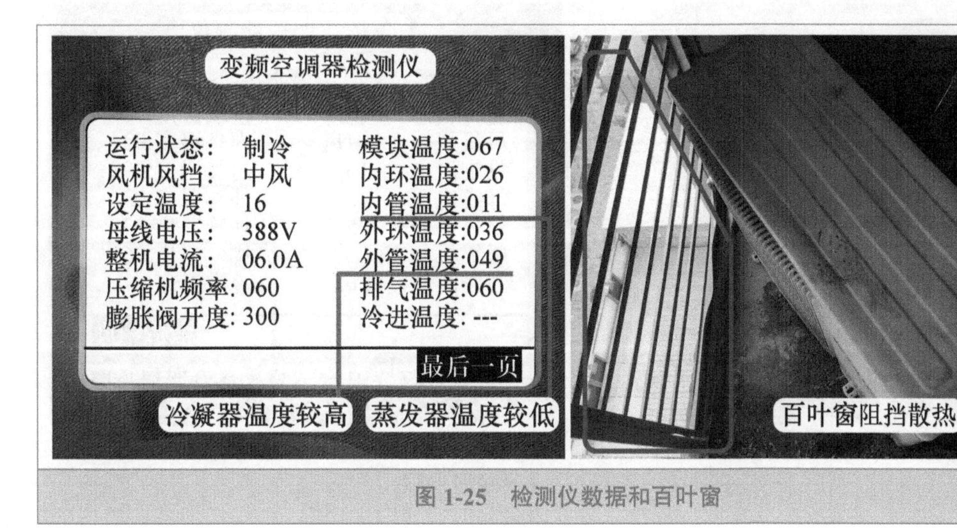

图 1-25 检测仪数据和百叶窗

4. 拆除或掀开百叶窗片

解决此类故障最彻底的方法是移动室外机至室外，使冷凝器进风面吸入室外自然空气、出风口吹出的热风无阻挡，冷凝器散热变好，但由于小区内楼房通常为统一管理，物业不让室外机移至室外，应急维修方法见图 1-26 左图，拆除室外机出风口对应的百叶窗片，以及拆除整个百叶窗；或者见图 1-26 右图，向上掀开百叶窗。

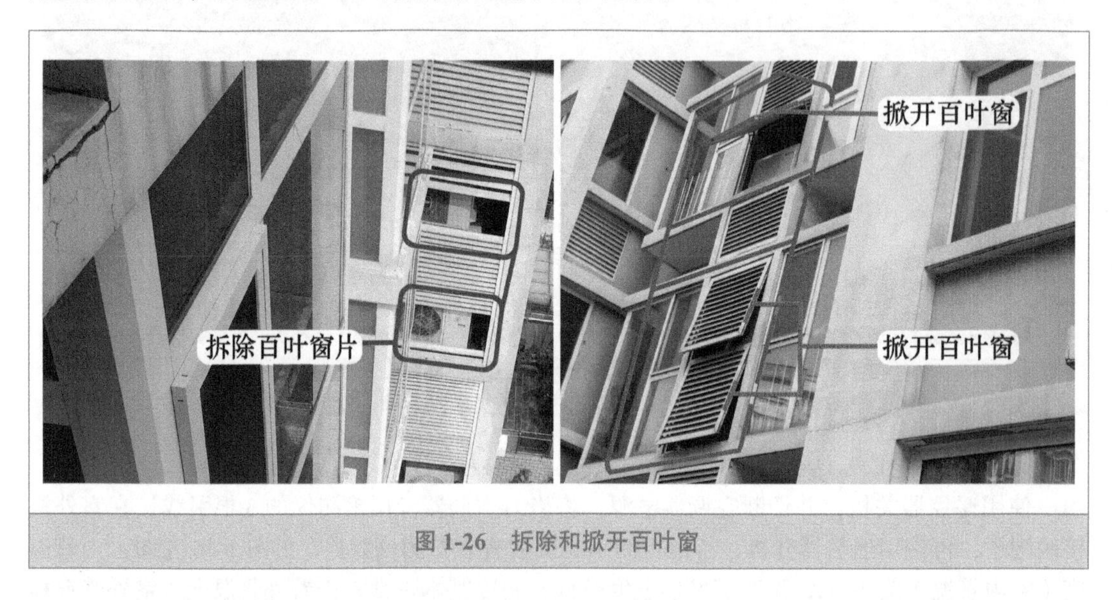

图 1-26 拆除和掀开百叶窗

5. 测量室外机电流和查看数据

本例在维修时拆除整个百叶窗，再重新上电试机并运行约 15min 后，见图 1-27 左图，查看室外机电流约为 6.7A，低于拆除前的约 7.2A 电流。

查看检测仪数据，见图 1-27 右图，外管温度为 39℃，外环温度为 33℃接近室外实际温度；外管温度减外环温度的差值为 6℃，说明冷凝器散热良好；内管温度为 8℃，说明蒸发器温度较低，室内制冷效果也较好，房间温度下降速度相对较快。

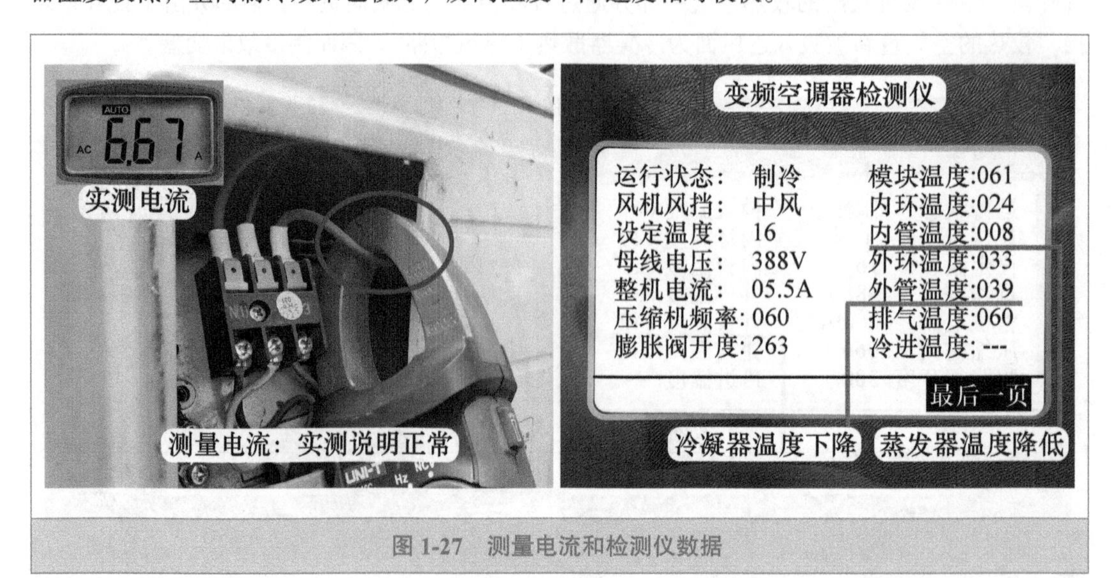

图 1-27 测量电流和检测仪数据

➡ 维修措施：拆除百叶窗。

总　结：

① 本例由于百叶窗阻挡，冷凝器散热不好，制冷效果下降，用户感觉房间温度下降不明显，因而反映制冷效果较差，在拆除百叶窗后数据和实际效果恢复正常。此类故障也多出现在室外温度较高的情况，如果室外温度较低，冷凝器散热不好表现出的制冷效果下降则不明显，或者是用户感觉不出来。

② 有些室外机即使拆除百叶窗，冷凝器散热依然不好，这是由于室外机侧面和后面均为实墙，不能吸入室外自然空气，只能依靠前面的空间吸入自然空气，但同时此空间也为室外机出风口向外吹出热风。这样前面的百叶窗拆除后，如果空间不是足够大，室外机吹出的热风仍旧被冷凝器重新吸入，使得制冷效果依旧较差。

三、冷凝器脏堵，格力空调器显示 H4 代码

➡ 故障说明：格力 KFR-35GW/（35559）FNAd-A3 挂式直流变频空调器（智享），用户反映制冷效果差，运行一段时间后显示 H4 代码。查看代码含义为系统异常或过负荷保护。

1. 感觉出风口温度和测量系统运行压力

上门检查，将格力变频空调器专用检测仪的 3 根引线接在室外机接线端子，再将空调器上电开机，室内风机运行，见图 1-28 左图，约 5min 后将手放在出风口感觉温度，吹出的风不是很凉，略低于房间温度，说明制冷效果比较差。

检查室外机，压缩机和室外风机均在运行，在三通阀检修口处接上压力表，见图 1-28 右图，测量系统运行压力约为 1.4MPa，明显高于正常值（0.9MPa）。

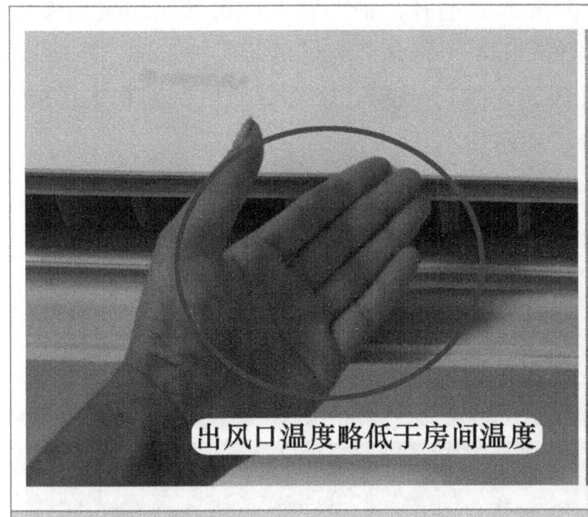

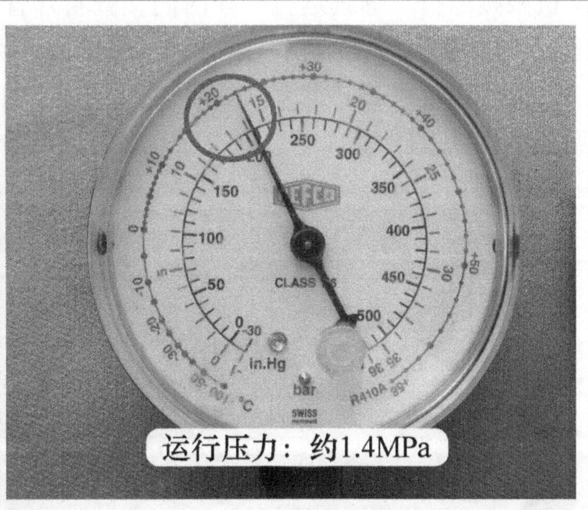

图 1-28　感觉出风口温度和测量系统运行压力

2. 查看二通阀、三通阀和测量电流

查看室外机二通阀细管和三通阀粗管，在室外机刚开始运行时手摸二通阀和三通阀感觉均较凉，见图 1-29 左图，在运行约 10min 时发现二通阀干燥、三通阀结露，手摸二通阀接近

于室外温度、三通阀较凉。

使用万用表交流电流档（见图 1-29 右图），钳头卡在接线端子 3 号棕线（本机加长线为红线）测量室外机电流，实测约为 3A，也明显低于正常值（约 6A）。根据运行时压力高、电流小的现象，判断压缩机没有高频运行，处于低频状态。

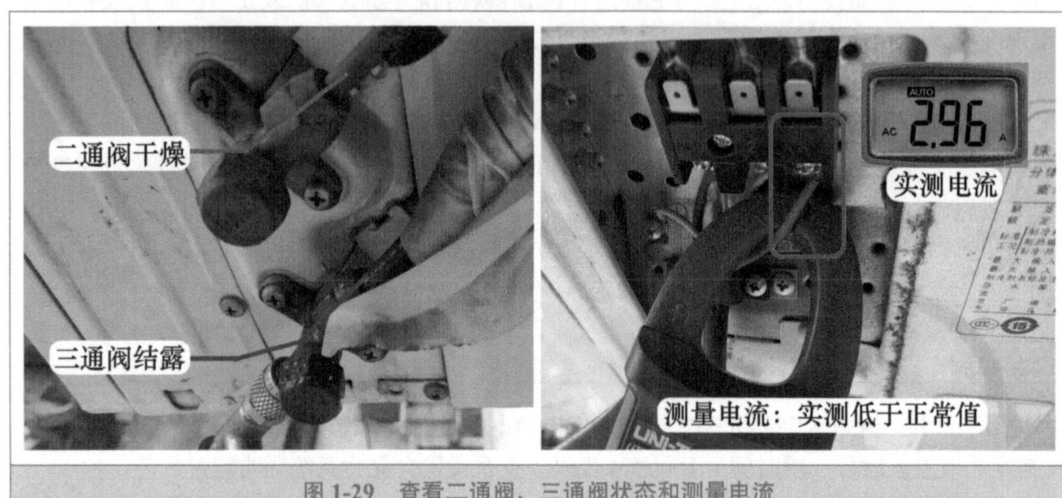

图 1-29　查看二通阀、三通阀状态和测量电流

3. 查看检测仪数据和冷凝器脏堵

查看检测仪数据，见图 1-30 左图，内管温度（室内管温）为 20℃，说明蒸发器温度较高，间接说明制冷效果很差；外环温度（室外环温）为 33℃，而外管温度（室外管温）为 53℃，说明冷凝器温度较高；外管温度减外环温度的差值为 20℃，表明冷凝器散热不良；压缩机运行频率为 36Hz，说明工作在低频状态，判断为 CPU 检测冷凝器温度较高后，控制压缩机限频运行。继续运行一段时间，查看外管温度继续上升，最终室外风机和压缩机均停止运行，室内机显示屏显示 H4 代码，根据数据可知，H4 代码含义为过负荷保护。

外管温度较高，常见为冷凝器脏堵或室外风机转速慢引起。查看室外机背面和侧面时，见图 1-30 右图，发现毛絮将冷凝器堵死，已看不到翅片。

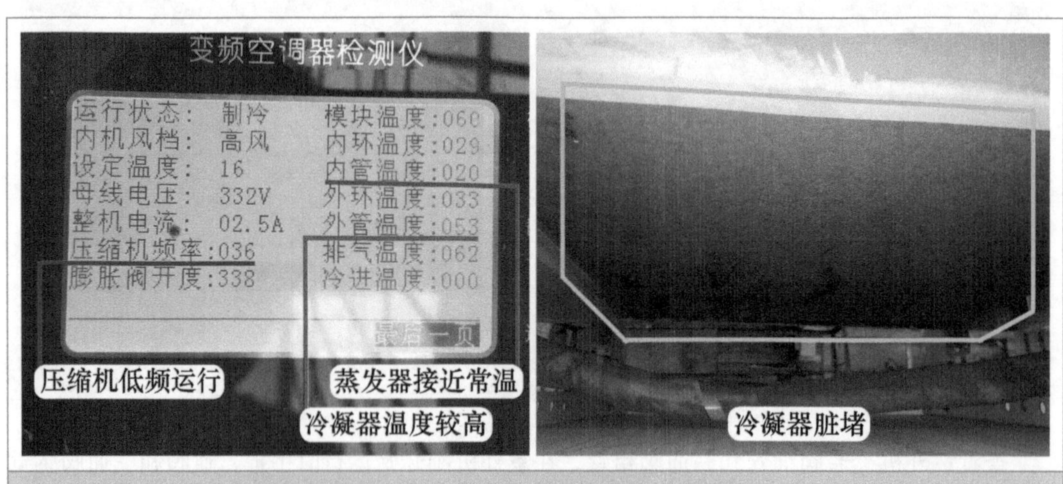

图 1-30　查看检测仪数据和冷凝器脏堵

4. 清除毛絮

使用遥控器关机，切断空调器电源，见图 1-31，使用毛刷从上到下轻轻刷掉表面的毛絮，将整个冷凝器（包括侧面）的毛絮全部清除。

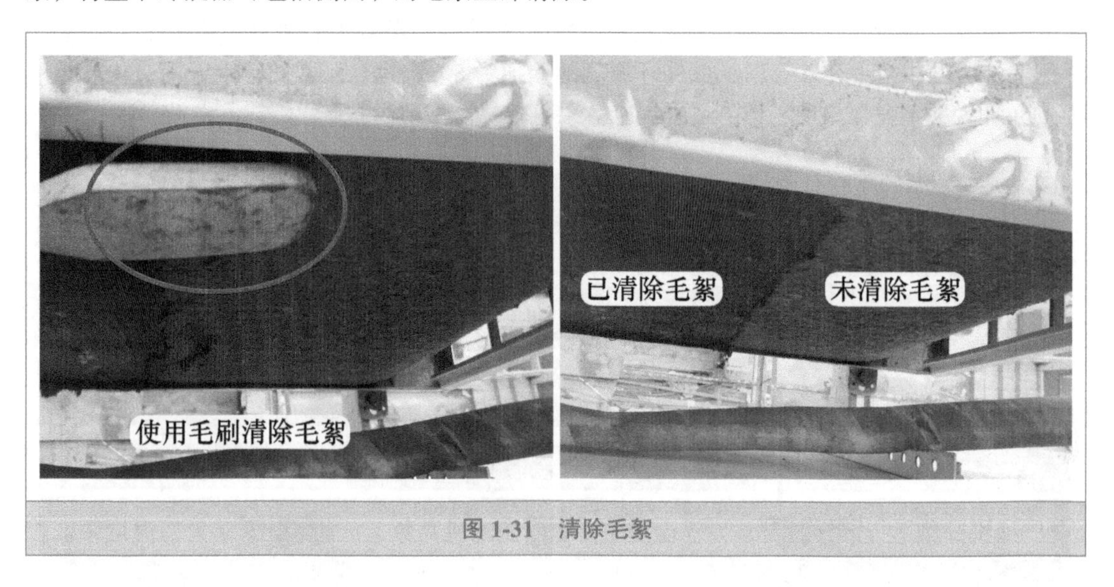

图 1-31 清除毛絮

5. 用高压水泵清洗冷凝器

使用洗车用的高压水泵，见图 1-32，将水枪出水口调成雾状，沿着冷凝器翅片冲洗内部的尘土，以确保清洗干净，注意不要将翅片吹倒。

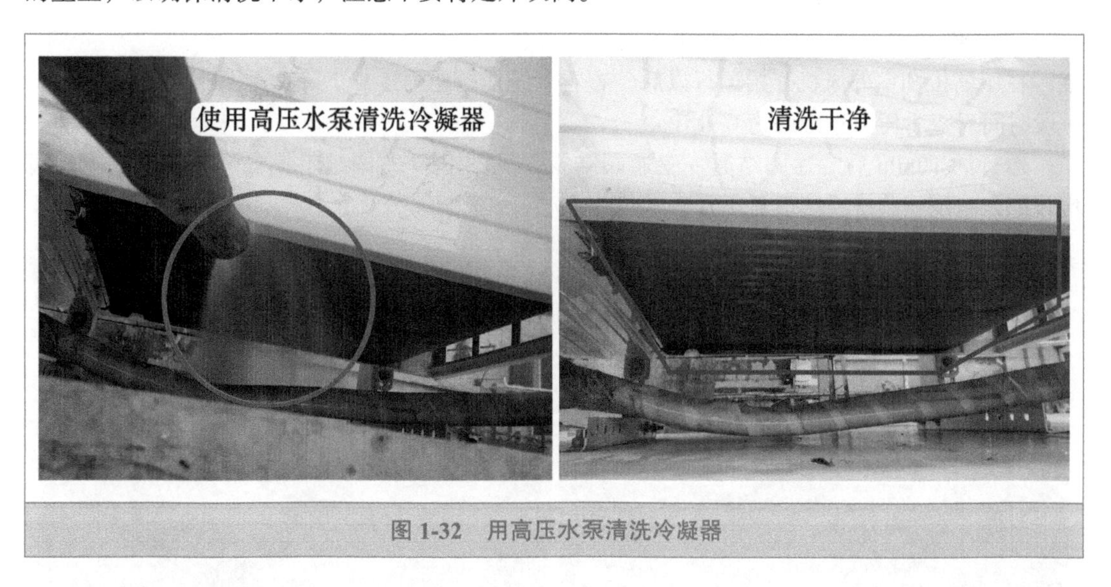

图 1-32 用高压水泵清洗冷凝器

6. 查看检测仪数据

等待约 3min 使冷凝器翅片的积水基本流出，再将空调器接通电源，使用遥控器开机，室内机和室外机均开始运行，约 2min 后查看检测仪数据，见图 1-33 左图，压缩机频率为 46Hz，说明正在升频运行，外管温度为 35℃，由于刚使用高压水泵清洗过冷凝器，翅片表面还带有水分，外管温度刚开始时会相对低一些；外环温度为 26℃，低于实际的室外温度，也是由于翅片水分的影响；内管温度为15℃，说明蒸发器温度正在逐步下降。

等待室外机运行约10min后，冷凝器翅片表面的水分早已蒸发，制冷系统处于正常的循环状态，再查看检测仪数据，见图1-33右图，压缩机频率为80Hz，说明为高频运行；外管温度为40℃，明显低于冷凝器清洗之前的53℃，略高于室外环温；外环温度为32℃，和实际的室外温度相接近，外管温度减外环温度的差值为8℃，也在正常的范围以内；内管温度为11℃，说明蒸发器温度较低，室内制冷效果也较好。

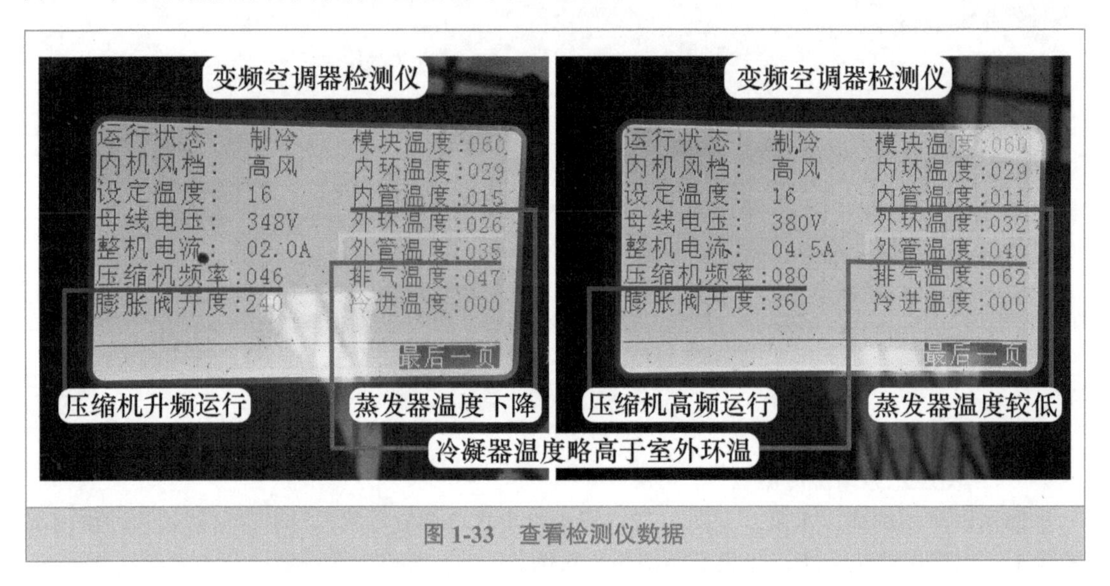

图1-33 查看检测仪数据

7. 查看系统运行压力和二通阀、三通阀状态

在压缩机和室外风机开始运行以后，查看系统运行压力逐步下降，见图1-34左图，运行一段时间后查看压力稳定约为0.9MPa。

运行约10min后二通阀结露、三通阀结露，见图1-34右图，手摸二通阀和三通阀感觉均较凉，也说明制冷系统恢复正常。

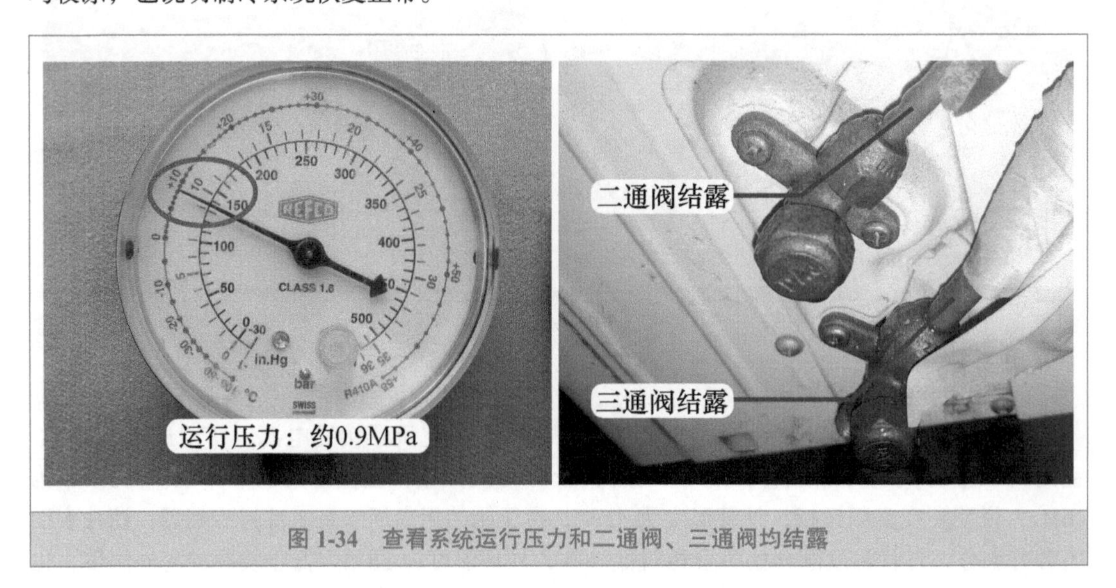

图1-34 查看系统运行压力和二通阀、三通阀均结露

➡ 维修措施：清洗冷凝器。

总 结：

① 本例空调器长时间工作，室外风机运行强制使室外空气为冷凝器散热，毛絮或空气中的脏物经过冷凝器时，积聚在翅片表面并逐渐增加，最终完全堵死冷凝器。

② 室外环境的质量和冷凝器脏堵有很大关系，有些家庭用户可能使用几年也不会脏堵，但有些用户使用 1 年以后就会脏堵；有些新安装的空调器使用在商业或公共场所，最快两个月左右毛絮就会将冷凝器完全堵死。

③ 冷凝器脏堵使得冷凝器热量散发不出来使其温度变高，常见于室外温度较高时出现此故障，假如室外温度相对较低（30℃以下时），通常不会出现此故障代码，或者用户反映为制冷效果差故障。

④ 清洗完冷凝器后，要等翅片内部的水分充分流出，再上电开机。由于冷凝器表面附着的水分会使散热较好，刚开机时系统压力和电流均较小，容易引起误判，因此需要运行时间长一些，再查看数据才比较准确。

⑤ 冷凝器脏堵后，室外风机运行时，室外空气不能通过翅片为冷凝器有效散热，冷凝器温度升高，CPU 检测后为防止压缩机过负荷运行，控制压缩机降频运行进行保护，使得制冷效果明显下降；压缩机降频以后假如 CPU 检测冷凝器温度继续上升，运行一段时间后则会控制室外机停机，室内机显示 H4 代码。

⑥ 冷凝器脏堵后变频空调器 CPU 检测冷凝器温度较高，可控制压缩机低频运行；而定频挂式空调器由于保护电路相对较少，压缩机由于负载过大使得内部的温度开关断开而停止工作，表现为不制冷故障，室外风机运行而压缩机不运行；如果为柜式空调器，增加电流检测电路和压力开关电路，冷凝器脏堵引起高压压力上升，压力开关断开，则表现为室外机停机，显示高压压力开关断开的故障代码（如格力空调器显示 E1）；冷凝器脏堵同样会引起运行电流升高，假如主板 CPU 检测到电流过大，也会停止室外机运行，显示运行电流过大的代码（如美的空调器显示 E4，含义为 4 次电流过大保护）。同一故障现象，由于电路设计不同，表现的故障现象差别也很大，因而在维修空调器时，要根据电路特点检修，可快速排除故障。

四、风机电容容量减小，制冷效果差

➡ 故障说明：海信 KFR-26GW/27BP 挂式交流变频空调器，用户反映制冷效果差，长时间开机房间温度下降很慢。

1. 测量系统运行压力和电流

查看室外机，手摸二通阀为常温、三通阀较凉，在室外机三通阀检修口接上压力表，见图 1-35 左图，测量系统运行压力约为 0.56MPa，高于正常值 0.45MPa（本机使用 R22 制冷剂）。

使用万用表交流电流档，见图 1-35 右图，钳头夹住室外机接线端子 1 号 L 相线测量室外机电流，实测约为 6A，也高于正常值（约 4A），实测压力和电流均高于正常值，说明冷凝器散热系统有故障，应检查室外风机转速和冷凝器是否脏堵。

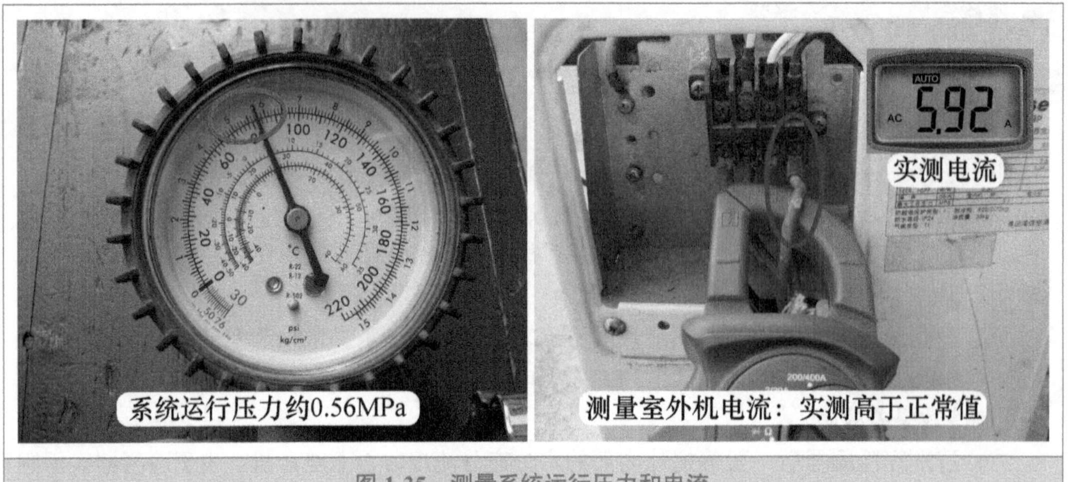

图 1-35　测量系统运行压力和电流

2. 查看冷凝器和出风口温度

观察冷凝器背面干净，并无毛絮或其他杂物，见图 1-36 左图，手摸冷凝器上部烫手，中部较热，最底部温度也高于室外温度较多，判断冷凝器散热不良，用手轻拍冷凝器背面，从出风口处几乎没有尘土吹出，排除冷凝器脏堵故障。

见图 1-36 右图，将手放在室外机出风口约 15cm 的位置，感觉出风量很小，几乎感觉不到；将手靠近出风口时，才感觉到很微弱的风量，同时吹出的风很热，综合判断室外风机转速慢。

➡ 说明：室外风机驱动室外风扇（轴流风扇），风从出风口的边框送出，以约 45° 的角度向四周扩散，如将手放到正中心，即使正常的空调器，也无风吹出。

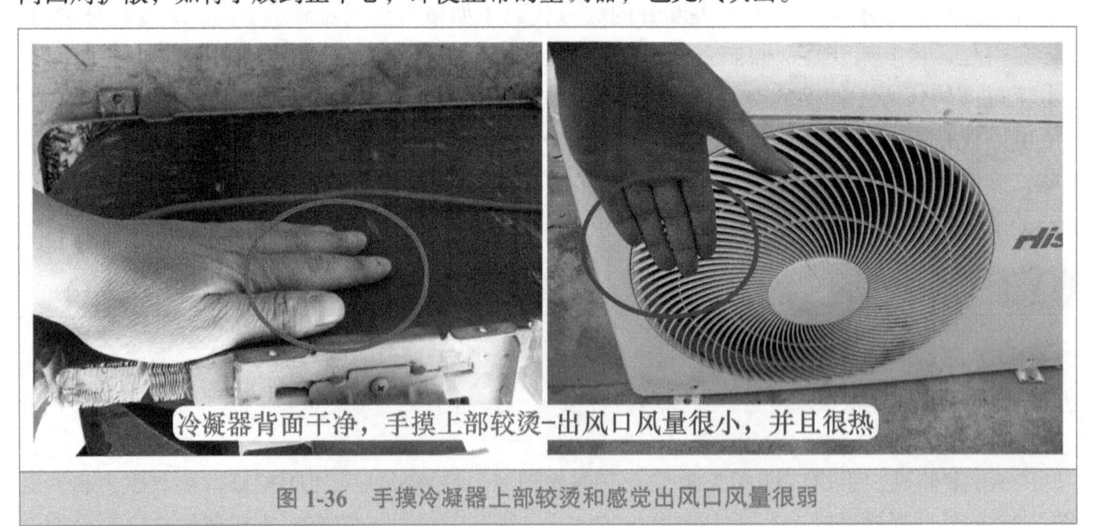

图 1-36　手摸冷凝器上部较烫和感觉出风口风量很弱

3. 测量室外风机电压

取下室外机外壳，见图 1-37 左图，观察室外风机转速确实很慢。使用万用表交流电压档，测量室外风机电压，见图 1-37 右图，表笔接插座中的白线和棕线，实测为交流 220V，说明室外机主板输出供电正常。

图 1-37　室外风机转速慢和测量室外风机电压

4. 测量室外风机电流

室外风机在供电电压正常的前提下转速慢，常见原因有线圈短路、电容容量变小、电机轴承缺油引起阻力大等。

见图 1-38 左图，使用万用表交流电流档，钳头夹住室外风机公共端白线，测量室外风机电流，实测约为 0.4A，和正常值基本接近，可排除线圈短路故障，因为室外风机线圈短路时电流会远高于正常值。

切断空调器电源，用手转动室外风扇，感觉无阻力，转动很轻松，排除轴承因缺油而引起的滚珠卡死或阻力大等故障，应检查室外风机电容。

5. 测量室外风机电容容量

普通万用表不能测量电容容量，应使用专用仪表或带有电容测量功能的万用表，本例选用某品牌 VC97 型万用表，将档位拨至电容测量档。

拔下室外风机线圈插头，表笔接电容的两个引脚，见图 1-38 右图，显示值仅约为 35nF 即 0.035μF，还不到 0.1μF，接近于无容量，而电容额定容量为 3μF，说明电容接近无容量损坏。

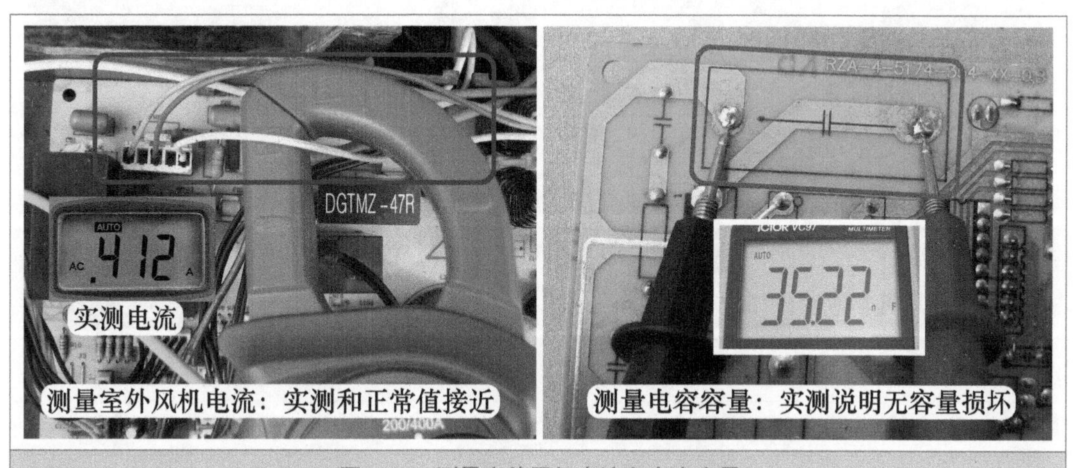

图 1-38　测量室外风机电流和电容容量

➡ 维修措施：见图 1-39，更换室外风机电容，容量为 3μF，使用烙铁焊在室外机主板上面。

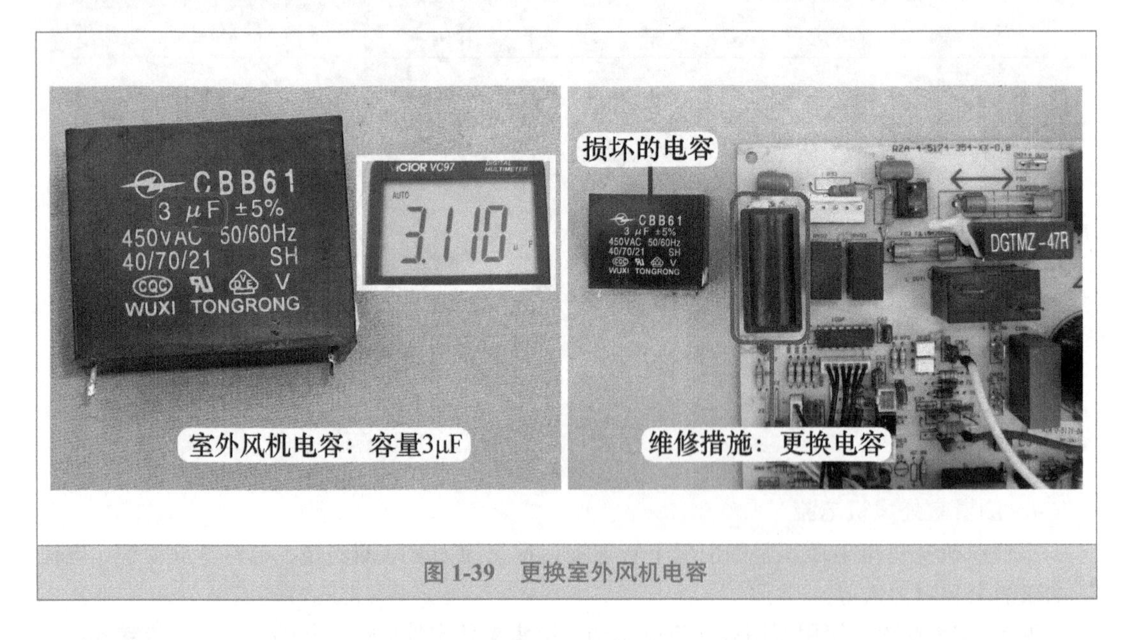

图 1-39 更换室外风机电容

更换电容后上电开机，室外风机和压缩机开始运行，见图 1-40 左图，目测室外风机转速明显加快，在室外机出风口约 60cm 的位置即能感觉到明显的风量。

使用万用表交流电流档，见图 1-40 右图，测量室外风机电流约为 0.3A，比更换电容前下降约 0.1A。

手摸冷凝器上部热、中部较温、下部接近室外温度，二通阀和三通阀均较凉，测量系统运行压力约为 0.45MPa，室外机运行电流约为 4.2A，室内机出风口温度较低，并且房间温度下降速度比更换前明显加快，说明空调器恢复正常，故障排除。

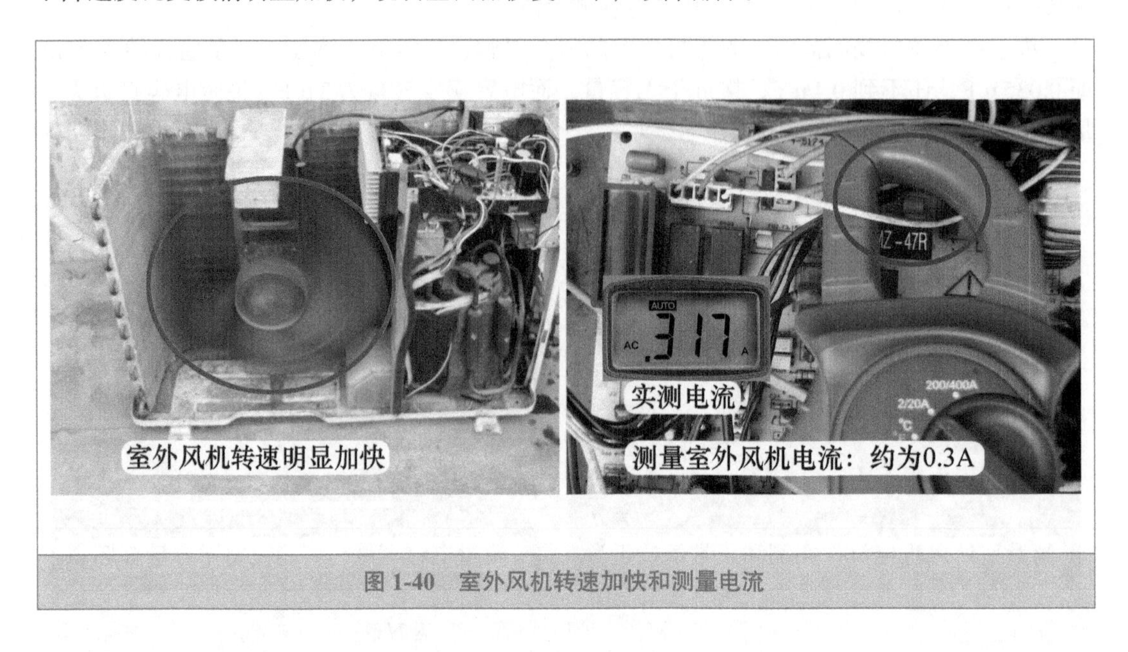

图 1-40 室外风机转速加快和测量电流

总 结：

① 室外风机容量变小或无容量故障在实际维修中出现的比例很高，通常空调器使用几年之后，室外（内）风机电容容量均会下降，由于室外风机转速下降时用肉眼不容易判断，因此故障相对比较隐蔽，本例室外风机电容容量为 3μF，如果容量下降至 1.5μF，室外风机转速会下降，但单凭肉眼几乎很难判断。室外风机电容无容量时室外风机因无起动力矩而不能运行。

② 室外风机转速下降即转速慢时故障现象表现为：冷凝器温度高、室外机运行电流大、系统运行压力高、在室外机出风口感觉风量小且很热、二通阀不结露、制冷效果差。

③ 检修室外风机转速慢故障时，为判断故障是由线圈短路还是由电容容量变小引起，通过测量室外风机电流即可判断：电流很大即为线圈短路，电流接近正常值为电容容量变小。

第二章 变频空调器制冷剂泄漏和膨胀阀故障

Chapter 2

第一节　制冷剂泄漏故障

一、细管接口制冷剂泄漏，格力空调器显示 F0 代码

➡ 故障说明：格力 KFR-50LW/（50558）FNCg-A2 柜式直流变频空调器（王者风范），用户反映移机之前使用正常，移机约 1 个月后使用时发现不制冷，室内机吹出自然风，且运行一段时间后显示 F0 代码，见图 2-1，查看代码含义为缺制冷剂 [制冷剂（氟）泄漏] 保护。

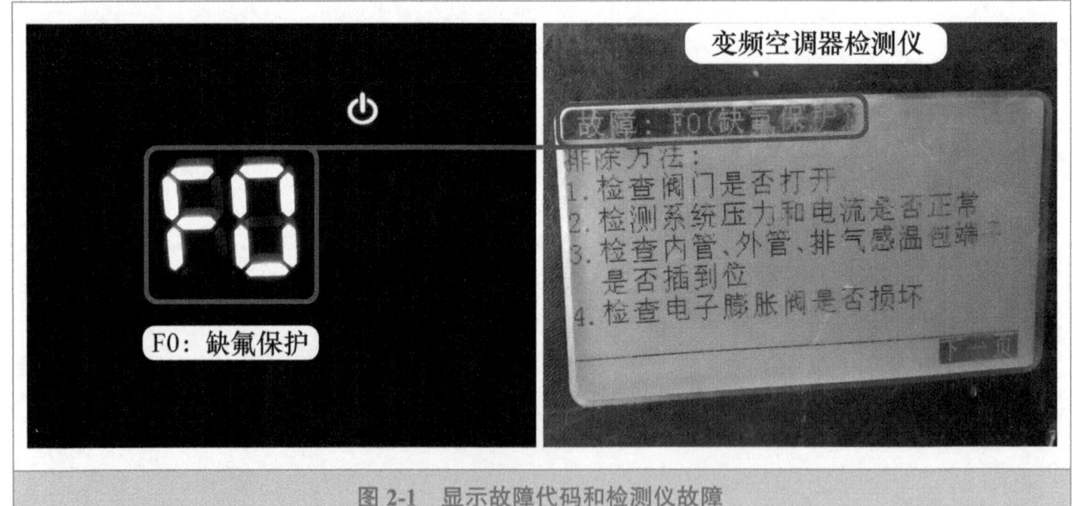

图 2-1　显示故障代码和检测仪故障

1. 测量系统静态和系统运行压力

首先在室外机接线端子上接上格力变频空调器专用检测仪，在三通阀检修口接上压力表，见图 2-2 左图，查看系统静态压力约为 1.3MPa。

再将空调器重新接通电源，使用遥控器开机，约 10s 时室内风机运行，约 20s 时室外风机和压缩机开始运行，见图 2-2 右图，系统运行压力开始下降，直至约为 0.2MPa，此时手摸二通阀较凉、三通阀为常温，说明系统缺少制冷剂 R410A。

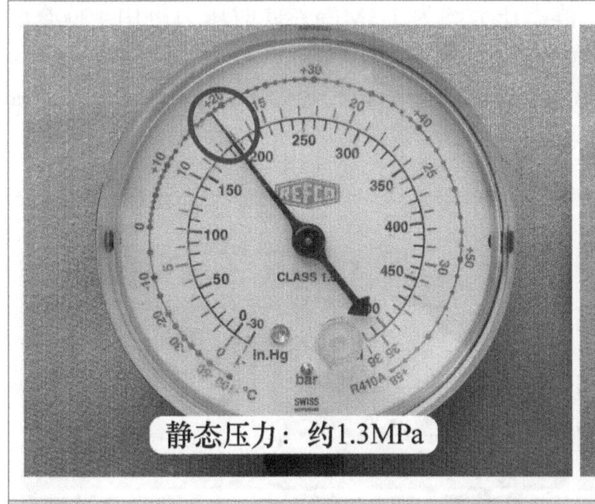

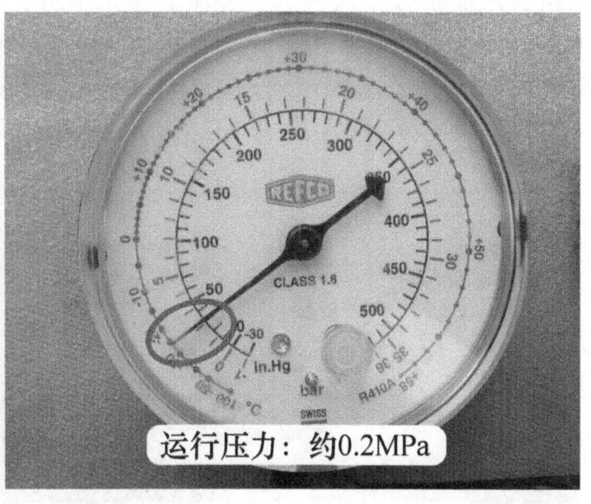

图 2-2 测量静态压力和系统运行压力

2. 测量室外机电流和查看检测仪数据

使用万用表交流电流档，见图 2-3 左图，钳头夹住接线端子上的 3 号棕线，测得室外机电流约为 3.5A，低于正常值。

查看检测仪数据，见图 2-3 右图，内环温度（室内环温）为 26℃，但内管温度（室内蒸发器温度）未下降，和室内环温相同，为 26℃，待室外机运行约 2min 后停机，室内机显示屏显示 F0 代码时，内管温度仍未下降为 26℃。说明由于系统缺制冷剂使得进入蒸发器的制冷剂较少，蒸发器（或者室内管温传感器检测部位）的温度未下降。

在室外机停机时，室外机主板的 4 个指示灯 D5、D6、D16、D30，由运行时的常亮状态转换为 D5 亮、D6 闪、D16 亮、D30 亮，但查看故障代码表没有此项含义。

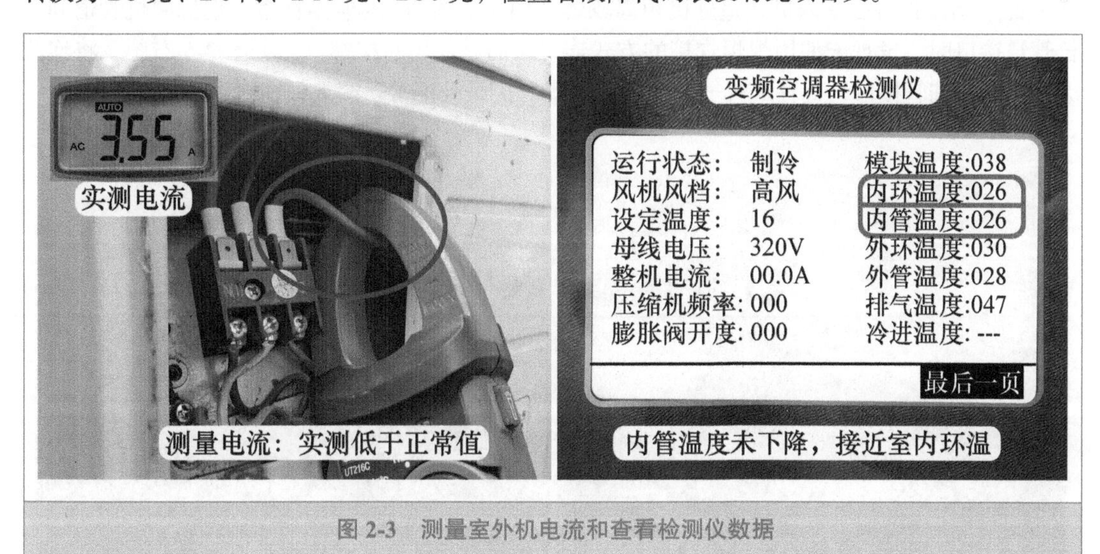

图 2-3 测量室外机电流和查看检测仪数据

3. 检查室内机接口

由于是最近移机的空调器，应首先检查室内机和室外机的接口是否有漏点。使用遥控器关机，压缩机停止运行后系统压力逐步上升，静态压力约为 1.3MPa，此时压力可用于检查漏点，找一条淋湿的毛巾，将洗洁精涂在上面，轻揉出泡沫。

首先涂在室内机粗管和细管接口，见图 2-4，查看粗管螺母正常，未见气泡冒出，但细管螺母一直有气泡冒出，说明漏点在室内机细管螺母。

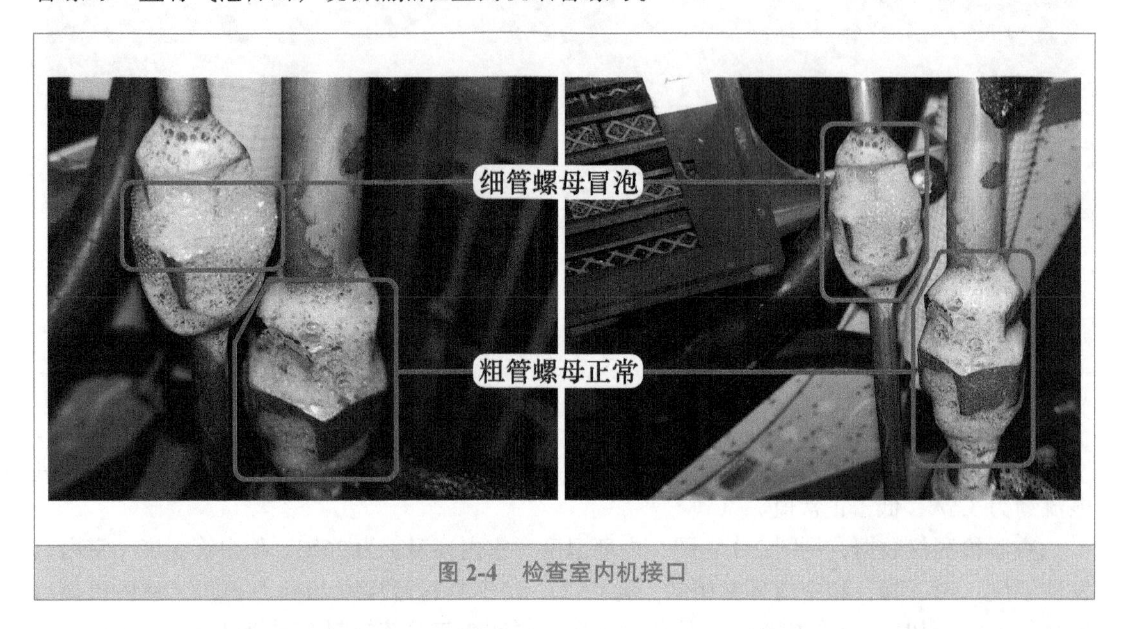

图 2-4　检查室内机接口

4. 检查室外机接口和对接螺母接口

为检查其他部位是否还有漏点，见图 2-5 左图，再将泡沫涂在室外机粗管和细管接口，查看螺母处长时间未有气泡冒出，说明室外机接口正常。

此空调器移机后室内机和室外机距离较远，加长了约 2m 的连接管道，查找原机管道和加长管道接口时，发现未使用焊炬焊接的方式连接，而是使用对接螺母，见图 2-5 右图，将泡沫涂在粗管和细管接口，查看未有气泡冒出，说明对接螺母正常，漏点只在室内机细管接口。

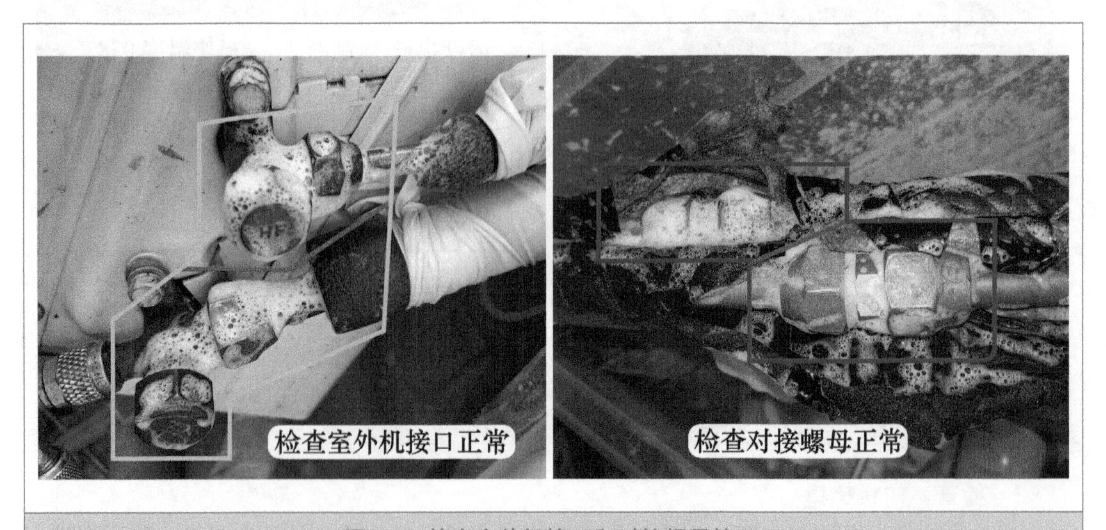

图 2-5　检查室外机接口和对接螺母接口

5. 紧固螺母和再次检漏

使用两个活扳手，见图 2-6，一个扳手卡住细管的上方快速接头、一个扳手卡住下方的螺母，用力紧固，再将泡沫涂在细管接口检查漏点，查看不再有气泡冒出，说明漏点已修复。

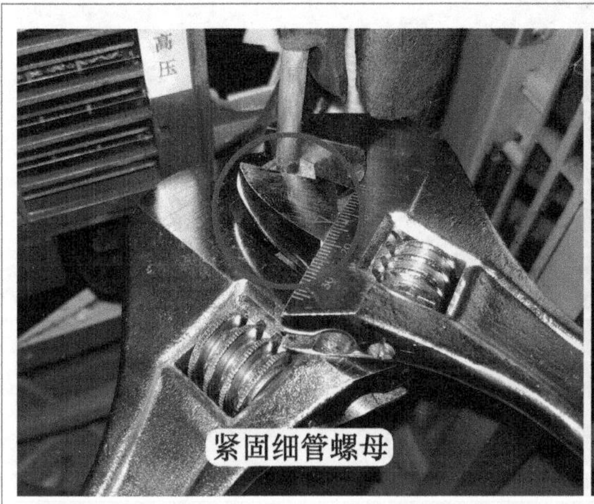

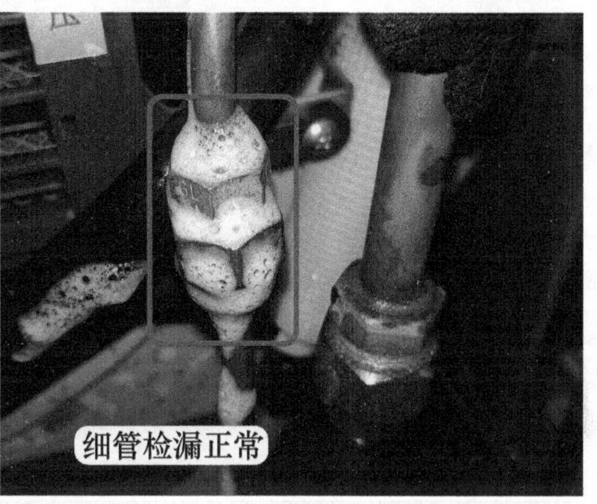

图 2-6 紧固螺母和检漏细管

➡ 维修措施：使用扳手紧固细管螺母。由于此机的 R410A 制冷剂基本上泄漏完毕，维修时将系统剩余制冷剂全部放掉，使用真空泵抽真空后定量加注，再次通电开机，室内机出风口吹出风的温度较低，查看运行压力为 0.9MPa，运行电流为 7.9A，长时间运行不再显示 F0 代码，制冷恢复正常。

总 结：

安装人员在移机时，室内机细管螺母未紧固到位，使得制冷剂泄漏，进入蒸发器的流量变小，蒸发器温度不下降或下降较少，室内管温传感器检测温度也不下降，当运行一段时间后，本例室内机 CPU 计算室内环温减室内管温的差值为 0℃，判断制冷系统出现故障，显示 F0 代码并停止室外机进行保护。说明：室内环温减室内管温的差值刚开始运行时较小，正常运行时应大于 10℃。

二、粗管接口制冷剂泄漏，不制冷

➡ 故障说明：格力 KFR-72LW/（72551）FNAb-A3 圆柱直流变频柜式空调器（I 酷），用户反映装机 1 年左右，今年入夏开机发现不制冷。

1. 感觉出风口温度和查看室外机接口

上门检查，使用遥控器制冷模式设定 16℃开机，室内风机运行，见图 2-7 左图，用手在出风口感觉吹出的风不凉，略低于房间温度，说明空调器出现不制冷故障，此故障对于新装机常见原因为室内机或室外机接口处泄漏制冷剂（漏氟）。

检查室外机，室外风机和压缩机均在运行，查看室外机接口时，见图 2-7 中图和右图，发现细管二通阀比较干净，但粗管三通阀处较脏，有明显的油污。由于制冷剂泄漏时附带出压缩机润滑油，一般有油迹或较脏的部位通常为泄漏点，本例应重点检查粗管三通阀螺母。

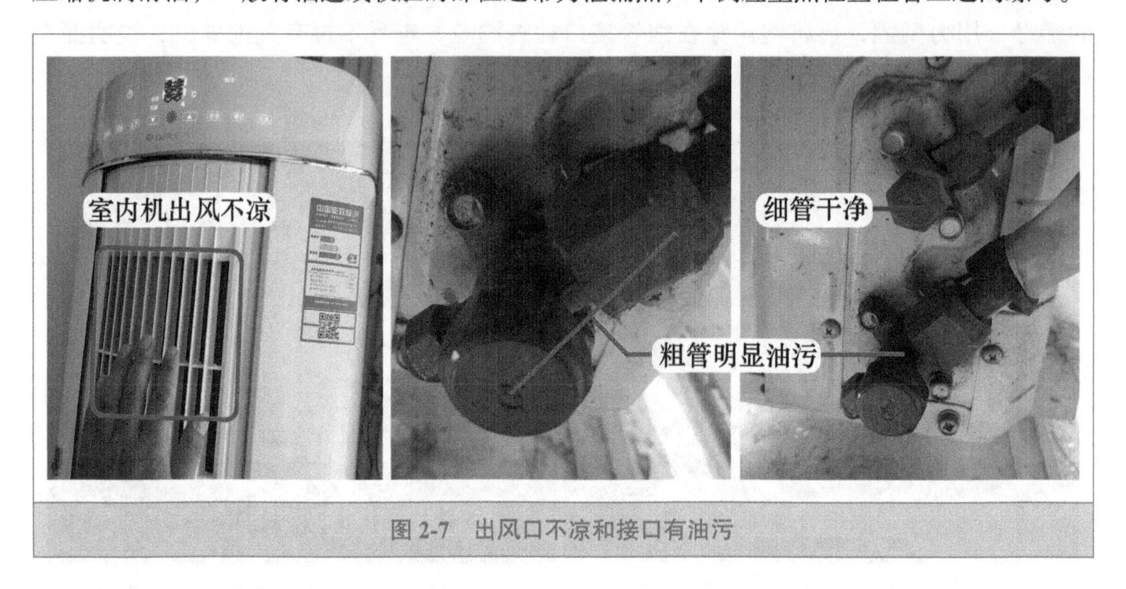

图 2-7　出风口不凉和接口有油污

2. 手摸二通阀、三通阀和测量运行压力

见图 2-8 左图，用手摸细管二通阀感觉温度较低、用手摸粗管三通阀感觉为常温，也说明压缩机正在运行，但系统缺少制冷剂，导致粗管（回气管）为常温，正常温度应较低。

在三通阀检修口处接上压力表，见图 2-8 右图，测量系统运行压力约为 0.3MPa，确定系统缺少制冷剂。

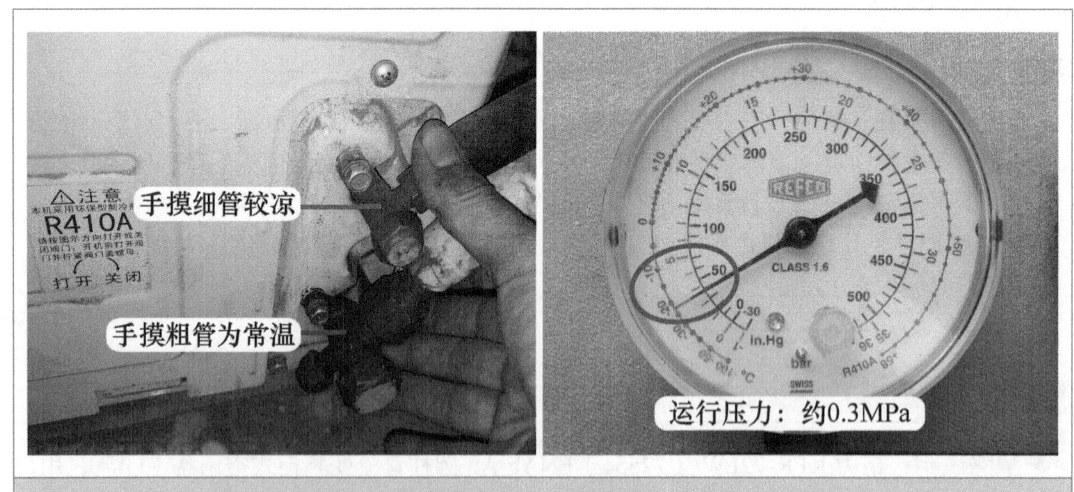

图 2-8　手摸二通阀、三通阀温度和测量运行压力

3. 检查粗管三通阀接口

使用遥控器关机，压缩机停止运行后系统压力逐步上升，约 1min 后系统静态压力约为 1.4MPa，可用于检查漏点。

找一块湿毛巾，倒上洗洁精，并揉出泡沫，见图 2-9，首先涂在粗管三通阀螺母接口处，查看一直有气泡冒出，说明漏点在粗管螺母。

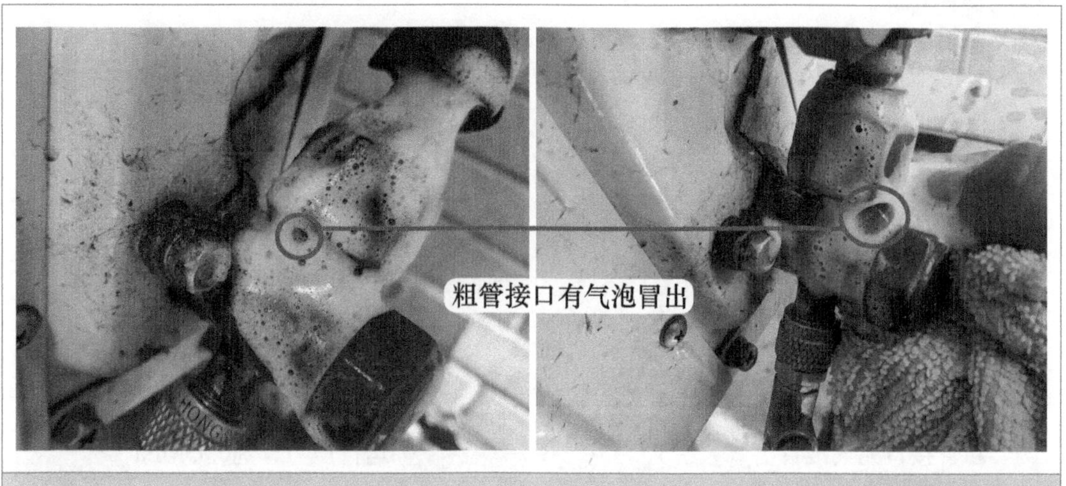

图 2-9 粗管接口有气泡冒出

4. 检查细管接口和紧固粗管螺母

使用洗洁精泡沫涂在细管二通阀螺母，见图 2-10 左图，仔细查看没有气泡冒出，说明细管接口正常，没有泄漏制冷剂故障。

使用两个活扳手，见图 2-10 右图，一个扳手卡在堵帽处、一个扳手卡住粗管螺母，双手用力紧固粗管螺母。

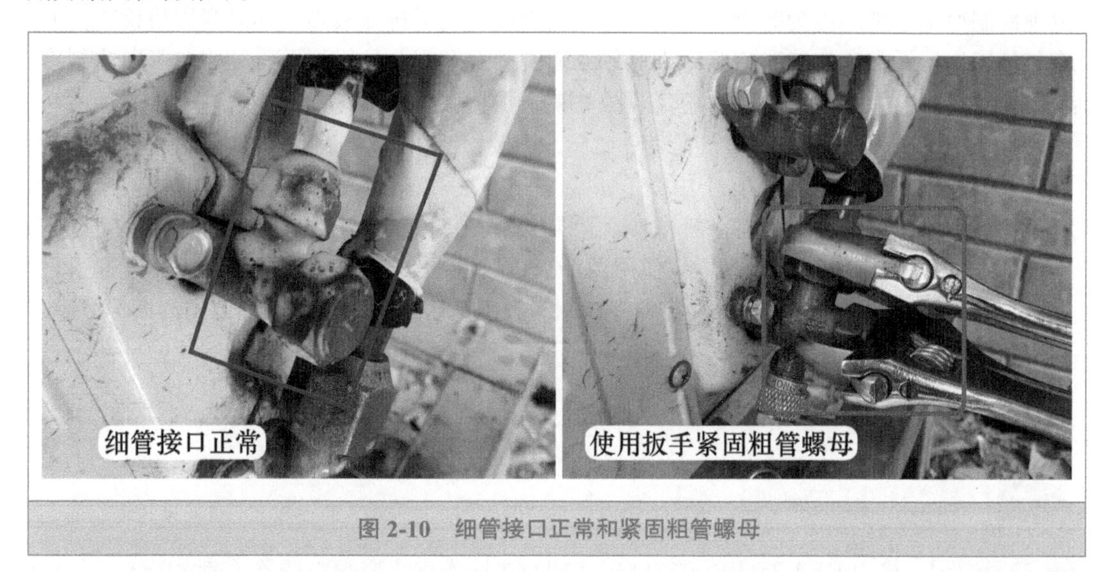

图 2-10 细管接口正常和紧固粗管螺母

5. 检查粗管接口和加注制冷剂

再次将泡沫涂在粗管螺母上面，见图 2-11 左图，仔细查看再无气泡冒出，说明粗管制冷剂泄漏部位已修复。

由于系统制冷剂较少，直接补加容易引起制冷效果差故障，维修时直接放空系统剩余的制冷剂 R410A，使用真空泵抽真空后定量加注，使用制冷模式开机，见图 2-11 右图，查看系统运行压力约为 0.85MPa，手摸粗管和细管螺母均较凉，在室内机出风口用手感觉也较凉，说明故障已排除。

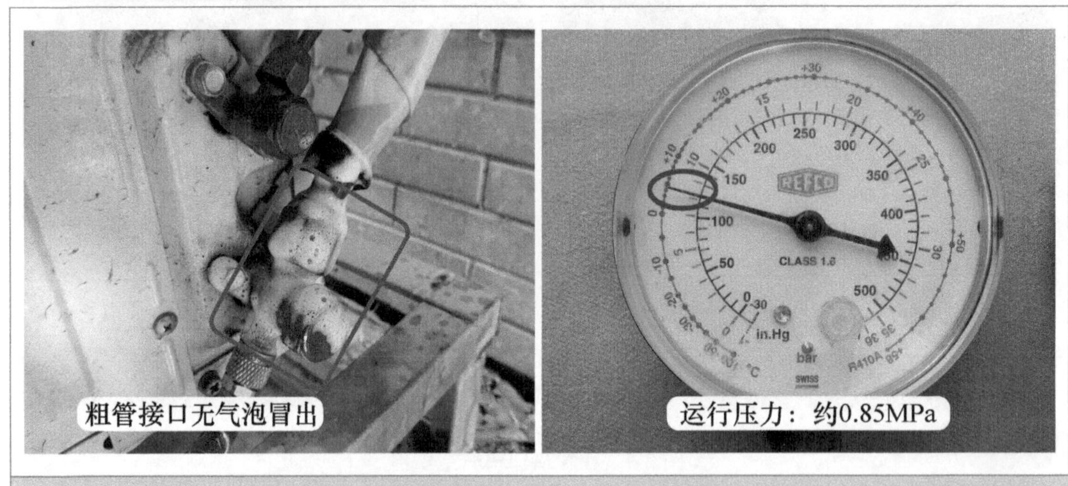

图 2-11　粗管正常和运行压力正常

➡ 维修措施：紧固粗管螺母，抽真空并定量加注制冷剂。

总　结：

① 本机室内机和室外机距离较近，原机约 3m 的管道够长，没有加长连接管道，接口处泄漏制冷剂常见原因为螺母未拧紧，直接紧固后一般可排除故障。如果紧固后检查仍旧有气泡冒出，通常为安装时喇叭口未对好二通阀（三通阀）的锥形面，维修时可回收制冷剂，取下螺母，重新将喇叭口对好后再紧固螺母可排除故障。

② 如果是原机管道不够长，安装时加长了连接管道，室外机铜管的喇叭口一般为安装人员现场加工，容易出现偏小、边缘有毛刺、有轻微裂纹等问题，安装螺母时即使用力紧固螺母，有时也会出现泄漏制冷剂的故障，维修时只能重新扩喇叭口来排除故障。

③ 紧固室外机粗管螺母时，应使用两个扳手，见图 2-10 右图。假如使用一个扳手直接卡住螺母拧紧，由于本机为 3 匹空调器，粗管较粗，因而紧固螺母需要使用较大的力量，容易将固定三通阀铁板变形、室外机内部铜管移位等，引起运行时噪声大的故障，甚至直接将固定三通阀的螺钉拔出来。

三、细管螺母有裂纹，不制冷

➡ 故障说明：格力 KFR-35GW/（35556）FNDe-3 挂式直流变频空调器（凉之静），用户反映不制冷。

1. 查看二通阀状态和测量系统运行压力

上门检查，使用遥控器开机，室内风机运行，将手放在出风口，感觉吹出风的温度略低于自然风；掀开进风格栅后抽出过滤网，用手摸蒸发器表面，感觉大部分为常温，只有很窄的一段温度较低且有轻微结霜的现象。

检查室外机，室外风机和压缩机均在运行，见图 2-12 左图，查看二通阀结霜、三通阀干燥，手摸三通阀为常温。

在三通阀检修口接上压力表，测量系统运行压力，见图 2-12 右图，实测约为 0.35MPa，低于正常值 0.9MPa 较多（本机使用 R410A 制冷剂），根据二通阀结霜和系统运行压力较低，说明系统缺少制冷剂。

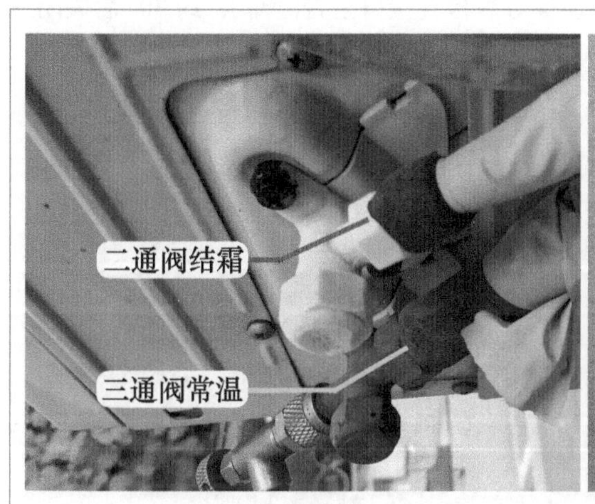

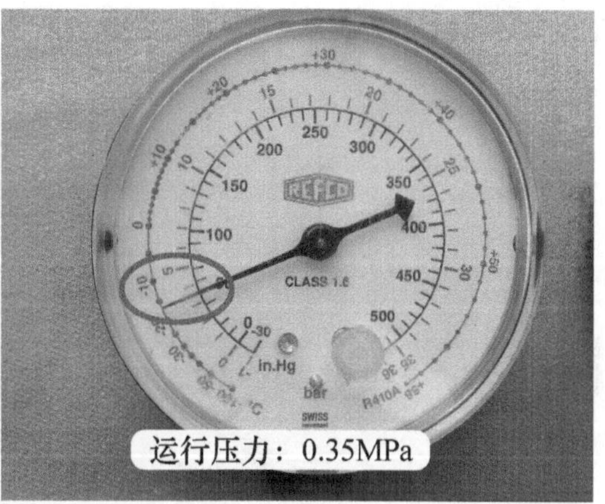

图 2-12 查看二通阀、三通阀状态和测量系统运行压力

2. 检查细管和粗管接口

使用遥控器关机，查看静态压力约为 1.4MPa，可用于检查漏点。找一块毛巾淋湿以不向下滴水为宜，倒上洗洁精并轻揉至出现许多泡沫。

首先将泡沫涂在细管接口即二通阀螺母上面，见图 2-13 左图，仔细查看有气泡冒出，说明细管螺母处泄漏制冷剂。

再将泡沫涂在粗管接口即三通阀螺母上面，见图 2-13 右图，仔细查看没有气泡冒出，说明粗管接口正常。

图 2-13 用泡沫检漏细管和粗管

3. 细管螺母裂纹

细管接口处有气泡冒出的常见原因为螺母未拧紧或喇叭口变薄，首先使用活扳手拧紧螺母，感觉较为轻松，但同时气泡冒出的速度更快，甚至有轻微“哧哧”的响声，擦干二通阀螺母上的泡沫，查看细管螺母表面有裂纹，见图 2-14 左图，说明制冷剂泄漏原因为细管螺母损坏。

再次开启空调器，待压缩机运行后，使用 5mm 内六方阀杆关闭二通阀的阀芯，将室内机和连接管道的制冷剂回收至冷凝器（用于更换螺母后检查接口是否泄漏），约 30s 后关闭三通阀阀芯，取下细管螺母，可见裂纹比较明显，见图 2-14 右图，几乎要断裂为两部分。

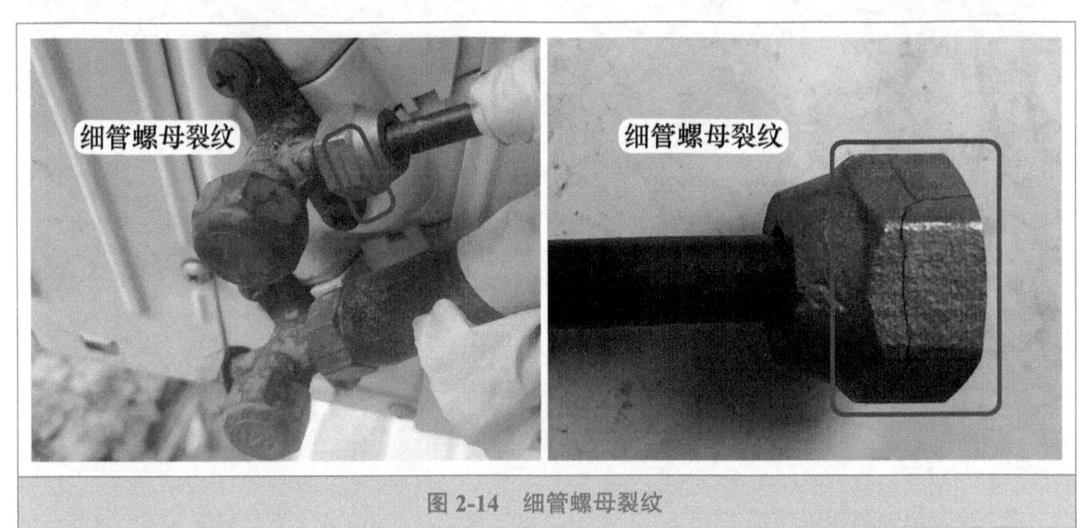

图 2-14　细管螺母裂纹

4. 更换螺母和扩喇叭口

细管直径为 6.35mm、二通阀阀芯为英制接口，选择 6.35mm 的英制螺母作为配件，见图 2-15 左图，在接近螺母的位置使用割刀割断细管的铜管，取下损坏的螺母，再将新螺母安装至铜管上面。

由于割掉铜管的同时也割掉了喇叭口，见图 2-15 右图，使用偏心型胀口器重新再扩喇叭口，注意不要太小或有双眼片、裂纹等瑕疵，否则安装螺母后还是会再次泄漏制冷剂。

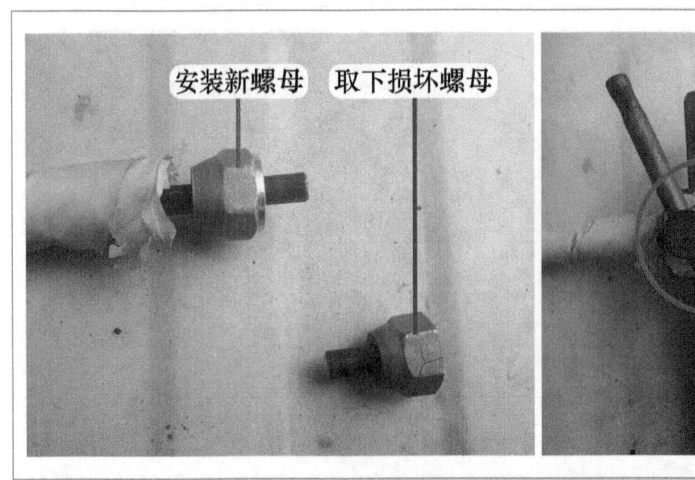

图 2-15　安装新螺母和扩喇叭口

5. 拧紧螺母和检漏

将扩好的细管喇叭口对准二通阀锥形面，再手动安装并拧紧螺母直至拧不动，见图 2-16 左图，再使用活扳手拧紧螺母。

打开二通阀和三通阀的阀芯，查看压力约为 1.2MPa，可利用原机的制冷剂检查细管接口，见图 2-16 右图，再次将泡沫涂在二通阀接口，仔细查看不再有气泡冒出，说明检漏正常，制冷剂的泄漏故障已排除。

由于检修时细管已结霜且运行压力较低，说明原机的制冷剂较少。检漏正常后在压力表处放空系统的制冷剂，并使用真空泵抽真空，再定量加注制冷剂，重新上电试机，系统运行压力稳定后约为 0.9MPa，细管不再结霜改为结露，三通阀温度较低也为结露，室内机出风口温度较低，说明制冷恢复正常，使用遥控器关机，待系统压力平衡后约为 1.9MPa，再次使用泡沫检查二通阀和三通阀接口，均无气泡冒出，说明故障已排除。

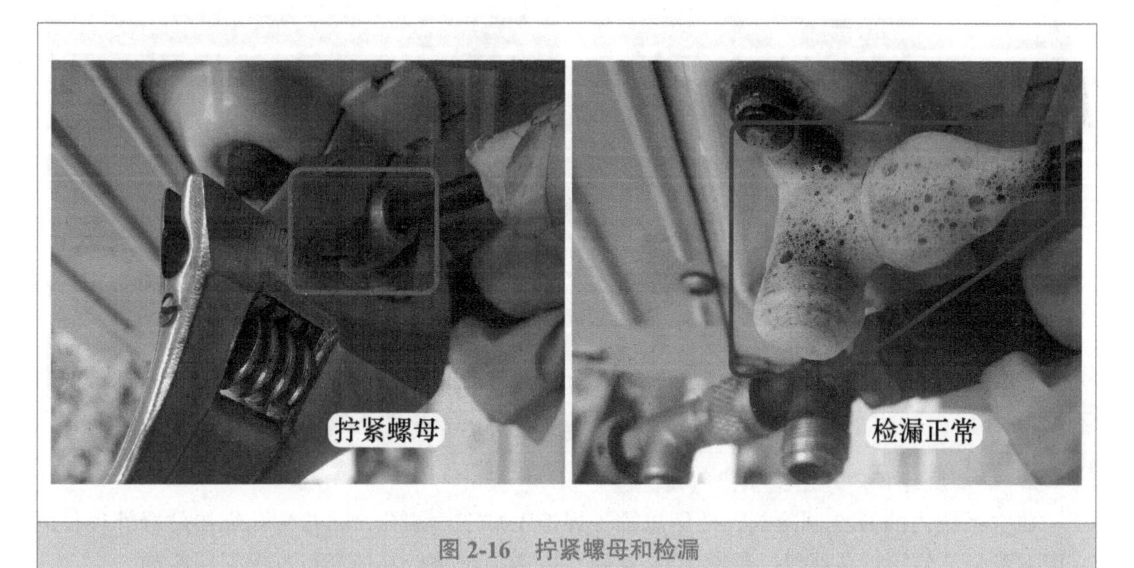

图 2-16　拧紧螺母和检漏

➡ **维修措施**：更换细管螺母，重扩喇叭口后抽真空定量加注制冷剂。

总　结：

① R410A 制冷剂压力约为 R22 制冷剂的 1.6 倍，系统运行压力为 0.35MPa 时细管结霜，如果是使用 R22 制冷剂的制冷系统，运行压力为 0.35MPa 时只是轻微缺制冷剂，二通阀不会结霜只会结露，表现为制冷效果差。

② R410A 制冷剂由 R32 和 R125 两种制冷剂各按 50% 的比例混合而成，当系统由于某种原因泄漏时，R32 制冷剂和 R125 制冷剂不可能成比例泄漏，因而制冷系统内剩余的制冷剂，有可能为 R32 制冷剂占比大、R125 制冷剂占比小，或者 R32 制冷剂占比小、R125 制冷剂占比大，此时即使补加制冷剂至正常压力，制冷效果也会下降，甚至出现压力正常、但制冷效果极差的现象，所以厂家要求 R410A 制冷剂泄漏时，需要放掉剩余的制冷剂，再抽真空定量加注，才能达到最好的制冷效果。而 R22 制冷剂为单一种类，泄漏后直接补加即可。

四、压缩机排气管有裂纹，不制冷

➡ 故障说明：美的 KFR-26GW/BP2DY-M（4）挂式直流变频空调器，用户反映开机后不制冷，室内房间温度一直不下降。

1. 检查过程

上门检查，用遥控器以制冷模式开机，室外风机和压缩机均开始运行，但空调器不制冷。关机后在室外机三通阀检修口接上压力表，显示压力为 0MPa，说明系统无制冷剂，使用扳手紧固粗管和细管螺母感觉均拧得很紧，二通阀和三通阀的堵帽也拧得很紧，排除室外机连接管处漏制冷剂。由于室外机振动部位较容易发生漏制冷剂故障，因此为整机充入静态的制冷剂用于检漏。取下室外机上盖和前盖，仔细检查为位于压缩机排气管上的传感器检测孔处漏制冷剂，见图 2-17，此处由于焊接检测孔导致管壁变薄，运行时在焊点处产生裂纹而导致漏制冷剂。

图 2-17　压缩机排气传感器安装位置和漏制冷剂部位

2. 补焊漏点和固定压缩机排气传感器

放空系统内的 R22 制冷剂，使用焊枪（焊炬）焊下检测孔，将检测孔焊接位置处很长的一段铜管全部使用焊条补焊，见图 2-18 左图，以避免维修后其他部位再次漏制冷剂。

由于故障原因为压缩机排气传感器检测孔引起，因此焊下检测孔不再使用，见图 2-18 右图，使用铁丝直接固定压缩机排气传感器。

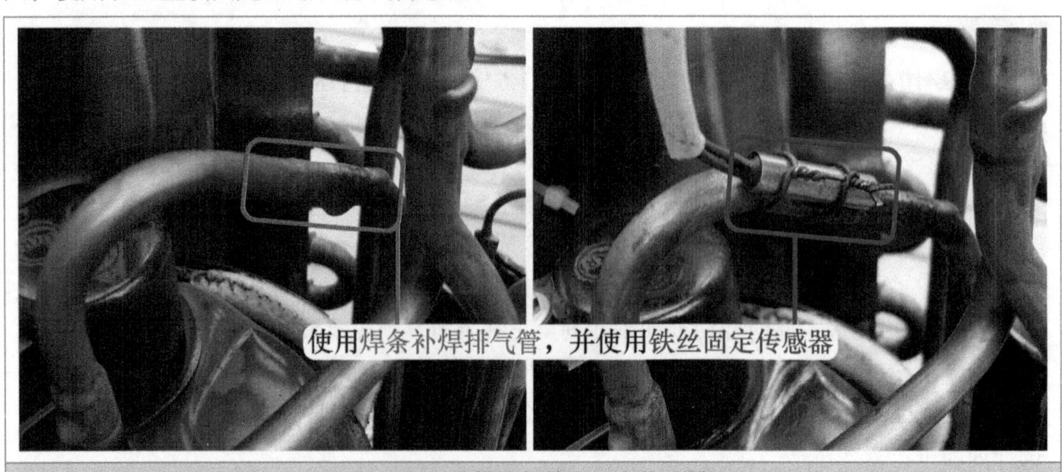

图 2-18　补焊排气管和固定传感器

➡ 维修措施：见图 2-18，补焊压缩机排气管，并使用铁丝固定传感器。

总 结：

① 压缩机排气传感器检测孔焊点处漏制冷剂是变频空调器的一个通病，在维修时一定要将检测孔取下不再使用，或改焊在压缩机排气管附近的位置（如消音器上），如将焊点补焊后仍将检测孔焊接在原位置，则一段时间后会再次出现此类故障。

② 本例故障只会出现在 2008 年 11 月以前生产的美的空调器中，之后生产的空调器，压缩机排气传感器改为卡扣安装，使用塑料拉丝固定，见图 2-19，可以避免本例故障。

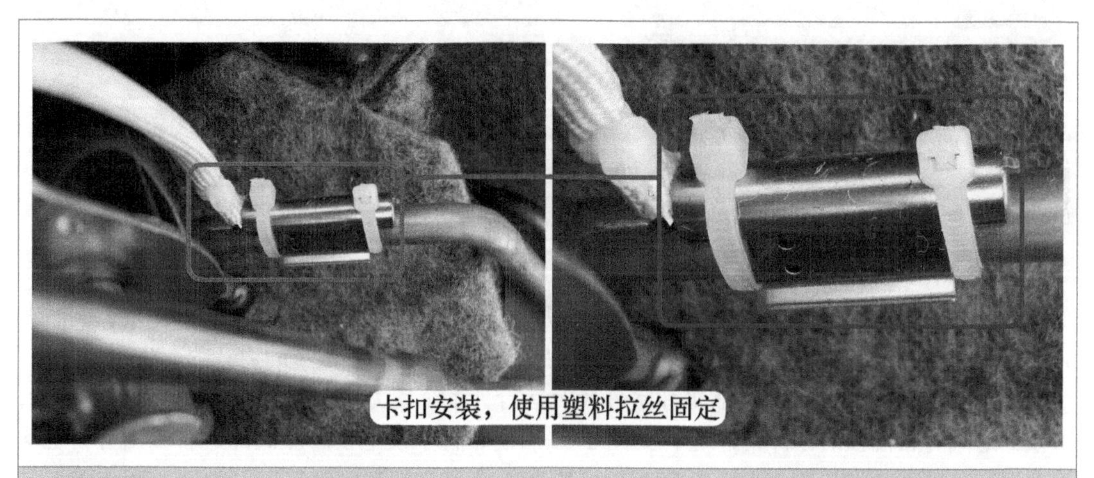

图 2-19 目前生产的美的空调器压缩机排气传感器的固定方式

第二节 电子膨胀阀故障

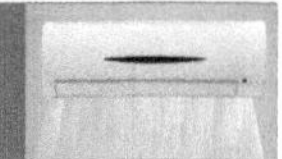

一、线圈开路，不制冷

➡ 故障说明：格力 KFR-35GW/（35556）FNDc-3 挂式直流变频空调器，用户反映不制冷，要求上门检查。

1. 测量系统运行压力

上门检查，用遥控器以制冷模式开机，室内风机运行，但不制冷，出风口为自然风。检查室外机，室外风机和压缩机均在运行，见图 2-20 左图，在三通阀检修口接上压力表，查看系统运行压力为负压，常见原因有系统缺少制冷剂或堵塞。

区分系统缺少制冷剂或堵塞的简单方法是，使用遥控器关机，室外风机和压缩机停止工作，查看系统的静态压力（本机制冷剂为 R410A），如果为 0.8MPa 左右，说明系统缺少制冷剂；如果为 2MPa 左右，则故障可能为系统堵塞。本例压缩机停止工作后，见图 2-20 右图，系统压力逐渐上升至 1.8MPa，初步判断为系统堵塞。

➡ 说明：用遥控器关机，压缩机停止运行，系统静态压力将逐步上升，如果为系统堵塞，恢复至平衡压力的时间较长，一般约为3min，为防止误判，需要耐心等待。

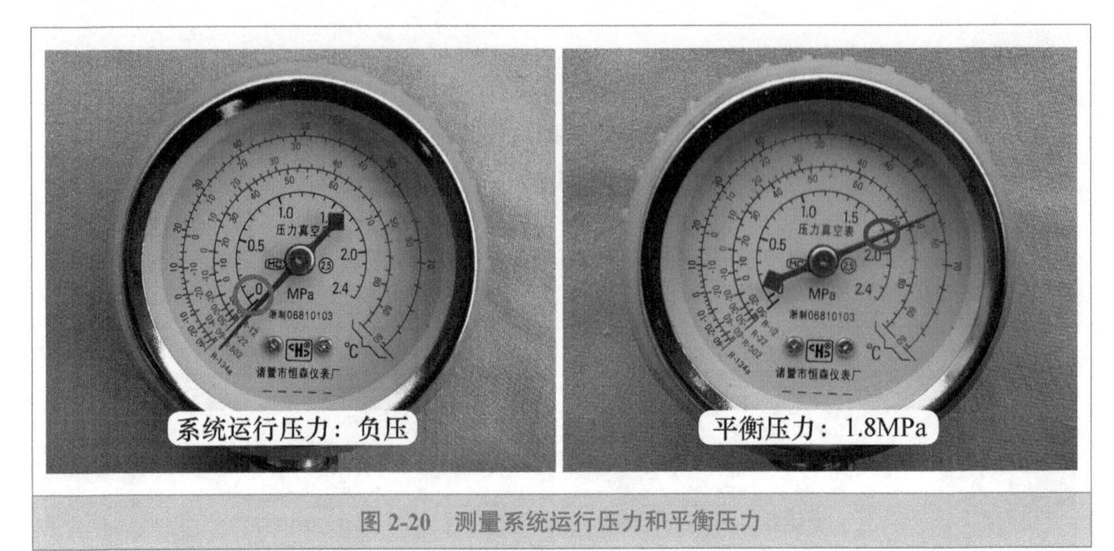

图 2-20 测量系统运行压力和平衡压力

2. 重新上电复位和手摸膨胀阀

切断空调器电源，约3min后再次上电开机，见图2-21左图，室外机主板CPU工作后首先对电子膨胀阀进行复位，手摸阀体有振动的感觉，但没有“嗒嗒”的声音。

电子膨胀阀复位结束，压缩机和室外风机运行，系统压力由1.8MPa迅速下降直至负压，手摸二通阀为常温没有冰凉的感觉，见图2-21右图，再手摸电子膨胀阀的进管和出管，也均为常温，判断系统制冷剂正常，故障为电子膨胀阀堵塞，即其阀针打不开处于关闭位置，常见原因有线圈开路、阀针卡死、室外机主板驱动电路损坏等。

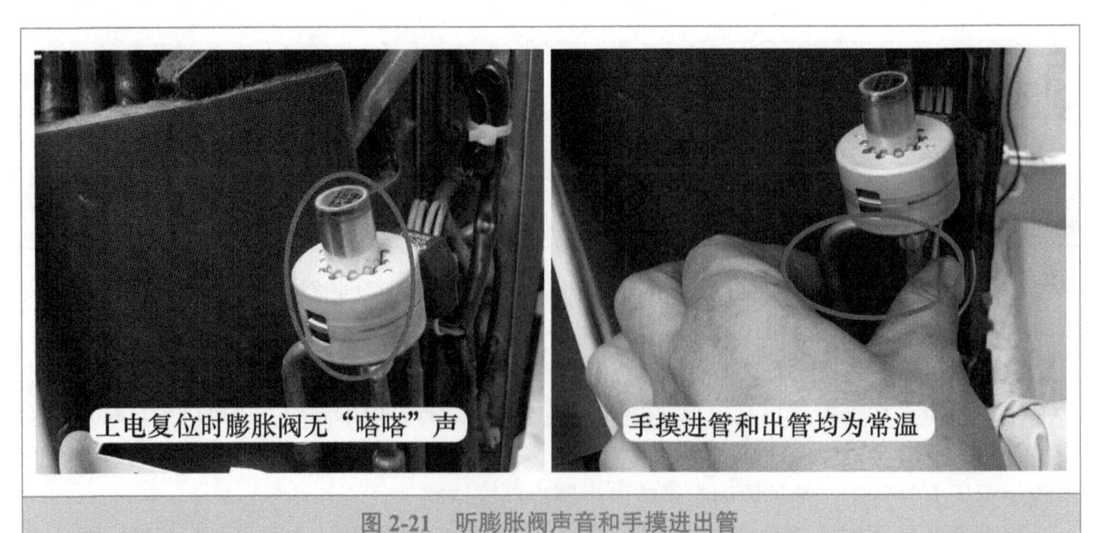

图 2-21 听膨胀阀声音和手摸进出管

3. 测量线圈阻值

切断空调器电源，拔下电子膨胀阀的线圈插头，查看共有5根引线，其中蓝线为公共端，接直流12V供电；黑线、黄线、红线、橙线共4根引线为驱动，接反相驱动器。

使用万用表电阻档，见图 2-22，测量线圈阻值，红表笔接公共端蓝线，黑表笔接黑线实测约为 47Ω、黑表笔接黄线实测为无穷大、黑表笔接红线实测约为 47Ω、黑表笔接橙线实测约为 47Ω，根据测量结果说明黄线开路。

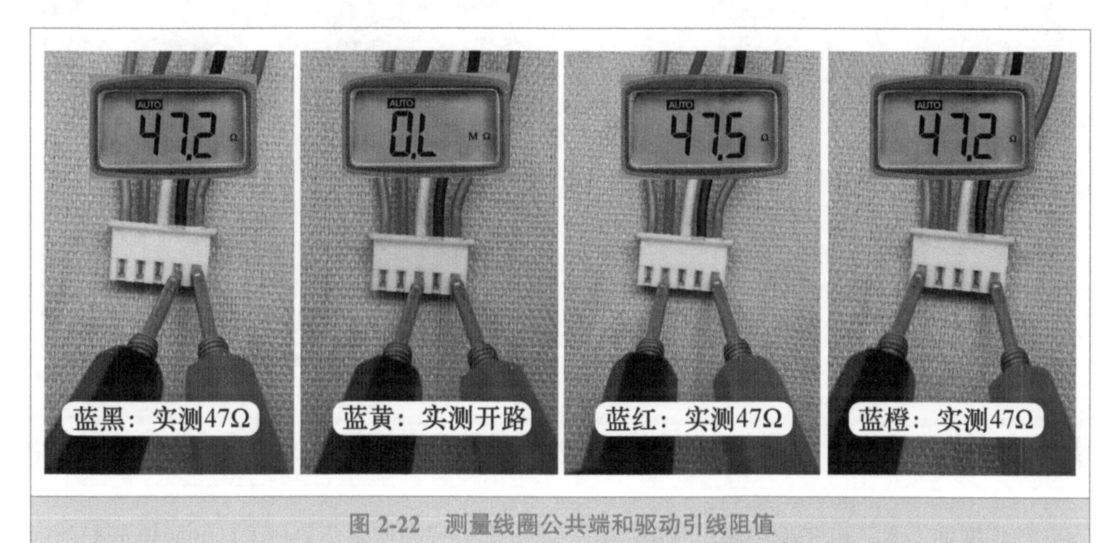

图 2-22 测量线圈公共端和驱动引线阻值

4. 测量驱动引线之间阻值

依旧使用万用表电阻档，见图 2-23，测量驱动引线之间阻值，实测黄线和红线阻值为无穷大、黄线和黑线阻值为无穷大，而正常阻值约为 95Ω，也说明黄线开路损坏。

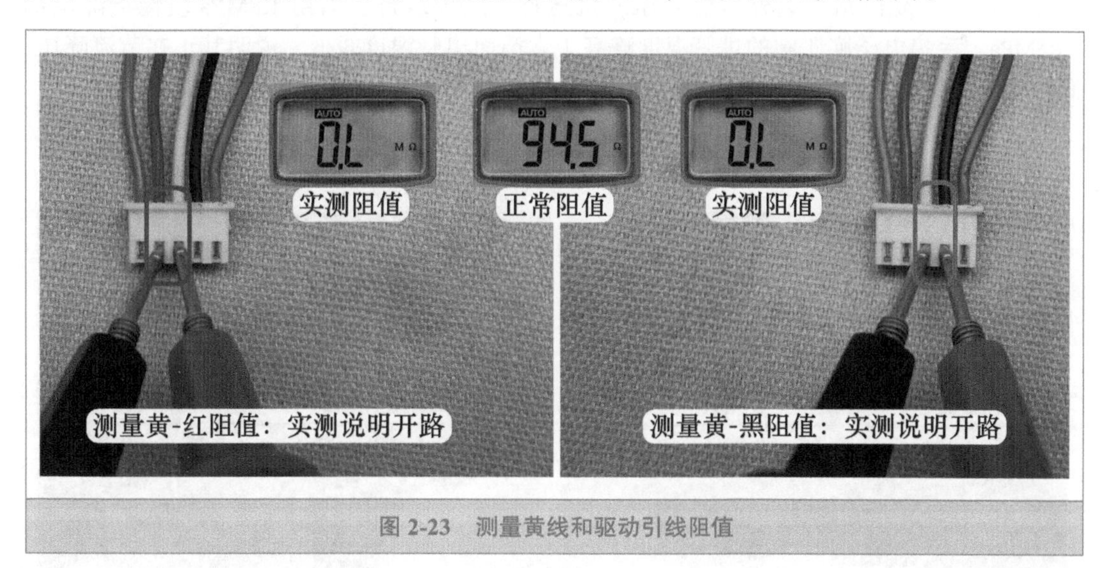

图 2-23 测量黄线和驱动引线阻值

5. 查看黄线断开

从膨胀阀阀体上取下线圈，翻到反面，见图 2-24，查看连接线中黄线已从根部断开，断开的原因为连接线固定在冷凝器的管道上面（见图 2-21 左图），从固定端至线圈的引线距离较短，在室外机运行时因振动较大，引起线圈黄线断开。

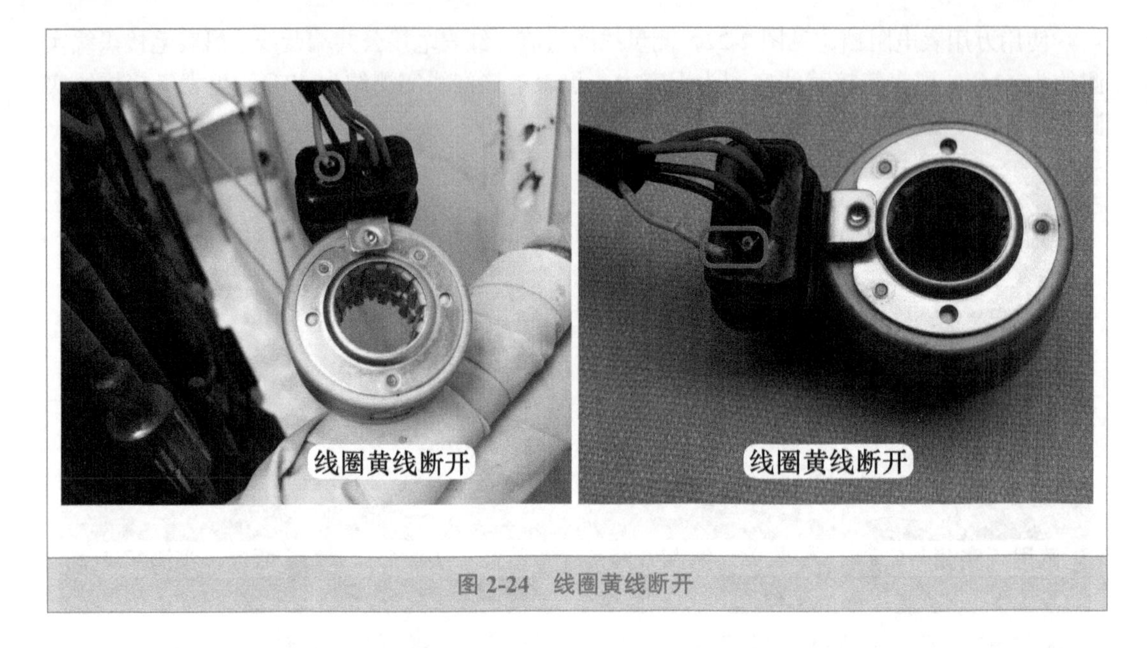

图 2-24　线圈黄线断开

➡ 维修措施：本机电子膨胀阀组件由三花公司生产，线圈型号为 Q12-GL-09，申请配件的型号为 PQM01055，见图 2-25，将线圈安装在阀体上面，并将下部的卡扣固定到位，再整理顺好连接线的线束，使引线留有较长的距离。

再次上电开机，室外机主板对膨胀阀复位时，手摸阀体有振动感觉，同时能听到“嗒嗒”的声音，复位结束室外风机和压缩机运行，系统运行压力由 1.8MPa 缓慢下降至约 0.85MPa，手摸电子膨胀阀的进管温度略高于常温而出管温度较低，说明其正在节流降压，同时制冷也恢复正常。

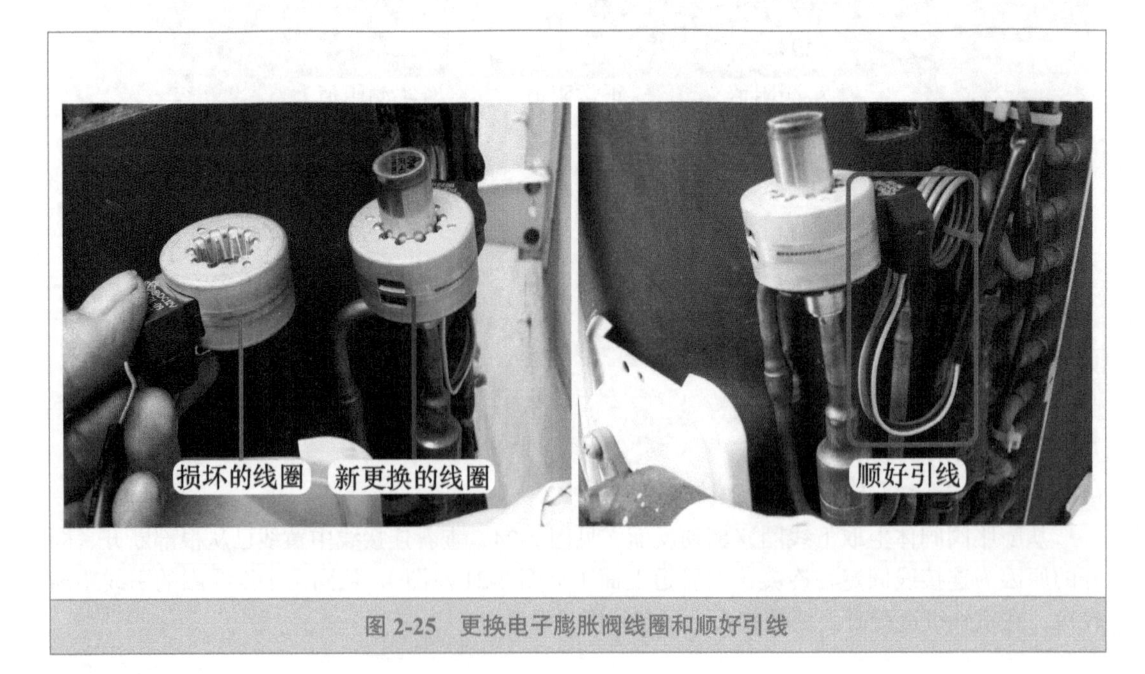

图 2-25　更换电子膨胀阀线圈和顺好引线

总　结：

本例由于线圈引线和固定部位的距离过短，室外机运行时振动导致振裂，再次开机压缩机运行后，系统运行压力由平衡压力迅速下降至负压，此故障表现的现象和系统缺少制冷剂有相同之处，维修时应注意区分。

二、膨胀阀阀体卡死，不制冷

➡ 故障说明：格力 KFR-72LW/（72522）FNAb-A3 柜式直流变频空调器（鸿运满堂），用户反映不制冷，长时间运行房间温度不下降，室内风机一直运行，不显示故障代码。

1. 感觉出风口温度和手摸二通阀、三通阀

上门检查，将空调器重新接通电源，使用遥控器开机，室内风机运行，见图 2-26 左图，将手放在出风口感觉为自然风。

检查室外机，室外风机和压缩机正在运行，见图 2-26 右图，用手摸二通阀和三通阀均为常温，说明制冷系统出现故障，常见原因为缺少制冷剂。

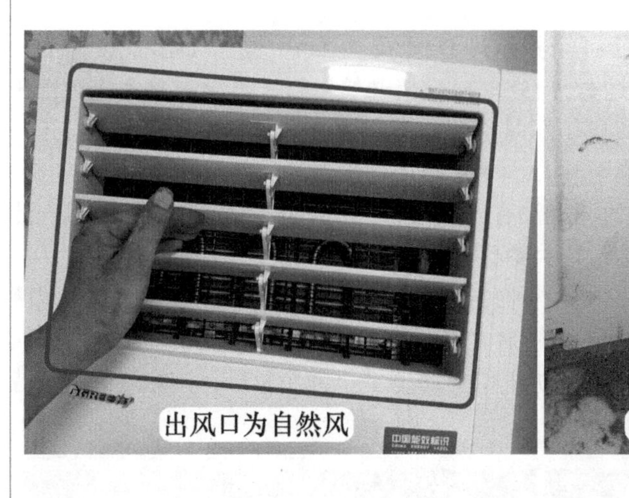

图 2-26　感觉出风口和手摸二通阀、三通阀

2. 测量系统压力

在三通阀检修口接上压力表测量系统运行压力，见图 2-27 左图，查看为负压，确定制冷系统有故障。询问用户故障出现时间，回答说是正常使用时突然不制冷，从而排除系统慢漏故障，可能为无制冷剂或系统堵。

为区分是无制冷剂还是系统堵故障，将空调器关机，压缩机停止运行，见图 2-27 右图，查看系统静态（待机）压力逐步上升，1min 后升至约 1.7MPa，说明系统制冷剂充足，初步判断为系统堵，查看本机使用电子膨胀阀作为节流元件而不是毛细管。

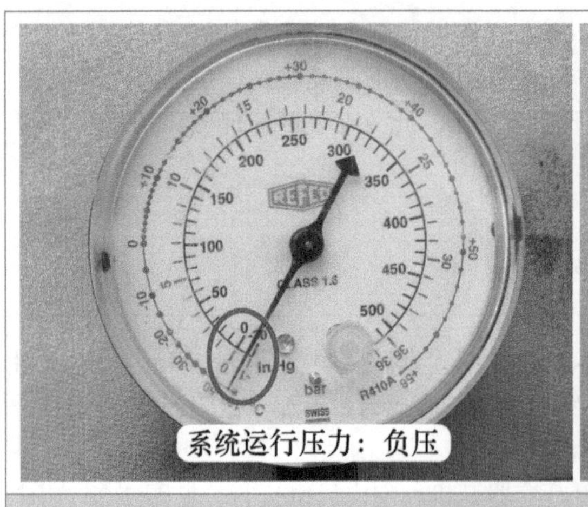

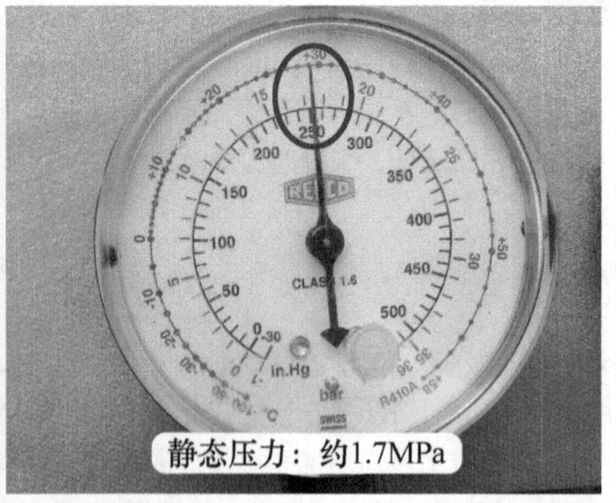

图 2-27　测量系统运行压力和待机静态压力

3. 手摸膨胀阀阀芯和重新安装线圈

切断空调器电源，待 2min 后重新上电开机，见图 2-28 左图，在室外机上电时用手摸电子膨胀阀阀芯，感觉无反应，正常时应有轻微的振动感；同时细听也没有发出轻微的“嗒嗒”声，说明膨胀阀出现故障。

在室外机上电时开始复位，主板上 4 个指示灯 D5（黄）、D6（橙）、D16（红）、D30（绿）同时点亮，35s 时室外风机开始运行，45s 时压缩机开始运行，再次查看系统运行压力直线下降，由 1.7MPa 直线下降至负压，同时空调器不制冷，室外机运行电流为 3.1A，2min 55s 时压缩机停止运行，电流下降至 0.7A，系统压力逐步上升，主板上指示灯 D5 亮、D6 闪、D16 亮、D30 亮，但查看故障代码表没有此项内容，3min10s 时室外风机停机，此时室内风机一直运行，出风口为自然风，显示屏不显示故障代码。

为判断是否由电子膨胀阀线圈在室外机运行时振动引起移位，见图 2-28 右图，取下线圈后再重新安装，同时切断空调器电源 2min 后再次上电开机，室外机主板复位时手摸膨胀阀阀芯仍旧没有振动感，压缩机运行后系统压力由 1.7MPa 直线下降至负压，排除线圈移位造成的阀芯打不开故障。

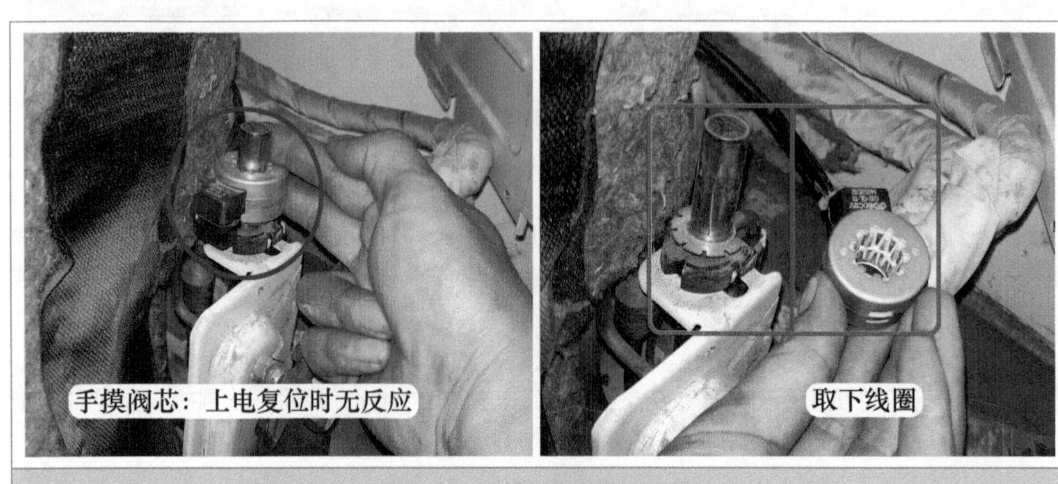

图 2-28　手摸阀芯和取下线圈

4. 测量线圈阻值和驱动电压

为判断线圈是否开路损坏，使用万用表电阻档测量阻值。线圈共有 5 根引线：蓝线为公共端接直流 12V，黑线、黄线、红线、橙线为驱动接反相驱动器。见图 2-29 左图，红表笔接公共端蓝线、黑表笔接 4 根驱动黑线、黄线、红线、橙线时阻值均约为 48Ω，4 根驱动引线之间阻值均分别约为 96Ω，说明线圈阻值正常。

使用万用表直流电压档，表笔接驱动引线，见图 2-29 右图，红表笔接黄线、黑表笔接橙线，在室外机上电主板 CPU 复位时测量驱动电压，主板刚上电时为直流 0V，约 5s 时变为在 −5~5V 之间跳动变化的电压，约 45s 时电压变为 0V，说明室外机主板已输出驱动线圈的脉冲电压，故障为电子膨胀阀阀芯卡死损坏。

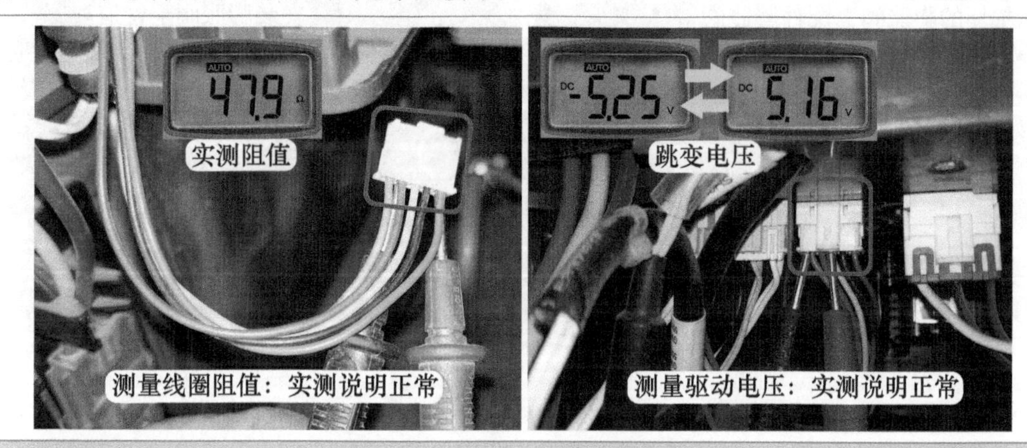

图 2-29 测量线圈阻值和驱动电压

5. 取下膨胀阀

再次切断空调器电源，慢慢松开二通阀上细管螺母和压力表开关，系统的 R410A 制冷剂从接口处向外冒出，等待一段时间使制冷剂放空后，取下膨胀阀线圈，见图 2-30 左图，松开膨胀阀的固定卡扣，扳动膨胀阀使连接管向外移动。

由于松开细管螺母和打开压力表开关后，系统内仍存有 R410A 制冷剂，在焊接膨胀阀管口时，有毒气体（异味）将向外冒出，此时可将细管螺母拧紧，在压力表处连接真空泵，抽净系统内的制冷剂，在焊接时管口不会有气体冒出，见图 2-30 右图，可轻松取下膨胀阀阀体。

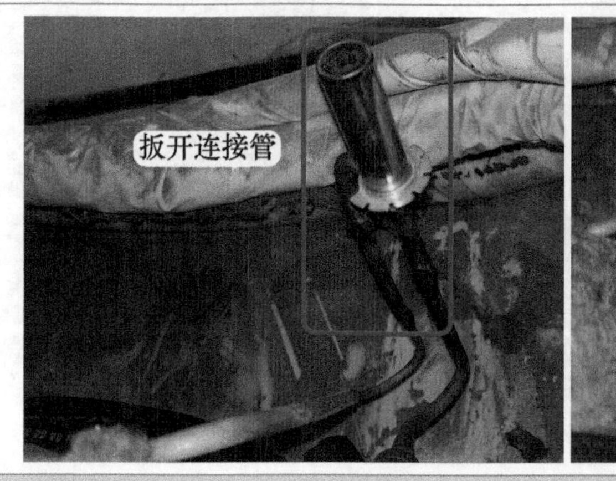

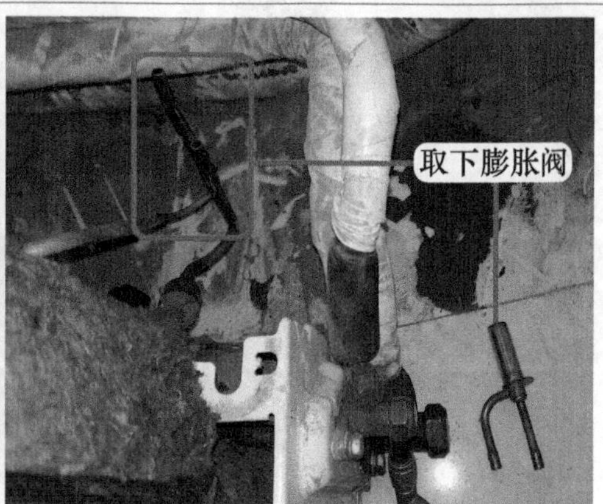

图 2-30 扳开连接管和取下膨胀阀

6. 更换膨胀阀阀芯

见图 2-31 左图，查看取下的损坏的膨胀阀，型号为 Q0116C105，申请的新膨胀阀型号为 DPF1.8C-B053。

取下旧膨胀阀时，应记录管口对应的管道，以防止安装新膨胀阀时管口装反。见图 2-31 右图，将膨胀阀管口对应安装到管道，本例膨胀阀横管（侧方管口）经过滤器连接冷凝器、竖管（下方管道）经过滤器连接二通阀。

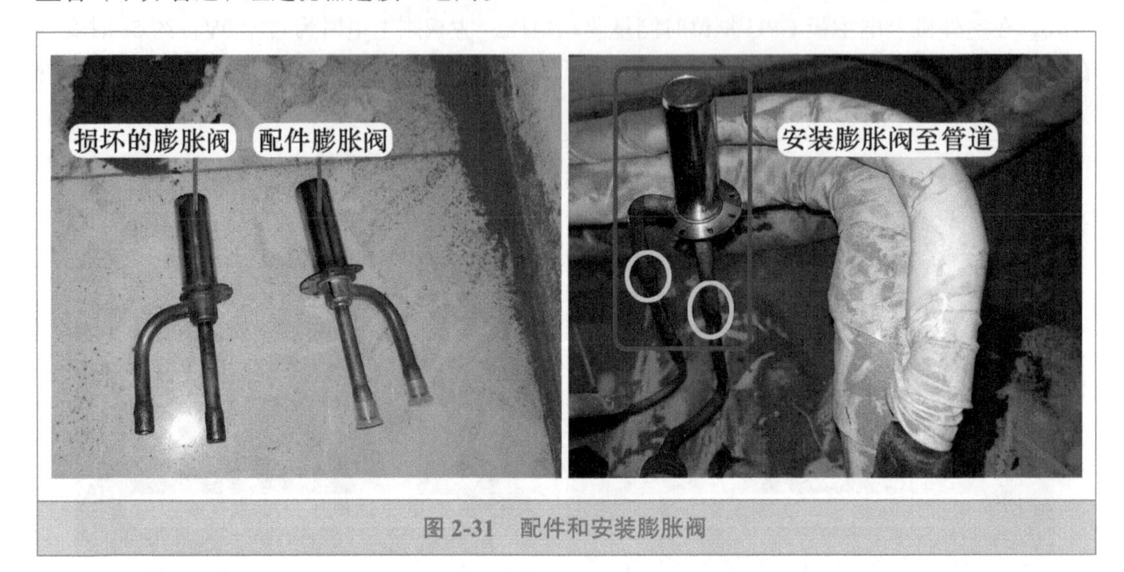

图 2-31　配件和安装膨胀阀

将膨胀阀管口安装至管道后，见图 2-32 左图，再找一块湿毛巾，以不向下滴水为宜，包裹在膨胀阀阀体表面，以防止焊接时由于温度过高损坏内部器件。

见图 2-32 中图，使用焊炬焊接膨胀阀的两个管口，焊接时速度要快，焊接后再将自来水倒在毛巾表面，毛巾向下滴水时为管口降温，待温度下降后，取下毛巾。

向系统充入制冷剂提高压力以用于检查焊点，见图 2-32 右图，再使用洗洁精泡沫涂在管道焊点，仔细查看接口处无气泡冒出，说明焊接正常。

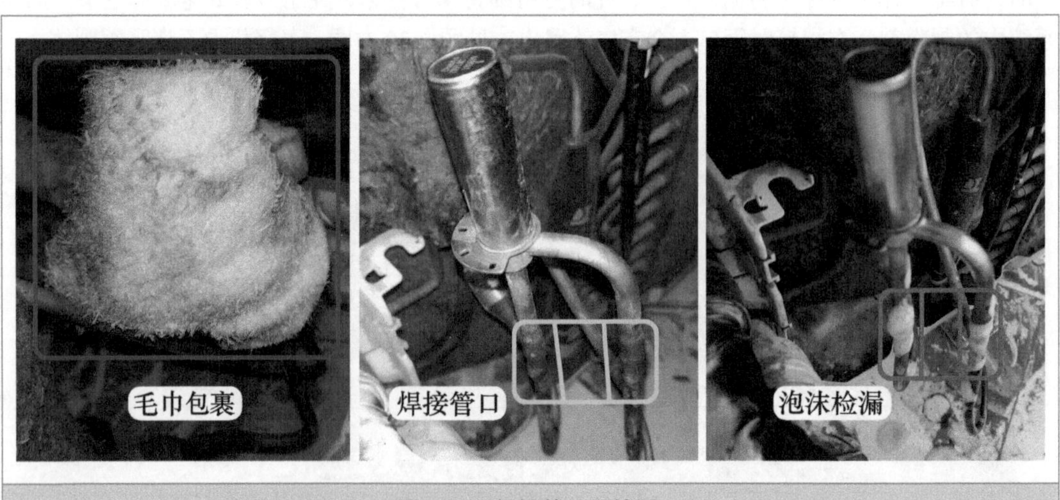

图 2-32　焊接管口和检漏

7. 上电试机

将膨胀阀阀体固定在原安装位置，安装线圈后上电开机，见图 2-33 左图，室外机主板复位时手摸膨胀阀有振动感，同时能听到阀体发出的“嗒嗒”声，说明新膨胀阀内部阀针可上下移动，测试膨胀阀正常后切断空调器电源。

使用活扳手拧紧细管螺母，再使用真空泵对系统抽真空约 20min，定量加注 R410A 制冷剂约 1.8kg，系统压力平衡后再上电试机，见图 2-33 右图，查看系统运行压力逐步下降至约 0.9MPa 时保持稳定，手摸二通阀和三通阀也开始变凉，运行一段时间后在室内机出风口感觉吹出的风较凉，说明制冷恢复正常，故障排除。

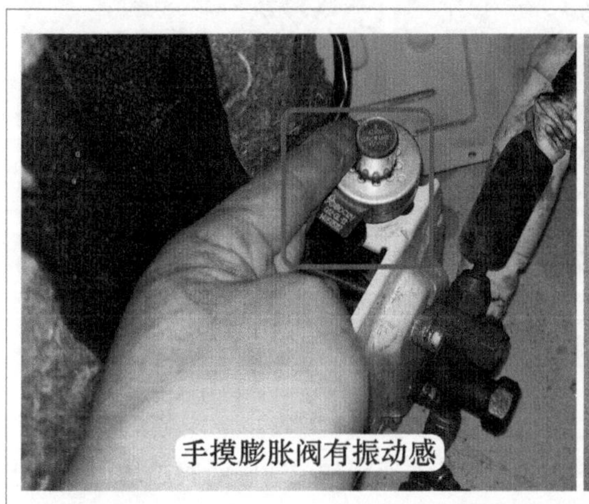

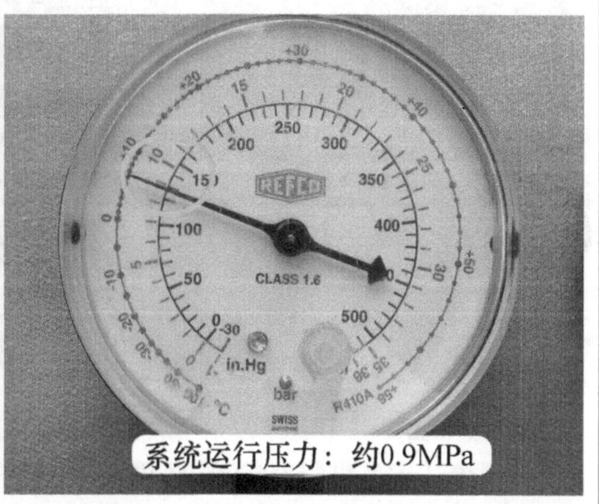

图 2-33　手摸膨胀阀和测量系统运行压力

➡ 维修措施：更换电子膨胀阀阀体。

总　结：

① 电子膨胀阀损坏常见原因有线圈开路、膨胀阀卡死。其中膨胀阀卡死故障率较高，表现为正在制冷时突然不制冷；或者关机时正常，再开机时不制冷。

② 膨胀阀阀芯卡死故障时压缩机运行时压力为负压，和系统无制冷剂表现相同，应注意区分故障部位。方法是关机查看静态压力，如压力仍旧较低（0.1 ~ 0.8MPa），为系统无制冷剂故障；如压力较高（约 1.8MPa），为膨胀阀阀芯卡死。

三、更换膨胀阀阀体步骤

本小节以海尔 KFR-35GW/09QDA22A 挂式直流变频空调器为基础，介绍电子膨胀阀阀体损坏时，更换阀体的操作步骤。

1. 取下线圈和胶泥

由于更换阀体有一定的难度，如果室外机外挂在墙壁上，更换不是很方便，因此更换阀体时见图 2-34 左图，最好将室外机取下，放空系统内的制冷剂，并放置在平坦的地面上。

取下室外机顶盖和前盖，即可看到电子膨胀阀组件，见图 2-34 中图，再取下位于阀体上部的线圈。

阀体下部使用由黑色沥青材料为主要元件制成的减振胶泥，用于减少阀体的振动，增加保温效果，见图 2-34 右图，取下减振胶泥。

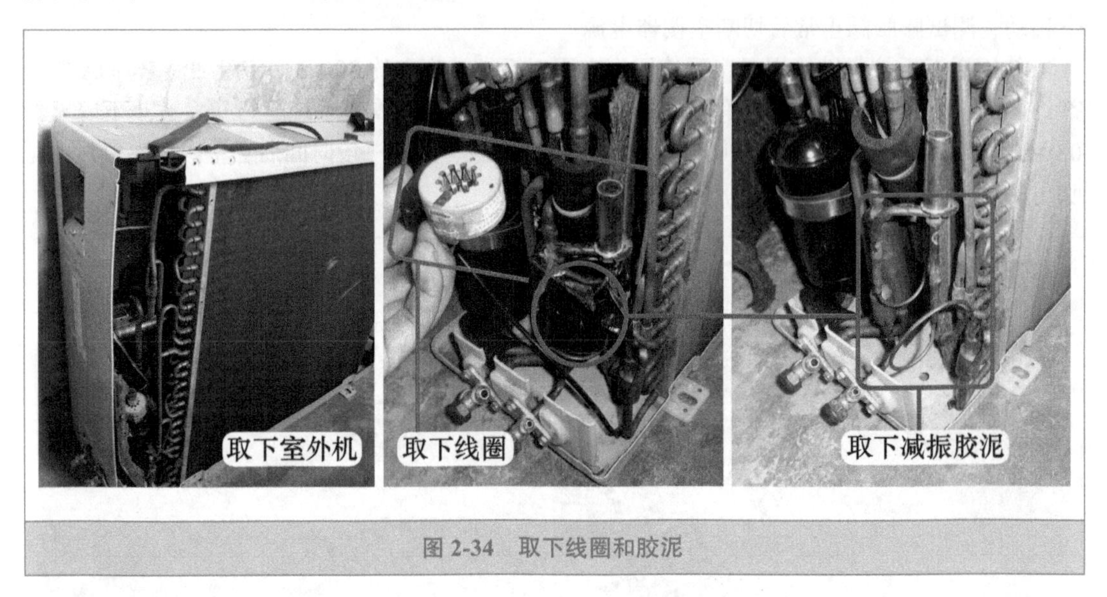

图 2-34　取下线圈和胶泥

2. 取下阀体

再次确认室外机制冷系统内的制冷剂已经放空，并且二通阀和三通阀的阀芯均已经处于全开的位置。

见图 2-35，使用焊枪加热阀体下方侧管的接口，待接口烧红时，使用尖嘴钳取下插在侧管管口的管道，即取下侧管管口。

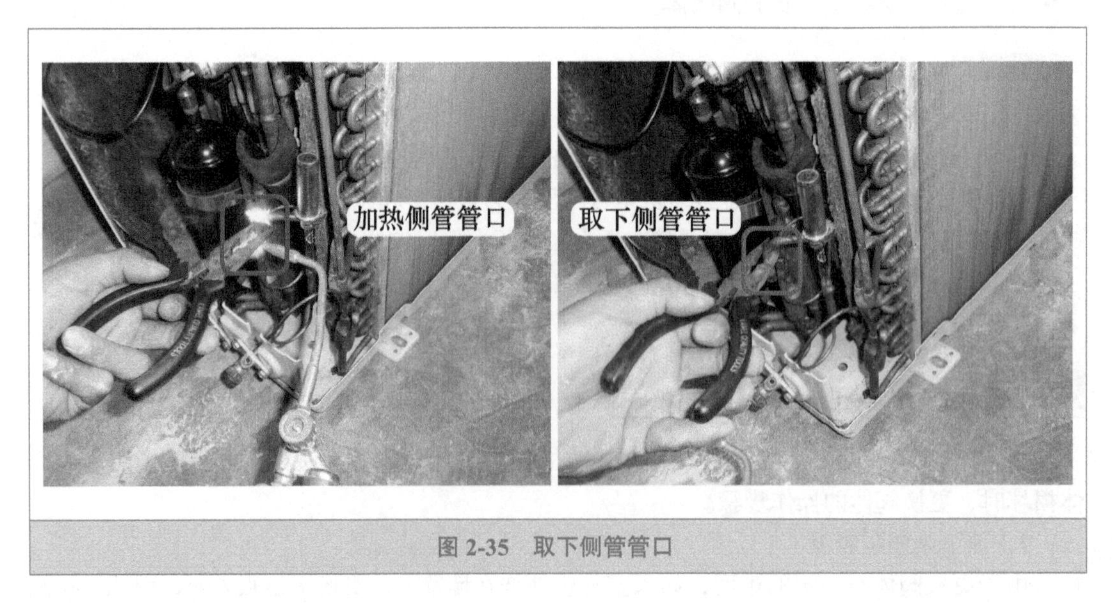

图 2-35　取下侧管管口

再使用焊枪加热阀体下方直管的接口，见图 2-36，待管口烧红时，使用尖嘴钳向上提起阀体，使管口和管道分离，即可取下阀体。

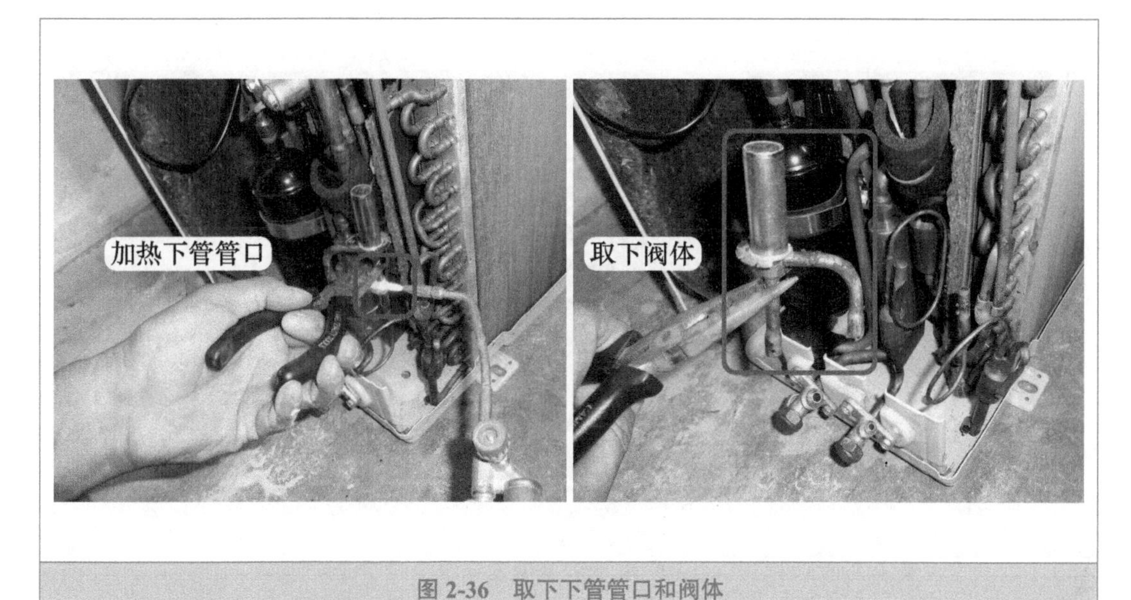

图 2-36　取下下管管口和阀体

3. 包扎阀体

图 2-37 左图为需要更换的同型号新阀体的实物外形。

由于焊接阀体时温度较高，为防止损坏内部部件，在焊接时需要降温，图 2-37 右图为淋湿的毛巾，以不向下滴水为宜。

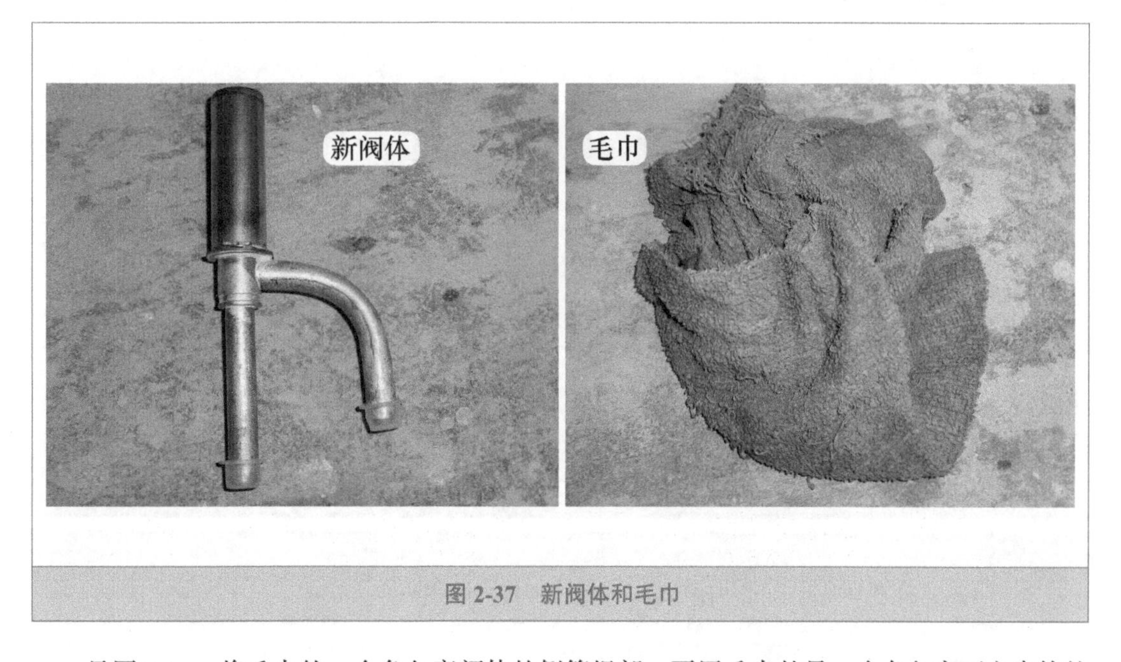

图 2-37　新阀体和毛巾

见图 2-38，将毛巾的一个角包裹阀体的侧管根部，再用毛巾的另一个角包裹下方直管的根部，最后剩下的毛巾将整个阀体包裹结实，使毛巾紧贴管道根部和阀体表面。

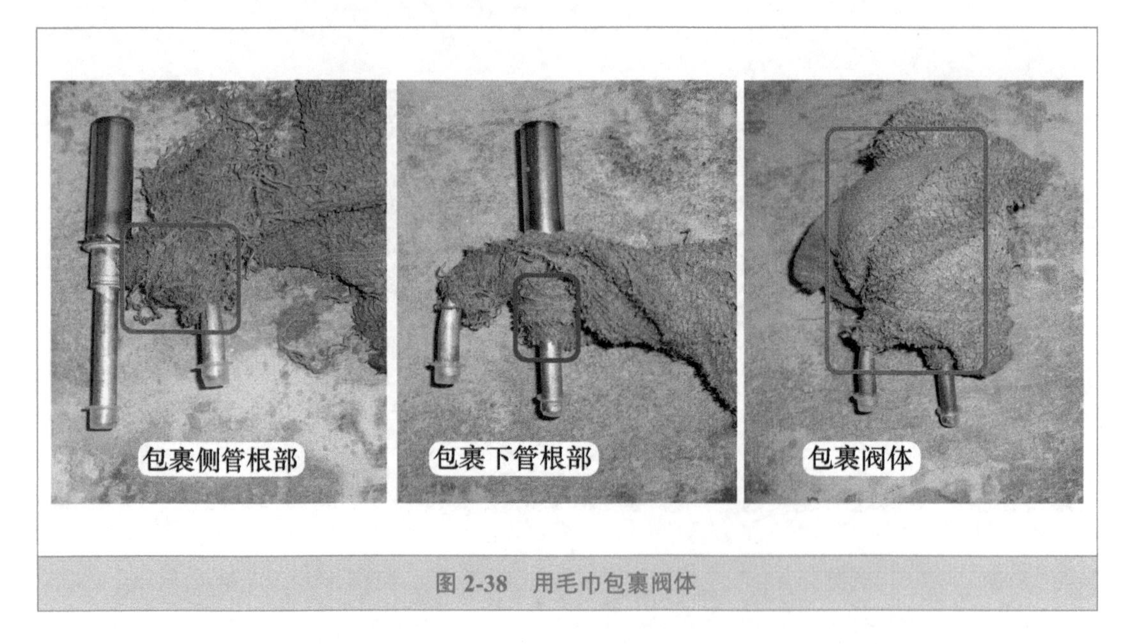

图 2-38　用毛巾包裹阀体

4. 安装阀体

使用焊枪加热室外机管道接口，见图 2-39 左图，表面的焊渣向下流动，应使管口干净，以便安装阀体接口。

待室外机管道接口温度下降后，按原位置安装阀体，见图 2-39 右图，并使管口安装正确，注意不要将阀体下方的管道安装错误。

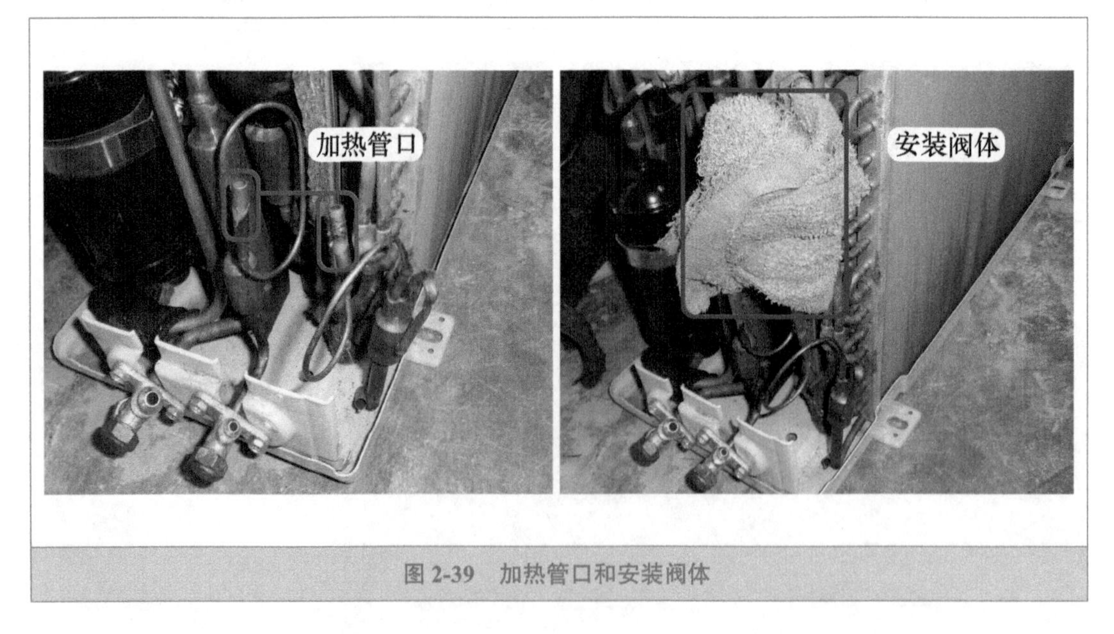

图 2-39　加热管口和安装阀体

5. 焊接阀体

见图 2-40，使用焊枪加热阀体的侧管接口，待管口烧红时，用焊条焊接管口，再使用同样方法焊接下方的直管接口。

图 2-40 焊接阀体

6. 用凉水降温

管口焊接完成后，见图 2-41 左图，快速将装有自来水的矿泉水瓶倒向毛巾，为阀体降温。注意，倒水时一定不要将水滴入二通阀和三通阀的管道接口里面，否则将造成系统冰堵故障。

待阀体温度下降后，取下毛巾，见图 2-41 右图。

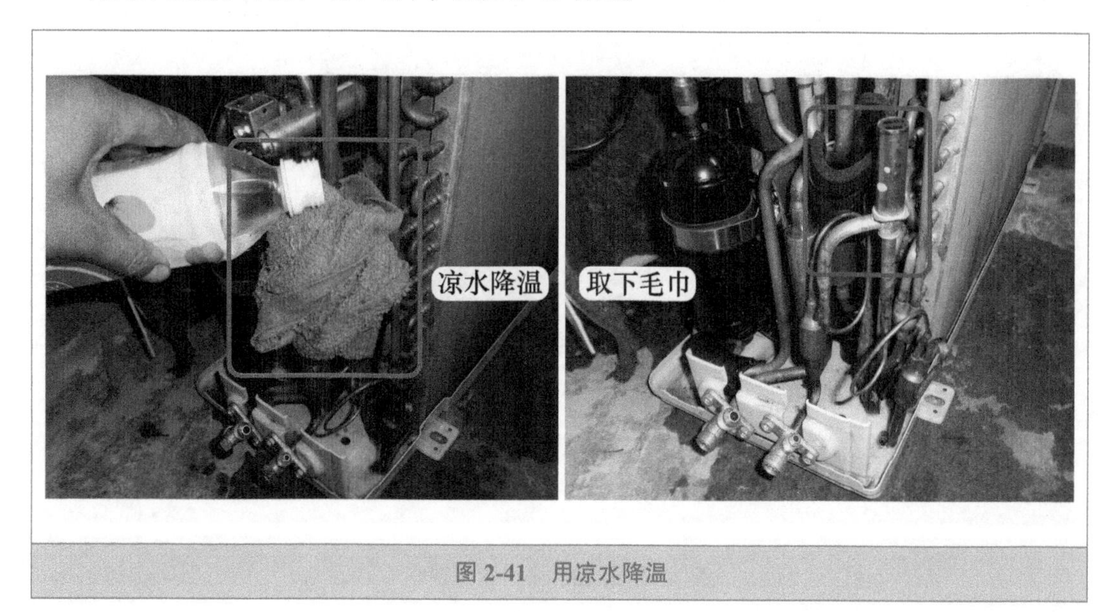

图 2-41 用凉水降温

7. 检查漏点

取下二通阀和三通阀堵帽，见图 2-42，使用内六方扳手关闭三通阀的阀芯，再将加制冷剂管的一端连接二通阀接口，另一端经压力表连接 R410A 制冷剂钢瓶，打开制冷剂钢瓶和压力表阀门，向室外机制冷系统充入制冷剂，充至静态压力约为 1.0MPa，用于检查漏点。

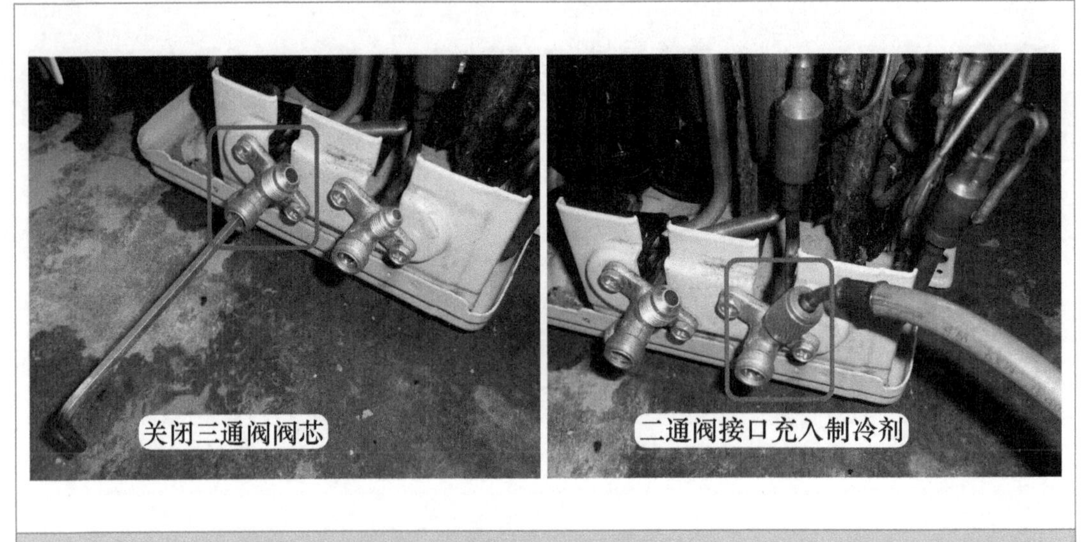

图 2-42　关闭阀芯和充入制冷剂

将洗洁精涂在毛巾上面，见图 2-43 左图，并轻揉出泡沫，再将泡沫涂在阀体的侧管和直管接口，检查是否有气泡冒出，无气泡冒出说明焊点正常，有气泡冒出说明焊点有砂眼，应放空制冷剂重新对管口焊点进行补焊。

检查焊点正常后，见图 2-43 右图，更换阀体基本完成。

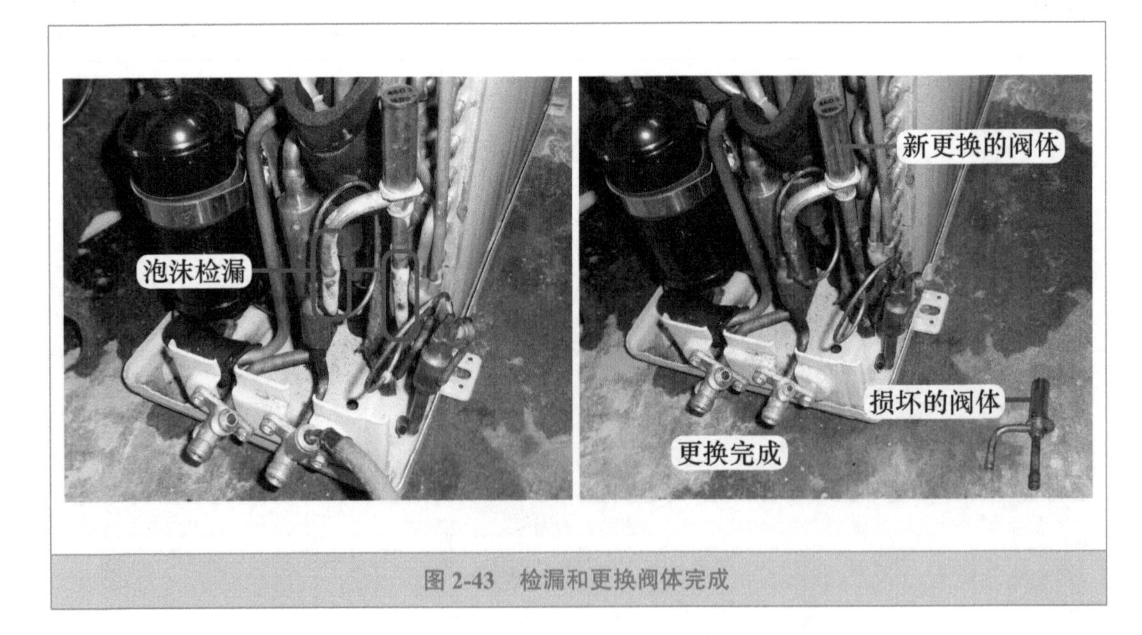

图 2-43　检漏和更换阀体完成

8. 安装胶泥和线圈

找到拆下的减振胶泥，见图 2-44，并粘在阀体下方的管道和毛细管位置，再将线圈安装到阀体，且将卡扣固定到位。

图 2-44　安装胶泥和线圈

9. 安装室外机

安装室外机前盖和上盖，再安装室外机至墙壁的外挂支架上面，并拧紧底脚的 4 个固定螺钉。再将连接管道安装至二通阀和三通阀接口，连接线安装至接线端子，使用真空泵对制冷系统抽真空，再定量加注制冷剂，上电开机即可使用。

第三章 Chapter 3

变频空调器室内机故障

第一节 常见故障

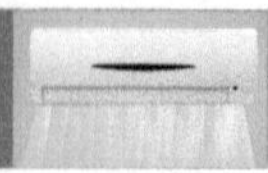

一、变压器损坏，上电无反应

➡ 故障说明：海信 KFR-2601GW/BP 挂式交流变频空调器，用户反映上电后无反应，使用遥控器不能开机。图 3-1 为室内机电源电路原理图。

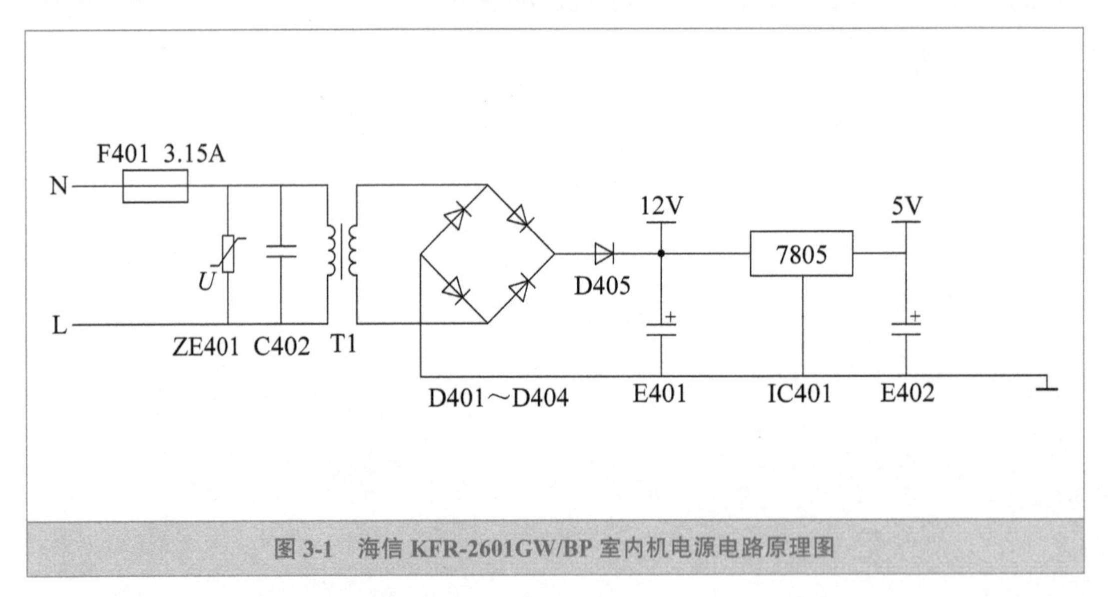

图 3-1 海信 KFR-2601GW/BP 室内机电源电路原理图

1. 用手扳动导风板至中间位置后通电试机

见图 3-2 左图，将导风板扳至中间位置，再将空调器接通电源，观察导风板，如果导风板能自动关闭，说明主板直流 12V、5V 供电正常，且 CPU 三要素电路工作正常；如果导风板不动，则说明主板直流 12V、5V 供电不正常或者空调器没有工作电源，也有可能为 CPU 三要素电路故障。

见图 3-2 右图，本例扳动导风板至中间位置，通上电源后导风板不动。

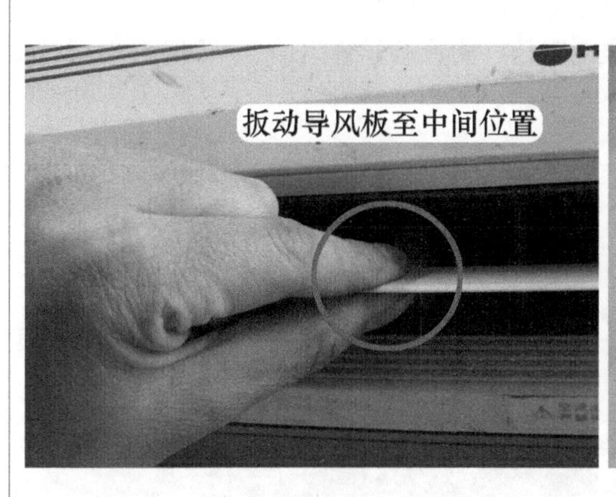

图 3-2　将导风板扳至中间位置和上电试机

2. 按压按键和测量插座电压

按压显示板组件上的“应急开关”按键，见图 3-3 左图，室内机蜂鸣器不响、导风板不动、室内风机不运行、指示灯不亮，即没有任何反应，也表明室内机主板 CPU 没有工作。

使用万用表交流电压档，见图 3-3 右图，测量插座电压，如果为交流 0V，则说明空调器没有供电，主要检查用户的断路器（俗称空气开关）、空调器插座等，检查故障并排除；如果为 220V，则说明供电正常，本例实测为 224V，说明插座电压正常。

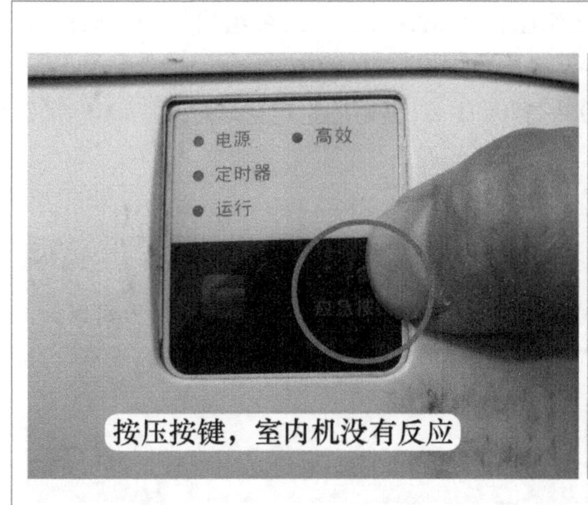

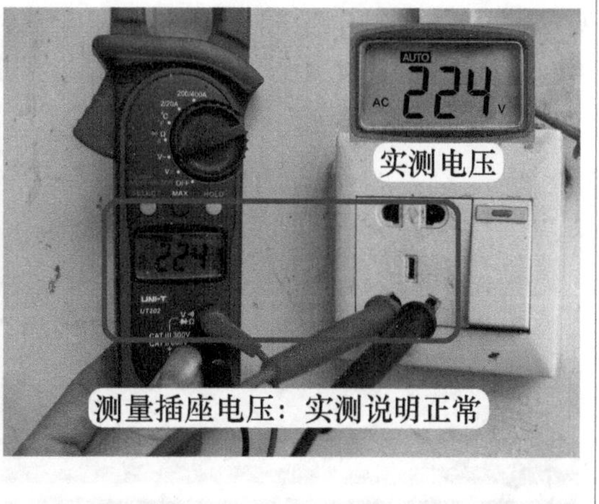

图 3-3　按压按键和测量插座电压

3. 测量插头和熔丝管阻值

由于变压器一次绕组与交流 220V 电源并联，所以测量插头 L、N 阻值相当于测量一次绕组阻值，见图 3-4 左图，使用万用表电阻档，测量插头 L、N 阻值为无穷大，需要重点检查变压器一次绕组阻值和熔丝管（俗称保险管）阻值。

切断空调器电源，取下室内机外壳，抽出主板，首先查看熔丝管，目测内部熔丝没有熔断，初步判断正常，为准确判断，使用万用表电阻档，测量熔丝管阻值，见图 3-4 右图，实测约为 0Ω，确定熔丝管正常。

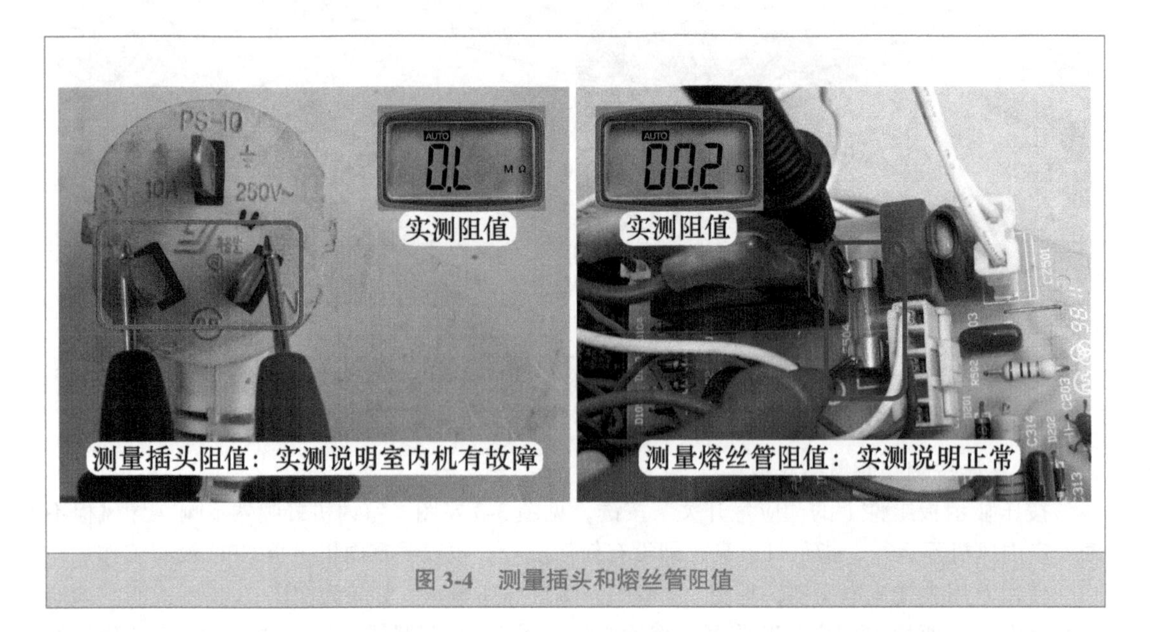

图 3-4　测量插头和熔丝管阻值

4. 测量变压器绕组阻值

使用万用表电阻档，测量变压器绕组阻值，测量时应将变压器一次绕组和二次绕组插头从主板上拔下单独测量，见图 3-5，实测一次绕组阻值为无穷大，二次绕组阻值为 1.6Ω，说明变压器一次绕组开路损坏。

➡ 说明：如果测量一次绕组阻值正常（为 300 ~ 700Ω），应当测量电源线阻值。

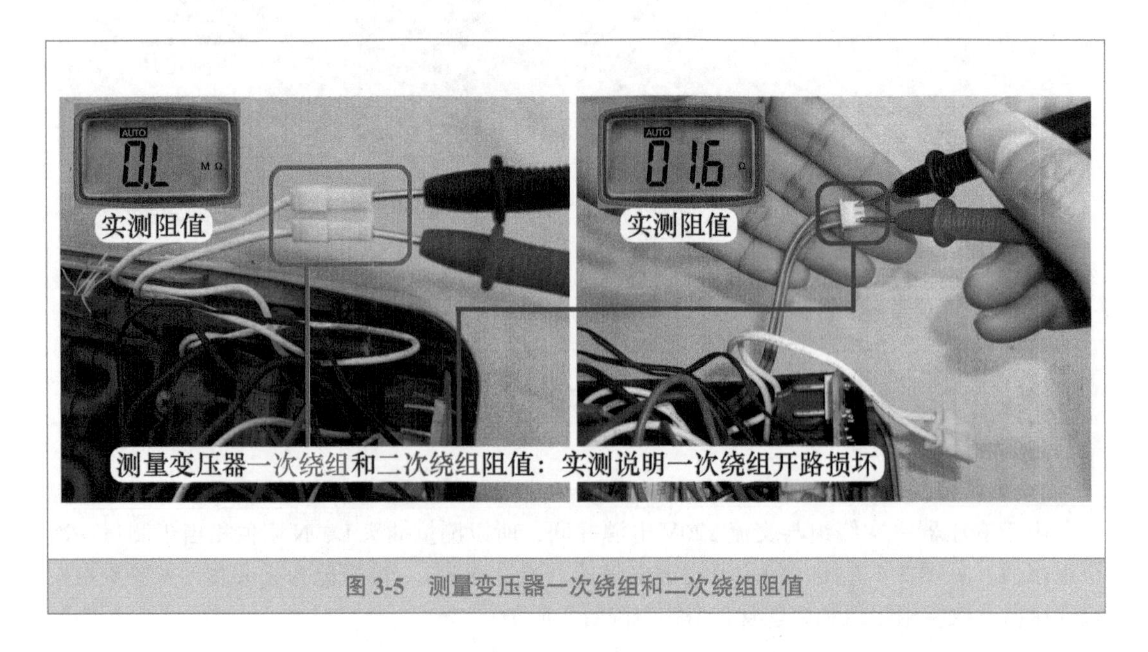

图 3-5　测量变压器一次绕组和二次绕组阻值

➠ 维修措施：见图 3-6 左图和中图，更换变压器，更换后将空调器接通电源，导风板自动关闭，说明 CPU 已经开始工作，也间接说明室内机主板直流 12V 和 5V 电压正常。按压遥控器上的“开关”按键，蜂鸣器响一声后，导风板打开，室内风机运行，室外风机和压缩机也开始运行，空调器制冷恢复正常，故障排除。

拔下空调器电源插头，使用万用表电阻档，见图 3-6 右图，测量插头 L 和 N 阻值，实测为 337Ω。

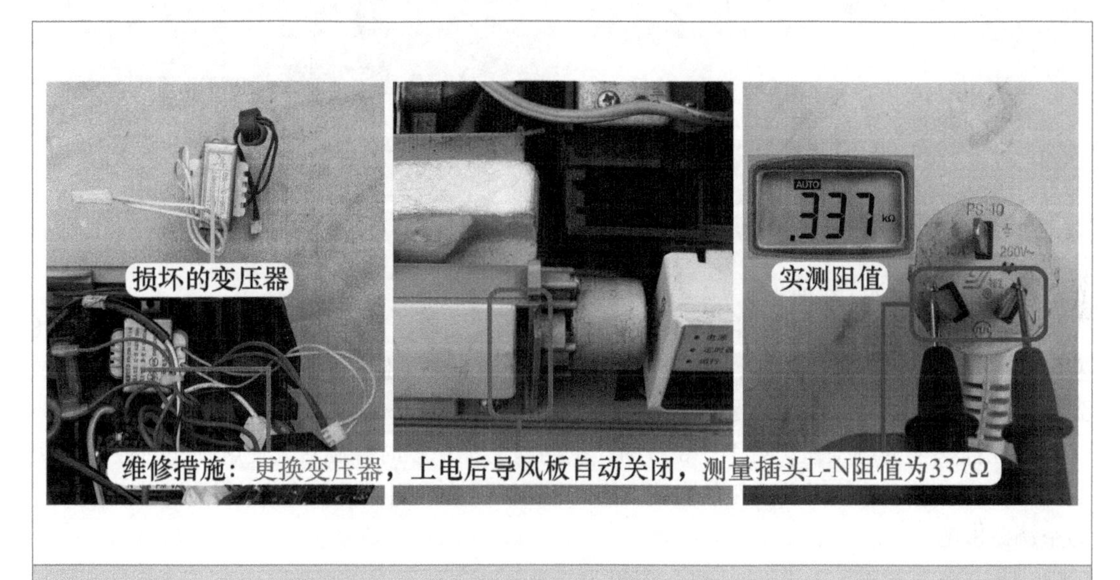

图 3-6　更换变压器后上电试机和测量插头阻值

总　结：

变压器一次绕组开路引起空调器上电无反应故障，在实际维修中占到很大的比例，本例检修思路和定频空调器基本相同，按定频空调器上电无反应故障的检修步骤，同样可以检查出故障根源。

二、旋转插座未安装到位，上电无反应

➠ 故障说明：格力 KFR-50GW/（50582）FNCa-A2 挂式直流变频空调器（U 雅 - Ⅱ），用户反映空调器新装机，插头插入插座后，使用遥控器开机室内机没有反应。

1. 查看指示灯和用遥控器开机

此机显示屏位于室内机右侧，待机状态电源指示灯应当点亮，上门检查，见图 3-7 左图，查看显示屏整体不亮，处于熄灭状态。

将遥控器模式设定为制冷、温度设为 24℃，发射头对准显示屏位置，见图 3-7 右图，按压“开关”按键，室内机没有反应，正常时蜂鸣器响一声后导风板打开，室内风机运行。由于为新装机，室内机出现故障的概率较小，常见为插头没有旋转到位或者主板插头接触不良。

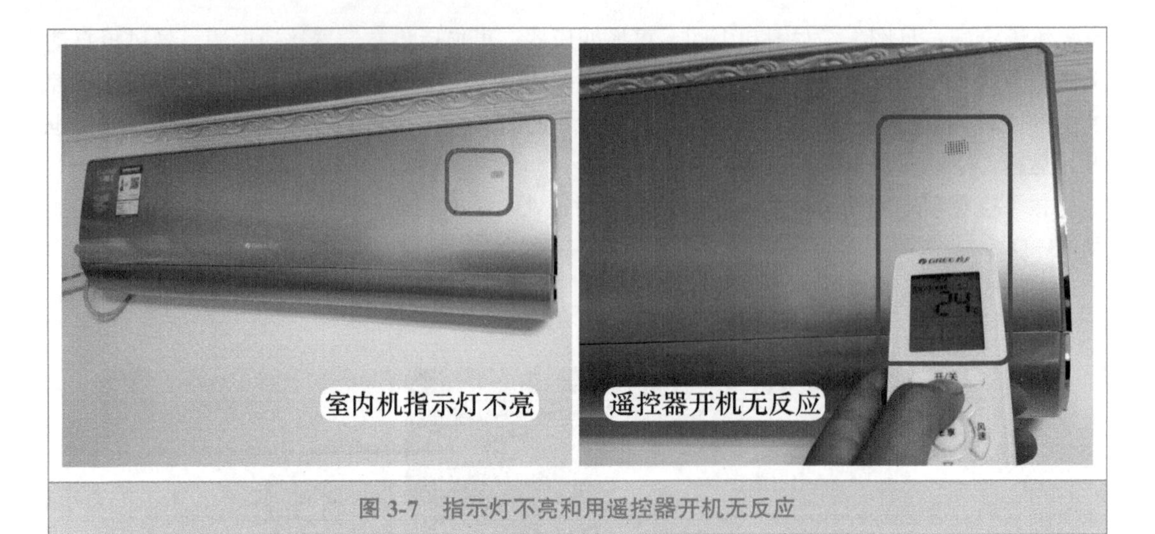

图 3-7 指示灯不亮和用遥控器开机无反应

2. 查看插座和旋转插头

本机为 2P 变频挂式空调器，未使用常见的直插式插座，而是使用旋转式插座，见图 3-8 左图，查看插头已安装至插座，但插头上解锁钮对应为红色虚心圆圈，相当于插头只是安装到插座里面，但电源未接通，因而空调器没有供电。

按住插头上的解锁钮，见图 3-8 右图，按插座上标识顺时针旋转，使解锁钮对应红色实心圆圈，这时触点才接通，插座的交流 220V 电源经插头和引线送至室内机主板和接线端子，为空调器供电。

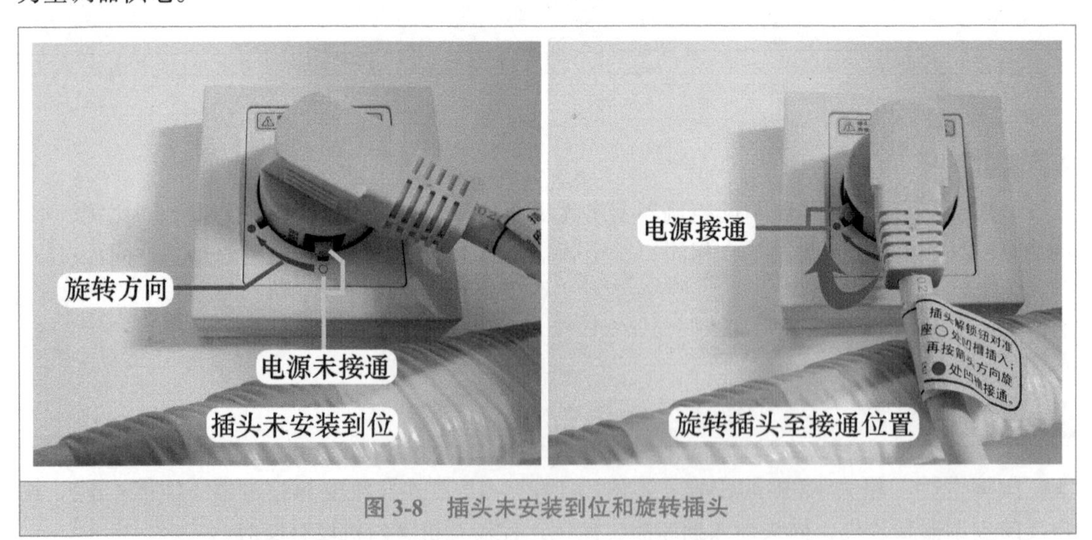

图 3-8 插头未安装到位和旋转插头

3. 指示灯点亮和用遥控器开机

当插头解锁钮对准插座上红色实心圆圈时，插头和插座电源接通，见图 3-9 左图，室内机蜂鸣器发出“嘀”一声，显示屏上电源指示灯持续点亮，导风板复位过后处于待机状态。

见图 3-9 右图，再次将遥控器发射头对准室内机显示屏，并按压“开关”按键开机，蜂鸣器响一声后，导风板向外伸出打开，室内风机开始运行，出风口有风吹出，待室外风机和压缩机运行后，出风口吹出较凉的风为房间内降温，说明制冷正常。

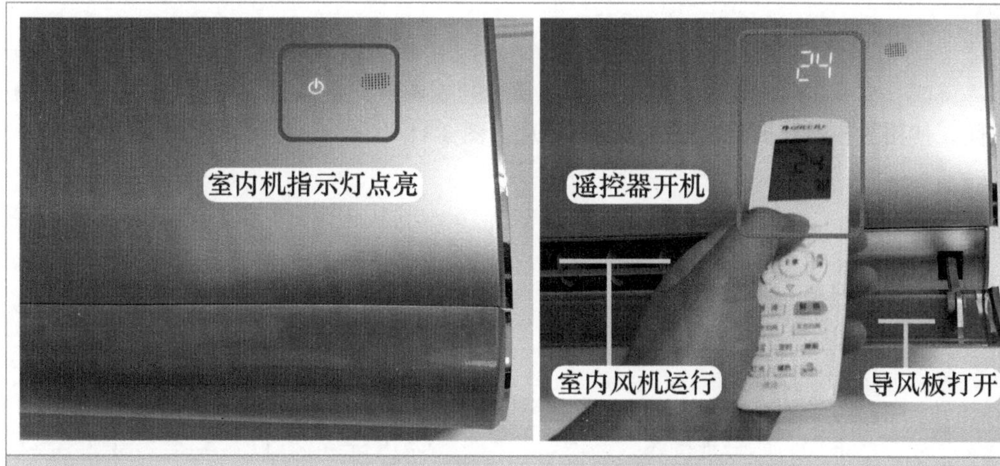

图 3-9 指示灯点亮和用遥控器开机

➡ 维修措施：旋转插头，使解锁钮对准红色实心圆圈，空调器才能得到供电。

总 结：

① 目前新出厂的格力 1P 或 1.5P 挂式变频空调器，室内机设置有功率较大的辅助电加热，通常使用 16A 的直插式插座，即插头插入插座后电源接通，插头拔出后电源断开。

② 目前新出厂的 2P 挂式或柜式空调器，压缩机和辅助电加热功率增加，未使用直插式插头或出厂时只有连接线，到用户家再安装断路器（俗称空气开关），而是使用旋转式插座，见图 3-10 左图，其触点可以通过较大的电流，以保证空调器正常使用。相比直插式插头，旋转式插座可以旋转以接通和断开供电，插头上设有解锁钮，安装插头需要接通电源时见图 3-8 右图所示。

③ 旋转式插座需要切断电源、拔出插头时，直接向外或者用力向外拔插头时不能取出，甚至会损坏插座，正确的做法见图 3-10 右图，向里按压插头上的解锁钮，逆时针旋转插头，使解锁钮对准红色虚心圆圈，断开电源后，再向外拔插头即可取出。

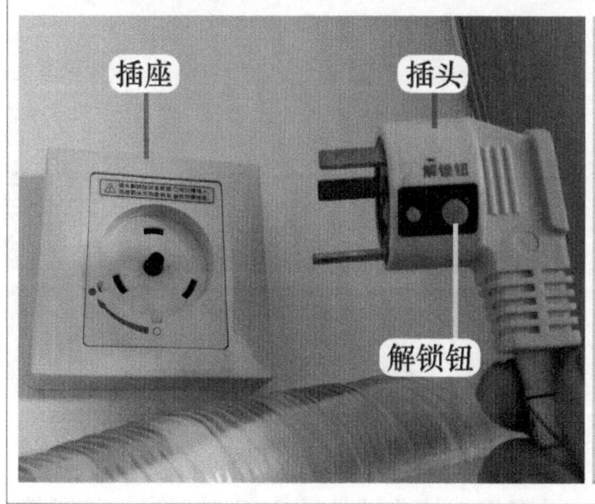

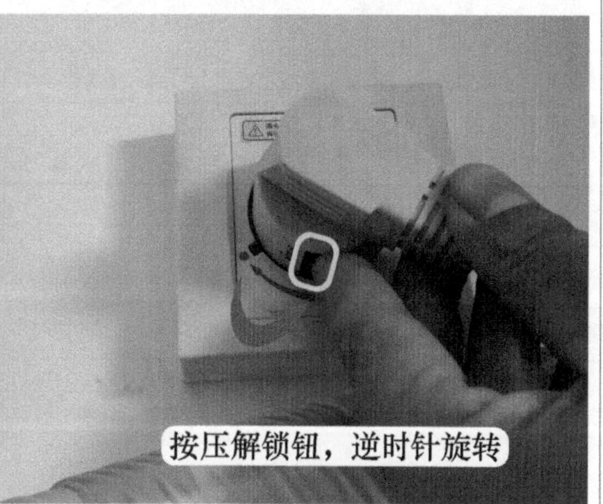

图 3-10 旋转插头和取出插头方法

三、接收器损坏，不接收遥控器信号

➡ 故障说明：海信 KFR-2601GW/BP 挂式交流变频空调器，将电源插头插入插座，导风板自动关闭，使用遥控器开机时，室内机没有反应。图 3-11 为室内机接收器电路原理图。

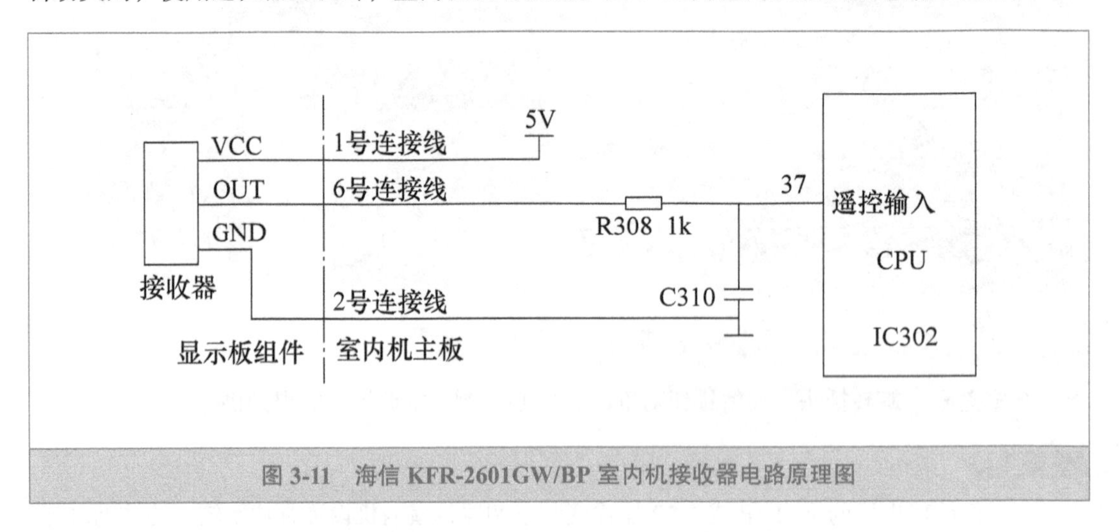

图 3-11 海信 KFR-2601GW/BP 室内机接收器电路原理图

1. 按压按键开机和检测遥控器

见图 3-12 左图，按压显示板组件上的“应急开关”按键，导风板自动打开，室内风机运行，制冷正常，判断故障为遥控器损坏或接收器损坏。

打开手机的摄像功能，见图 3-12 右图，并将遥控器发射头对准手机的摄像头，按压遥控器上的“开关”按键，在手机屏幕上能观察到遥控器发射头发出的白光，说明遥控器正常，判断故障在接收器电路。

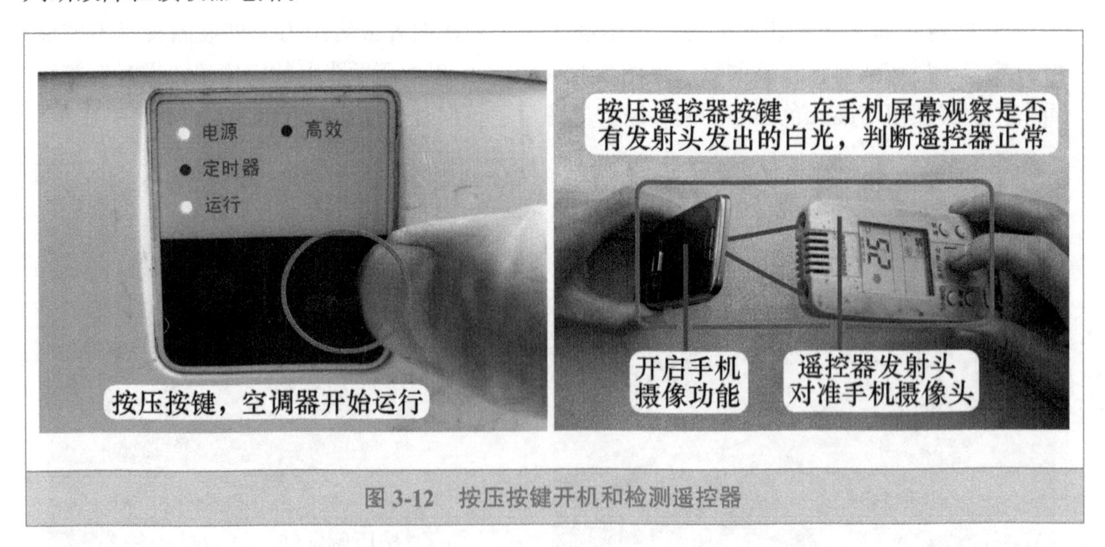

图 3-12 按压按键开机和检测遥控器

2. 测量接收器电源和信号引脚电压

使用万用表直流电压档，见图 3-13 左图，黑表笔接接收器地（GND）引脚，红表笔接电源引脚（VCC、供电）测量电压，正常为 5V，实测为 5V，说明供电电压正常。

见图 3-13 右图，黑表笔不动仍旧接地，红表笔接信号引脚（OUT、输出）测量电压，在静态即不接收遥控器信号时应接近供电电压 5V，而实测约为 3V，初步判断接收器出现故障。

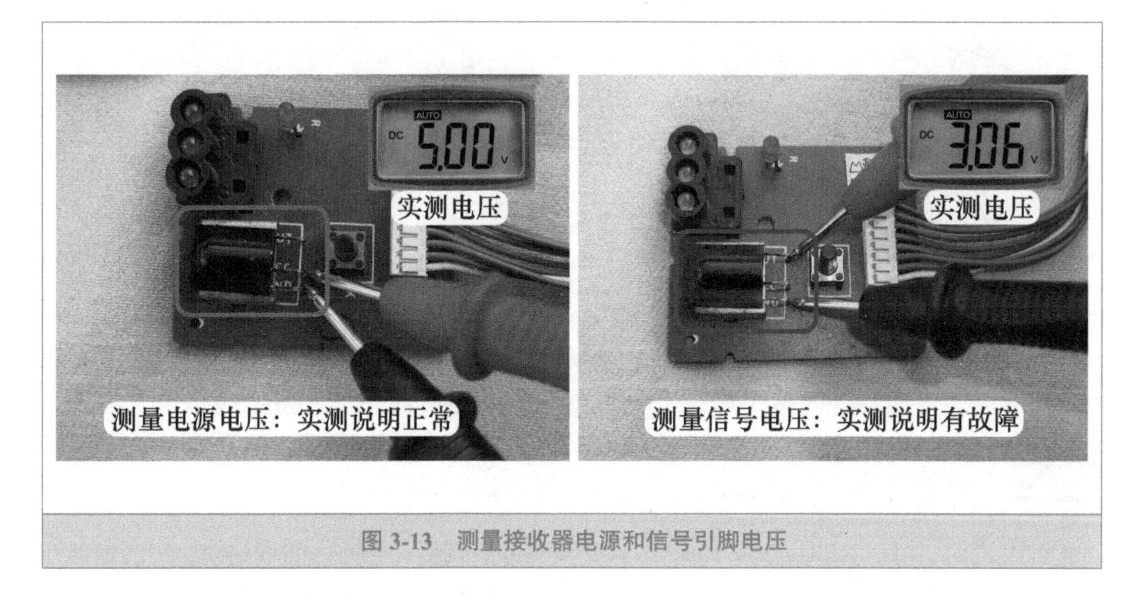

图 3-13 测量接收器电源和信号引脚电压

3. 动态测量接收器信号引脚电压

见图 3-14，按压遥控器上的“开关”按键，动态测量接收器信号引脚电压，接收器接收遥控器信号同时应有电压下降过程，而实测不变一直恒定约为 3V，确定接收器损坏。

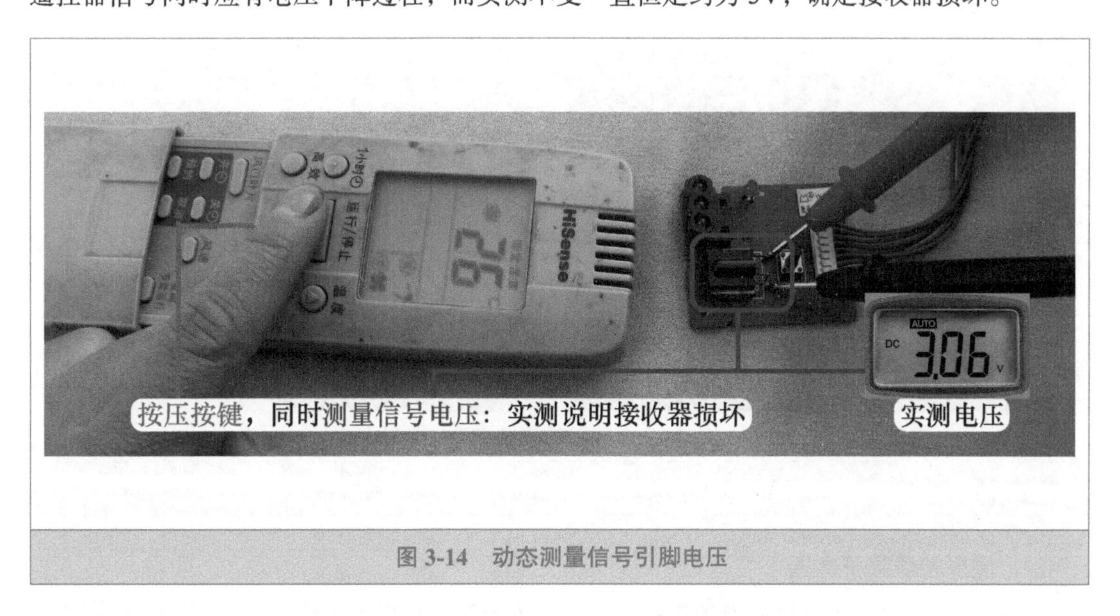

图 3-14 动态测量信号引脚电压

➡ 维修措施：见图 3-15，本机接收器型号为 0038，更换接收器后按压遥控器上的“开关”按键，室内机主板蜂鸣器响一声后，导风板打开，室内风机运行，制冷正常，不接收遥控器信号故障排除。

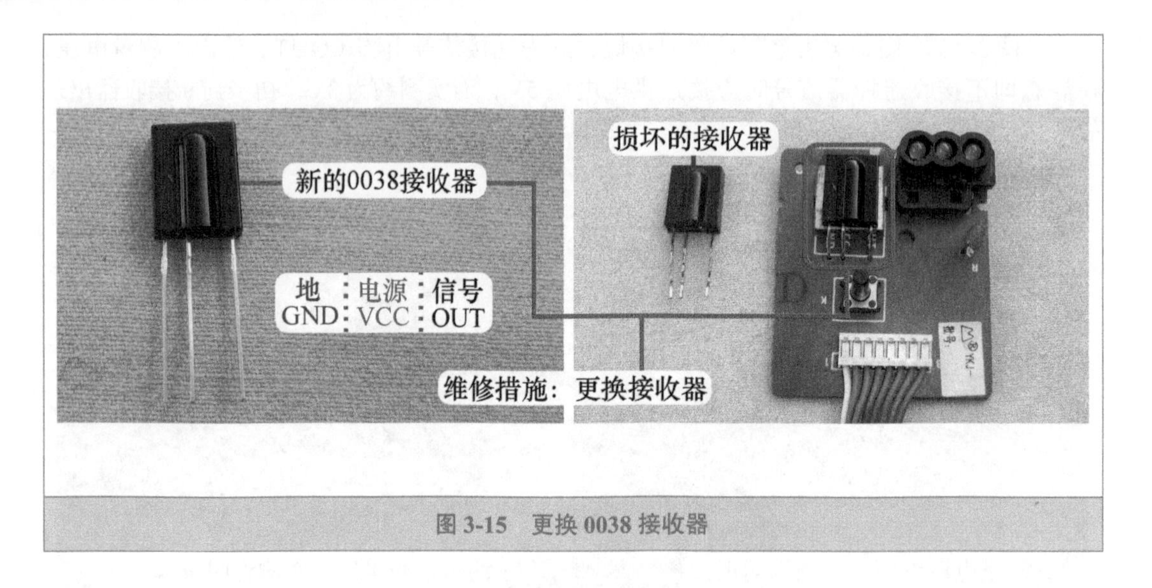

图 3-15 更换 0038 接收器

四、管温传感器阻值变小，不制冷

➡ 故障说明：海信 KFR-45LW/39BP 柜式交流变频空调器，先前由同事维修，用遥控器开机后室外风机和压缩机均不运行，检查室外机主板直流 300V、12V、5V 电压均正常，判断室外机主板损坏，见图 3-16，经更换后故障依旧，又判断为室内机主板故障，在更换时邀请作者一起去用户家维修。

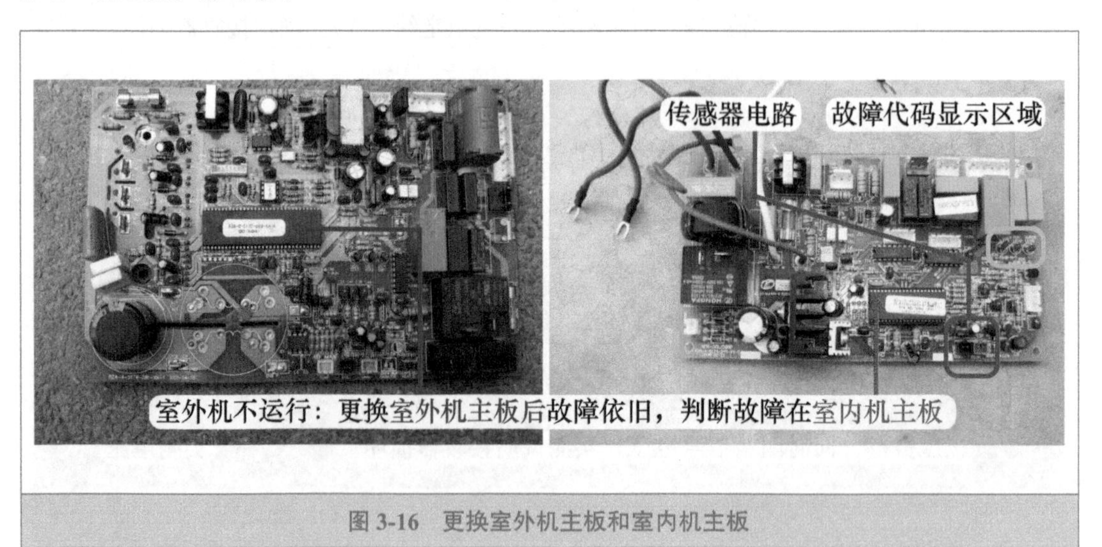

图 3-16 更换室外机主板和室内机主板

1. 测量接线端子电压

上门检查，取下室内机进风格栅，短接门开关引线，在更换室内机主板前测量室内机的关键点电压。

使用万用表交流电压档，见图 3-17 左图，用遥控器开机后测量室内机接线端子 1 号相线 L 端和 2 号零线 N 端电压为交流 220V，说明室内机主板已向室外机输出供电。

将万用表档位改为直流电压档，见图 3-17 右图，黑表笔接 2 号零线 N 端、红表笔接 4 号 S 端测量通信电压，开机后为 0 ~ 24V 跳动变化的直流电压，判断室外机主板 CPU 工作正常，且通信电路也工作正常。

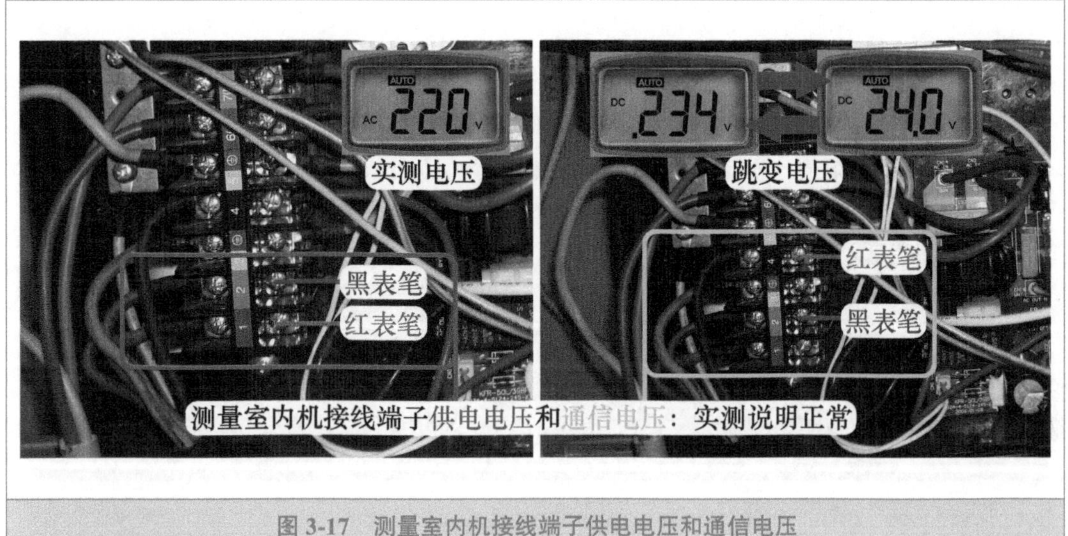

图 3-17 测量室内机接线端子供电电压和通信电压

2. 测量传感器电路电压

使用万用表直流电压档，见图 3-18，黑表笔接室内机主板 7805 中间引脚地，红表笔测量室内机环温和管温传感器插座电压，此时室内温度约为 30℃。

测量室内环温传感器（ROOM）红色插座 CN11，供电电压（①处）为 5V，分压点电压（②处）约为 2.7V；测量室内管温传感器（COIL）黑色插座 CN12，供电电压（③处）为 5V，分压点电压（④处）约为 4.7V；同一温度下环温分压点和管温分压点电压相差约 2V，初步判断室内管温传感器分压电路出现故障。

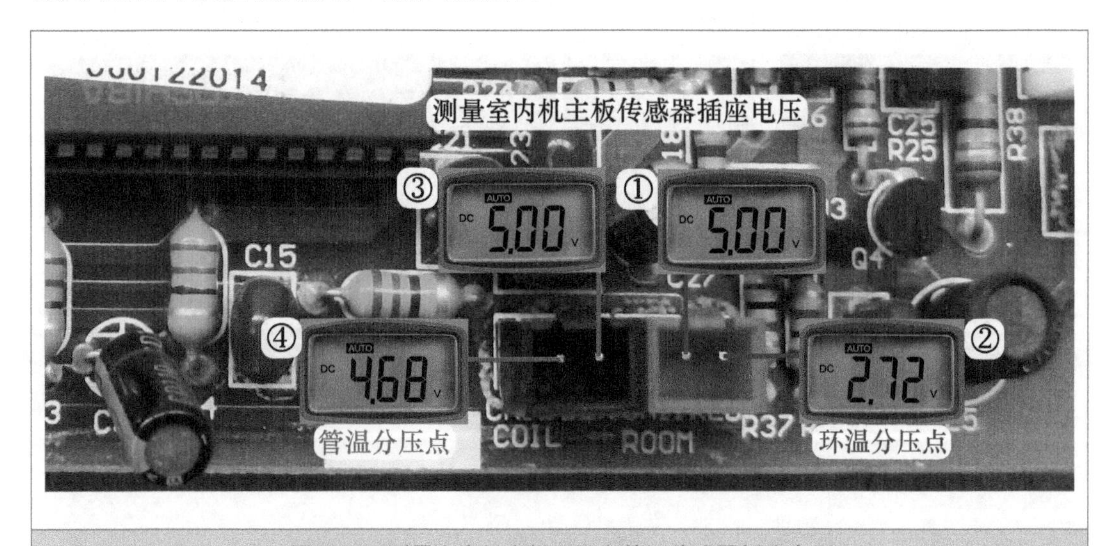

图 3-18 测量室内机主板环温和管温传感器插座电压

3. 测量传感器阻值

拔下室内管温和环温传感器插头，见图 3-19，使用万用表电阻档，测量管温传感器阻值为 357Ω，环温传感器阻值约为 4kΩ，管温传感器阻值正常时应和环温传感器相等约为 5kΩ，根据测量结果判断管温传感器阻值变小损坏。

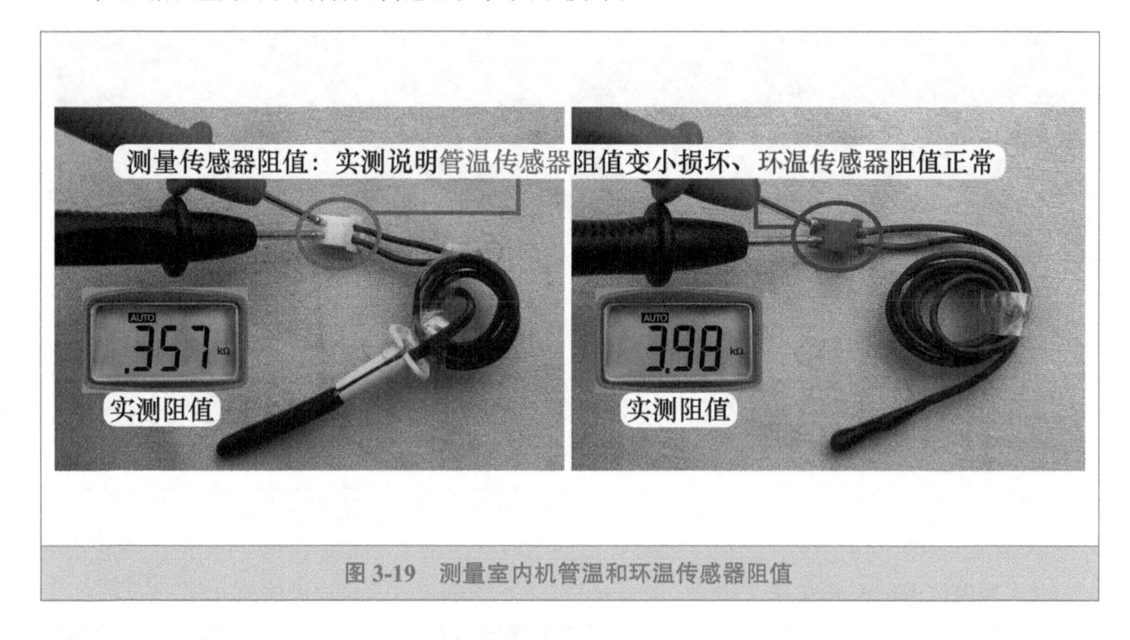

图 3-19　测量室内机管温和环温传感器阻值

➡ 维修措施：见图 3-20 左图，更换室内管温传感器。

➡ 应急措施：由于室内管温传感器安装在蒸发器管壁上面，需要取下室内机上面板和蒸发器挡板才能更换，应急试机见图 3-20 右图，可将待更换的管温传感器探头插在室内外机连接管道中粗管（回气管）保温套之中，并使探头紧靠粗管。

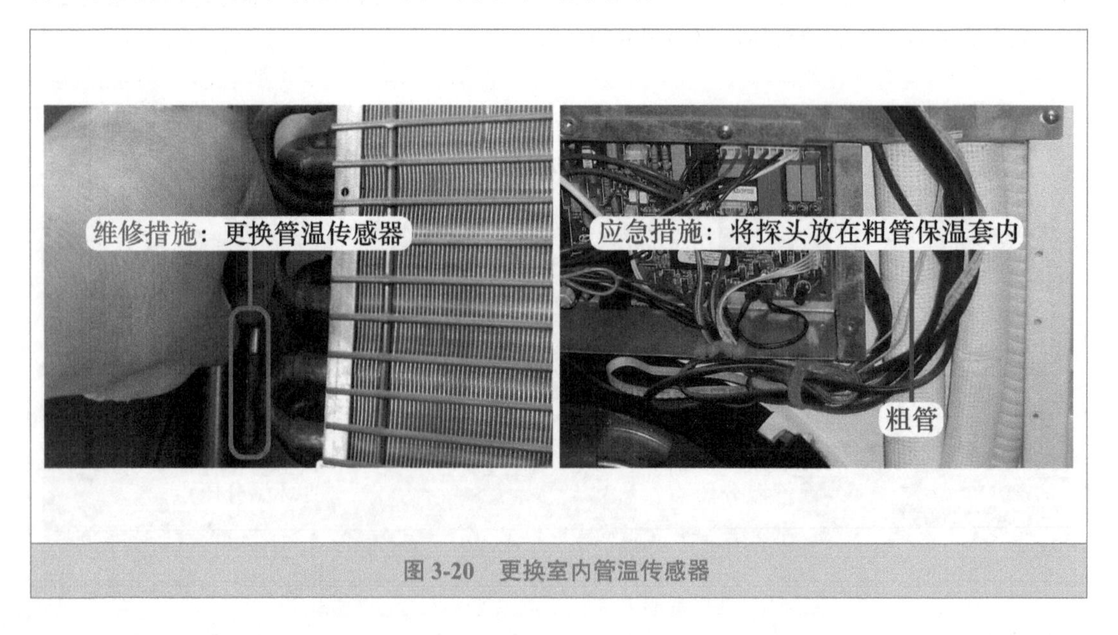

图 3-20　更换室内管温传感器

总结：

① 定频空调器室内管温传感器阻值变大或变小损坏，通常表现为室内机主板不向室外机供电。如果输出交流电压，室外风机和压缩机运行，系统就开始制冷，由于传感器损坏不能正确检测蒸发器温度，会导致系统进入不正常的状态。

② 变频空调器室内机和室外机均设有电控系统，主板 CPU 通过通信电路传送信号，即使室内机出现故障（如室内管温传感器损坏），室内机主板向室外机供电后，将温度信号和控制命令经通信电路传送至室外机 CPU，可控制室外风机和压缩机均不运行。

③ 海信目前生产的变频空调器室外机主板或模块板故障代码指示灯为 3 个，可以显示室内机的故障代码，因此室内机出现故障（如传感器电路或室内风机损坏），均能在室外机显示，因此室内机出现故障时，室内机通常向室外机供电。

④ 海信早期生产的变频空调器室外机故障代码指示灯通常只有 1 个，不能显示室内机的故障代码，当室内机出现故障时，室内机通常不向室外机供电，和定频空调器基本相同。

⑤ 从本例也可以看出，即使元器件出现相同的故障，不同时期的电控系统表现出的故障现象也不一样，在维修时需要注意。

五、室内风机线圈开路，不制冷

➡ 故障说明：海信 KFR-26GW/27BP 挂式交流变频空调器，用遥控器开机后不制冷，室内机和室外机均不运行。

1. 测量传感器阻值和更换室内机主板

将空调器接通电源，使用遥控器开机，显示屏点亮，导风板打开，但室内风机和室外机均不运行。使用万用表直流电压档，测量通信电路电压在 3V ~ 15V ~ 24V 之间跳动变化，说明通信电路正常。

使用万用表电阻档，见图 3-21，测量室内环温和管温传感器阻值均约为 5kΩ，说明环温和管温传感器正常。分析故障由于室内风机和室外机均不运行，判断为室内机主板损坏，申请相同型号主板更换后，上电试机故障依旧，说明原室内机主板正常。

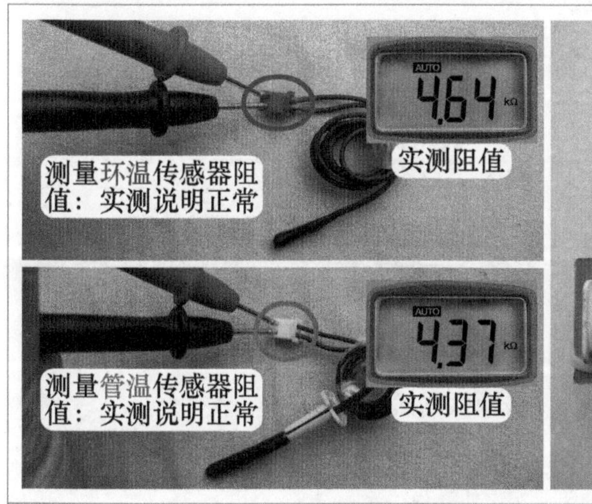

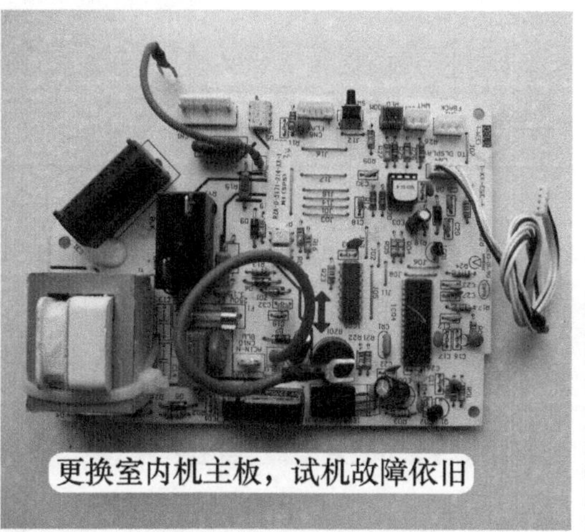

图 3-21　测量传感器阻值和更换室内机主板

2. 测量室内风机线圈插座电压

由于室内风机也不运行，因此使用万用表交流电压档，见图 3-22，测量室内风机线圈插座电压，将空调器接通电源但不开机即处于待机状态下，实测约为交流 6V；使用遥控器开机后，室内风机线圈插座电压为交流 220V，但此时室内风机仍不运行，判断室内机主板输出交流电压正常，应测量线圈阻值。

➡ 说明：室内机 CPU 在接收不到室内风机（PG 电机）输出的霍尔反馈信号时，约 10s 后停止驱动室内风机，此时线圈插座电压降至待机状态（约为交流 6V）。

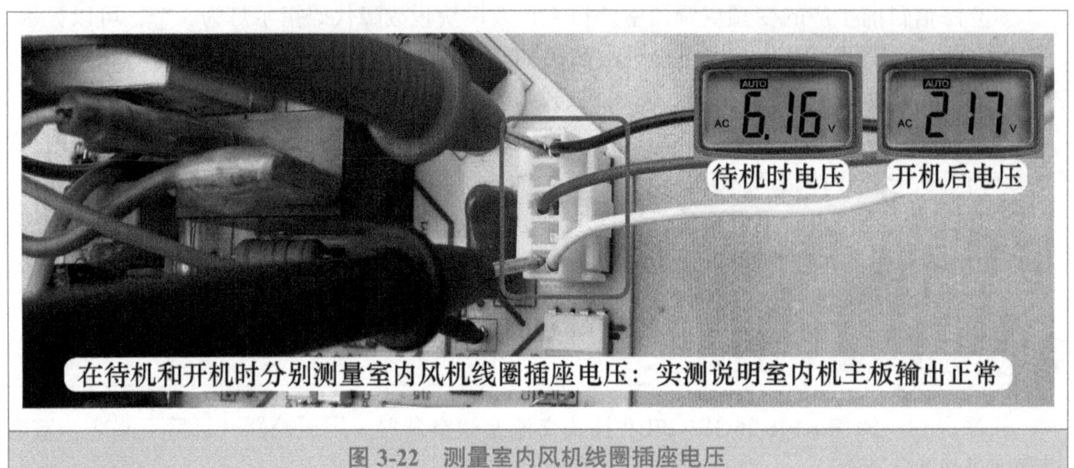

图 3-22 测量室内风机线圈插座电压

3. 室内风机

见图 3-23，此机室内风机使用 PG 电机，型号为 YYW14-4，共有 2 组插头，分别为线圈供电插头和霍尔反馈插头，每组各有 3 根引线，电机铭牌标注有引线颜色的功能。

线圈供电插头：白线为公共端 C，黑线为运行绕组 R，红线为起动绕组 S。

霍尔反馈插头：棕线为供电 VCC，接直流 5V；黑线为霍尔信号输出 VOUT，通过电阻接 CPU 相关引脚；黄线为地 GND，接直流地。

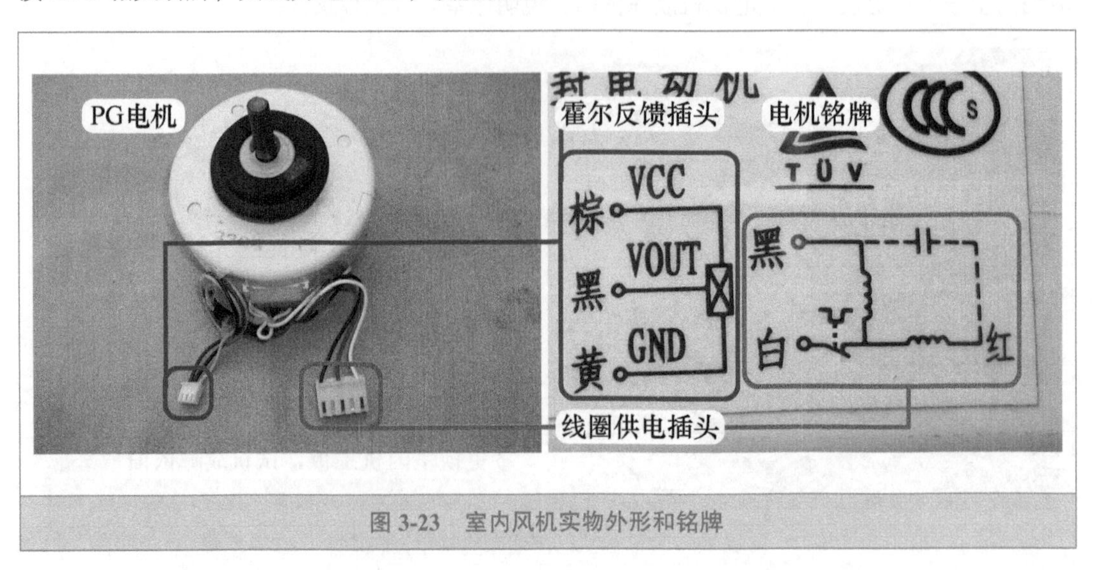

图 3-23 室内风机实物外形和铭牌

4. 测量室内风机线圈阻值

切断空调器电源，拔下室内风机线圈供电插头，使用万用表电阻档，见图 3-24，测量线圈阻值，实测公共端白线 C 和运行绕组黑线 R 阻值为 333Ω，而白线 C 和起动绕组红线 S 阻值为无穷大、黑线 R 和红线 S 阻值为无穷大，综合 3 次测量结果，说明起动绕组红线 S 开路损坏。

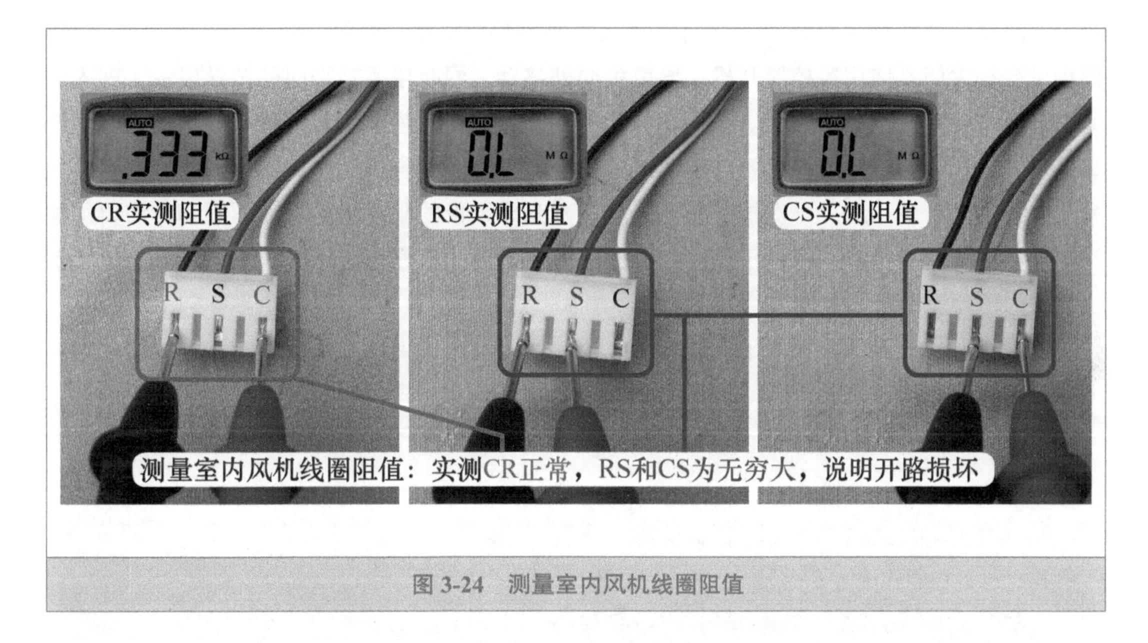

图 3-24 测量室内风机线圈阻值

➡ 维修措施：更换室内风机。更换后用遥控器以制冷模式开机，室内风机运行，室外风机和压缩机也开始运行，手摸蒸发器逐渐变凉，空调器开始制冷，故障排除。

总 结：

本例在维修中走了弯路，因为室内风机和室外机均不运行，开始将故障点放到室外机不运行，更换室内机主板不起作用后才检查室内风机。普通定频空调器室内风机不运行，室外机也能运行很短的时间，变频空调器此点与定频空调器不一样，室内机主板 CPU 检测不到室内风机的转速反馈（霍尔信号），通过通信电路控制室外机不运行，由于没有掌握这一点，才在维修中走了弯路。

第二节 导风机构故障

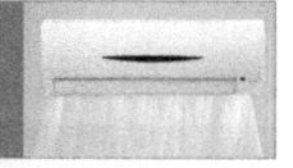

一、驱动盒损坏，格力空调器显示 FC 代码

➡ 故障说明：格力 KFR-26GW/（26594）FNAa-A1 挂式直流变频空调器（润享），用户反映显示 FC 代码。查看代码含义为滑动门故障或导风机构故障。

1. 查看代码和取下导风板

上门检查，查看导风板处于中间位置，使用遥控器开机，见图 3-25 左图，显示屏显示 FC 代码，同时导风板并不能打开或关闭，室内风机和室外机均不运行，空调器不能制冷。切断电源待约 2min 后重新上电，室内机主板复位，导风板可以自动关闭；使用遥控器开机，蜂鸣器响一声后导风板慢慢向外移动，在还没有全部移出来时忽然停止，显示屏显示 FC 代码，同时室内风机和室外机均不运行。再次切断空调器电源，待约 1min 后再次上电，导风板仍可自动关闭，使用遥控器开机，导风板向外移动，同时用手轻轻向外拉导风板（即人为助力打开），不再显示 FC 代码，同时室内风机运行，制冷也恢复正常，再次使用遥控器关机和开机，导风板均能关闭和打开，连续试验几次均正常，遂告诉用户先使用，等有问题再联系。待约 1 个月后，用户再次报修相同故障，判断导风板的驱动机构移动不顺畅，需要加注润滑油或更换步进电机，但由于用户空调器在保修期内，厂家为防止多次上门引起投诉，解决方法为更换驱动盒，更换方法如下。

向上掀起左侧导风板，取下左侧挂钩，再使用尖嘴钳子夹住导风板右侧步进电机的塑料卡扣，再向左移动导风板，见图 3-25 右图，取下右侧锁扣后即可取下导风板。

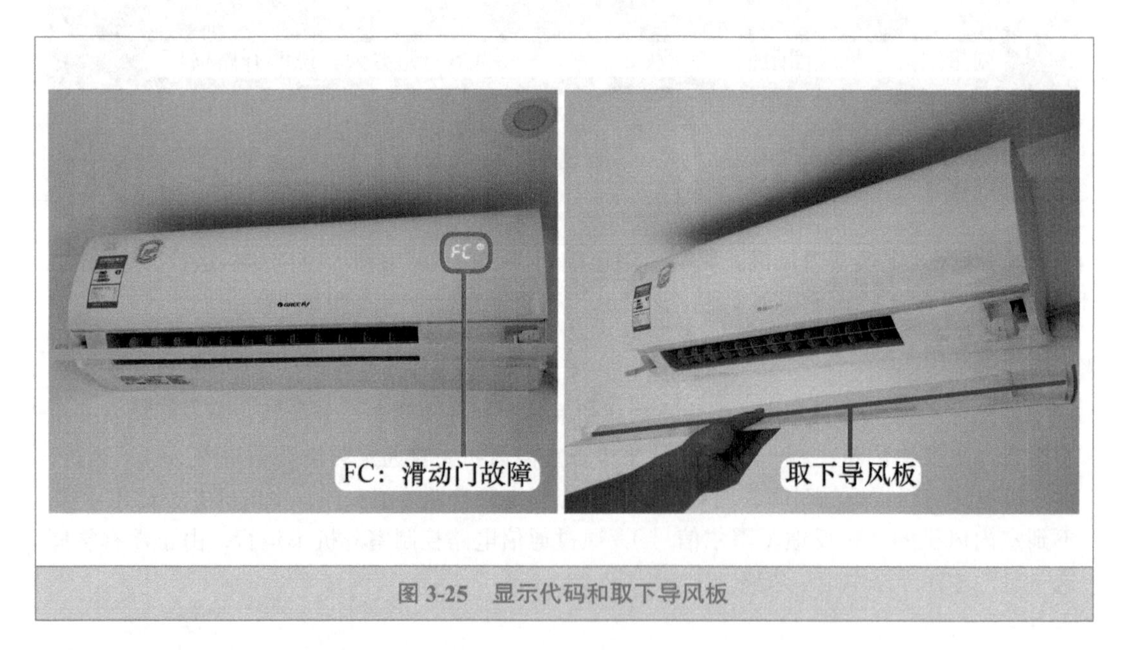

图 3-25　显示代码和取下导风板

2. 取下连接线插头和驱动盒安装位置

步进电机共设有两个插头，一个为 1 排共 7 根引线的扁形插头，一个为 2 排共 12 根引线的长方形插头，插座的位置均位于主板下方。掀开进风格栅，取下电控盒盖板，向外稍微抽出室内机主板，见图 3-26 左图，拔下步进电机的两个插头。

取下室内机外壳上的显示屏，再取下外壳固定螺钉，再松开上方的卡扣，按平行的方向向外移动直至取下室内机外壳，见图 3-26 右图，翻到反面后，驱动导风板的驱动盒共有两个，位于外壳的左侧和右侧位置。

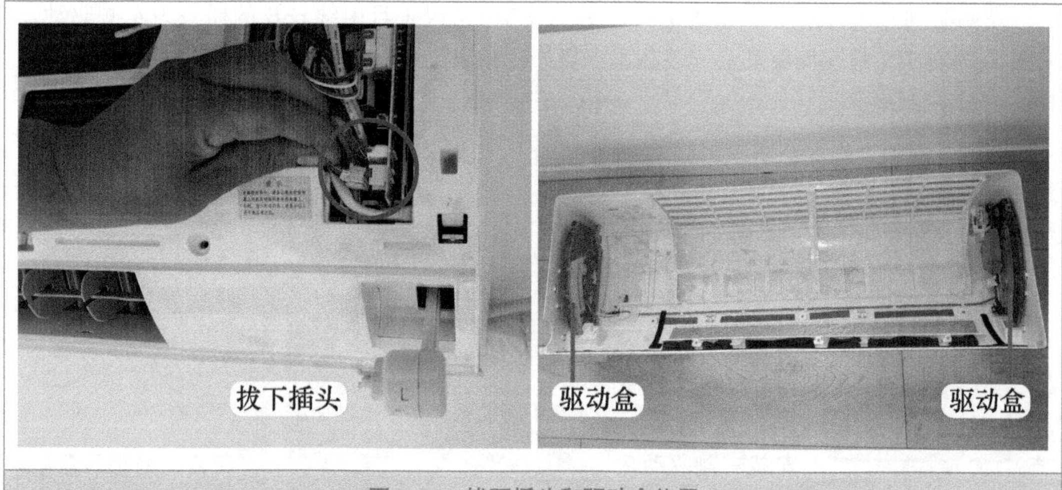

图 3-26　拔下插头和驱动盒位置

3. 实物外形

取下固定驱动盒的螺钉和扣板，再取下左右两个驱动盒，实物外形见图 3-27 左图，左侧驱动盒上面共设一个伸缩步进电机，位于中间位置，作用是配合右侧的伸缩步进电机，共同作用使导风板向内或向外移动。右侧驱动盒设有两个步进电机，一个是伸缩步进电机，位于中间位置，作用和左侧的伸缩步进电机相同，用于向内或向外移动导风板；一个是翻转步进电机，位于右侧驱动盒连杆的顶部，作用是带动导风板水平方向移动，相当于调整出风口角度的位置。

见图 3-27 右图，申请的配件驱动盒也是两个，即位于左侧和右侧，实物外形和原机相同。

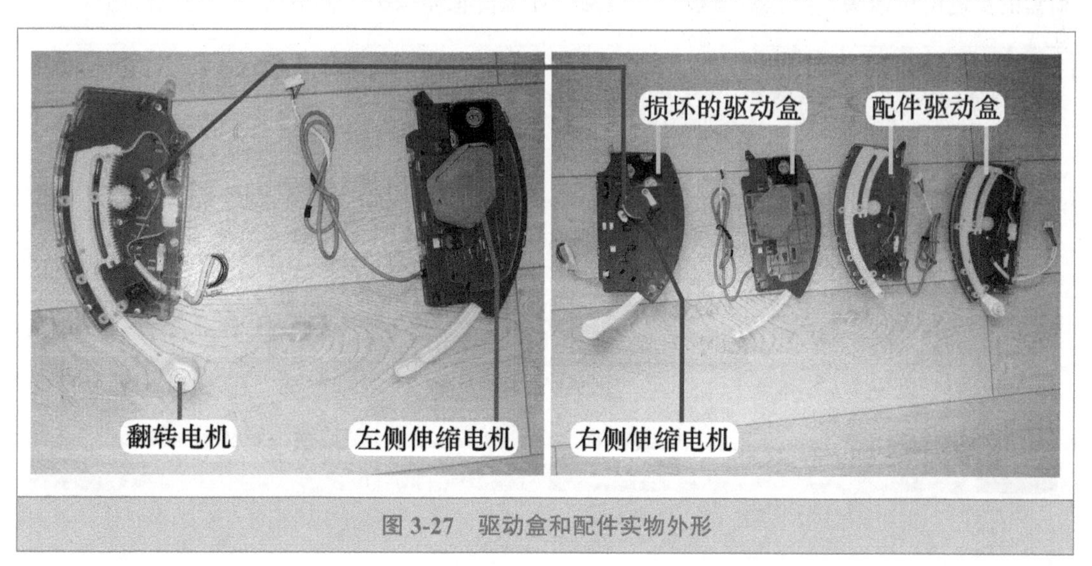

图 3-27　驱动盒和配件实物外形

4. 安装驱动盒

右侧驱动盒设计有两个步进电机，引线较多（12 根）且引线较短的插头为右侧驱动盒，见图 3-28 左图，将右侧驱动盒安装在室内机外壳相应位置，并拧紧固定螺钉。

左侧驱动盒设计有一个步进电机，引线较少（7根）且引线较长的插头为左侧驱动盒，见图3-28右图，将左侧驱动盒安装在室内机外壳相应位置，并拧紧固定螺钉。

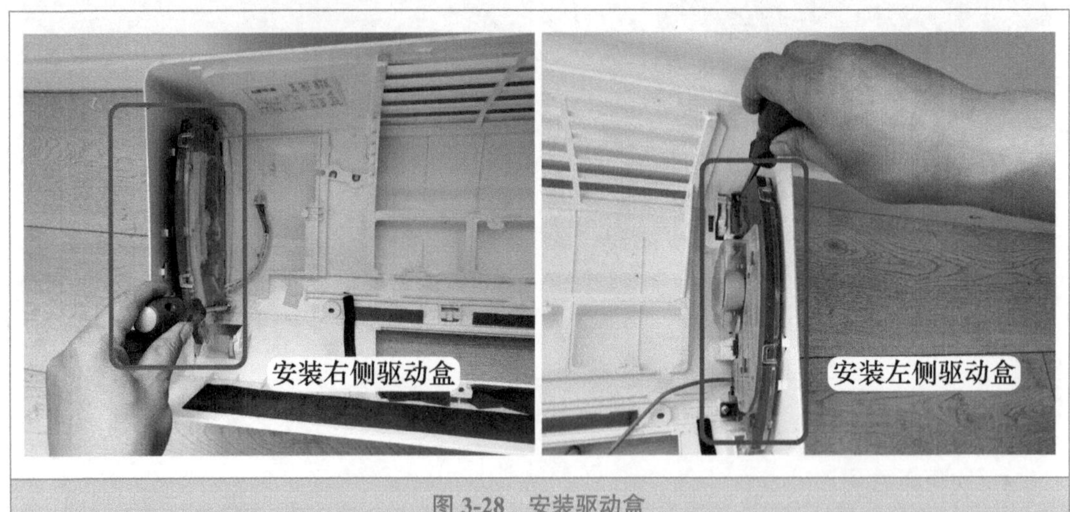

图3-28　安装驱动盒

5. 安装扣板和室内机外壳

右侧驱动盒的连杆位置设计有起美观作用的扣板，见图3-29左图，将扣板安装至相应位置，并将左侧驱动盒的引线在室内机外壳的卡扣中固定到位。

见图3-29右图，将室内机外壳大致放在底座上面，并将引线插头和显示板组件从电控盒盖板处引出，再将上部的暗扣固定到位，拧紧下部的固定螺钉，再依次安装显示板组件、驱动盒的步进电机插头、电控盒盖板、过滤网、环温传感器探头等，最后合上进风格栅。

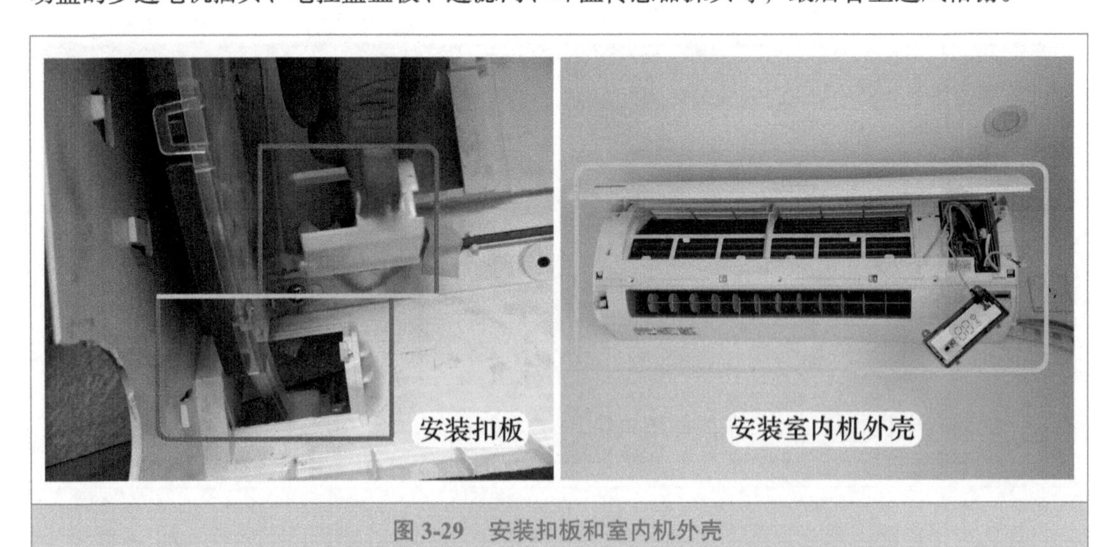

图3-29　安装扣板和室内机外壳

6. 导风板和驱动盒连杆的固定方式

见图3-30左图，右侧驱动盒的连杆设计有翻转步进电机，其接头类似于十字梅花卡扣，相对应的导风板右侧也为十字卡扣。

见图 3-30 右图，左侧驱动盒的连杆只伸出一个挂钩，相对应的导风板左侧为挂钩卡扣固定。

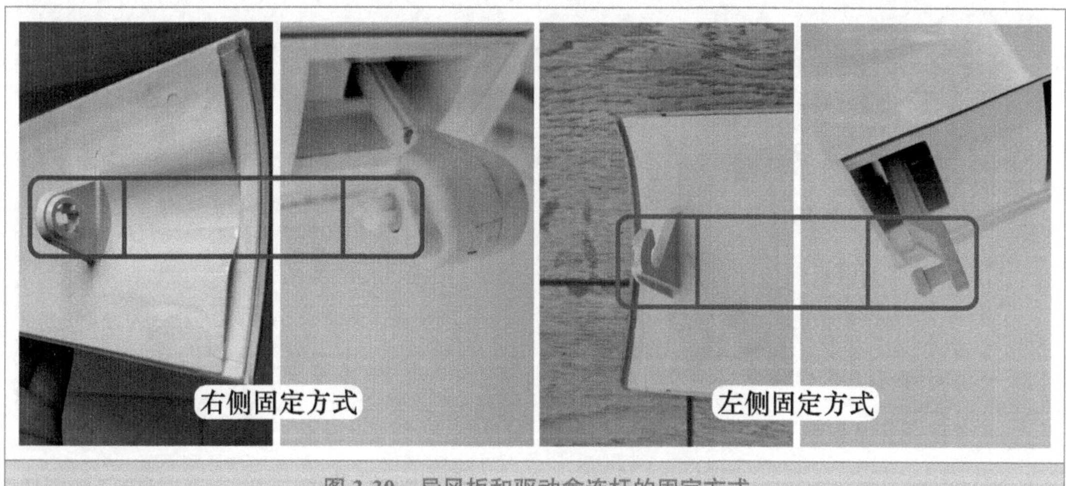

图 3-30　导风板和驱动盒连杆的固定方式

7. 安装导风板

见图 3-31 左图，安装导风板首先要安装右侧卡扣，将导风板右侧和翻转步进电机的卡扣对应后直接卡好，使导风板固定在电机卡扣上面。

再安装导风板左侧的固定挂钩，见图 3-31 右图，使导风板左侧固定在左侧驱动盒的连杆上面。

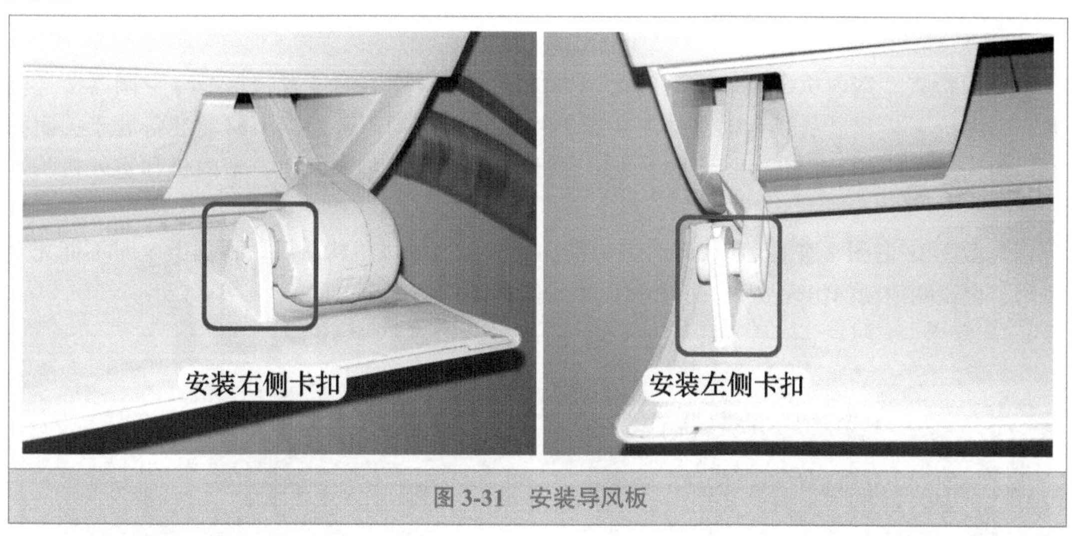

图 3-31　安装导风板

8. 安装完成和上电试机

导风板卡扣安装完成后，更换驱动盒的步骤也就全部完成了。见图 3-32 左图，将空调器再次接通电源，翻转电机首先工作，调整好导风板的水平位置角度，驱动盒的左右伸缩电机工作，带动连杆向里收缩，导风板向里移动直至关闭出风口。

使用遥控器开机，见图 3-32 右图，驱动盒左右伸缩电机首先工作，带动连杆向外展开，导风板向外移动打开出风口，到达最外侧位置后伸缩电机停止运行，翻转电机开始工作，按遥控器设定或 CPU 内置的程序，调整导风板的水平角度，然后室内风机运行，同时向室外机主板供电，室外机运行，空调器开始制冷。

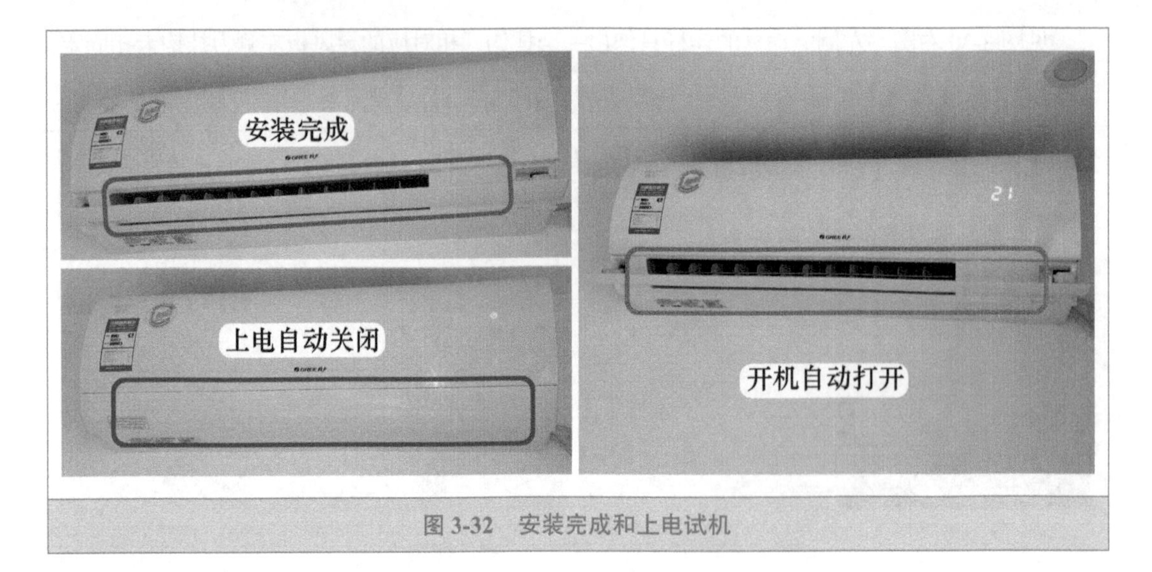

图 3-32　安装完成和上电试机

➡ 维修措施：更换驱动盒。

二、光电开关损坏，格力空调器显示 FC 代码

➡ 故障说明：格力 KFR-50LW/（50579）FNAa-A3 柜式直流变频空调器（T 派），用户反映不能开机，显示屏显示 FC 代码。

1. 故障现象

上门检查，室内机出风口滑动门处于半关闭（或半开）的位置，重新将空调器接通电源，室内机主板和显示板上电复位，见图 3-33 左图，滑动门开始向上移动准备处于关闭状态，但约 10s 时停止移动，显示屏显示 FC 代码，再使用遥控器开机，室内机和室外机均不能运行。

见图 3-33 右图，查看 FC 代码含义为滑动门故障或导风机构故障。根据上电时不能完全关闭，也说明滑动门出现故障。正常上电复位时滑动门应完全关闭。

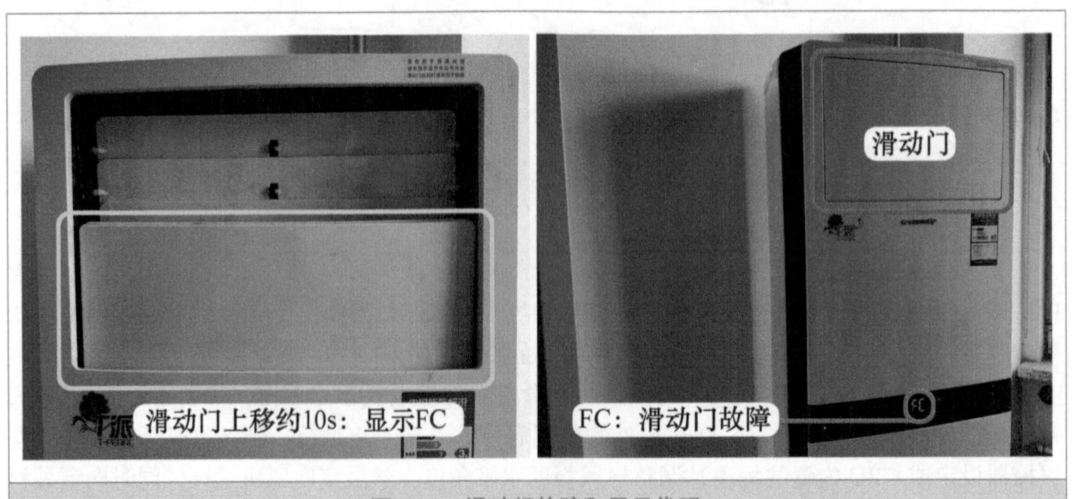

图 3-33　滑动门故障和显示代码

2. 滑动门机构

（1）机构组成

滑动门由机械机构和电路两个部分组成。

机械机构见图 3-34 左图，主要由驱动部分（减速齿轮、连杆）、滑道、道轨、滑动门等组成。

电路部分元件见图 3-34 右图，主要由用于驱动旋转的电机、检测位置的上下光电开关、室内机主板单元电路等组成。

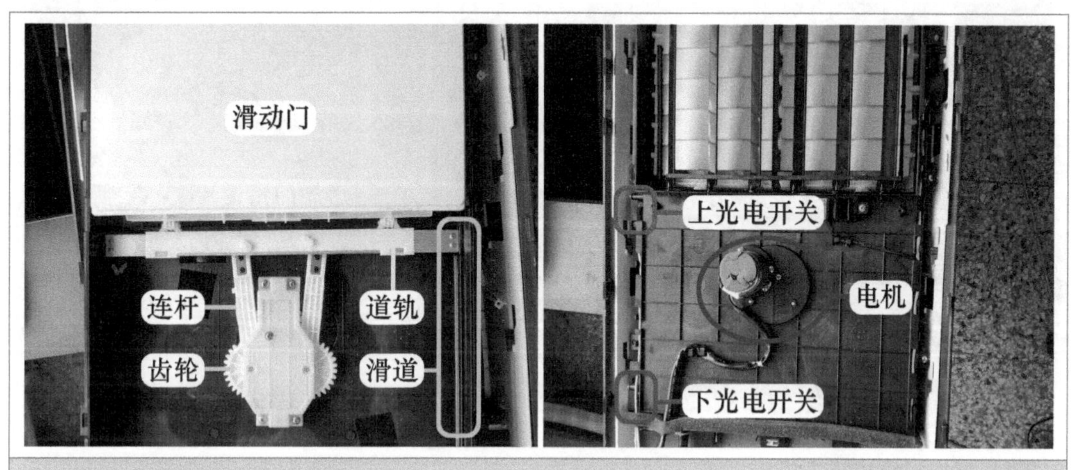

图 3-34 机械机构和电路主要元件

（2）电机线圈供电插头

滑动门机构共有 2 个插头，见图 3-35 左图，相对应在室内机主板上共有两个插座，即电机和光电开关插座。

电机用于驱动滑动门向上或向下移动，见图 3-35 右图，插头共有 3 根引线，安装在主板 CN1 插座位置，插座标识为 SLIPPAGE（滑动门）；其中白线为公共端，接电源零线 N 端；红线为电机正向旋转，接继电器触点 L 端供电，滑动门向上移动（UP）；黑线为电机反向旋转，接继电器触点 L 端供电，滑动门向下移动（DOWN）。

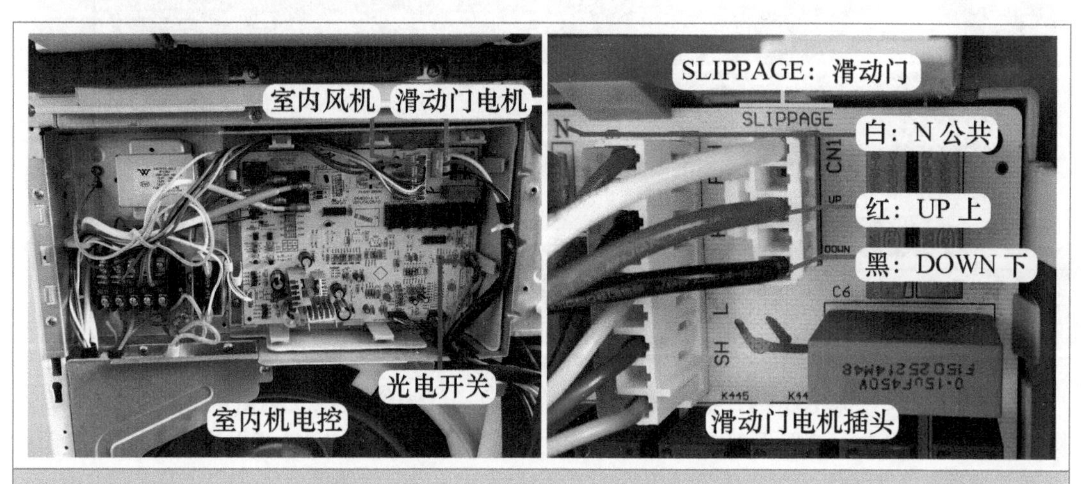

图 3-35 室内机主板插头和电机线圈插头

（3）光电开关安装位置

见图 3-36，滑道设计有两个，外侧为滑动门道轨滑道，用于道轨上下移动，从而带动滑动门向上关闭或向下打开；内侧为位置检测滑道，在上方和下方各安装一个光电开关。

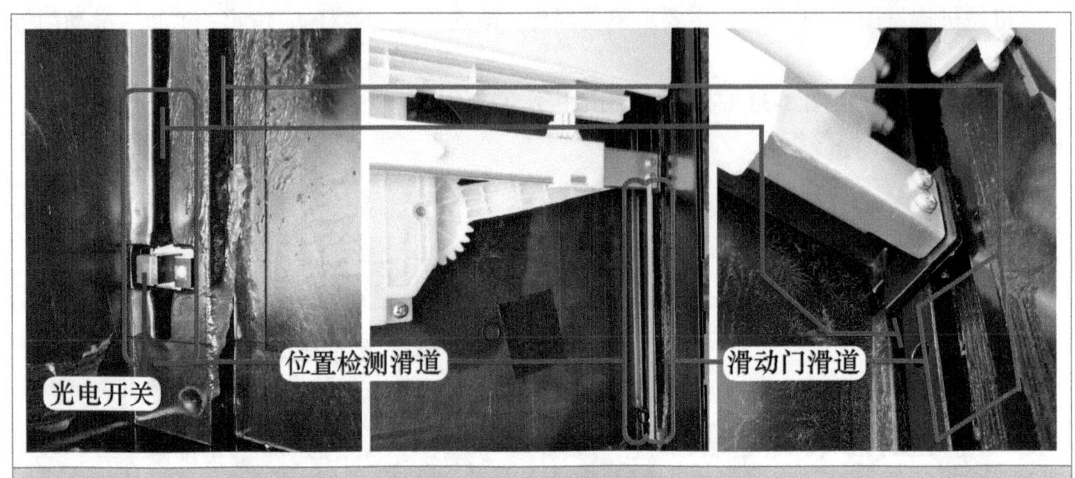

图 3-36　光电开关安装位置和滑道

（4）光电开关插头

光电开关设有上和下共两个，实物外形见图 3-37 左图，用于检测道轨的位置，其功能近似于触点的接通和断开。

本机将上和下两个光电开关合并成一个插头，见图 3-37 右图，安装在主板 CN9 插座位置，共有四个引针。两根绿线连在一起，接 3.3V 供电；两根红线连在一起，接 5V 供电；黑线 UP 为上光电开关的信号输出，最下方的黑线 DOWN 为下光电开关的信号输出。

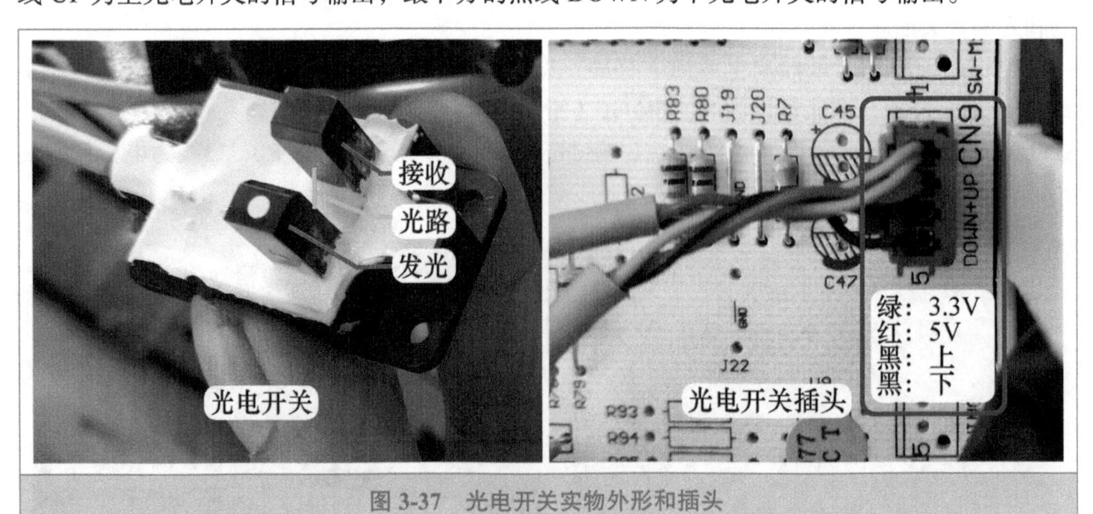

图 3-37　光电开关实物外形和插头

（5）光电开关工作原理

使用万用表直流电压档，黑表笔接主板直流地、红表笔接黑线测量电压，见图 3-38 左图，在光电开关中间位置无遮挡即光路相通时，黑线实测约为 4.4V 高电平电压，相当于触点开关导通。

见图 3-38 右图，找一个面积合适的纸片，放入光电开关中间位置，由于纸片遮挡使光路断开，黑线实测约为 0.2V（171mV）低电平电压，相当于触点断开。

当道轨在最上方位置（滑动门完全关闭）和最下方位置（滑动门完全打开），道轨连接的黑色塑料支撑板位于光电开关中间位置，光路断开，黑线电压约为 0.2V；当道轨位于其他位置，光电开关的光路相通，黑线电压约为 4.4V；CPU 根据时间和黑线的高电平或低电平电压，来判断道轨位置，如有异常停机显示 FC 代码进入保护。

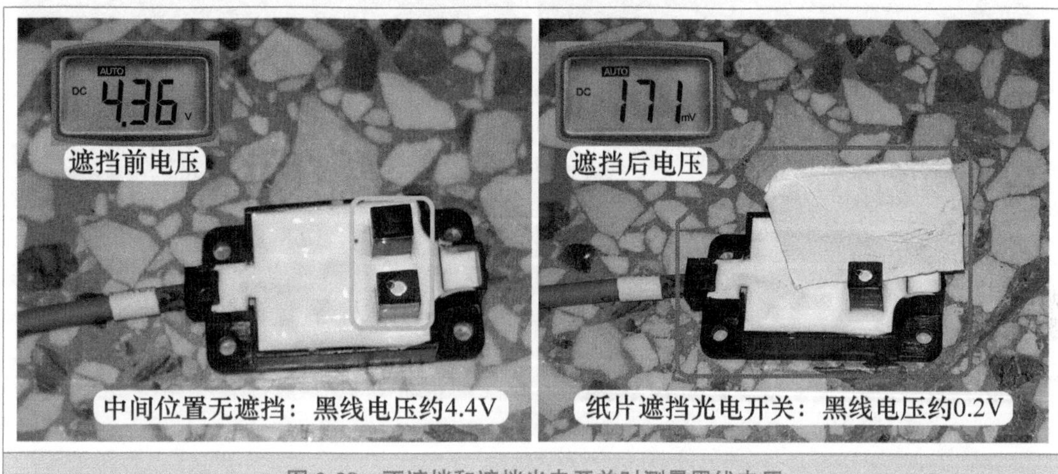

图 3-38 不遮挡和遮挡光电开关时测量黑线电压

3. 测量电机线圈供电

使用万用表交流电压档，见图 3-39 左图，红表笔接电机线圈插头中公共端白线 N 端、黑表笔接红线（向上）测量电压，将空调器接通电源，实测为 223V，室内机主板已输出滑动门关闭的电压，说明正常。

见图 3-39 右图，红表笔依旧接白线，黑表笔改接黑线（向下）测量电压，实测约为 0V，由于电机不可能同时向上或向下移动，说明正常。

➡ 说明：由于滑动门向上移动时只有约 10s 的时间，测量电机线圈电压时应先接好表笔再通电测量。

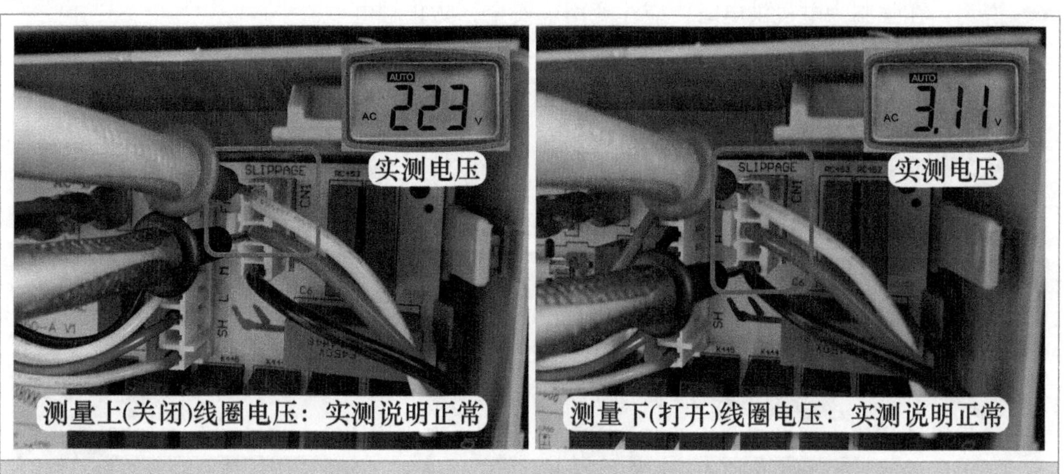

图 3-39 测量电机线圈供电

4. 测量电机线圈阻值

在室内机主板上拔下电机线圈插头，使用万用表电阻档，见图 3-40 左图，红表笔接公共端白线、黑表笔接红线测量阻值，实测约为 6.9kΩ。

见图 3-40 右图，红表笔不动依旧接公共端白线、黑表笔接黑线测量阻值，实测约为 6.9kΩ，根据 2 次测量结果说明电机线圈正常。

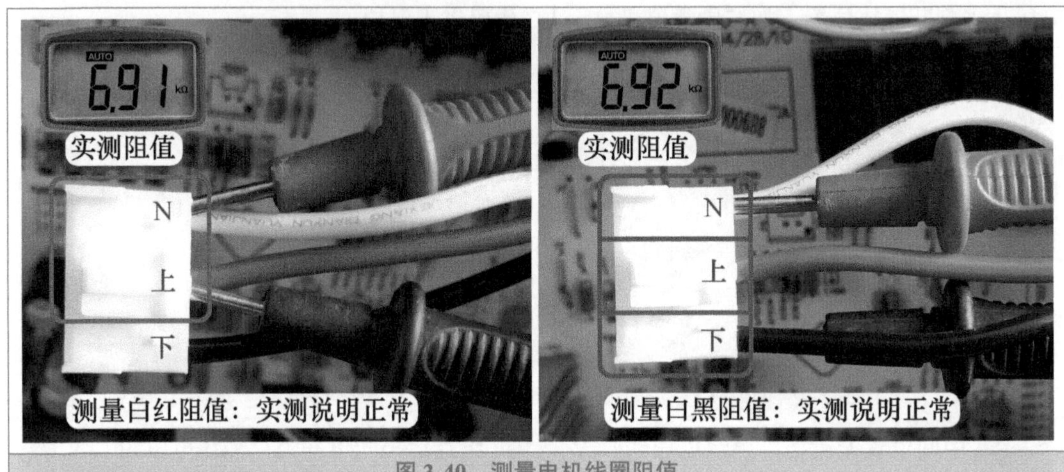

图 3-40 测量电机线圈阻值

5. 强制为电机线圈供电

为判断电机和机械机构是否正常，简单的方法为强制供电。从电机线圈插头中抽出红线，再将插头安装至主板插座（公共端白线接零线 N），见图 3-41 左图，再将红线接主板熔丝管外壳，相当于为红线强制提供相线 L 端，电机线圈电压为交流 220V，其正向旋转，滑动门一直向上移动直至完全关闭。

拔下电机线圈插头，将红线安装至插头中间位置，再抽出黑线，并安装插头至主板插座，见图 3-41 右图，再将黑线接熔丝管外壳，电机反向旋转，滑动门一直向下移动直至完全打开，根据 2 次强制供电，滑动门可以完全关闭和打开，判断电机和机械机构正常，故为光电开关或主板有故障。

➡ 说明：在强制为电机供电时，应注意用电安全，防止触电。

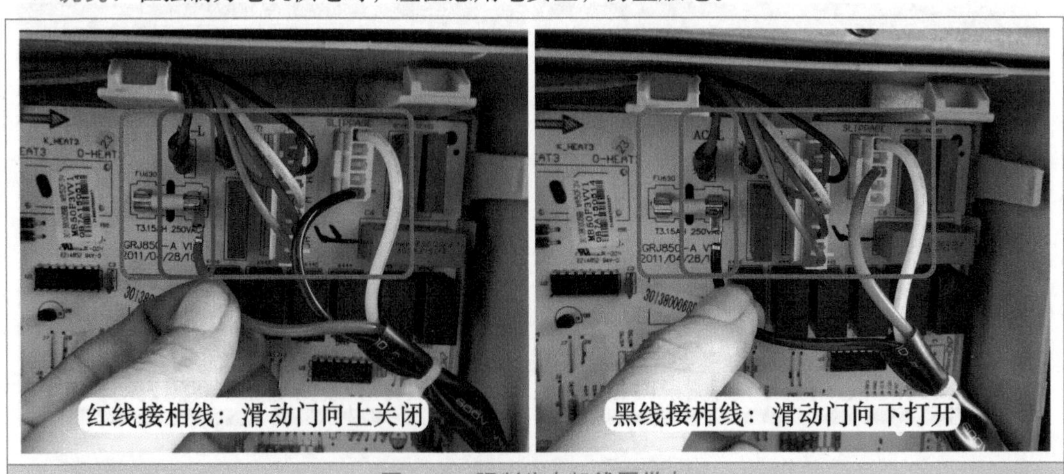

图 3-41 强制为电机线圈供电

6. 测量光电开关插头电压

使用万用表直流电压档，黑表笔接 7805 稳压块铁壳（相当于接地），红表笔接 CN9 光电开关插头引线测量电压，红表笔接绿线实测为 3.3V 说明正常，红表笔接红线实测为 5V 说明正常。

见图 3-42 左图，红表笔接 UP（向上）对应的黑线测量电压，滑动门位于中间位置和最下方（打开）位置时，实测电压均约为 4.4V；滑动门位于最上方（关闭）位置时，实测电压由约 4.4V 变为约 0V（12mV），说明上方的光电开关正常。

见图 3-42 右图，将红表笔接 DOWN（下方）对应的黑线（位于插头最下方）测量电压，滑动门位于中间和最上方（关闭）位置时，实测电压均约为 2.5V；滑动门位于最下方（打开）位置时，实测电压由约 2.5V 变为约 0V（16mV），说明光电开关转换时正常，但滑动门在中间位置时电压约为 2.5V，明显低于正常值的约 4.4V 电压，判断下方的光电开关损坏。

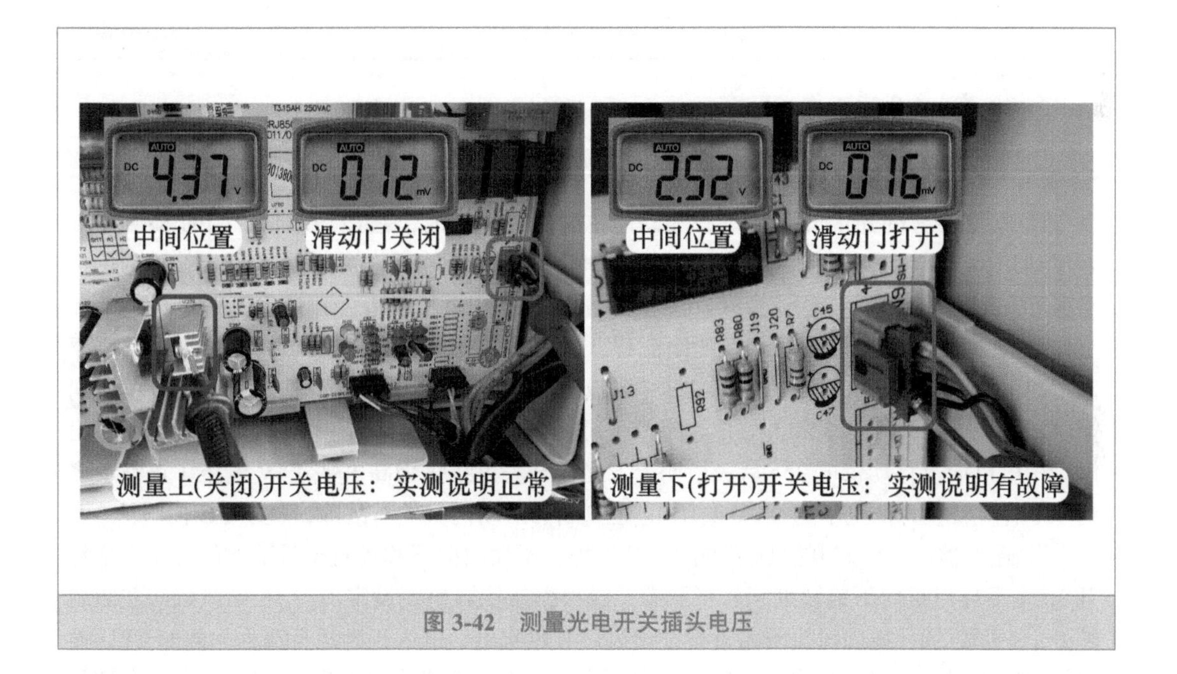

图 3-42 测量光电开关插头电压

7. 更换光电开关

按空调器型号和室内机条码申请同型号的光电开关组件，见图 3-43 左图，发过来的配件为上和下共两个光电开关，和原机损坏的光电开关实物外形相同。

两个光电开关一个引线长、一个引线短，见图 3-43 右图，引线长的光电开关安装在上方（检测滑动门关闭），引线短的光电开关安装在下方（检测滑动门打开）。安装完成后顺好引线，再次上电试机，复位时滑动门向上移动直至完全关闭，使用遥控器开机，滑动门向下移动直至完全打开，室内风机开始运行，不再显示 FC 代码。使用遥控器关机，并切断空调器电源，将前面板组件安装至室内机外壳，再次上电试机，制冷恢复正常。

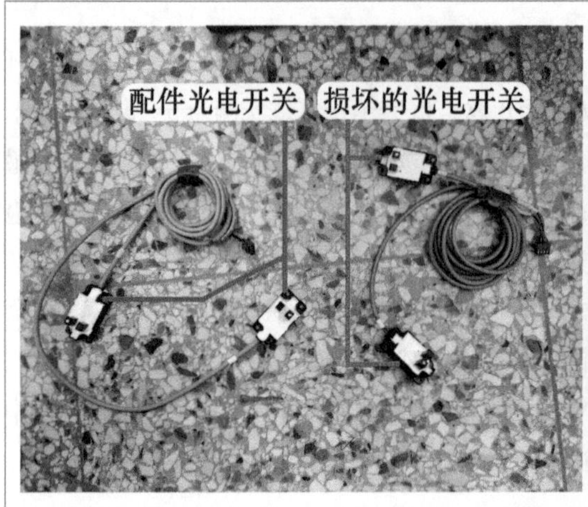

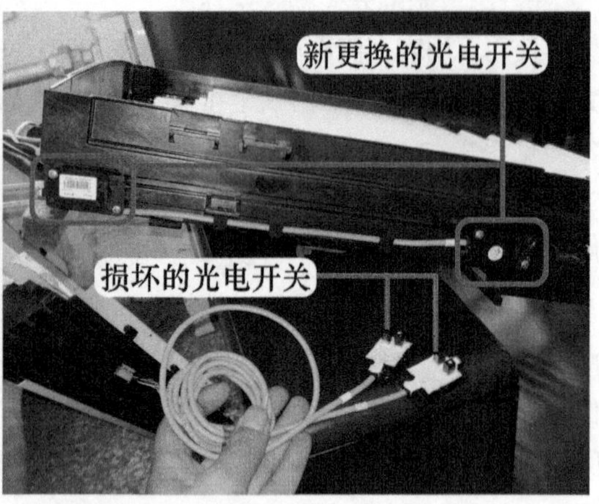

图 3-43　更换光电开关

➡ 维修措施：更换光电开关。

总　结：

① 本例下方的光电开关损坏，滑动门位于中间位置时黑线电压较低，CPU 检测后判断滑动门位于最下方位置即打开位置，输出电机向上移动的交流电压，约 10s 后检测仍位于最下方位置，CPU 判断为滑动门机构出现故障，停止电机供电，并显示代码为 FC。

② 室内机上电复位时滑动门关闭流程：上下导风板（由直流 12V 供电的步进电机驱动）向上旋转收平（一条直线），左右导风板向右侧旋转，约 8s 时滑动门由最下方位置向上移动，约 23s 时移动至最上方位置完全关闭，电机运行 15s 后停止供电。假如 CPU 输出滑动门电机向上移动供电 35s 后，检测上方光电开关黑线仍为高电平 4.4V 电压（正常最多约 15s 后应转换为低电平约 0.2V 电压），也判断为滑动门机构有故障，显示 FC 代码。

③ 遥控器制冷模式开机后滑动门打开流程：滑动门向下移动直至最下方位置（完全打开），上下导风板向下旋转处于水平状态（或根据遥控器角度设定），左右导风板向左侧旋转处于中间位置，室内风机开始运行，出风口有风吹出，进入正常运行流程。假如 CPU 输出滑动门电机向下移动供电 35s 后，检测下方的光电开关仍为高电平 4.4V（相当于滑动门没有向下移动到位），则停机显示 FC 代码。

第四章 Chapter 4

变频空调器通信故障

第一节　连接线故障

一、连接线接错，海信空调器报通信故障

➡ 故障说明：海信 KFR-26GW/11BP 挂式交流变频空调器，移机安装后开机，室内机主板向室外机供电，但室外机不运行，同时空调器不制冷。按遥控器上的“传感器切换”键 2 次，显示板组件上“运行（蓝）- 电源”指示灯点亮，查看代码含义为通信故障。

1. 测量接线端子电压

使用万用表直流电压档，见图 4-1 左图，黑表笔接室内机接线端子上 2 号 N 端，红表笔接 4 号 S 端测量通信电压，将空调器接通电源但不开机（即处于待机状态），实测为直流 24V，说明室内机主板通信电压产生电路正常。

使用遥控器开机，室内机主控继电器触点闭合为室外机供电，见图 4-1 右图，通信电压由直流 24V 上升至 30V 左右，而不是正常的 0 ~ 24V 跳动变化的电压，说明通信电路出现故障。使用万用表交流电压档，测量 1 号 L 端和 2 号 N 端电压为交流 220V。

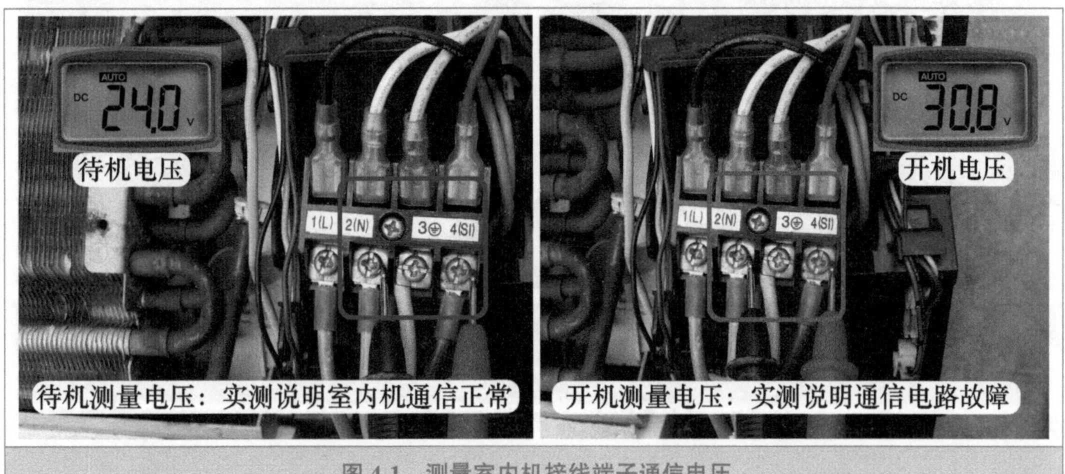

图 4-1　测量室内机接线端子通信电压

2. 测量室外机接线端子电压

使用万用表交流电压档，黑表笔接室外机接线端子 1 号 L 端，红表笔接 2 号 N 端，测量

电压，实测为交流 220V，说明室内机主板输出的交流供电已送至室外机。

使用万用表直流电压档，见图 4-2 左图，黑表笔接 2 号 N 端，红表笔接 4 号 S 端，测量通信电压约为直流 0V，说明通信信号未传送至室外机通信电路。由于室内机接线端子 2 号 N 端和 4 号 S 端有通信电压 24V，而室外机通信电压为 0V，说明通信信号出现断路。

见图 4-2 右图，红表笔接 4 号 S 端不动，黑表笔接 1 号 L 端测量电压，正常应接近 0V，而实测约为直流 30V，和室内机接线端子中的 2 号 N 端 -4 号 S 端电压相同，由于是移机的空调器，应检查室内外机连接线是否对应。

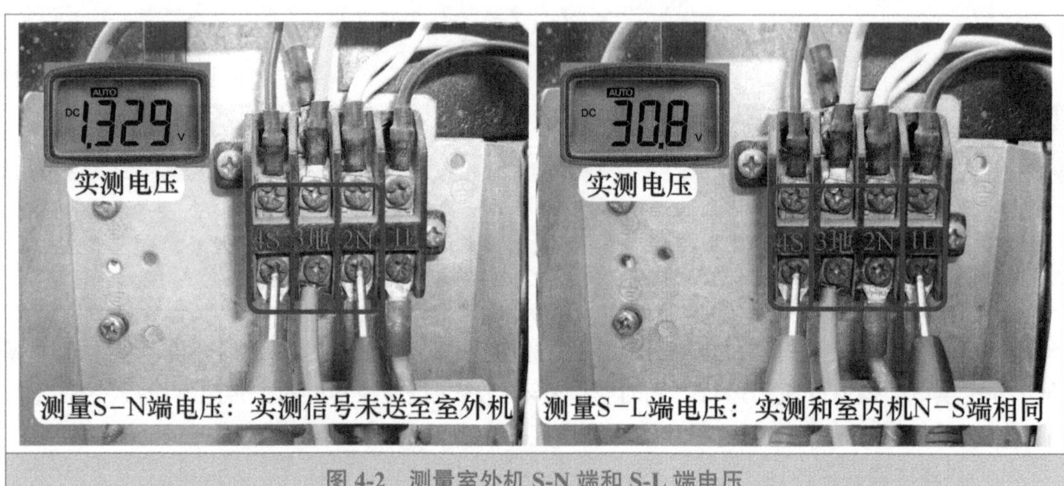

图 4-2　测量室外机 S-N 端和 S-L 端电压

3. 查看室内机和室外机接线端子引线颜色

切断空调器电源，此机原配引线够长，中间未加长引线，仔细查看室内机和室外机接线端子上的引线颜色，见图 4-3，发现为 1 号 L 端和 2 号 N 端的引线接反。

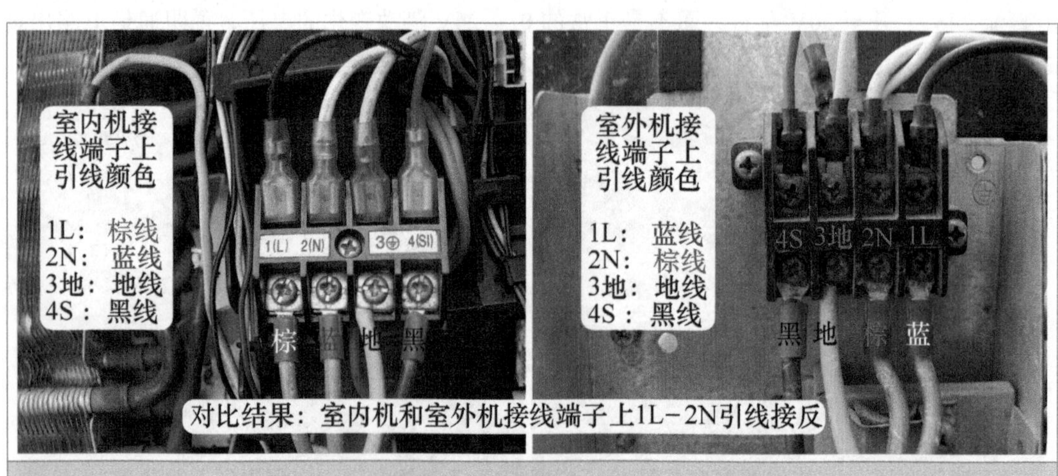

图 4-3　查看室内机和室外机接线端子上引线颜色

➡ **维修措施**：对调室外机接线端子上的 1 号 L 端和 2 号 N 端引线位置，使室外机与室内机引线相对应，再次上电开机，室外机运行，空调器开始制冷，测量 2 号 N 端和 4 号 S 端的通信电压在直流 0 ~ 24V 跳动变化。

总　结：

① 根据图 4-39 的通信电路原理图，通信电压直流 24V 正极由电源 L 线降压、整流，与电源 N 线构成回路，因此 2 号 N 线具有双重作用，既和 1 号 L 线组合为交流 220V 为室外机供电，又和 4 号 S 线组合为室内机和室外机的通信电路提供回路。

② 本例 1 号 L 线和 2 号 N 线接反后，由于交流 220V 无极性之分，因此室外机的直流 300V、5V 电压均正常，但室外机通信电路的公共端为电源 L 线，与 4 号 S 线不能构成回路，通信电路中断，造成室外机不运行，室内机 CPU 因接收不到通信信号，约 2min 后停止为室外机供电，并报故障代码为“通信故障”。

③ 遇到开机后室外机不运行、报代码为“通信故障”时，如果为新装机或刚移机未使用的空调器，应检查室内机和室外机的连接线是否对应。

二、连接线接头断路，格力空调器显示 E6 代码

➡ 故障说明：格力 KFR-32GW/（32557）FNDe-A3 挂式直流变频空调器（凉之静），用户反映安装在机房，正在以制冷模式使用时突然断路器（俗称空气开关）跳闸保护，重新合上断路器，用遥控器开机后室内风机运行但不制冷，显示屏显示 E6 代码，查看代码含义为通信故障。

1. 查看室外机接线和测量电压

变频空调器使用过程中断路器跳闸断开，故障一般在室外机。上门检查，首先查看室外机，取下接线盖，见图 4-4 左图，发现接线端子上的连接线不是原装线，说明此机室内机和室外机距离较远，原机管道不够长，加长了连接管道。

查看接线端子共有 3 根连接线，N（1）号为零线，2 号为通信，3 号为相线，N（1）号和 3 号组合为室外机提供供电电压，N（1）号和 2 号组合为室内机和室外机提供通信回路，地线固定在下方的铁壳螺钉上。

使用万用表交流电压档测量室外机供电电压，见图 4-4 右图，表笔接 N（1）号和 3 号，实测约为 0V，正常为交流 220V，说明室内机主板未输出供电或输出供电但未提供至室外机，故障在室内机或室内外机连接线。

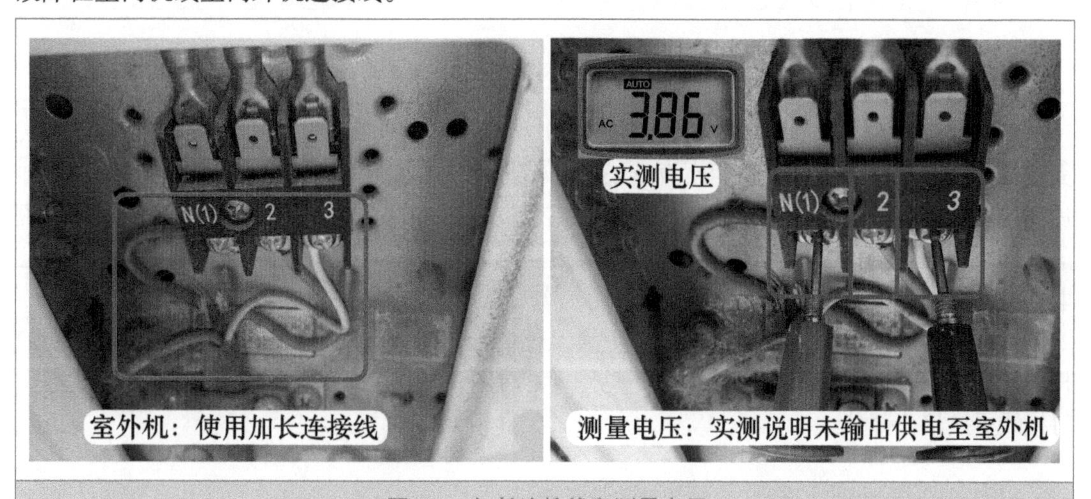

图 4-4　加长连接线和测量电压

2. 查看室内外机连接线

检查室内机，室内风机正在运行，直接拔掉空调器电源插头，同时细听室内机主板发出继电器触点“啪”的响声，待约 1min 后再次接通电源，使用遥控器开机的同时，细听室内机主板又发出继电器触点“啪”的响声，初步判断室内机主板已输出供电，同时机房使用的空调器通常为 24h 不间断运行，使用工况较为恶劣，而此机又加长了连接管道（同时也加长了连接线），应查看室内外机连接线的接头部位，原机配管长度一般为 3m，因此在距离室内机管口 3m 左右处查看连接管道。见图 4-5 左图，本机在查看时发现管道部分包扎带表面熔化，有烧煳的痕迹。

切断空调器电源，解开包扎带，见图 4-5 右图，原机连接线和加长连接线接头部分粘在一起，绝缘层已经脱落露出铜线。

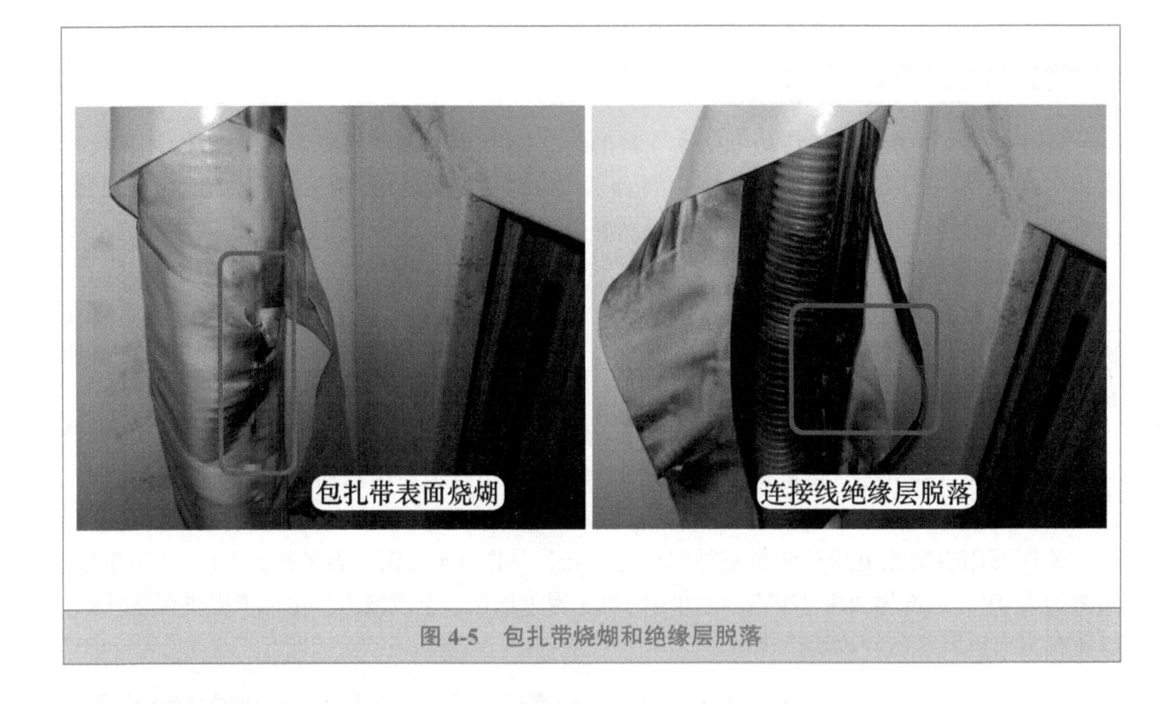

图 4-5　包扎带烧煳和绝缘层脱落

3. 连接线烧坏和准备一段连接线

见图 4-6 左图，用手一摸接头便断开分为 2 截，连接线很长的一部分绝缘层已经硬化，查看接头处有打火的痕迹，说明空调器长时间运行，接头处发热量很大，而安装时使用的加长连接线线径较小，且接头未分开，使用包扎带包裹在一起，温度较高导致接头处绝缘层脱落，连接线短路造成断路器跳闸，且连接线短路时因电流较大，又使得接头处断开，重新上电开机后室外机没有供电。

因原机连接线接头处已经烧断需要更换，现场维修时没有携带长度足够的引线来更换加长连接线，而用户又着急使用空调器，见图 4-6 右图，使用一段长度较短的 3 芯连接线当作对接线更换接头部分。

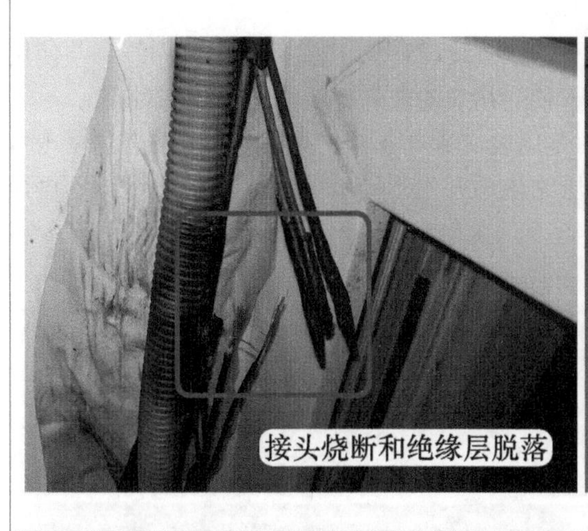

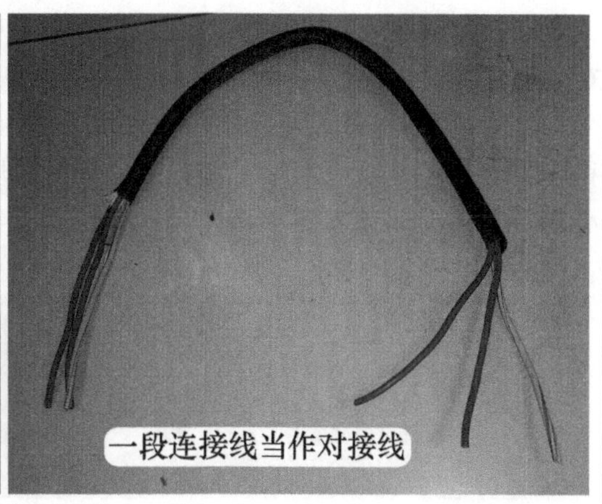

图 4-6 接头烧断和连接线

4. 连接 2 端接头

由于接头部分已经烧糊，分辨不出加长连接线颜色对应的原机连接线颜色，因此剪去对接接头 2 端的引线，注意要剪掉由于热量较大使得绝缘层硬化部分的引线。

原机连接线中的蓝线为零线 N 接室外机接线端子上的 1 号端子，黑线为通信接 2 号端子，棕线为相线接 3 号端子，黄绿线为地线接铁壳地线螺钉，使用的对接线只有 3 根引线，因此地线不再使用。

见图 4-7，原机室内机连接线中的蓝线经对接线中蓝线接加长连接线中的浅蓝线相当于 1 号线，原机黑线经对接线中黄绿线接加长连接线中的白线相当于 2 号线，原机棕线经对接线中红线接加长连接线中的橙线相当于 3 号线，原机黄绿色地线和加长连接线中的绿线均不再使用，记录引线颜色功能后使用防水胶布包扎接头。

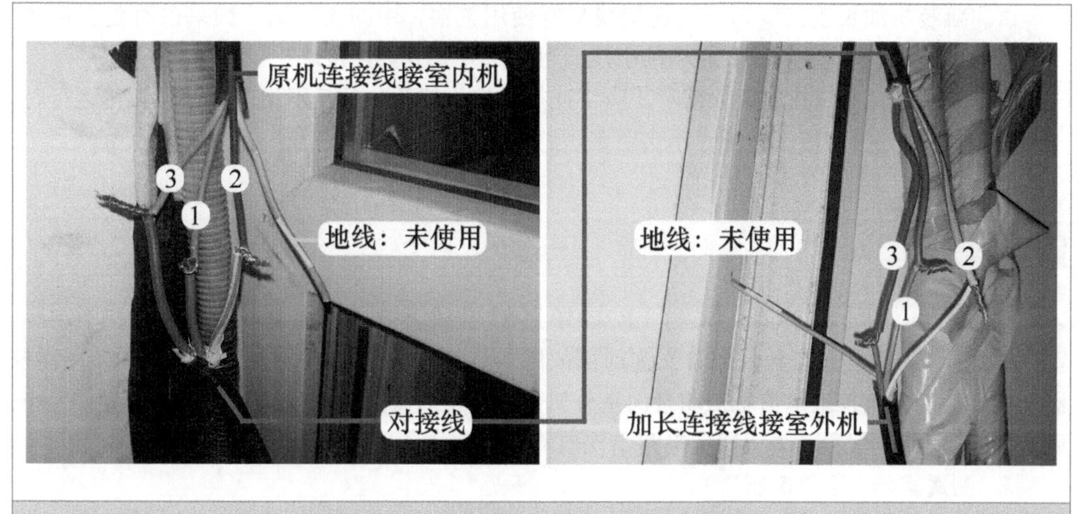

图 4-7 对接线连接原机和加长连接线

5. 对调引线和测量电压

见图 4-8 左图，查看室外机接线端子上 1 号为浅蓝线、2 号为橙线、3 号为白线，与使用对接线后的颜色不对应，对调 2 号和 3 号引线，使连接线功能和接线端子功能相对应。

将空调器接通电源后用遥控器开机，使用万用表交流电压档，见图 4-8 右图，测量 1 号和 3 号端子电压约为交流 220V，室外风机和压缩机均开始运行，同时室内机显示屏不再显示 E6 代码，制冷恢复正常。

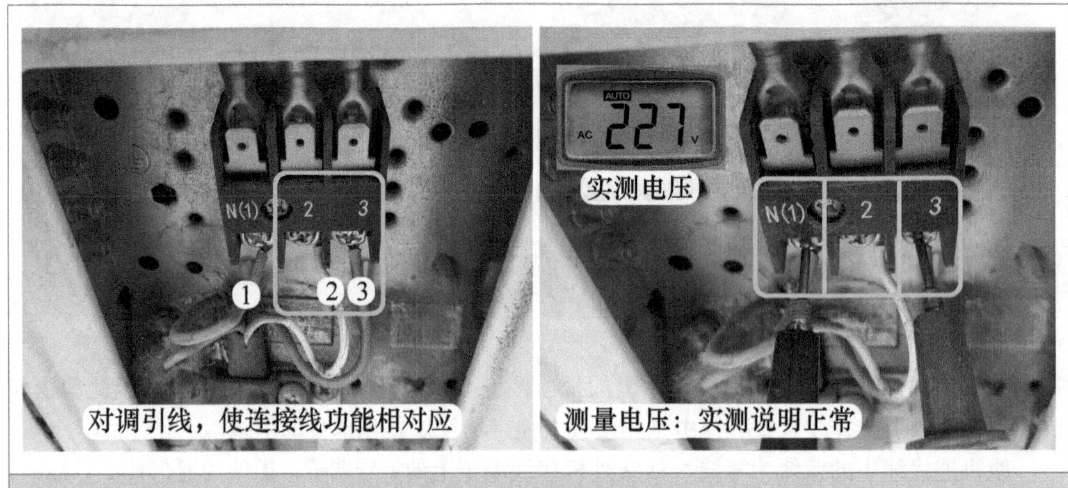

图 4-8 对调引线和测量电压

➡ 维修措施：使用对接线更换原机连接线和加长连接头的接头。

总 结：

① 机房使用的空调器，一般只使用制冷模式，通常为 24h 不间断运行，因此在维修断路器断开或室外机无供电故障时，应首先检查连接线接头部分。

② 新装机加长连接管道时，连接线最好使用整根，中间无接头。如果没有整根连接线，需要加长时，应使用线径较粗的引线，且接头处要分段连接。

③ 使用包扎带包扎连接管道时，应将连接线接头彼此分开互不相连，这样即使运行时产生热量，也只会将接头断开，不会引起短路故障。

三、加长连接线断路，海尔空调器显示 E7 代码

➡ 故障说明：海尔 KFR-35GW/01（R2DBP）-S3 挂式直流变频空调器，用户反映不制冷，室内机显示 E7 代码，查看代码含义为通信故障（连续 4min 后确认）。上门检查，使用遥控器开机，室内机主控继电器触点闭合向室外机供电，但室外风机和压缩机均不运行，约 4min 后室内机显示 E7 代码，说明通信电路出现故障。

1. 测量室外机通信电压

将空调器重新上电开机，检查室外机，使用万用表交流电压档，黑表笔接 1 号零线 N 端，红表笔接 2 号 L 端测量电压，实测约为 220V，说明室内机已向室外机输出供电。

由于本机通信电路专用电源直流 140V 设在室外机，见图 4-9 左图，将万用表档位改为直流电压档，黑表笔不动依旧接 1 号零线 N 端，红表笔接 3 号通信 C 端测量电压，实测约为 130V，初步判断室外机基本正常。

为准确判断，取下 3 号 C 端的通信红线，见图 4-9 右图，黑表笔依旧接 1 号零线 N 端，红表笔接 3 号通信 C 端测量电压，实测约为 134V，也确定室外机正常，故障在室内机或连接线。

图 4-9 测量室外机通信电压

2. 测量室内机通信电压

检查室内机，依旧使用万用表直流电压档，见图 4-10 左图，黑表笔接 1 号零线 N 端，红表笔接 3 号通信 C 端测量电压，实测约为 120V，低于室外机接线端子 N–C 电压。

为准确判断，在室内机接线端子上取下 3 号 C 端通信红线，见图 4-10 右图，黑表笔不动接 1 号零线 N 端，红表笔接红线测量电压，实测仍约为 120V，初步判断故障在室内外机连接线。

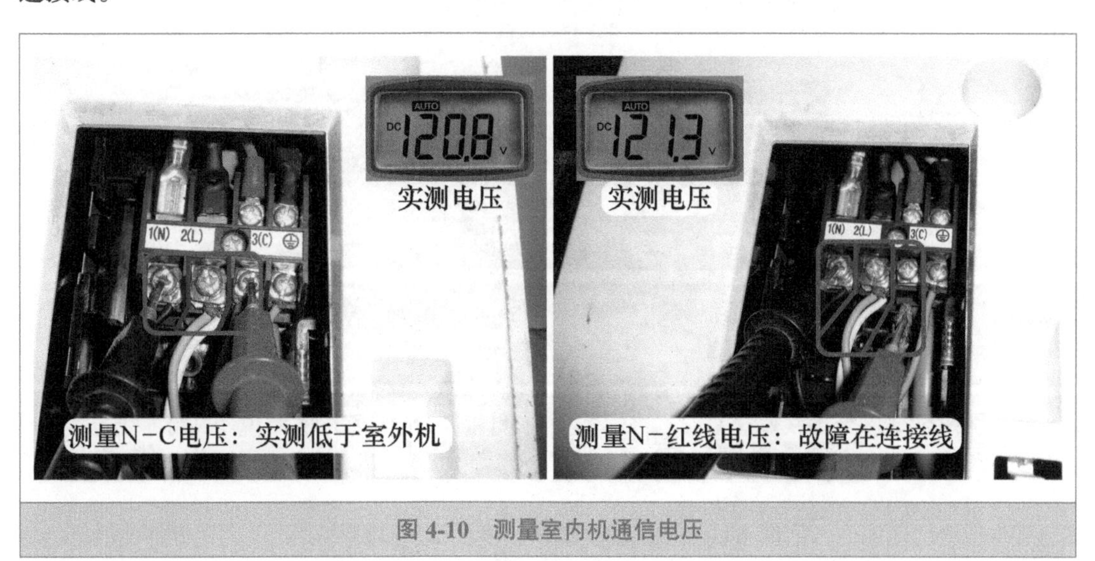

图 4-10 测量室内机通信电压

3. 测量室内机 L-C 和地 -C 电压

依旧使用万用表直流电压档，见图 4-11，红表笔不动接红线，黑表笔分别接 2 号相线 L 端和 4 号地端测量电压，实测均约为 120V，和 N-C 电压接近，而正常应为 0V，初步判断室内外机连接线的通信红线断路。

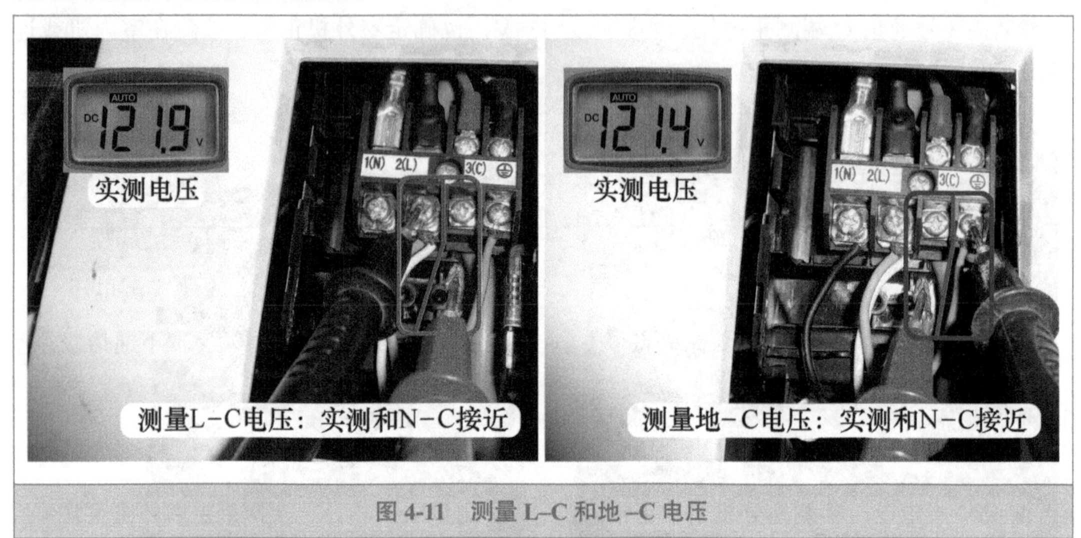

图 4-11 测量 L-C 和地 -C 电压

4. 并联引线和测量阻值

本机室内机和室外机距离较远，加长了连接管道，同时没有使用原装引线即连接线全部使用自购的白皮护套线，由于本机管线有很长一段位于箱柜内部，且放置有杂物，清理不是很方便。判断室内外机连接线是否断路的比较简单的方法是，切断空调器电源，见图 4-12 左图，将室内机接线端子的 1 号 N 端、2 号 L 端、3 号 C 端全部并联接到 4 号地端，再到室外机接线端子测量阻值，引线正常时 1 号 N 端、2 号 L 端、3 号 C 端应均和 4 号地端相通即阻值为 0Ω，当测量阻值较大或无穷大时，说明此线断路。

使用万用表电阻档，见图 4-12 右图，红表笔接室外机接线端子上 4 号地端，黑表笔接 1 号 N 端测量阻值，实测约为 0Ω，说明 1 号 N 端零线正常。

图 4-12 引线接至地线端子和测量 N- 地阻值

见图 4-13 左图，红表笔不动依旧接 4 号地端，黑表笔接 2 号 L 端测量阻值，实测约为 0Ω，说明 2 号 L 端相线正常。

见图 4-13 右图，红表笔不动依旧接 4 号地端，黑表笔接 3 号通信 C 端测量阻值，实测为无穷大，而正常应相通为 0Ω，确定通信 C 端红线断路。

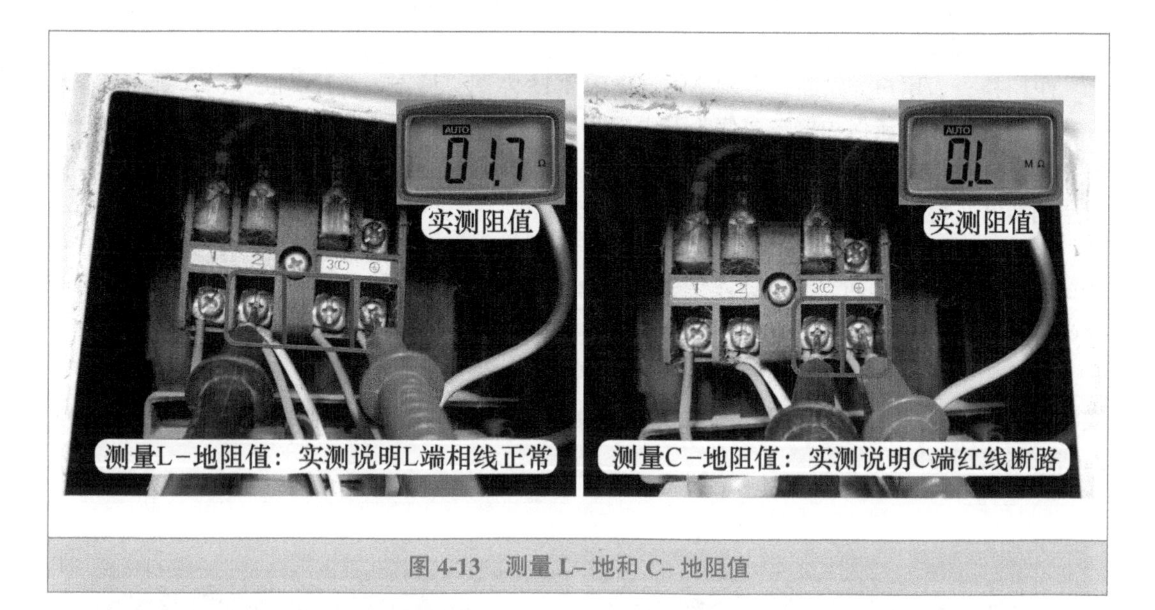

图 4-13 测量 L– 地和 C– 地阻值

➡ 维修措施：本机正常的维修措施应更换室内外机连接线，但由于距离较远且有杂物阻挡，更换不是很方便，但此机 4 号地端的连接线正常。应急的维修方法见图 4-14，在室内机和室外机的接线端子上，同时将 4 号地端的连接线（绿线）并在 3 号端子上，即取消了地线。再次上电开机，室内机和室外机开始运行，制冷恢复正常。

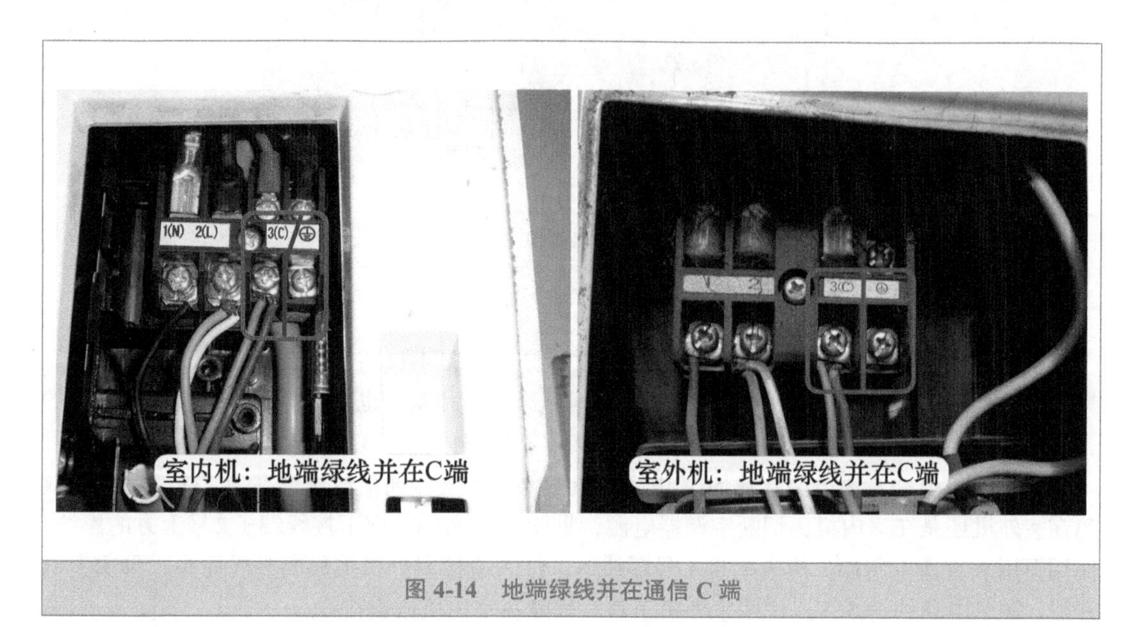

图 4-14 地端绿线并在通信 C 端

四、连接线短路，格力空调器显示 E6 代码

➡ 故障说明：格力 KFR-32GW/（32582）FNCa-A3 挂式直流变频空调器（U 雅 - Ⅱ），用户反映最近一段时间不制冷，显示屏显示 E6 代码，室内机只吹自然风，有时候即使用遥控器关机后，断路器仍不定时跳闸保护。查看 E6 代码含义为通信故障。

1. 断路器跳闸和测量通信电压

上门检查，用户介绍断路器刚跳闸，见图 4-15 左图，检查为总开关断开，其使用组合的方式，左侧为过电流保护器，右侧为漏电保护器。查看右侧漏电保护器下方的方形按钮已经弹出，说明跳闸断开为漏电故障。按下方形按钮，再推上断路器，室内机蜂鸣器响一声，说明空调器已经得到供电。

使用遥控器开机，室内风机运行但不制冷，约 1min 后显示屏显示 E6 代码。检查室外机，使用万用表交流电压档，测量接线端子上 1 号零线 N 蓝线和 3 号相线 L 棕线为 220V，说明室内机主板已输出供电至室外机。

再使用万用表直流电压档，见图 4-15 右图，黑表笔接 1 号零线 N，红表笔接 2 号通信黑线测量电压，实测为 0.2V（205mV）~ 13V 跳动变化，正常为 0 ~ 40V 跳动变化，也说明通信电路出现故障。

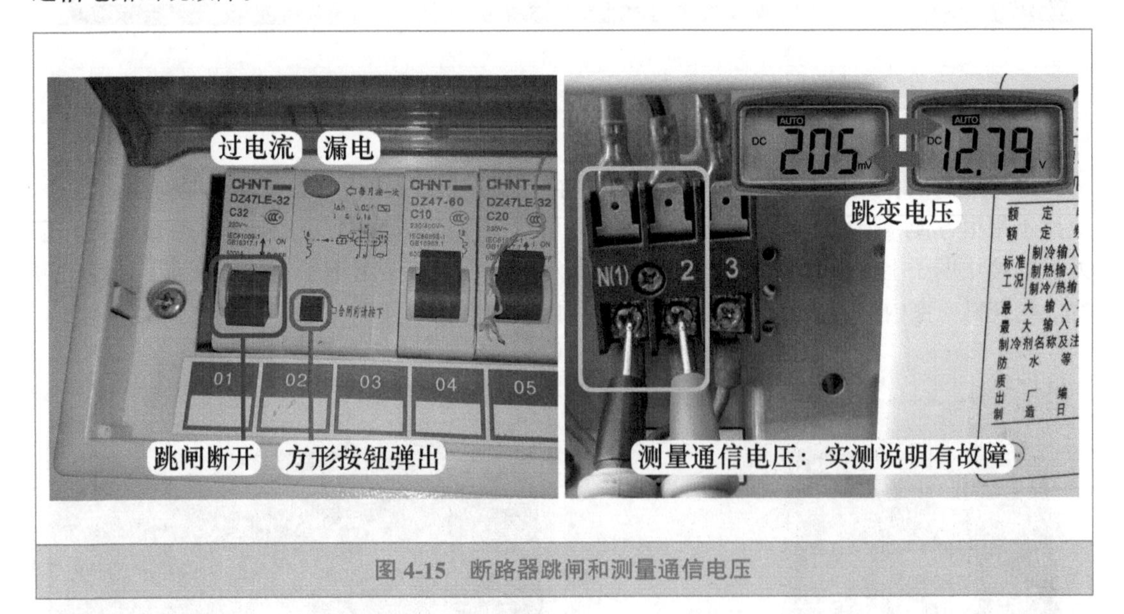

图 4-15　断路器跳闸和测量通信电压

2. 查看主板指示灯和测量黑线电压

取下室外机上盖，查看室外机主板上的指示灯，见图 4-16 左图，绿灯 D2 一直点亮，红灯 D1 和黄灯 D3 一直熄灭，正常时绿灯持续闪烁，红灯和黄灯也以闪烁的次数表示出相应的含义，判断通信电路出现故障，室外机 CPU 接收不到室内机 CPU 发送的信号。

本机通信电路专用电源直流 56V 由室外机提供，而实测通信电压最高为 13V，为判断故障在室外机还是在室内机，切断空调器电源，见图 4-16 右图，取下接线端子 2 号上方的黑线，使用万用表直流电压档，黑表笔接 1 号零线 N，红表笔接室外机主板的黑线插头，再次上电开机，测量电压约为 56V，说明室外机正常，故障在室内机或连接线。

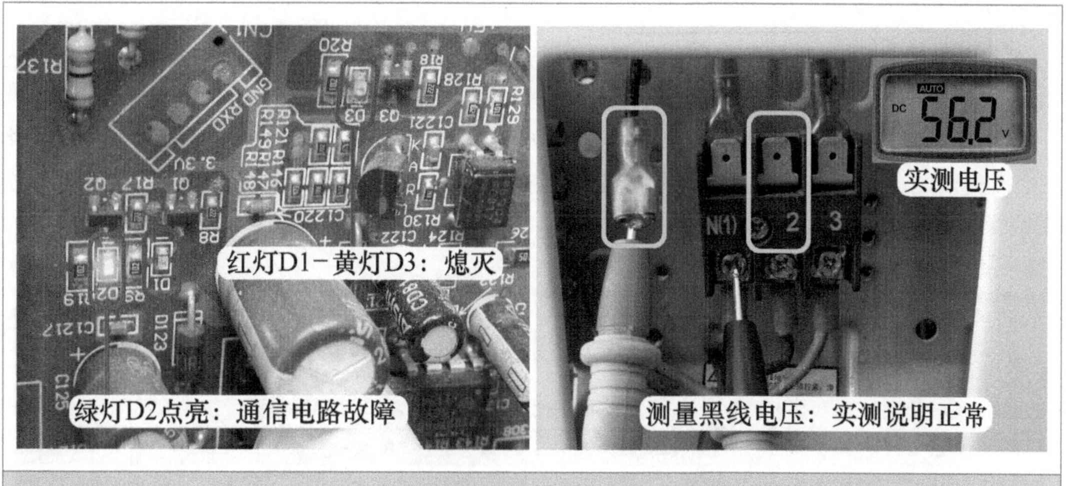

图 4-16 查看主板指示灯状态和测量黑线电压

3. 手摸连接管道和剥开连接线

分析室内机主板上的通信电路漏电故障概率较低，并且断路器出现由于漏电引起的跳闸现象，判断故障点可能在室内外机连接线，但查看室外机接线端子处为原装线，中间并未加长连接线，且最近没有下过雨，也可排除连接线引起的漏电故障。

但查看室内外机连接管道时，见图 4-17 左图，手摸最低处的管道比较潮湿，用手握管道时有比较粘稠的冷凝水溢出。

再次切断空调器电源，剥开包扎带，查看铜管的保温棉上有很多水，连接线表面胶皮已经起泡发胀，像是在水里一直浸泡的。见图 4-17 右图，使用尖嘴钳子剥开连接线胶皮，内部也有水流出来，说明连接线内部已经进水。

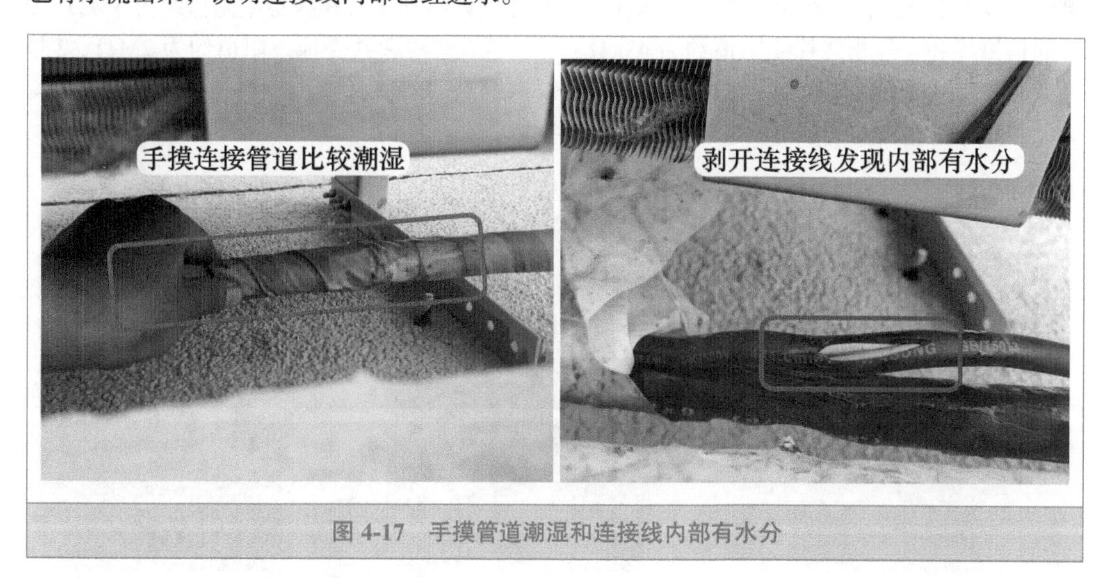

图 4-17 手摸管道潮湿和连接线内部有水分

4. 断开室内外机连接线

为准确判断是否为连接线漏电损坏，应断开室内机和室外机电控系统，测量连接线阻值来确定。

室内机部分的连接线直接安装在主板上面，没有设计接线端子，见图 4-18 左图，在室内机合适部位，使用钳子剪断连接线，并使 4 根引线的接头彼此分开，以防止短路引起误判。

见图 4-18 右图，取下室外机接线端子上方的 1 号蓝线、2 号黑线、3 号棕线插头，并将 3 个插头彼此分开，并放在粘贴于固定支架的电气接线图和安全说明的标识上面（此处与铁壳绝缘，或者使用防水胶布包扎接头）。

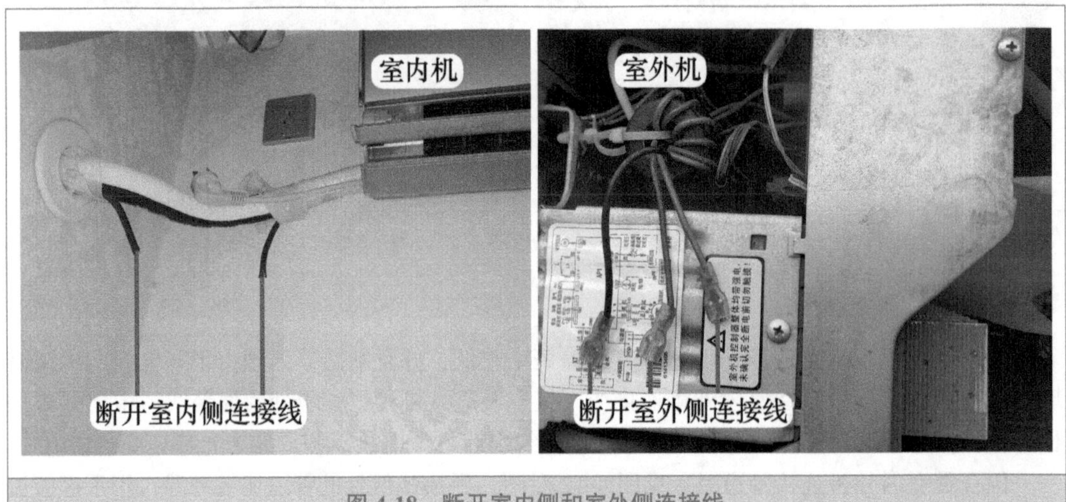

图 4-18　断开室内侧和室外侧连接线

5. 测量连接线阻值

使用万用表电阻档，在室外机接线端子处测量 4 根引线之间阻值，见图 4-19，实测 1 号零线蓝线和 2 号通信黑线阻值约为 4.6MΩ，1 号零线蓝线和 3 号相线棕线阻值约为 3MΩ，2 号通信黑线和 3 号相线棕线阻值约为 43kΩ，1 号零线蓝线和铁壳地线阻值约为 2MΩ，2 号通信黑线和铁壳地线阻值约为 30kΩ，3 号相线棕线与铁壳地线约为 1MΩ，正常时阻值应均为无穷大，根据实测结果说明连接线漏电短路损坏。

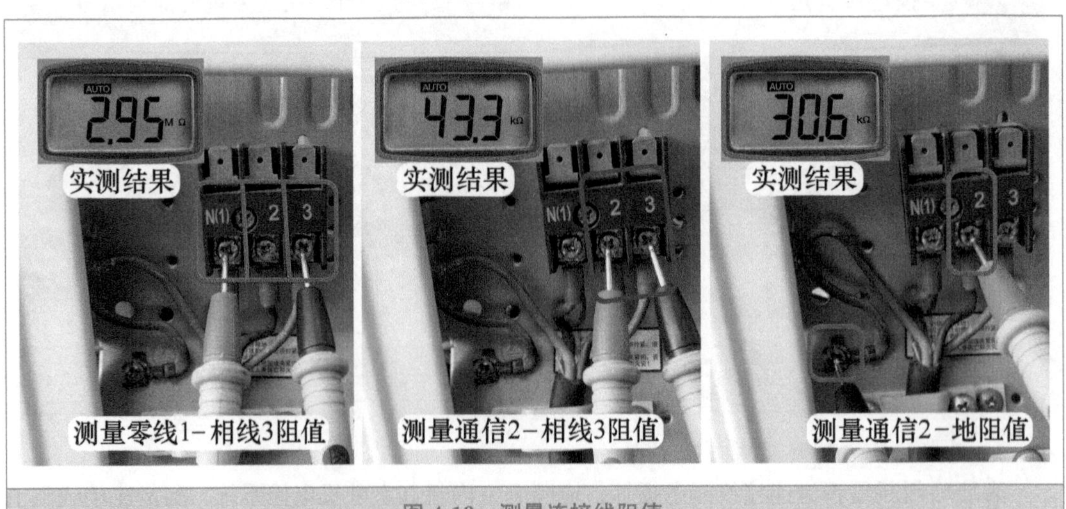

图 4-19　测量连接线阻值

6. 连接线连接室内机和室外机

维修时申请一段约 3m 的 4 芯连接线，到用户家进行更换。由于从出墙孔穿出引线不是很方便，为防止误判，更换前应先代换试机。见图 4-20，将连接线一端连接室内机的原装线，另一端按颜色对应连接室外机电控引线的插头，上电试机，室内机和室外机均开始运行，显示屏不再显示 E6 代码，从而确定为连接线损坏。

切断空调器电源，由于原机的连接线由包扎带包裹，不容易抽出，因此废弃不用。将新连接线从出墙孔穿出，并顺着连接管道送至室外机接线端子，处理好接头后再使用包扎带包裹连接线。

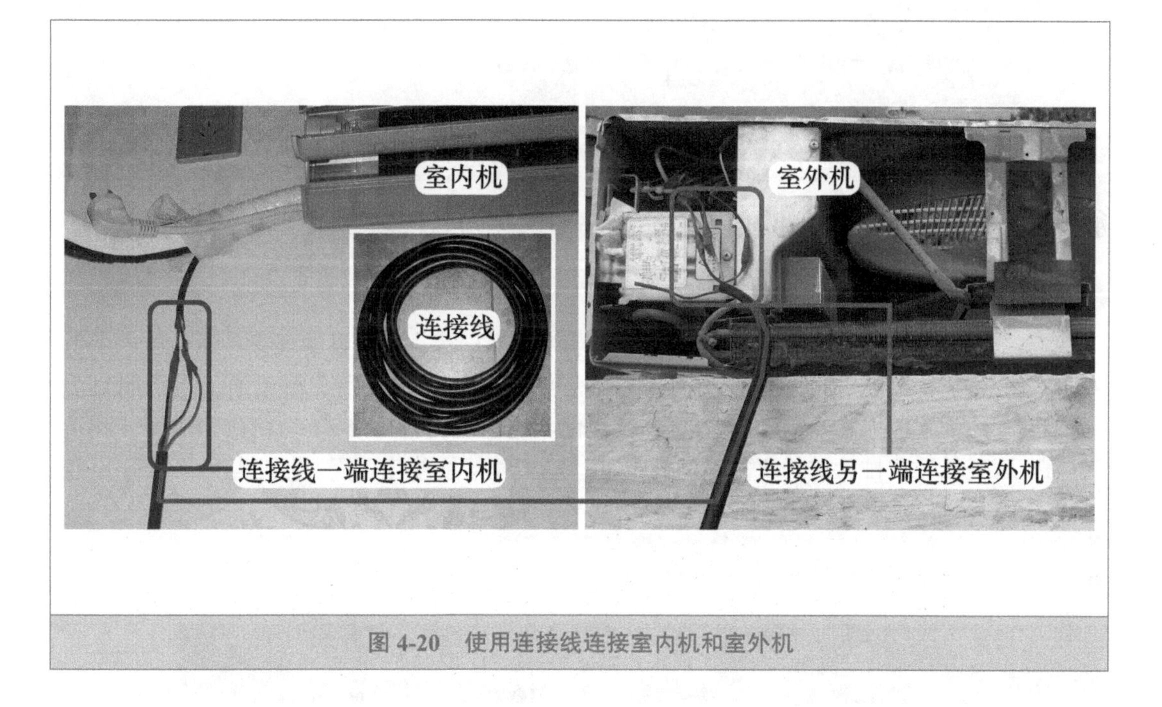

图 4-20　使用连接线连接室内机和室外机

7. 调整冷凝水管流向

本机维修时最近没有下过大雨，室内外机连接线为原装线质量较好，并且没有加长连接管道，因而中间没有接头，且空调器安装在高层，又不存在积水淹没连接管道的情况，那问题是连接线中的水是从何处进入的呢？仔细查看连接管道，原来是冷凝水管包扎方式不对，见图 4-21 左图，水管几乎包扎到根部，只露出很短的一段，管口不能随风移动且在内侧，制冷时蒸发器产生的冷凝水向下滴落，直接滴至连接管道上面，顺着包扎带边缘进入内部，由于包扎带包裹管道较为严实，室外机后部管道为水平走向且位置较低，因此冷凝水出不来，一直在包扎带内积聚，长时间浸泡连接线和铜管的保温棉，连接线外部黑色绝缘皮逐渐起泡膨胀，冷凝水进入连接线内部，使得绝缘下降，引起通信信号传送不畅和断路器跳闸的故障。

见图 4-21 右图，维修时将水管从连接管道的包扎带抽出一部分，并且将管口移到外侧，使得冷凝水向下滴落时直接滴向下方，不能滴至连接管道，故障才彻底被排除。

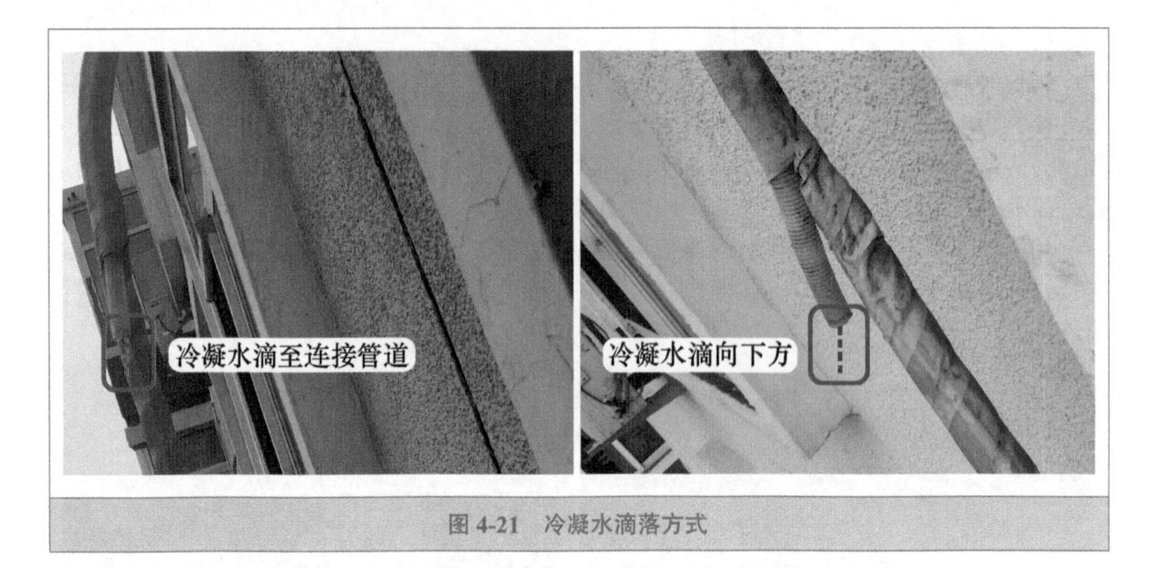

图 4-21　冷凝水滴落方式

➡ 维修措施：更换室内外机连接线，并调整冷凝水管管口位置。

总　结：

本例连接线绝缘下降接近短路，通信信号传送不正常，最明显的现象是通信电压变低（如本例最高为 13V，在 0 ~ 13V 之间跳动变化）。更换连接线后，测量通信电压明显上升，最高约为 40V，在 0 ~ 40V 之间跳动变化。这也说明在检修 E6 通信故障时，如测量通信电压变低，在排除室外机故障的前提下，应把连接线绝缘下降（接近短路）当作重点检查。

第二节　通信电路的单元电路故障

一、降压电阻开路，海信空调器显示 36 代码

➡ 故障说明：海信 KFR-26GW/08FZBPC(a) 挂式直流变频空调器，以制冷模式开机后室外机不运行，测量室内机接线端子上 L 和 N 电压为交流 220V，说明室内机主板已向室外机输出供电，但一段时间以后室内机主板主控继电器触点断开，停止向室外机供电，按遥控器上的“高效”键 4 次，显示屏显示代码为“36”，含义为通信故障。

1. 测量通信电压和 24V 电压

将空调器接通电源但不开机，使用万用表直流电压档，见图 4-22 左图，黑表笔接室内机接线端子上 1 号零线 N 端，红表笔接 4 号通信 S 端测量电压，正常为轻微跳动变化的直流 24V，实测约为 0V，说明室内机主板有故障（注：此时已将室外机引线去除）。

见图 4-22 右图，黑表笔不动接 N 端，红表笔接 24V 稳压二极管 ZD1 正极测量电压，实测仍约为 0V，判断直流 24V 电压产生电路出现故障。

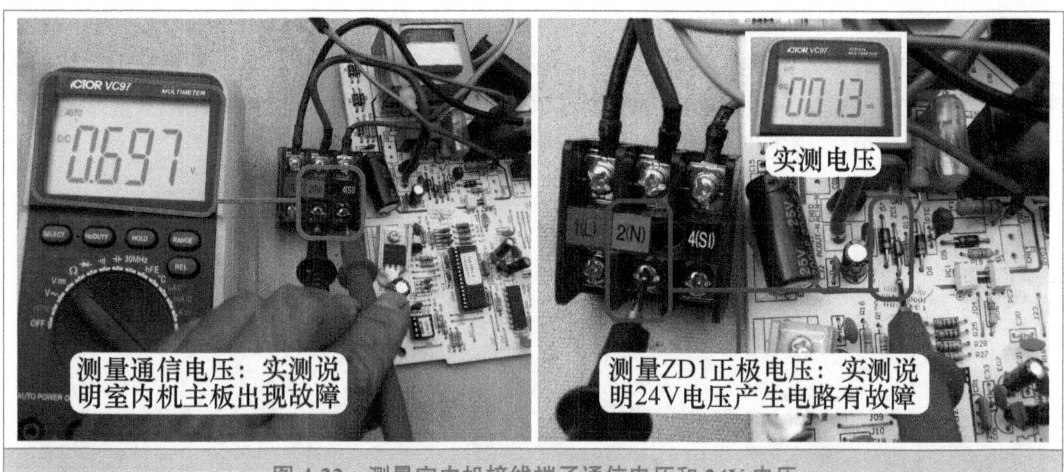

图 4-22 测量室内机接线端子通信电压和 24V 电压

2. 直流 24V 电压产生电路的工作原理

海信 KFR-26GW/08FZBPC(a) 室内机通信电路原理图见图 4-23，直流 24V 电压产生电路实物图见图 4-24，交流 220V 电压中 L 端经电阻 R10 降压、二极管 D6 整流、电解电容 E02 滤波、稳压二极管（稳压值 24V）ZD1 稳压，与电源 N 端组合在 E02 两端形成稳定的直流 24V 电压，为通信电路供电。

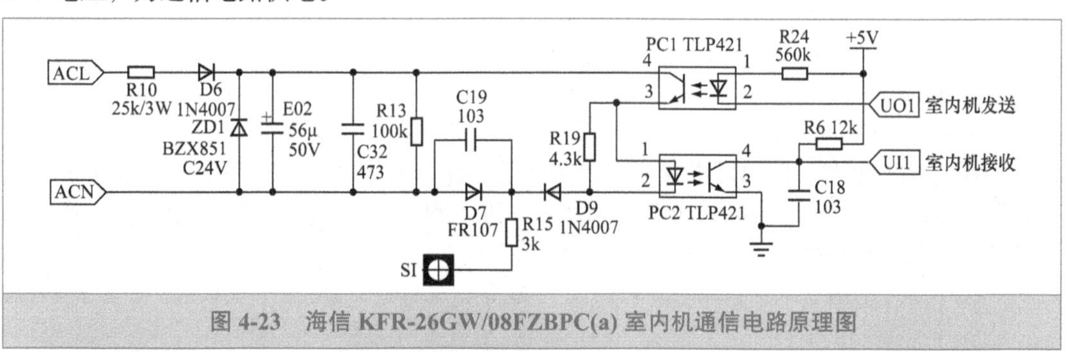

图 4-23 海信 KFR-26GW/08FZBPC(a) 室内机通信电路原理图

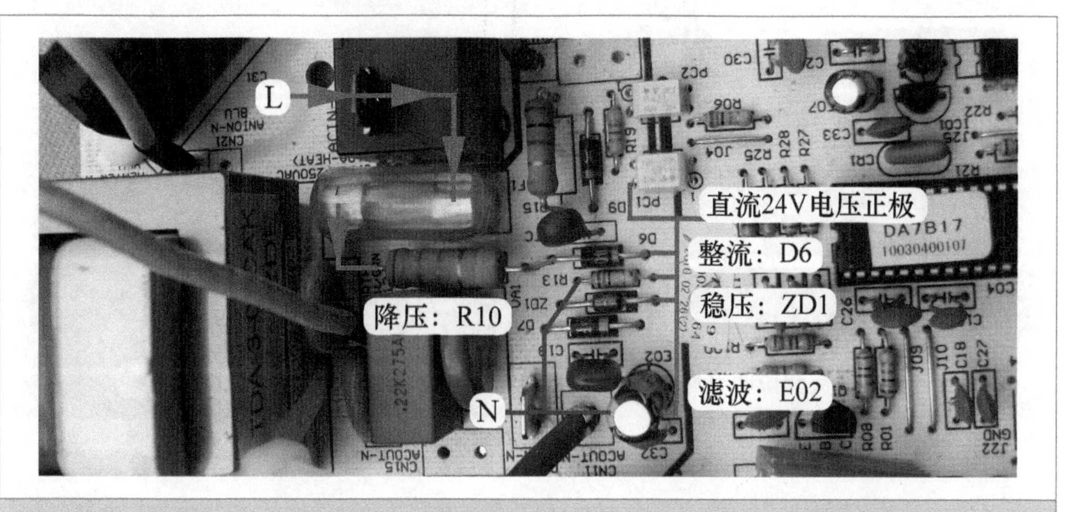

图 4-24 海信 KFR-26GW/08FZBPC(a) 直流 24V 电压产生电路实物图

3. 测量降压电阻两端电压

由于降压电阻为通信电路供电，使用万用表交流电压档，见图 4-25，黑表笔不动依旧接零线 N 端，红表笔接降压电阻 R10 下端测量电压，实测约为 0V ；红表笔接 R10 上端测量电压，实测约为 220V，等于供电电压，初步判断 R10 开路。

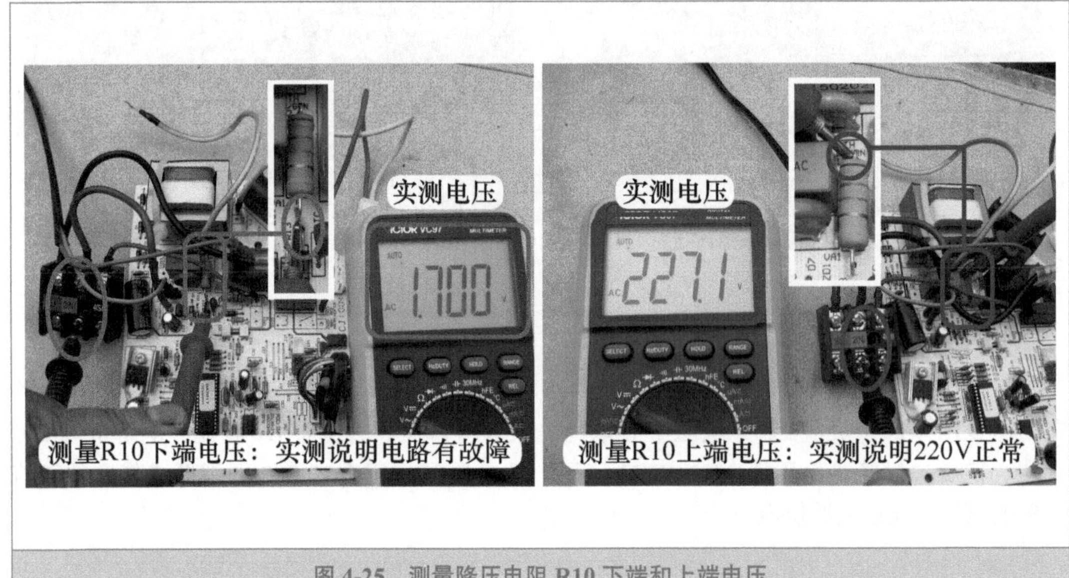

图 4-25　测量降压电阻 R10 下端和上端电压

4. 测量 R10 阻值

切断空调器电源，使用万用表电阻档，见图 4-26，测量电阻 R10 阻值，正常为 25kΩ，在路测量阻值为无穷大，说明 R10 开路损坏；为准确判断，将其取下后，单独测量，阻值仍为无穷大，确定开路损坏。

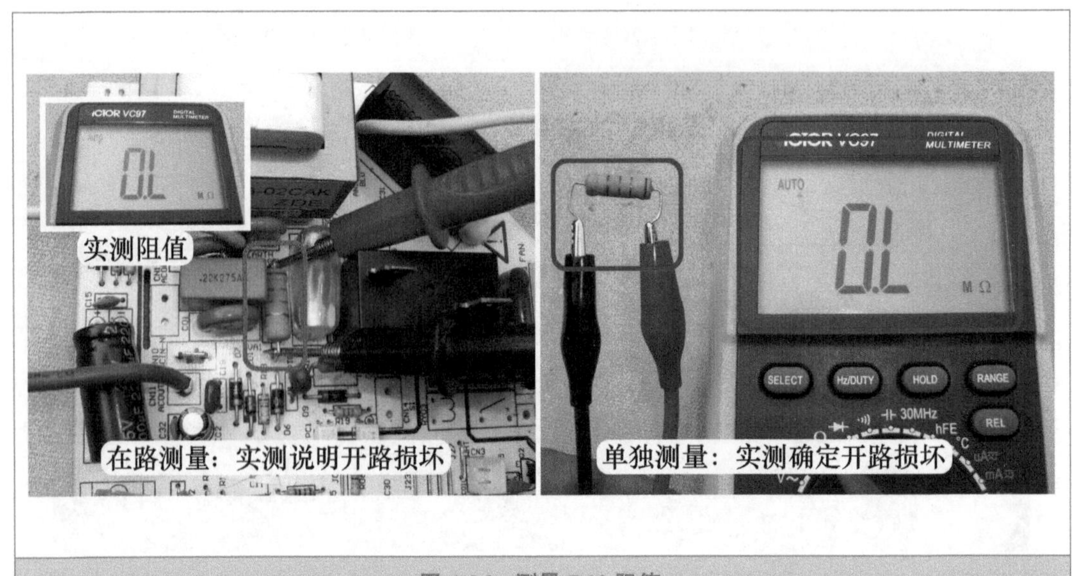

图 4-26　测量 R10 阻值

5. 更换电阻

电阻 R10 参数为 25kΩ/3W，由于没有相同型号的电阻更换，见图 4-27 和图 4-28，实际维修时选用两个电阻串联代替，一个为 15kΩ/2W，1 个为 10kΩ/2W，串联后安装在室内机主板上面。

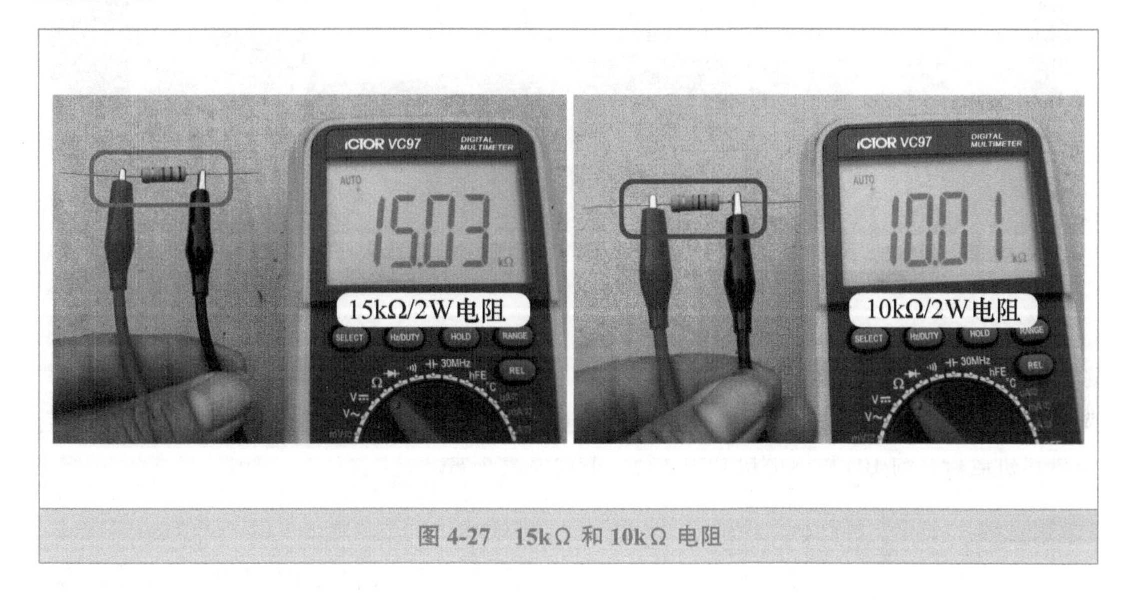

图 4-27 15kΩ 和 10kΩ 电阻

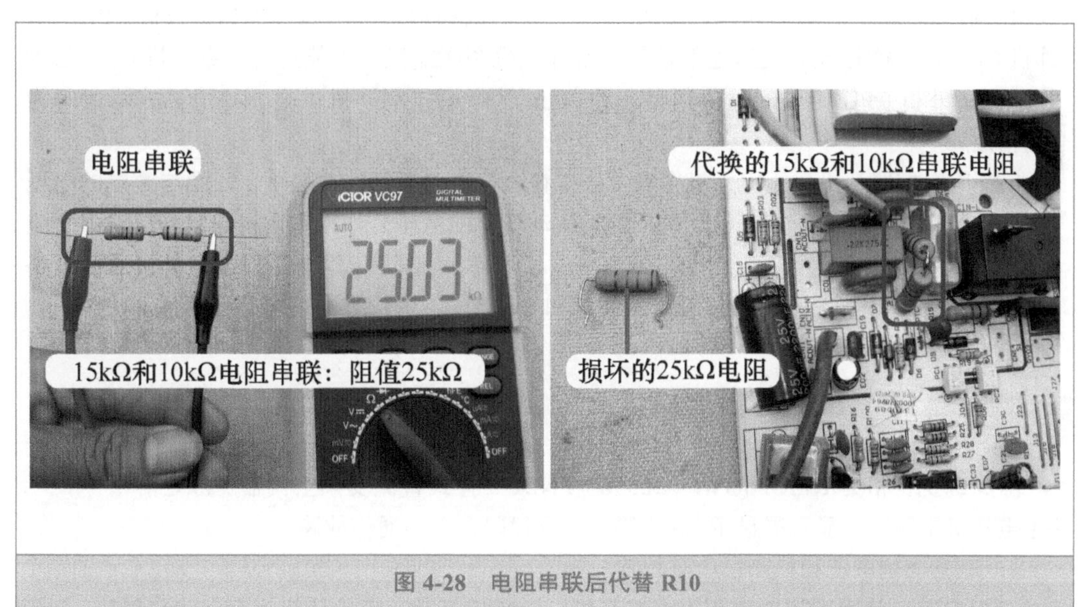

图 4-28 电阻串联后代替 R10

6. 测量通信电压和 R10 下端电压

将空调器接通电源，使用万用表直流电压档，见图 4-29 左图，黑表笔接室内机接线端子上 1 号零线 N 端，红表笔接 4 号 S 端测量电压，实测约为直流 24V，说明通信电压恢复正常。

万用表改用交流电压档，见图 4-29 右图，黑表笔不动依旧接 N 端，红表笔接电阻 R10 下端测量电压，实测约为交流 135V。

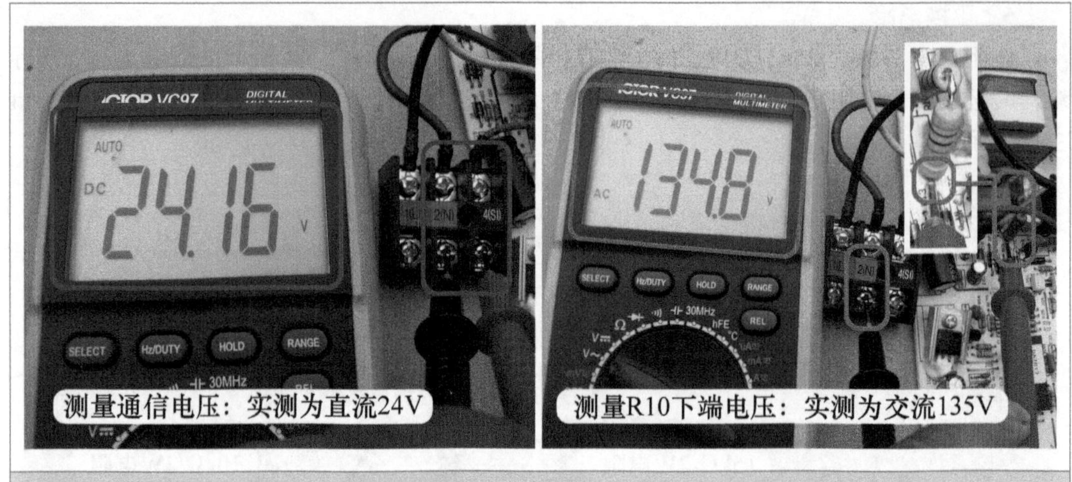

图 4-29　测量室内机接线端子通信电压和 R10 下端交流电压

➡ 维修措施：见图 4-28 右图，代换降压电阻 R10。代换后恢复线路试机，用遥控器开机后室外风机运行，约 10s 后压缩机开始运行，制冷恢复正常。

总　结：

① 本例通信电路专用电压的降压电阻开路，使得通信电路没有工作电压，室内机和室外机的通信电路不能构成回路，室内机 CPU 发送的通信信号不能传送到室外机 CPU，室外机 CPU 也不能接收和发送通信信号，室外风机和压缩机均不能运行，室内机 CPU 因接收不到室外机 CPU 传送的通信信号，约 2min 后停止向室外机供电，并记忆故障代码为“通信故障”。

② 用遥控器开机后，室外机得电工作，在通信电路正常的前提下，N 端与 S 端的电压由待机状态的直流 24V 立即变为 0 ~ 24V 跳动变化的电压。如果室内机向室外机输出交流 220V 供电后，通信电压不变仍为直流 24V，说明室外机 CPU 没有工作或室外机通信电路出现故障，应首先检查室外机的直流 300V 和 5V 电压，再检查通信电路元器件。

二、　通信电路电阻开路，格力空调器显示 E6 代码

➡ 故障说明：格力 KFR-26GW/（26556）FNDe-3 挂式直流变频空调器（凉之静），用户反映上电开机不制冷，显示屏显示 E6 代码，查看代码含义为通信故障。

1. 测量通信电压和检测仪检测故障

上门检查，使用遥控器以制冷模式开机，导风板打开，室内风机运行但为自然风，听到室内机主板继电器触点“啪”的响声后，说明室内机已向室外机输出供电，但约 15s 后显示屏由显示设定温度改为显示 E6 代码。检查室外机，查看室外风机和压缩机均不运行。使用万用表交流电压档，黑表笔接 N（1）号端子蓝线和红表笔接 3 号端子棕线测量电压，实测约为交流 220V，说明室内机输出的供电已送至室外机。

将万用表档位改为直流电压档，见图 4-30 左图，红表笔接 2 号端子黑线，黑表笔接 N

（1）端子蓝线，测量通信电压，实测为 19~35V 的跳变电压，和正常值基本接近。

切断空调器电源，在室外机接线端子上连接格力变频空调器专用检测仪，再次上电开机，选择第 1 项数据监控，见图 4-30 右图，约 30s 时显示如下，故障：E6。排除方法为更换外机主板，说明检测仪判断出现通信故障，且故障部位在室外机主板。

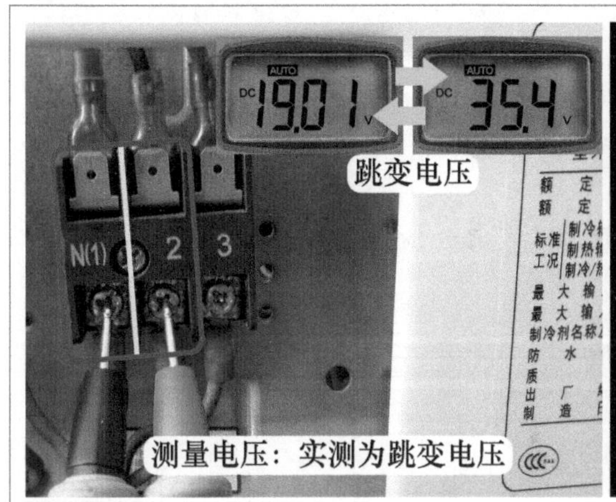

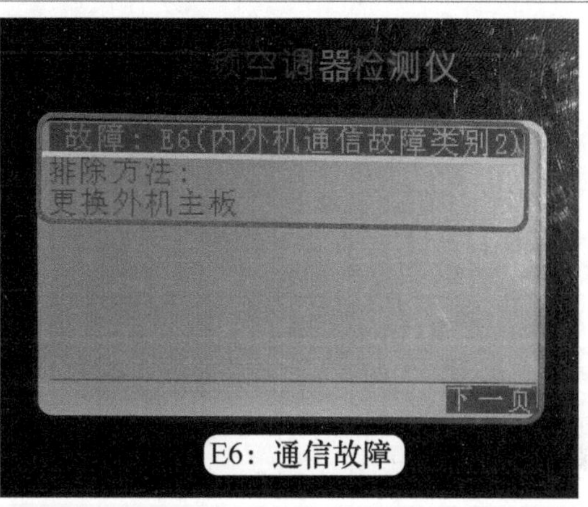

图 4-30 测量电压和检测仪检测故障

2. 查看指示灯状态和通信电路主要元器件

取下室外机外壳，查看室外机主板指示灯状态，见图 4-31 左图，绿灯 D2 持续点亮，红灯 D1 和黄灯 D3 均为熄灭（即不亮），绿灯 D2 正常为持续闪烁，现持续点亮说明通信电路出现故障。

图 4-31 右图为室外机通信电路主要元器件，图 4-32 为其电路原理图，主要由 CPU 发送和接收引脚、驱动光耦合器的两个晶体管、发送和接收光耦合器，为通信电路提供专用电源的 56V 电压产生电路（电阻降压、二极管整流、电容滤波、稳压管稳压），以及连接室内机主板的通信黑线等组成。

使用万用表直流电压档，测量通信电路电压。首先测量通信电路专用 56V 电压，黑表笔接 N（1）号零线端子蓝线、红表笔接稳压管 ZD132 正极测量电压，实测约为 56V，说明正常。

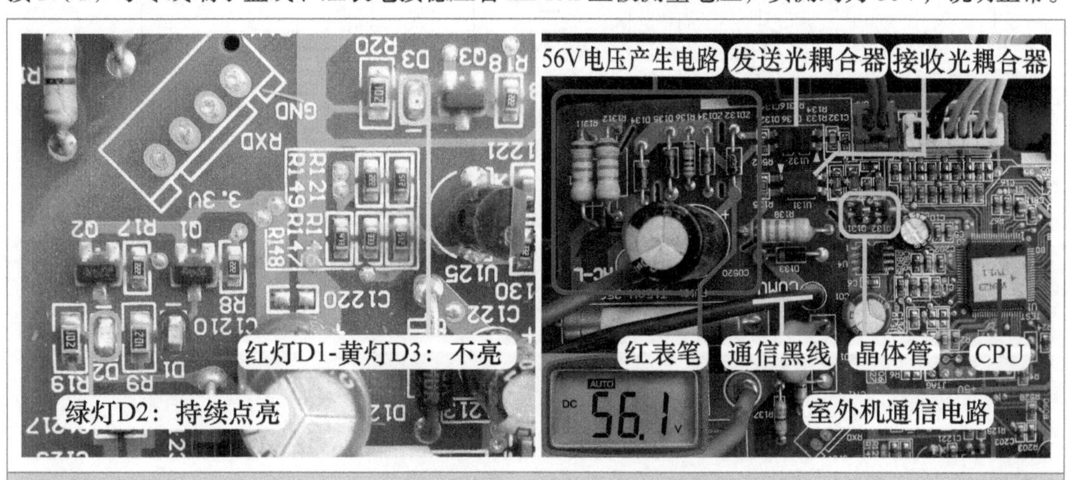

图 4-31 查看指示灯状态和通信电路主要元器件

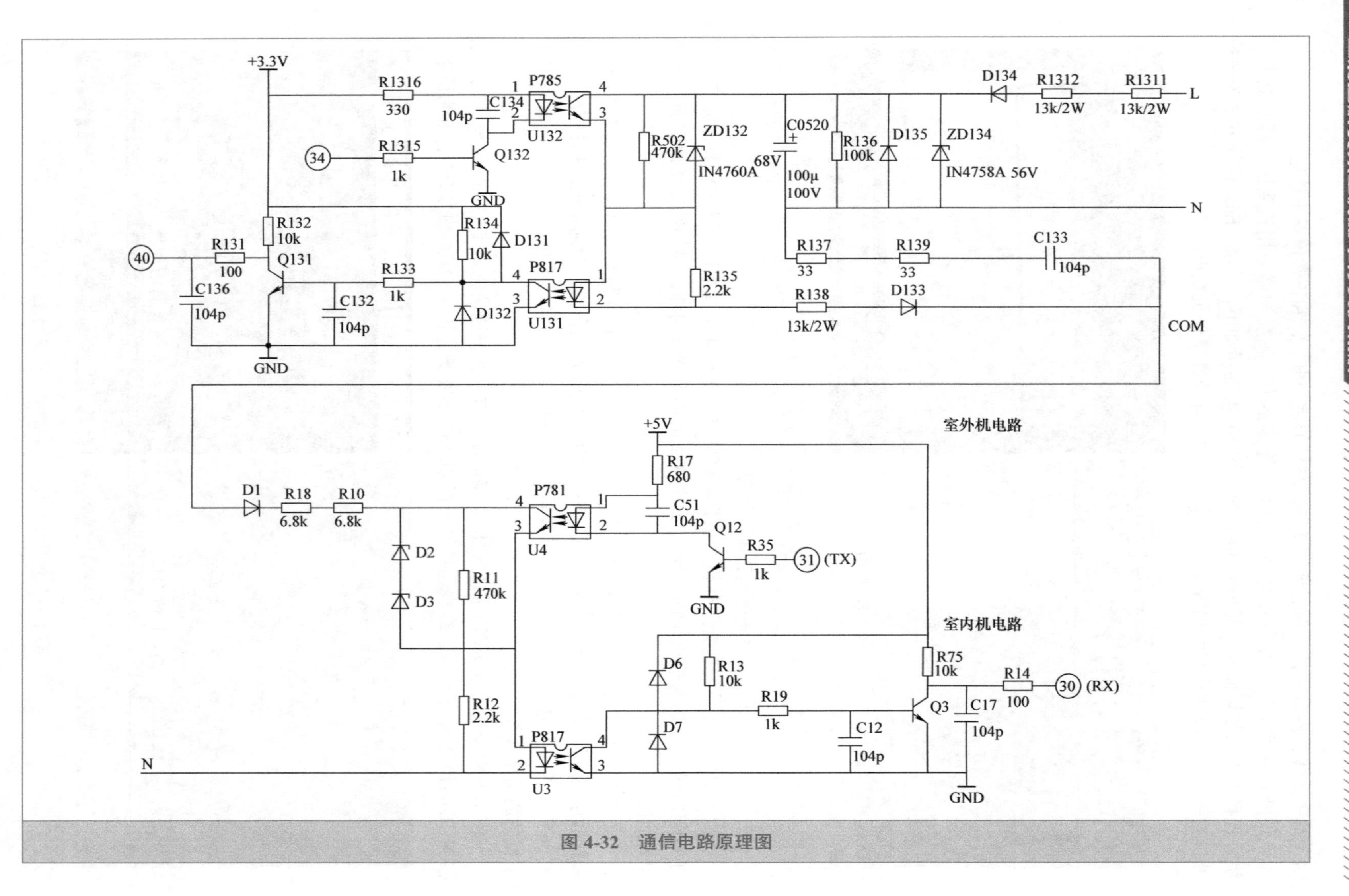

图 4-32 通信电路原理图

3. 测量 CPU 接收和发送引脚电压

依旧使用万用表直流电压档，见图 4-33 左图，黑表笔改接电容 C01 附近的 GND1 地测量点，红表笔接R131下端，相当于测量CPU接收引脚电压，实测约为3.3V且一直稳定不变，说明 CPU 没有接收到室内机 CPU 发送的通信信号，故障在接收信号电路。

见图 4-33 右图，黑表笔不动依旧接地，红表笔接 R131 上端，相当于测量 CPU 发送引脚电压，实测为正常的 2 ~ 3.3V 之间跳动变化，说明 CPU 已发送通信信号。

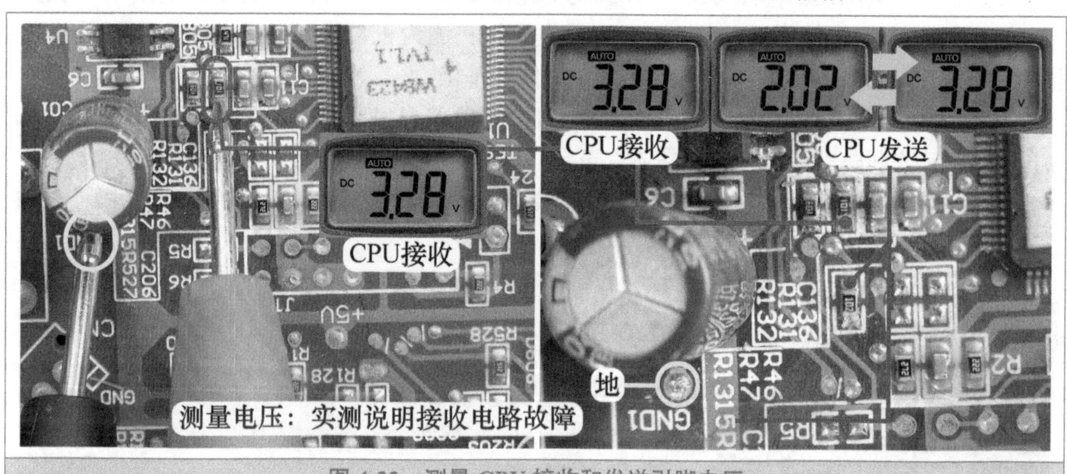

图 4-33 测量 CPU 接收和发送引脚电压

4. 测量接收光耦合器初级和次级电压

通信电路设有两个光耦合器，其中位于上方的 U132 为发送光耦合器，位于下方的 U131 为接收光耦合器。光耦设有 4 个引脚，分为初级侧（①脚正极 + 和②脚负极 - ）和次级侧（④脚集电极 C 和③脚发射极 E），带有圆点标志的一侧为初级侧，且对应的引脚为正极 + ，另一侧为次级侧，和圆点平行的引脚为内部光电晶体管的集电极。

使用万用表直流电压档，见图 4-34 左图，红表笔接光耦合器初级侧正极 + （圆点对应的引脚），黑表笔接负极 - 测量电压，实测为正常的 0.3 ~ 0.9V 之间跳动变化，说明室内机发送的通信信号已通过通信电路传送至室外机接收光耦合器的初级侧。

见图 4-34 右图，将红表笔改接次级侧集电极 C，黑表笔接发射极 E 测量电压，实测为正常的 0.4 ~ 0.7V 之间跳动变化，说明光耦合器正常，已将初级侧跳变电压耦合至次级侧。

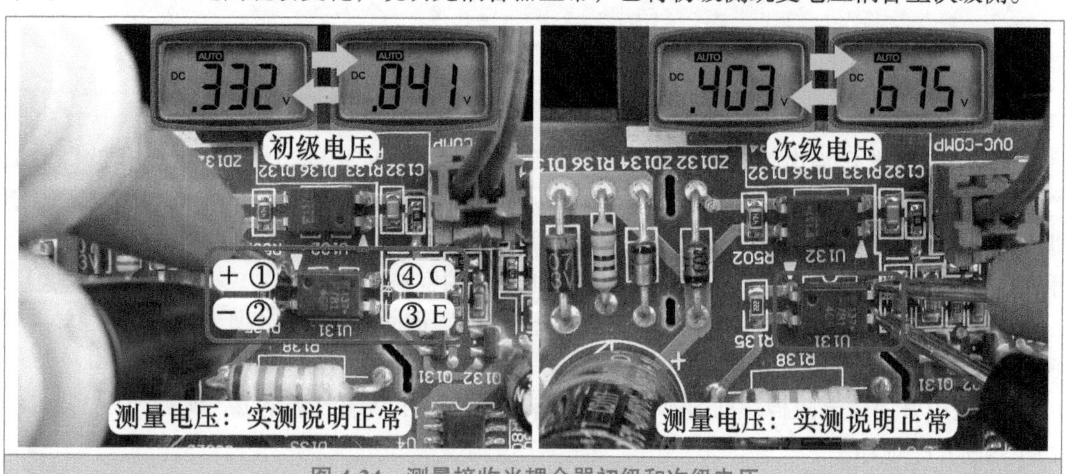

图 4-34 测量接收光耦合器初级和次级电压

5. 测量晶体管基极和集电极电压

通信电路设有两个 NPN 型晶体管，Q132 用于驱动发送光耦合器 U132 初级侧二极管，Q131 用于放大接收光耦合器 U131 次级侧输出的通信信号。本机使用贴片型晶体管，共有 3 个引脚，上方共有 1 个引脚为集电极 C，下方设有两个引脚，左侧为基极 B，右侧为发射极 E。

U4 为 3.3V 电压稳压块，其①～④脚均为地脚，见图 4-35 左图，将黑表笔接 U4 的②脚（相当于接地），红表笔接 Q131 基极 B 测量电压，实测为正常的 0.3 ～ 0.5V 之间跳动变化，说明接收光耦合器次级侧输出的电压已送至晶体管基极。

见图 4-35 右图，黑表笔不动依旧接地，红表笔改接 Q131 集电极 C 测量电压，实测为正常的 1 ～ 2V 之间跳动变化，说明晶体管正常，已将基极的跳变电压进行放大。

➡ 说明：测量晶体管电压时，黑表笔可实接电容 C01 附近的 GND1 地测量点，图 4-35 中为使图片清晰才改接至 U4 的②脚。

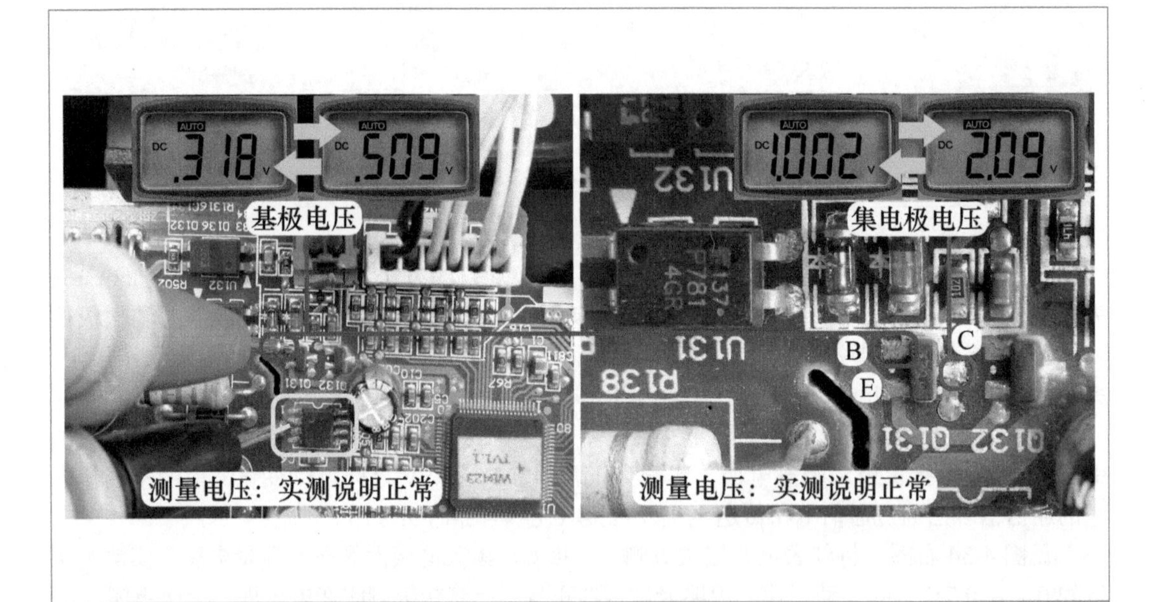

图 4-35 测量晶体管基极和集电极电压

6. 测量 R131 上端电压和阻值

Q131 集电极 C 输出的电压经电阻 R131 送至 CPU 的接收引脚，顺着集电极 C 的铜箔走线，查看电阻 R131 上端接集电极 C，下端接 CPU 接收引脚。见图 4-36 左图，将黑表笔依旧接 GND1 地测量点，红表笔接 R131 上端测量电压，实测为正常的 1 ～ 2V 之间跳动变化，和 Q131 集电极 C 相同，说明集电极 C 至 R131 上端的铜箔走线正常。

R131 上端为正常的 1 ～ 2V 的跳变电压，而下端即 CPU 接收引脚为稳压的 3.3V，应测量 R131 阻值。切断空调器电源，使用 PTC 电阻泄放滤波电容存储的直流 300V 电压至约 0V，再使用万用表电阻档，见图 4-36 右图，表笔接 R131 两端测量阻值，实测约为 13MΩ，初步判断开路损坏。

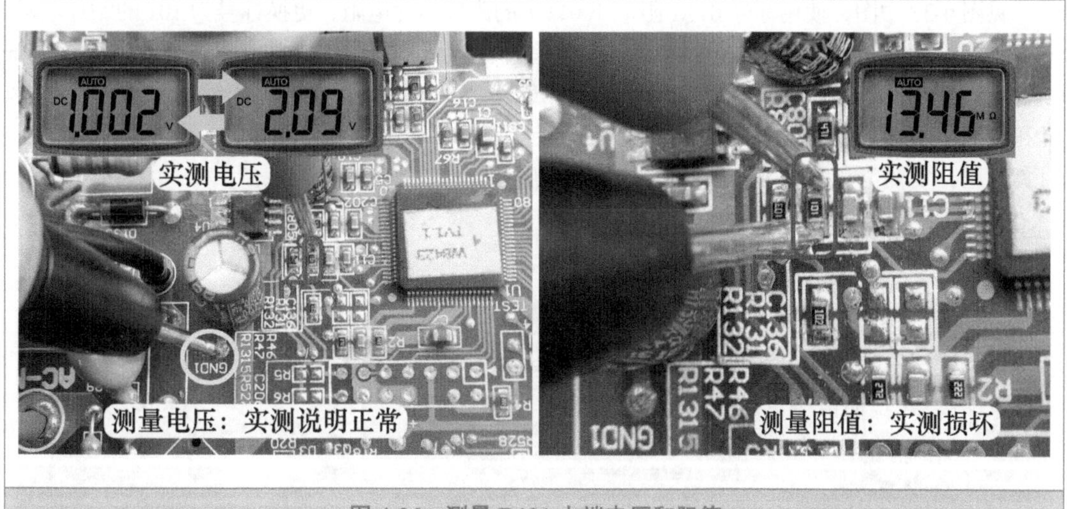

图 4-36 测量 R131 上端电压和阻值

7. 单独测量阻值

电阻 R131 标号为 101，见图 4-37 左图，第 1 位的 1 和第 2 位的 0 为数值，第 3 位的 1 为 0 的个数，101 阻值为 100Ω。

见图 4-37 中图，使用万用表电阻档，单独测量阻值，实测为无穷大，确定开路损坏。

见图 4-37 右图，测量阻值相同的电阻，实测约为 100Ω。

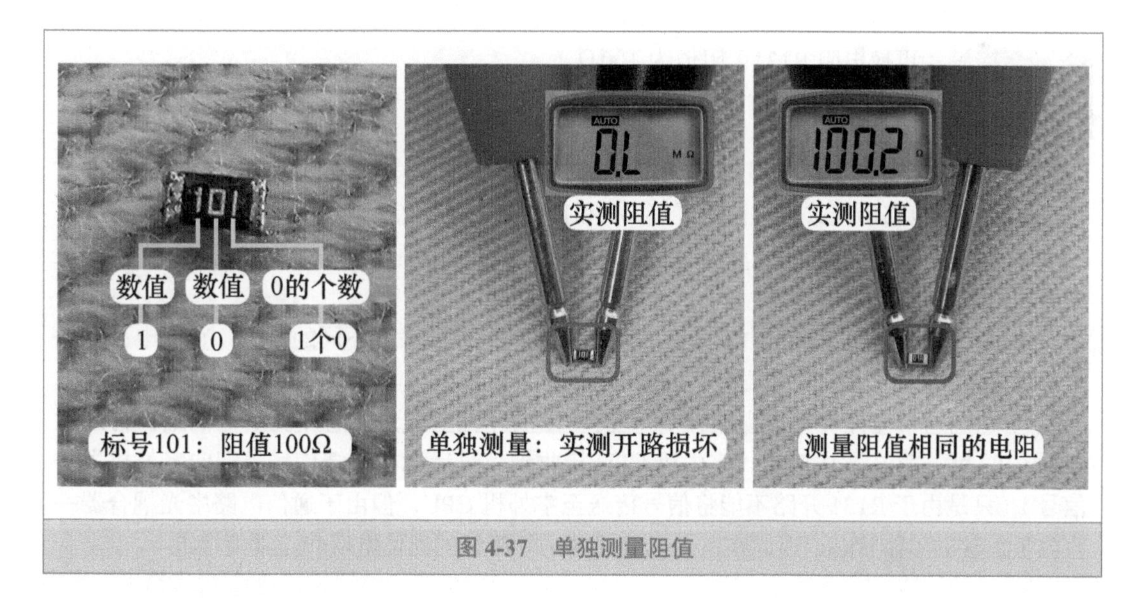

图 4-37 单独测量阻值

8. 更换电阻和测量电压

见图 4-38 左图，配件为阻值 100Ω 的贴片电阻，标号为 01A，其未使用 3 位或 4 位的数字标识法，而是使用数字和字母组合的方式，01 表示为 100，A 表示为 10 的零次方（10^0）= 1，01A=100×1Ω=100Ω。

见图 4-38 中图，使用标号 01A（阻值 100Ω）的配件贴片电阻，更换标号为 101 的贴片电阻。

更换电阻后上电试机，见图 4-38 右图，室外机主板上绿灯 D2 由持续点亮改为持续闪烁（通信正常），红灯 D2 闪烁 8 次（达到开机温度）、黄灯 D3 闪烁 1 次（压缩机起动），室外风机和压缩机也开始起动运行，空调器制冷也恢复正常，再次测量电阻 R131 下端即 CPU 接收引脚电压，实测为正常的 0.7 ~ 2.1V 之间跳动变化。

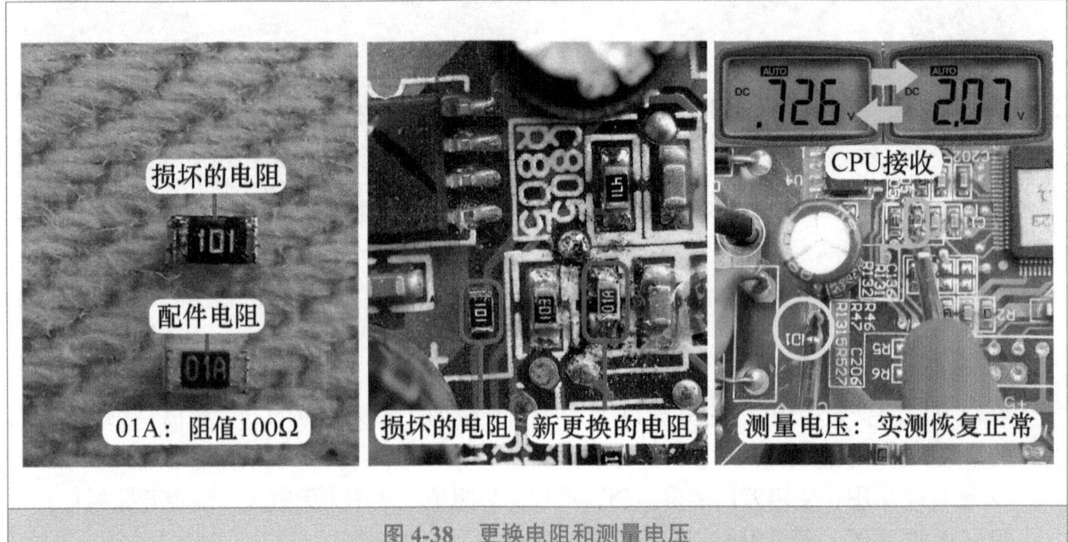

图 4-38　更换电阻和测量电压

➡ 维修措施：更换电阻 R131（阻值为 100Ω）。

总　结：

① 本例电阻 R131 开路损坏，CPU 接收不到室内机传送的通信信号，绿灯 D2 持续点亮表示为通信电路出现故障，同时红灯 D1 和黄灯 D3 均不亮。

② 测量通信电路电压时，只能通过跳变电压大致判断硬件电路的故障范围，而不能根据电压值判断通信信号传送的含义。

③ 通信电路的跳变电压由于转换非常快，不同的万用表，不同的档位（直流电压档的自动量程或 10V 档量程等），显示的电压数值也会不相同。

④ 本例通信电路专用电源直流 56V 设计在室外机主板，上电开机室外机主板得到供电后 CPU 就一直在发送信号，室内机 CPU 接收到信号后也在反馈信号（即向室外机发送信号），只是由于 R131 开路不能将信号传送至室外机 CPU，但由于通信电路中光耦合器一直处于正常的工作状态，因此在室外机接线端子处测量的通信电压和正常值接近。

三、通信电路分压电阻开路，海信空调器报通信故障

➡ 故障说明：海信 KFR-26GW/11BP 挂式交流变频空调器，用遥控器开机后，室外风机和压缩机均不运行，同时不制冷，电路原理图见图 4-39。

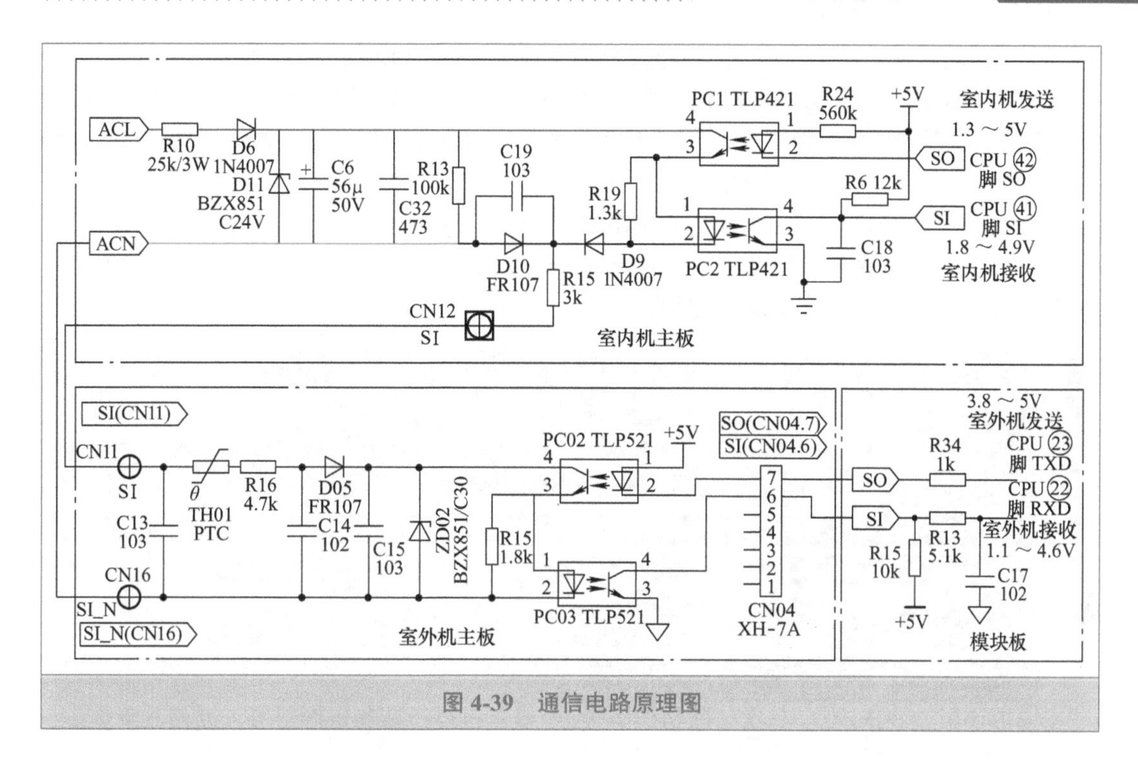

图 4-39　通信电路原理图

1. 测量室内机接线端子通信电压

使用万用表交流电压档，测量室内机接线端子上 1 号 L 相线和 2 号 N 零线电压为交流 220V，说明室内机主板已向室外机供电。

将万用表档位改为直流电压档，见图 4-40，黑表笔接室内机接线端子上 2 号 N 端零线，红表笔接 4 号 S 端通信线，测量电压，实测待机状态为 24V，用遥控器开机后室内机主板向室外机供电，通信电压仍为 24V 不变，说明通信电路出现故障。

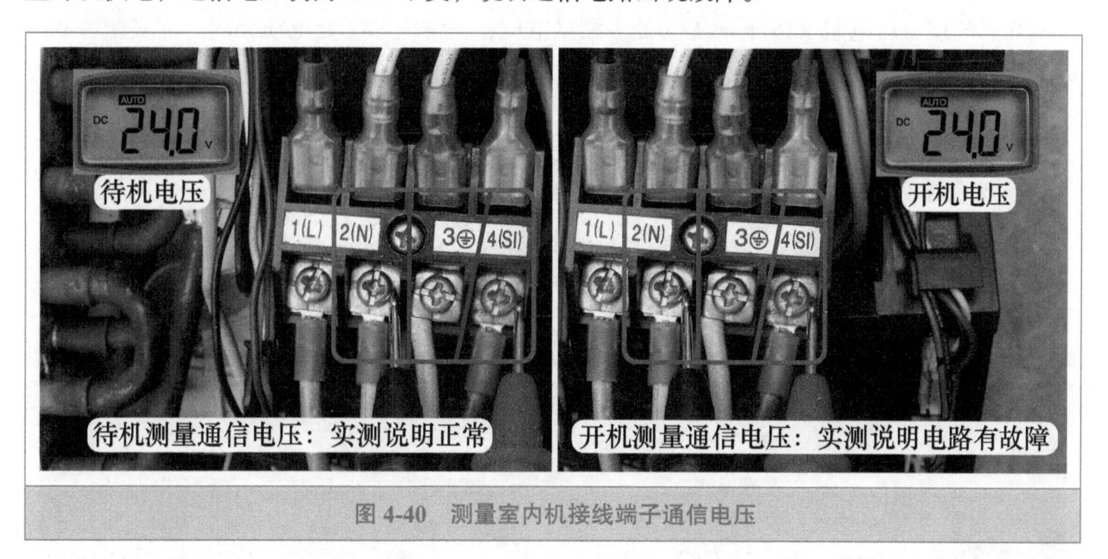

图 4-40　测量室内机接线端子通信电压

2. 故障代码

取下室外机外壳，观察到室外机主板上直流 12V 电压指示灯常亮，初步判断直流 300V

和12V电压均正常，使用万用表直流电压档测量直流300V、12V、5V电压均正常。

见图4-41左图，发现模块板上的指示灯闪5次，报故障代码含义为“通信故障”；按遥控器上的“传感器切换”键2次，见图4-41右图，室内机显示板组件上指示灯显示故障代码为“运行（蓝）、电源”灯亮，代码含义为“通信故障”。

室内机CPU和室外机CPU均报“通信故障”的代码，说明室内机CPU已发送通信信号，但室外机CPU未接收到通信信号，同时开机后通信电压为直流24V不变，判断通信电路中有开路故障，重点检查室外机通信电路。

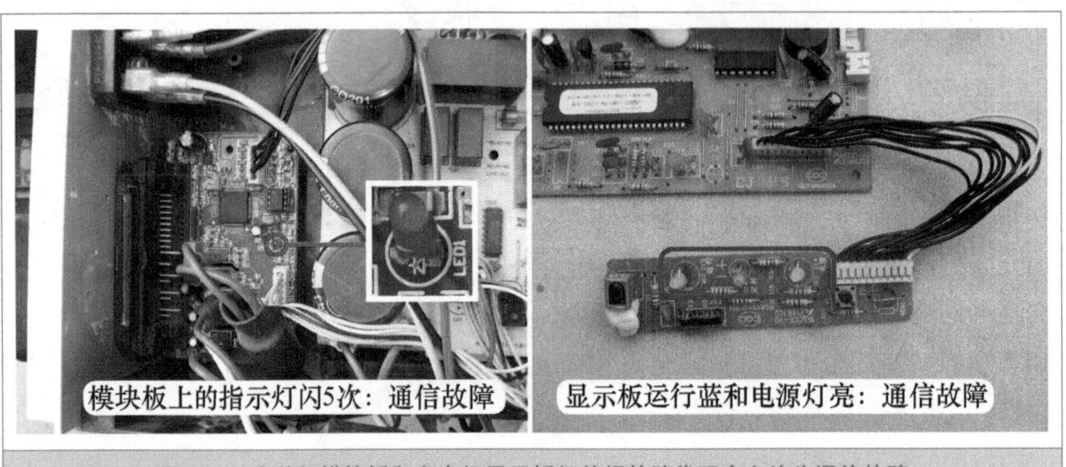

图4-41 室外机模块板和室内机显示板组件报故障代码含义均为通信故障

3. 测量室外机通信电路电压

在空调器通上电源但不开机即处于待机状态时，见图4-42，黑表笔接电源N端零线，红表笔接室外机主板上S端通信线（①处）测量电压，实测为24V，和室外机接线端子上电压相同。

红表笔接分压电阻R16上端（②处）测量电压，实测为24V，说明PTC电阻TH01阻值正常。

红表笔接分压电阻R16下端（③处）测量电压，正常应和②处电压相同，而实测为0V，初步判断R16阻值开路。

红表笔接发送光耦合器次级侧集电极引脚（④处）测量电压，实测为0V，和③处电压相同。

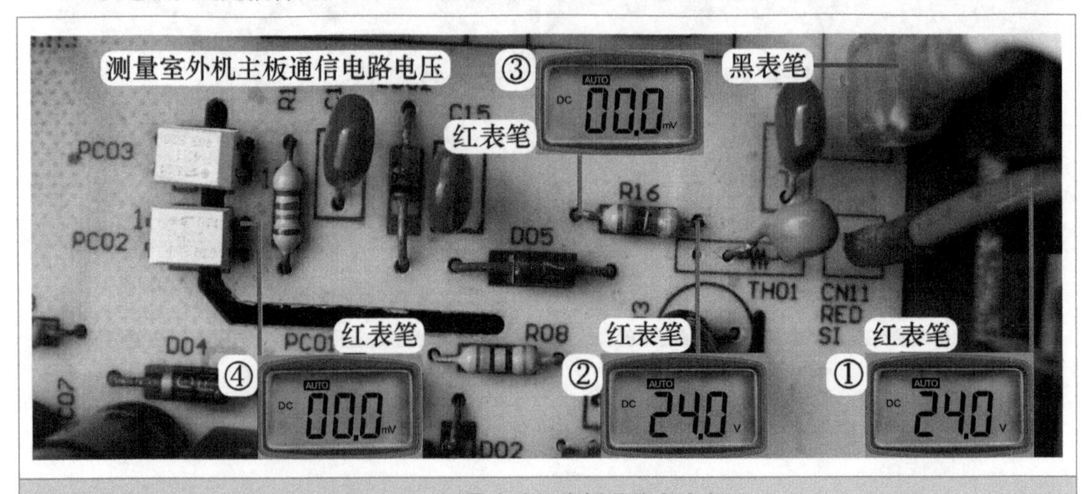

图4-42 测量室外机主板通信电路电压

4. 测量 R16 阻值

R16 上端（②处）电压为直流 24V，而下端（③处）电压为 0V，可大致说明 R16 开路损坏。切断空调器电源，待直流 300V 电压下降至 0V 时，见图 4-43，使用万用表电阻档测量 R16 阻值，正常为 4.7kΩ，实测为无穷大，判断为开路损坏。

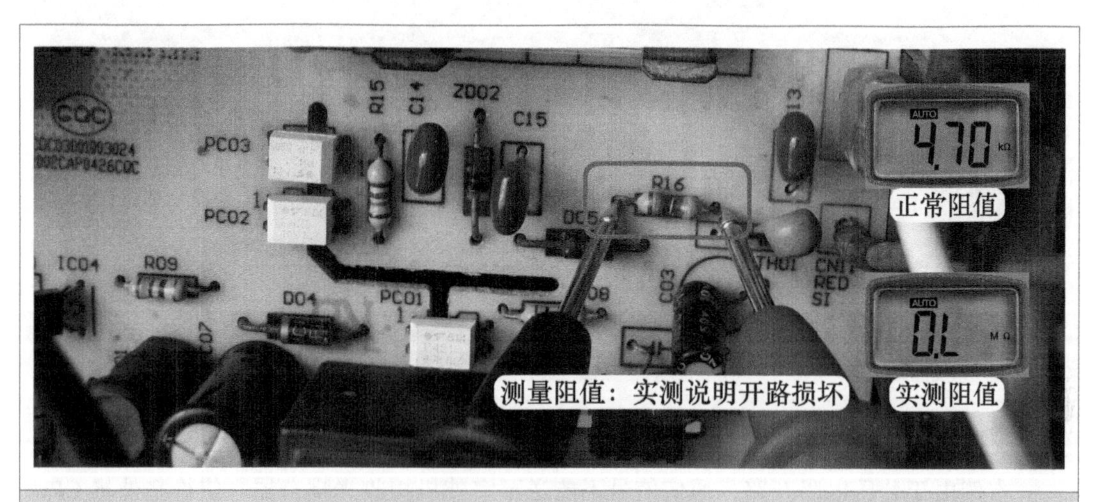

图 4-43　测量 R16 阻值

5. 更换 R16 电阻

见图 4-44，此机室外机主板通信电路分压电阻使用 4.7kΩ/0.25W，在设计时由于功率偏小，容易出现阻值变大甚至开路的故障，因此在更换时应选用更大功率、阻值相同的电阻，本例在更换时选用 4.7kΩ/1W 的电阻进行代换。

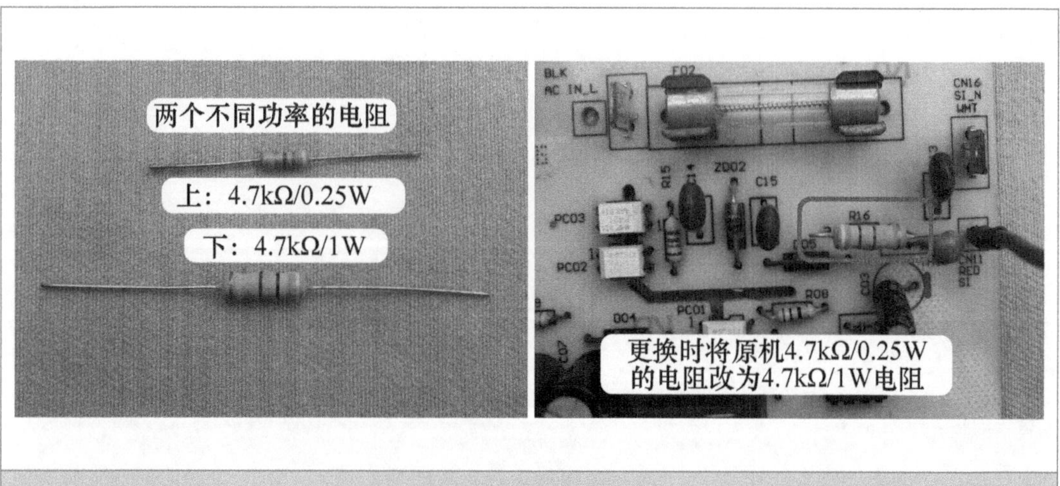

图 4-44　更换 R16 电阻

➡ 维修措施：更换室外机主板通信电路分压电阻 R16，见图 4-44 右图，参数由原 4.7kΩ/0.25W 更换为 4.7kΩ/1W。更换后在空调器接通电源但不开机即处于待机状态时，测量室外机通信电路电压，实测结果见图 4-45。

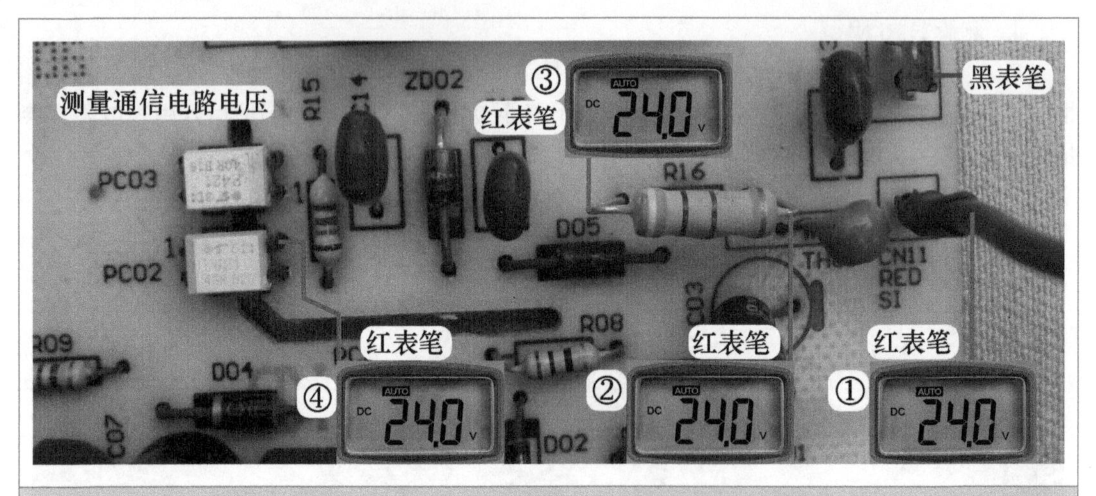

图 4-45 待机状态测量室外机主板通信电路电压

总 结：

本例由于分压电阻开路，通信信号不能送至室外机接收光耦合器，使得室外机 CPU 接收不到室内机 CPU 发送的通信信号，因此通过模块板上指示灯报故障代码含义为“通信故障”，并不向室内机 CPU 反馈通信信号；而室内机 CPU 因接收不到室外机 CPU 反馈的通信信号，2min 后停止向室外机供电交流 220V，并记忆故障代码为“通信故障”。

第五章 Chapter 5

变频空调器单元电路故障

第一节 常见故障

一、电压检测电路电阻开路，海信空调器报过、欠电压故障

➡ 故障说明：海信 KFR-26GW/11BP 挂式交流变频空调器，用遥控器开机后室外机有时根本不运行，有时可以运行一段时间，但运行时间不固定，有时 10min，有时 15min 或更长。

1. 故障代码

在室外机停止运行后，取下室外机外壳，见图 5-1 左图，观察模块板指示灯闪 8 次报出故障代码，查看含义为“过、欠电压”故障；回到室内检查，按遥控器上的“传感器切换”键 2 次，室内机显示板组件上“定时”指示灯亮，报出故障代码，含义仍为“过、欠电压”故障，室内机和室外机同时报“过、欠电压”故障，判断为电压检测电路出现故障。

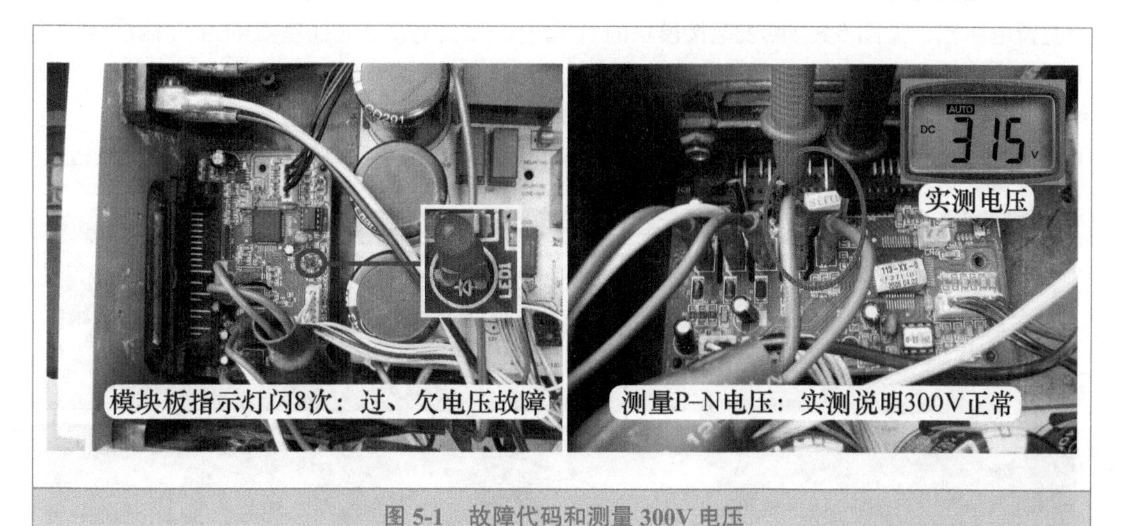

图 5-1 故障代码和测量 300V 电压

2. 电压检测电路工作原理

本机电压检测电路使用检测直流 300V 母线电压的方式，电路原理图见图 5-2，工作原理为电阻组成分压电路，上分压电阻为 R19、R20、R21、R12，下分压电阻为 R14，经 R22 输

出代表直流 300V 的参考电压，室外机 CPU ㉝脚通过计算，得出输入的实际交流电压，从而对空调器进行控制。

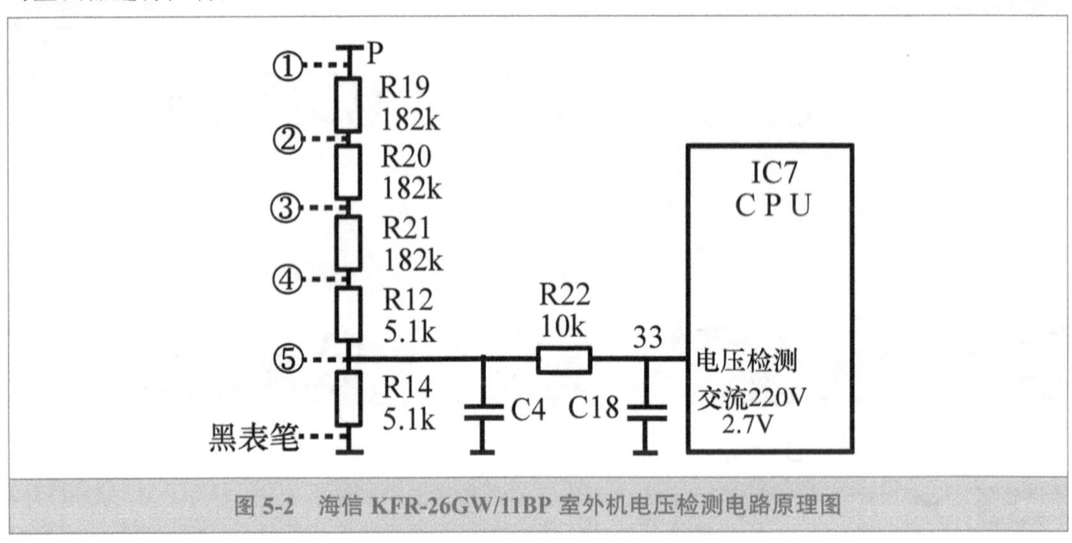

图 5-2 海信 KFR-26GW/11BP 室外机电压检测电路原理图

3. 测量直流 300V 电压

出现“过、欠电压故障”时应首先测量直流 300V 电压是否正常，使用万用表直流电压档，见图 5-1 右图，黑表笔接模块板上的 N 端子，红表笔接 P 端子测量电压，正常为 300V，实测为 315V 也正常，此电压由交流 220V 经硅桥整流、滤波电容滤波得出，如果输入的交流电压高，则直流 300V 也相应升高。

4. 测量直流 15V 和 5V 电压

由于模块板 CPU 工作电压 5V 由室外机主板提供，因此应测量电压是否正常，使用万用表直流电压档，见图 5-3，黑表笔接模块的 N 端子，红表笔接 3 芯插座 CN4 中左侧白线测量电压，实测约为 15V，此电压为模块内部控制电路供电；红表笔接右侧红线测量电压，实测约为 5V，判断室外机主板为模块板提供的直流 15V 和 5V 电压均正常。

➡ 说明：本机模块板为热地设计，即直流 300V 负极地（N 端）和直流 15V、5V 的负极地相通。

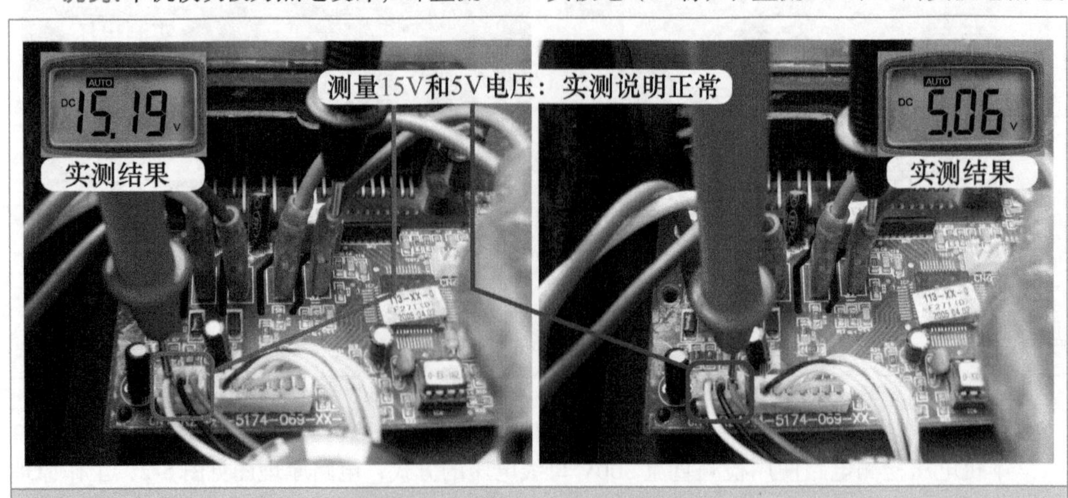

图 5-3 测量直流 15V 和 5V 电压

5. 测量电压检测电路电压

在室外机不运行即待机状态时，使用万用表直流电压档，见图 5-4，黑表笔接模块 N 端子不动，红表笔测量电压检测电路的关键点电压。

红表笔接 P 接线端子（①处），测量直流 300V 电压，实测为 315V，说明正常。

红表笔接 R19 和 R20 相交点（②处），实测电压在 150 ~ 180V 之间跳动变化，由于 P 接线端子电压稳定不变，判断电压检测电路出现故障。

红表笔接 R20 和 R21 相交点（③处），实测电压在 80 ~ 100V 之间跳动变化。

红表笔接 R21 和 R12 相交点（④处），实测电压在 3.9 ~ 4.5V 之间跳动变化。

红表笔接 R12 和 R14 相交点（⑤处），实测电压在 1.9 ~ 2.4V 之间跳动变化。

红表笔接 CPU 电压检测引脚即㉝脚，实测电压也在 1.9 ~ 2.4V 之间跳动变化，和⑤处电压相同，判断电阻 R22 阻值正常。

使用遥控器开机，室外风机和压缩机均开始运行，直流 300V 电压开始下降，此时测量 CPU 的㉝脚电压也逐渐下降；压缩机持续升频，直流 300V 电压也下降至约 250V，CPU ㉝脚电压约为 1.7V，室外机运行约 5min 后停机，模块板上指示灯闪 8 次，报故障代码含义为过、欠电压故障。

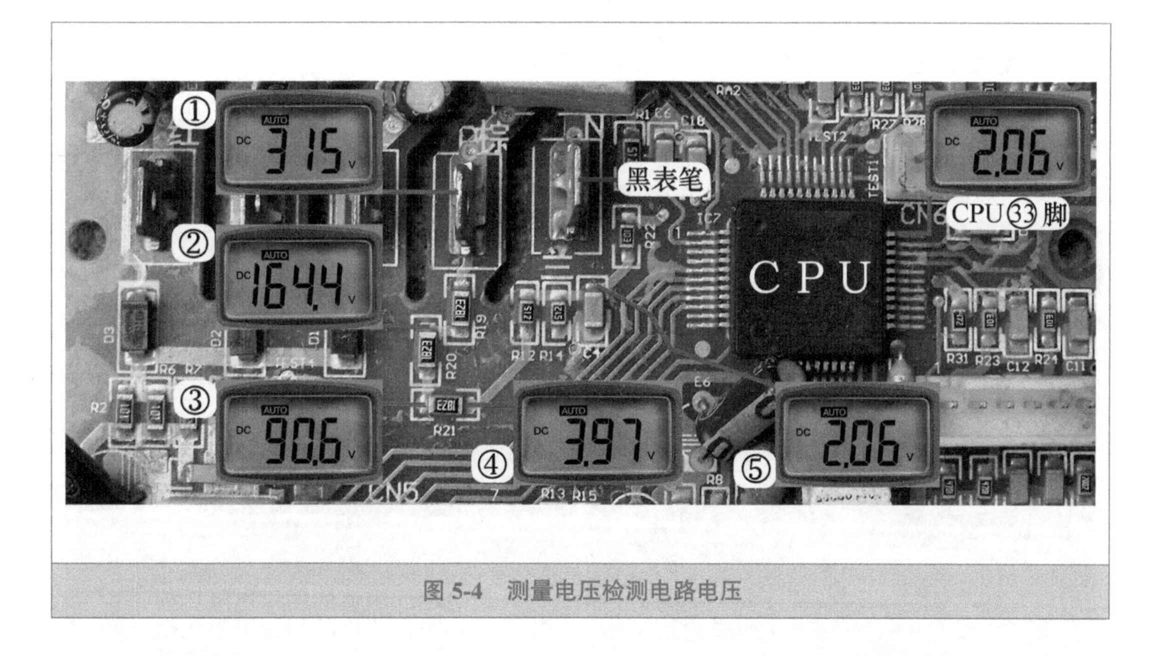

图 5-4 测量电压检测电路电压

6. 测量电阻阻值

静态和动态测量均说明电压检测电路出现故障，应使用万用表电阻档测量电路容易出现故障的分压电阻阻值。

切断空调器电源，待室外机主板开关电源电路停止工作后，使用万用表电阻档测量电路中分压电阻的阻值，见图 5-5，测量电阻 R19 阻值无穷大，为开路损坏，电阻 R20 阻值为 182kΩ，判断正常，电阻 R21 阻值无穷大，为开路损坏，电阻 R12、R14、R22 阻值均正常。

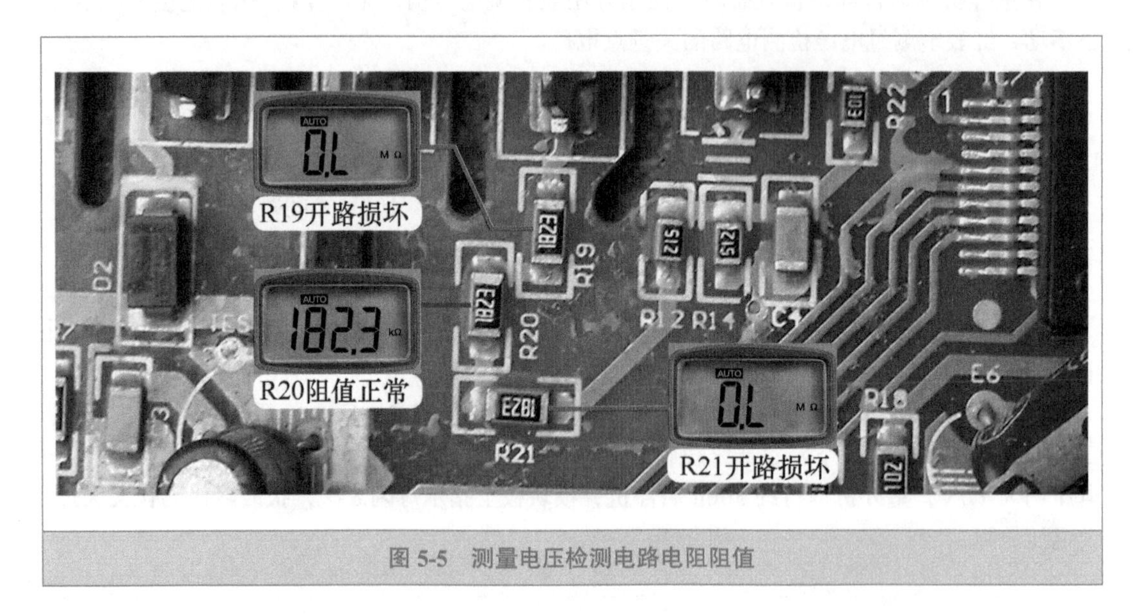

图 5-5 测量电压检测电路电阻阻值

7. 电阻阻值

见图 5-6，电阻 R19、R21 为贴片电阻，表面数字 1823 代表阻值，正常阻值为 182kΩ，由于没有相同型号的贴片电阻更换，选择阻值接近（180kΩ）的五环精密电阻进行代换。

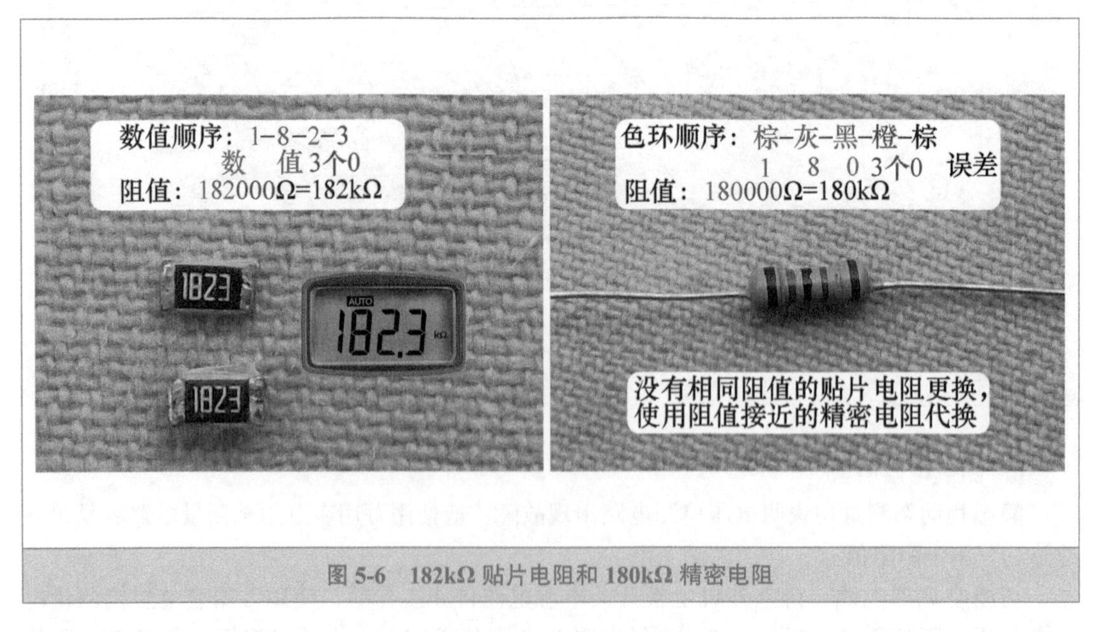

图 5-6 182kΩ 贴片电阻和 180kΩ 精密电阻

➡ 维修措施：见图 5-7，使用两个 180kΩ 的五环精密电阻，代换阻值为 182kΩ 的贴片电阻 R19、R21。

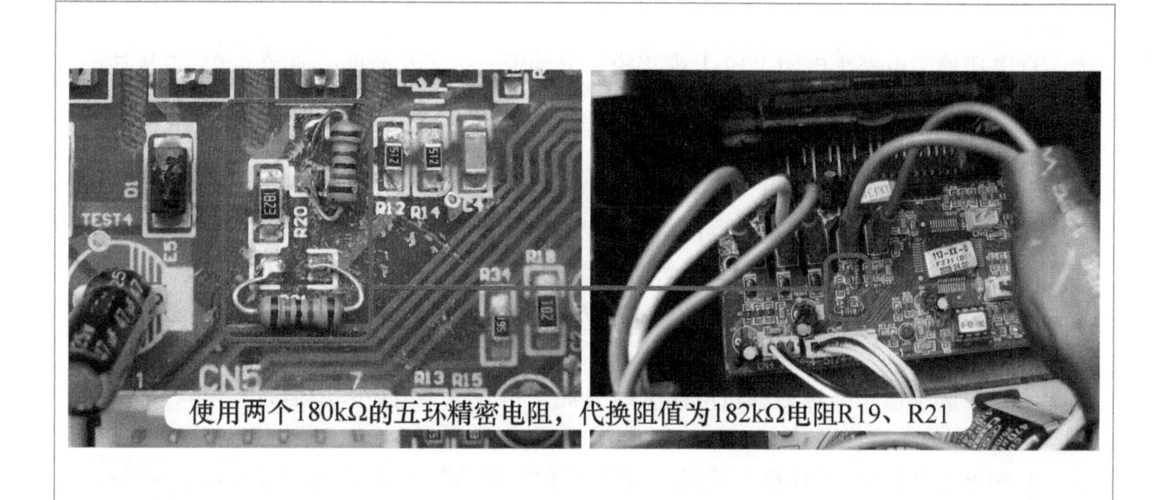

图 5-7　使用 180kΩ 精密电阻代换 182kΩ 贴片电阻

拔下模块板上 3 个一束的传感器插头，然后再使用遥控器开机，室内机主板向室外机供电后，室外机主板开关电源电路开始工作向模块板供电，由于室外机 CPU 检测到室外环温、室外管温、压缩机排气传感器均处于开路状态，因此报出相应的故障代码，并且控制室外风机和压缩机均不运行，此时相当于待机状态，使用万用表直流电压档，测量电压检测电路电压，见图 5-8，实测均为稳定电压不再跳变，直流 300V 电压实测为 315V 时，CPU 电压检测㉝脚实测为 2.88V。恢复线路后再次使用遥控器开机，室外风机和压缩机均开始运行，当直流 300V 电压降至直流 250V 时，实测 CPU ㉝脚电压约为 2.3V，长时间运行不再停机，制冷恢复正常，故障排除。

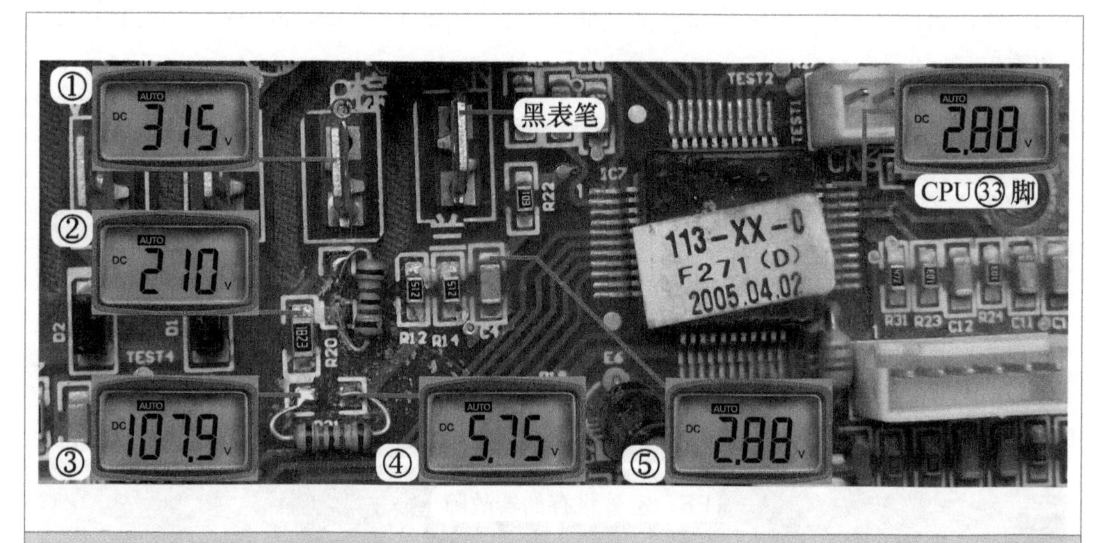

图 5-8　待机状态测量正常的电压检测电路电压

总 结：

① 电压检测电路中电阻 R19 上端接模块 P 端子，由于长时间受直流 300V 电压冲击，其阻值容易变大或开路，在实际维修中由于 R19、R20、R21 开路或阻值变大损坏，占到一定比例，属于模块板上的常见故障。

② 本例电阻 R19、R21 开路，其下端电压均不为直流 0V，而是具有一定的感应电压，CPU 电压检测㉝脚分析处理后，判断交流输入电压在适合工作的范围以内，因而室外风机和压缩机可以运行；而压缩机持续升频，直流 300V 电压逐渐下降，CPU 电压检测㉝脚电压也逐渐下降，当超过检测范围，则控制室外风机和压缩机停机进行保护，并报出过、欠电压故障的代码。

③ 在实际维修中，也遇到过电阻 R19 开路，室外机上电后并不运行，模块板直接报出过、欠电压的故障代码。

④ 如果电阻 R12（5.1kΩ）开路，CPU 电压检测㉝脚的电压约为直流 5.7V，室外机上电后室外风机和压缩机均不运行，模块板指示灯闪 8 次报出过、欠电压的故障代码。

二、存储器电路电阻开路，格力空调器显示 EE 代码

➡ 故障说明：格力 KFR-26GW/（26556）FNDe-3 挂式直流变频空调器（凉之静），用户反映开机后室内机吹出自然风，显示屏显示 EE 代码。

1. 显示故障代码和检测仪故障

上门检查，将空调器接通电源，使用遥控器开机，室内风机开始运行，见图 5-9 左图，约 15s 后显示屏显示 EE 代码，同时制热指示灯间隔 3s 闪烁 15 次，查看代码含义为“室外机存储器故障”。

检查室外机，室外风机和压缩机均不运行，将接线端子接上格力变频空调器专用检测仪的检测线，选择第 1 项：数据监控，显示如下内容，见图 5-9 右图，故障：EE（外机记忆芯片故障）。

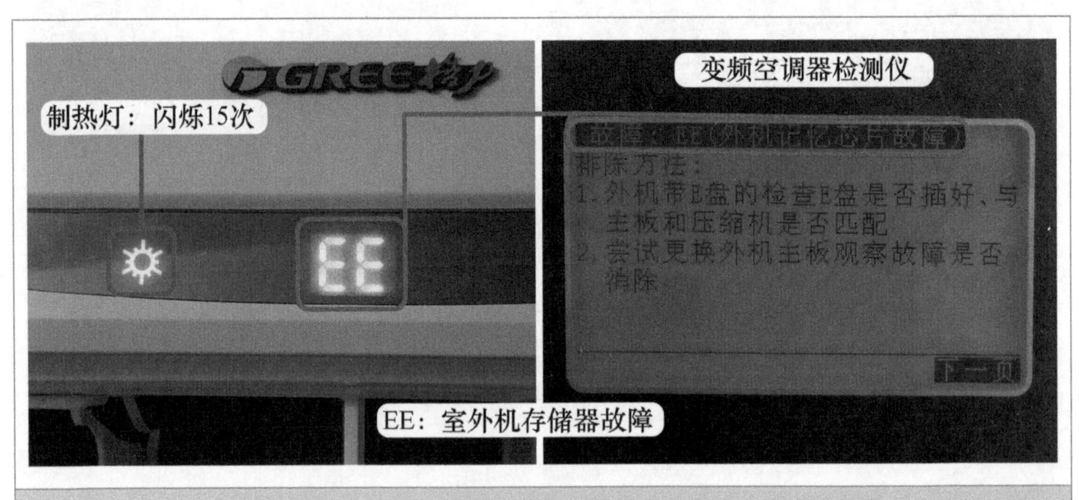

图 5-9 显示故障代码和检测仪故障

2. 查看室外机指示灯状态和存储器电路

取下室外机外壳，查看室外机主板指示灯状态，见图 5-10 左图，绿灯 D2 持续闪烁，说明通信电路工作正常；红灯 D1 闪烁 8 次，含义为达到开机温度，说明室外机 CPU 已处理室内机传送的通信信号；黄灯 D3 闪烁 11 次，含义为记忆芯片损坏，说明室外机 CPU 检测存储器电路损坏，控制室外风机和压缩机均不运行以进行保护。

存储器电路的作用是向 CPU 提供工作时所需要的参数和数据。存储器内部存储有压缩机 U/f 值、电流和电压保护值等数据。实物图见图 5-10 右图，电路原理图见图 5-11，主要由 CPU 的时钟和数据引脚、U5 存储器 (24C08)、电阻等组成。24C08 为双列 8 个引脚，其中①~④脚接地、⑧脚为电源 5V 供电、⑤脚数据和⑥脚时钟接 CPU 引脚。

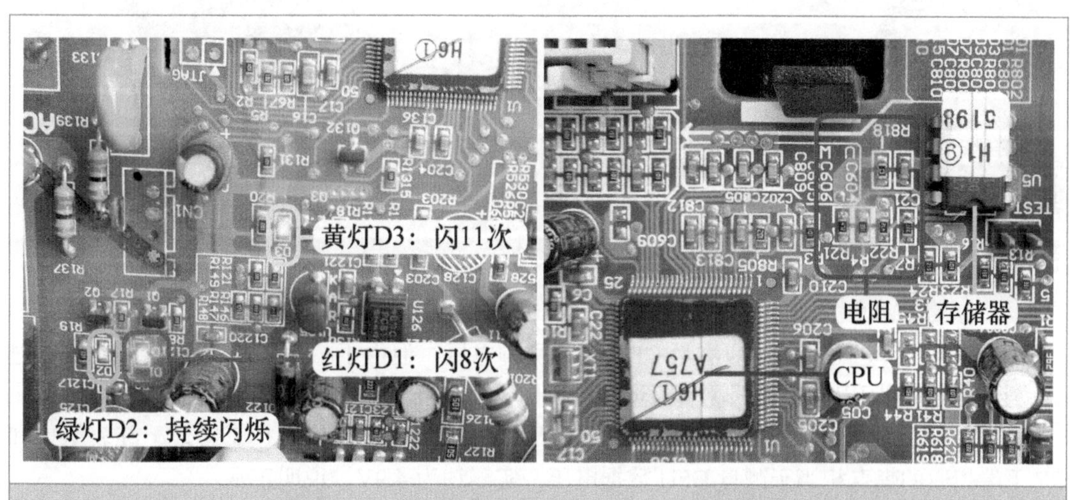

图 5-10　查看室外机主板指示灯状态和存储器电路

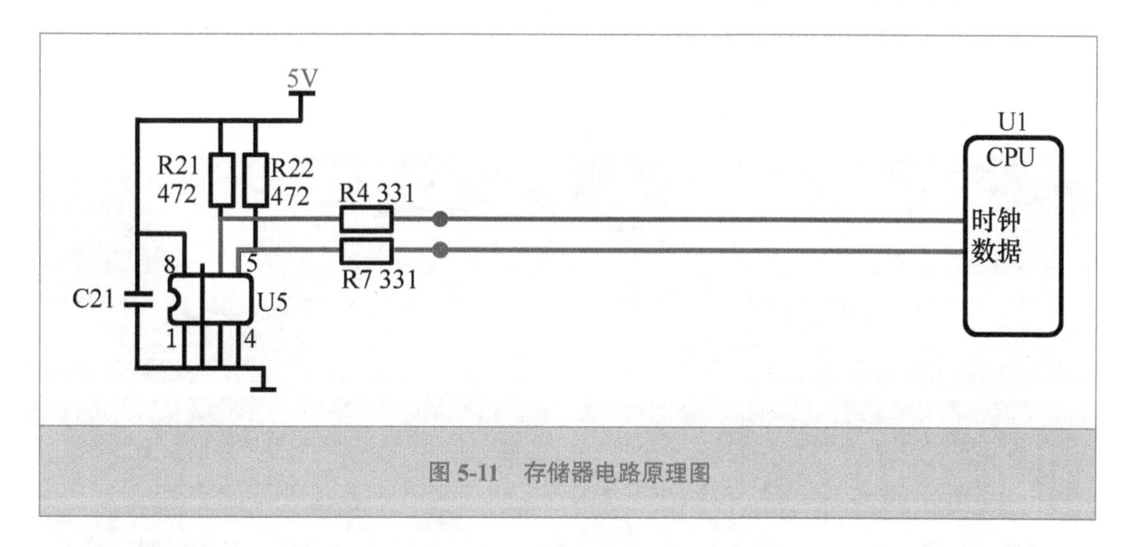

图 5-11　存储器电路原理图

3. 测量存储器电压

24C08 存储器 U5 中①脚为地，测量时使用万用表直流电压档，黑表笔接①脚相当于接地，见图 5-12 左图，红表笔首先接⑧脚测量供电电压，实测约为 4.9V，说明正常。

见图 5-12 中图，红表笔接 U5 中的⑤脚测量电压，实测约为 4.9V，说明正常；

见图 5-12 右图，红表笔接 U5 中的⑥脚测量电压，实测约为 4.9V，说明正常。

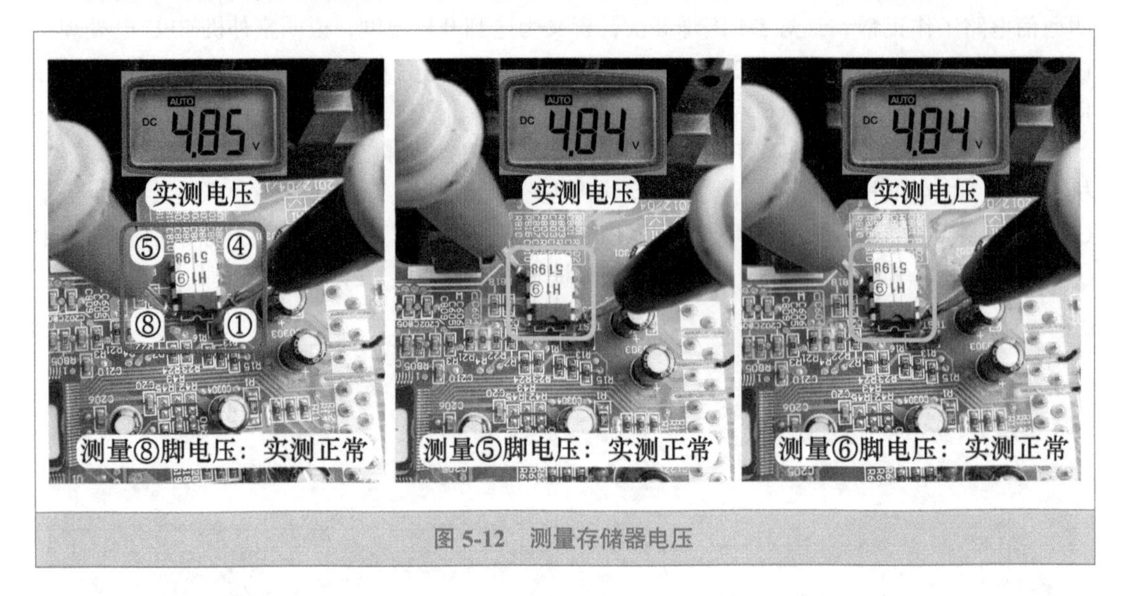

图 5-12　测量存储器电压

4. 测量 CPU 电压

存储器引脚电压正常，应测量 CPU 相关引脚电压，但由于 CPU 引脚较为密集、距离过近，且不容易判断引脚位置，测量时可接与存储器和 CPU 引脚之间电阻相通的焊点。

见图 5-13 左图，依旧使用万用表直流电压档，黑表笔不动依旧接①脚地，红表笔接和 R7 下端相通的焊点相当于测量 CPU 数据电压，实测约为 4.9V，说明正常。

见图 5-13 右图，红表笔改接和 R4 下端相通的焊点，相当于测量 CPU 时钟电压，实测约为 1.8V，和正常的 4.9V 相差较大，说明故障在 CPU 时钟引脚。

➡ 说明：图中 R7 和 R4 上端焊点接存储器引脚，测量时红表笔接上端焊点相当于测量存储器电压。

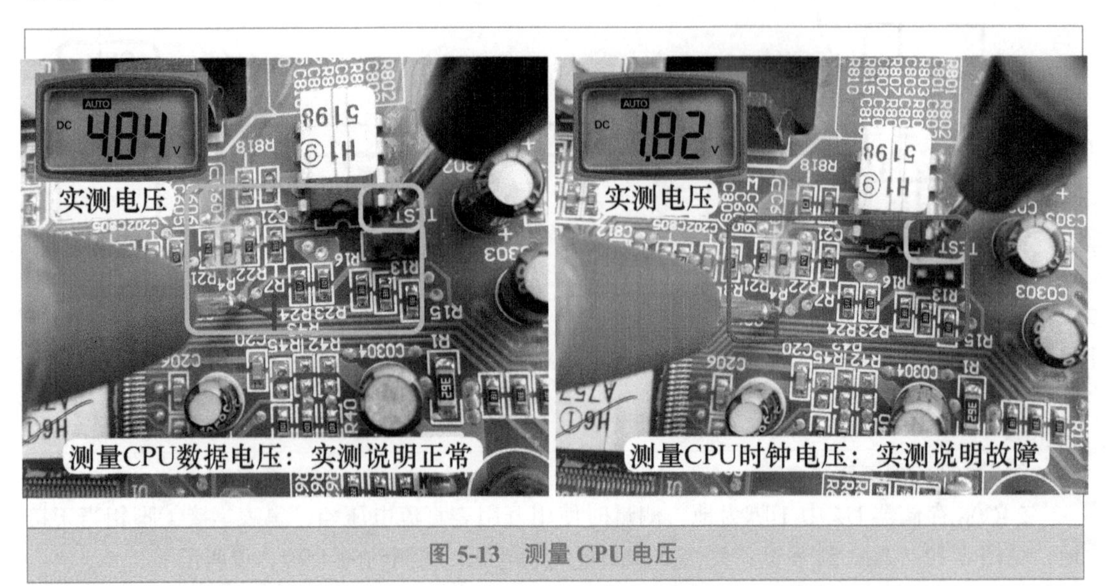

图 5-13　测量 CPU 电压

5. 在路测量阻值

切断空调器电源，待约 60s 后滤波电容直流 300V 电压基本释放完毕，使用万用表电阻档，测量存储器电路中电阻的阻值。见图 5-14 左图，表笔接 R21 两端实测阻值为 4.68kΩ，说明正常。

见图 5-14 右图，测量电阻 R4 阻值为无穷大，正常约为 330Ω，实测说明开路损坏。测量 R22 阻值为 4.69kΩ，测量 R7 阻值为 332Ω（0.332kΩ），均说明正常。

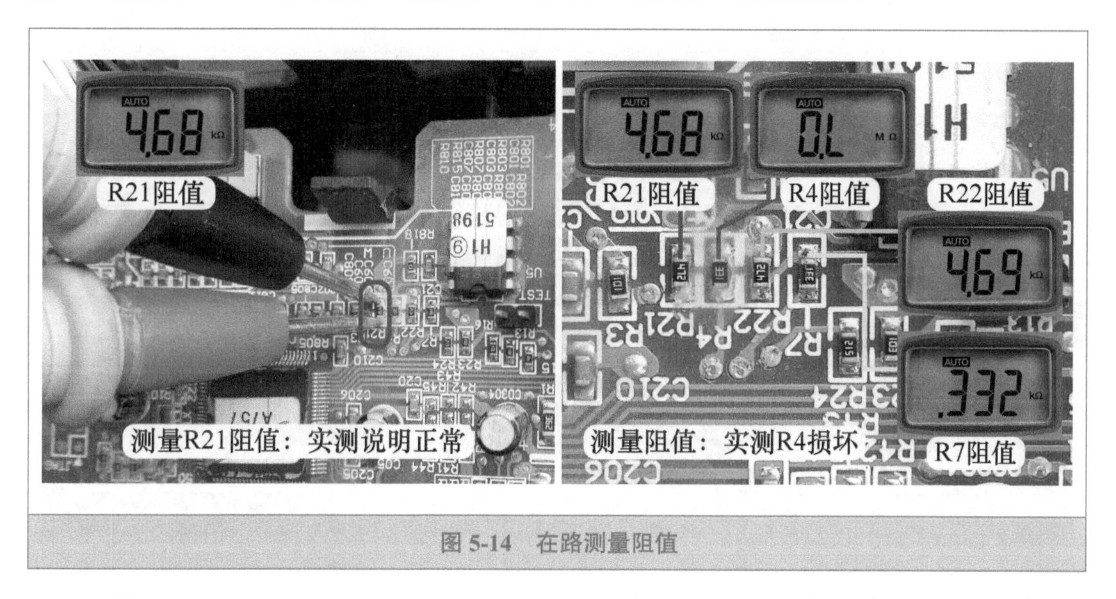

图 5-14　在路测量阻值

6. 单独测量阻值

R4 为贴片电阻，标号 331，见图 5-15 左图，第 1 位的 3 和第 2 位的 3 为数值，第 3 位的 1 为 0 的个数，331 阻值为 330Ω。

见图 5-15 中图，使用万用表电阻档，单独测量阻值，实测仍为无穷大，确定开路损坏。

见图 5-15 右图，测量型号相同（标号 331）的电阻阻值，实测为 0.330kΩ（330Ω）。

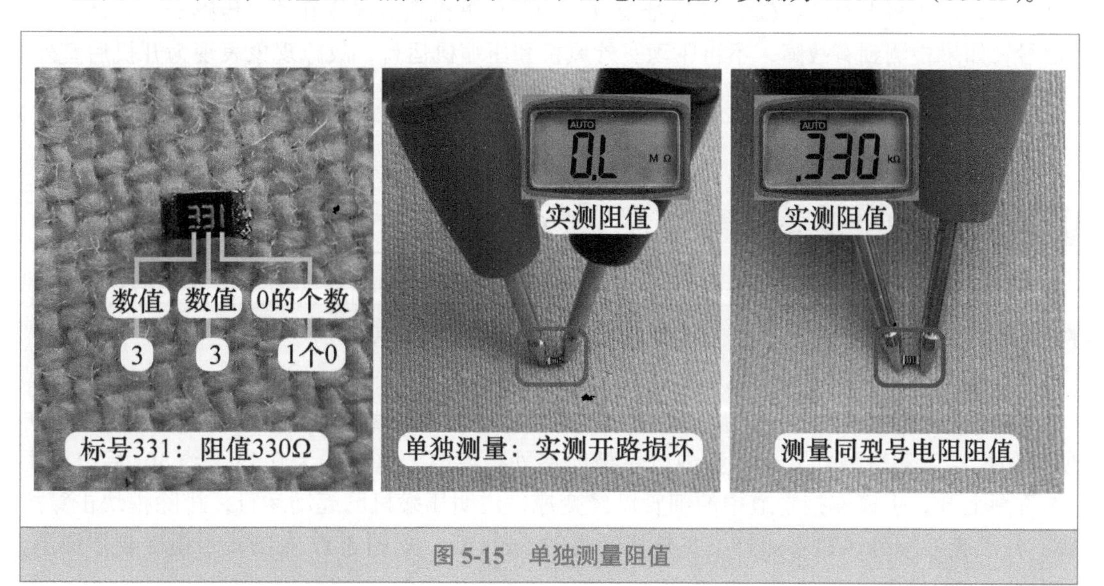

图 5-15　单独测量阻值

➡ 维修措施：见图 5-16 左图和中图，使用标号相同（331）的贴片电阻进行更换。更换后空调器上电开机，室外机主板得到供电，查看绿灯 D2 持续闪烁表示通信正常，红灯 D2 闪烁 8 次表示为达到开机温度，约 60s 后室外风机和压缩机开始运行，黄灯 D3 闪烁 1 次表示为压缩机起动，此时显示屏也不显示 EE 代码。见图 5-16 右图，使用万用表直流电压档，再次测量 R4 下端 CPU 时钟电压约为 4.9V，和数据电压相同，说明故障排除，空调器制冷也恢复正常。

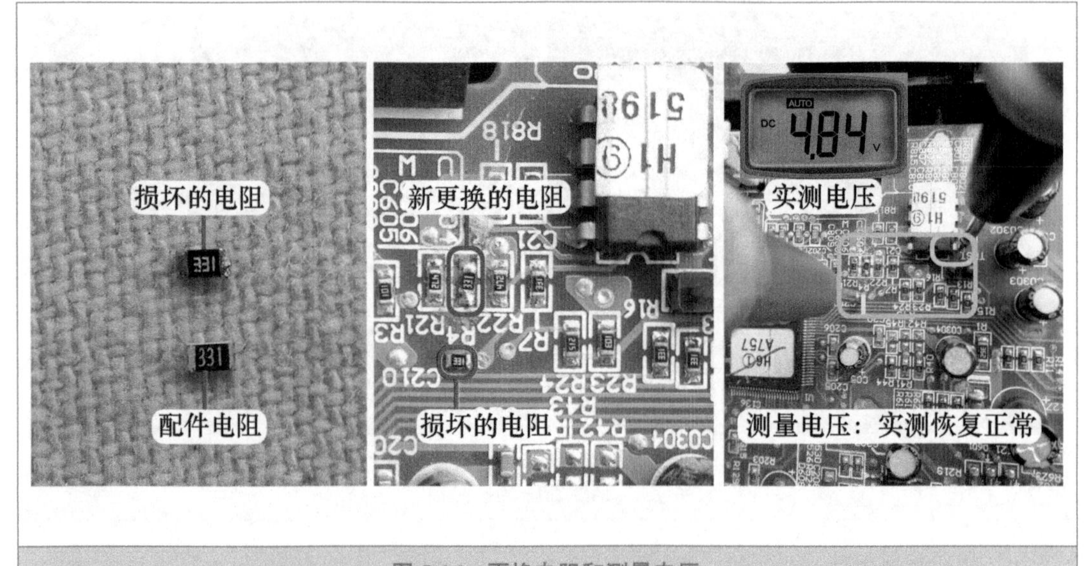

图 5-16 更换电阻和测量电压

总 结：

室外机主板上电后，CPU 复位结束首先检测压缩机顶盖温度开关、传感器、存储器等信号，如果检测到有故障，不再驱动室外风机和压缩机运行，故障现象表现为开机后室外机不运行。

三、室外风机继电器触点锈蚀，海尔空调器显示 F1 代码

➡ 故障说明：海尔 KFR-26GW/08QDW23 挂式直流变频空调器，用户反映不制冷，显示 F1 代码，查看代码含义为 IPM 功率模块故障（10min 3 次确认）。

1. 检测室外机和室外风机电路

上门检查，使用万用表交流电流档，钳头夹住室外机接线端子 L 端测量室外机电流，再使用遥控器以制冷模式开机，室内机主板向室外机供电，电流约为 0.5A，约 30s 后电流由 1A 逐渐上升，手摸连接管道中的细管已经变凉，说明压缩机已起动运行，排除模块击穿故障。仔细查看室外风机不运行，室外机运行约 5min 后，见图 5-17 左图，手摸冷凝器烫手，

约有 70℃，室外机电流约为 7A 时，压缩机停机，室外机主板指示灯闪烁 2 次，查看代码含义为 IPM 功率模块故障，和室内机显示 F1 代码相同。

本机室外风机使用交流电机，不运行常见故障部位有室外机主板的风机单元电路、室外风机、风机电容等。图 5-17 右图为室外机主板的室外风机电路。

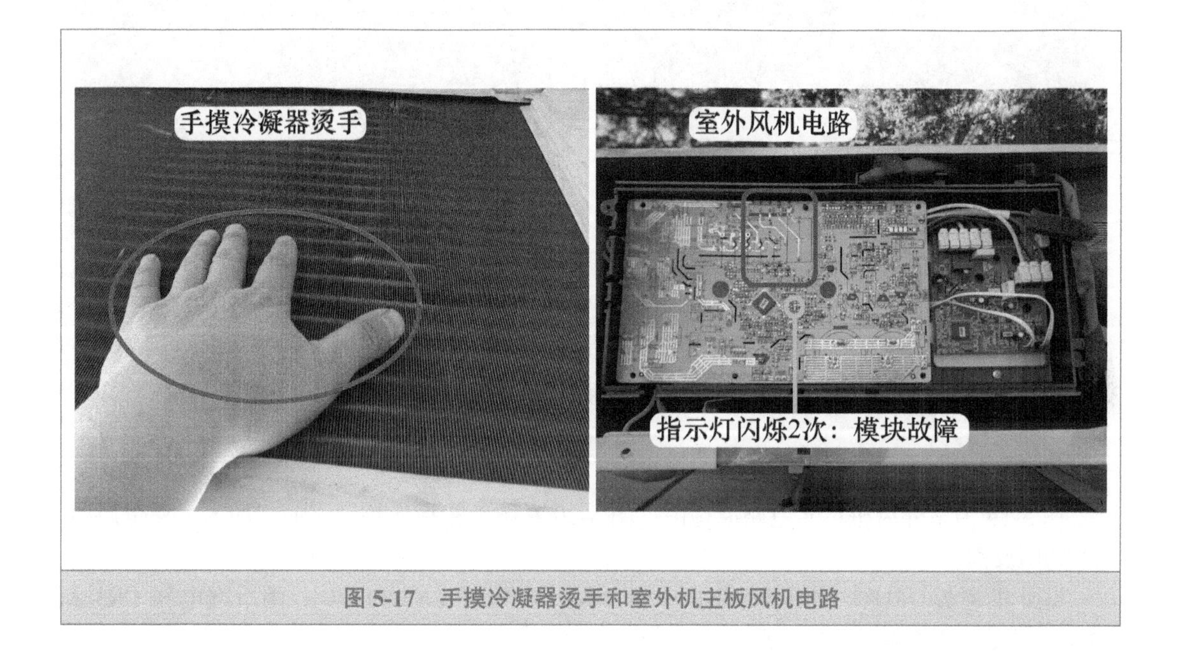

图 5-17 手摸冷凝器烫手和室外机主板风机电路

2. 测量室外风机线圈阻值

本机室外风机使用 2 速的抽头交流电机，共有 5 根引线，见图 5-18 左图。蓝线和橙线为电容 C 引线，使用接线插，插在主板标有 C 的端子上；白线为公共端 COM 接零线 N，黑线为高风抽头 H，黄线为低风抽头 L，3 根引线使用 1 个插头，插在主板标有 AC FAN 的 3 针插座上。

切断空调器电源，使用万用表电阻档，见图 5-18 右图，测量室外风机线圈阻值，结果见表 5-1，实测说明室外风机线圈正常，故障在室外风机单元电路或风机电容。

➡ 说明：白线和蓝线在电机内部相通。

表 5-1 测量室外风机线圈阻值

红表笔 和 黑表笔	白线 - 黄线 N-L 公共 - 低风	白线 - 黑线 N-H 公共 - 高风	白线 - 棕线 N-C 公共 - 电容	白线 - 蓝线 (内部相通)	黄线 - 黑线 L-H 低风 - 高风	黄线 - 棕线 L-C 低风 - 电容	黑线 - 棕线 H-C 高风 - 电容
结果 /Ω	489	350	700	0	139	211	350

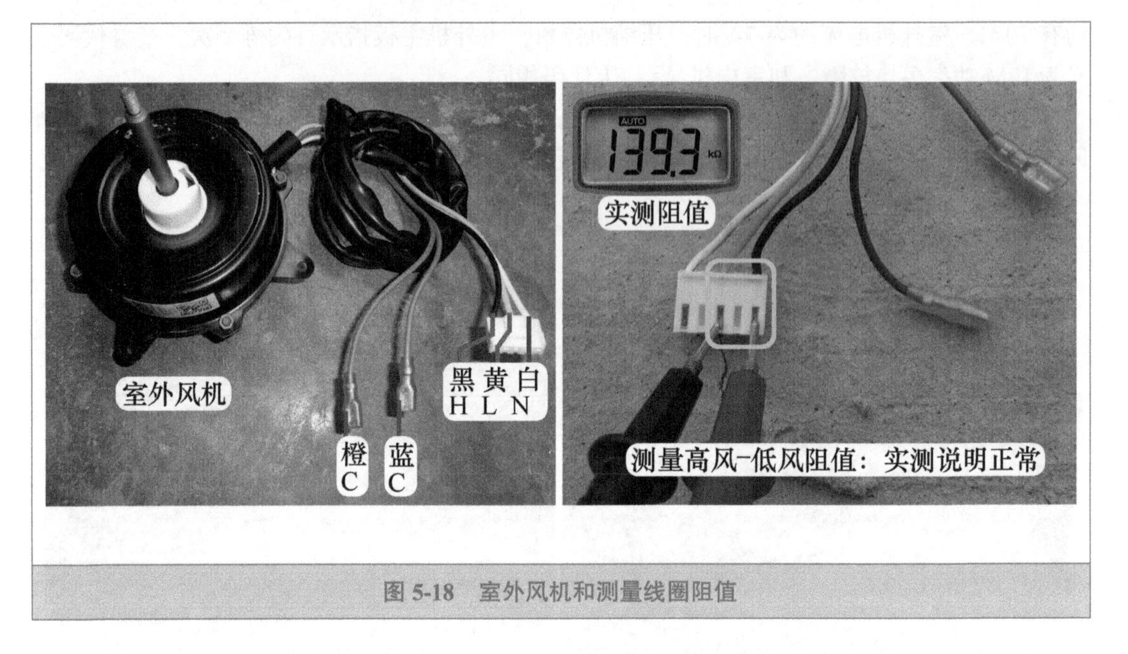

图 5-18　室外风机和测量线圈阻值

3. 室外风机单元电路

图 5-19 为室外风机单元电路原理图，图 5-20 左图为主板实物图正面，图 5-20 右图为主板实物图反面。

室外机主板 CPU 共使用两个引脚、两个贴片晶体管（N3 和 N4）、两个继电器（K1 和 K2）等主要元器件组成单元电路。

和常规风机电路不同的是，继电器 K1 负责调速，其使用常开和常闭触点，常开触点接高风抽头，常闭触点接低风抽头；继电器 K2 负责交流 220V 供电的接通和断开，其只使用常开触点。

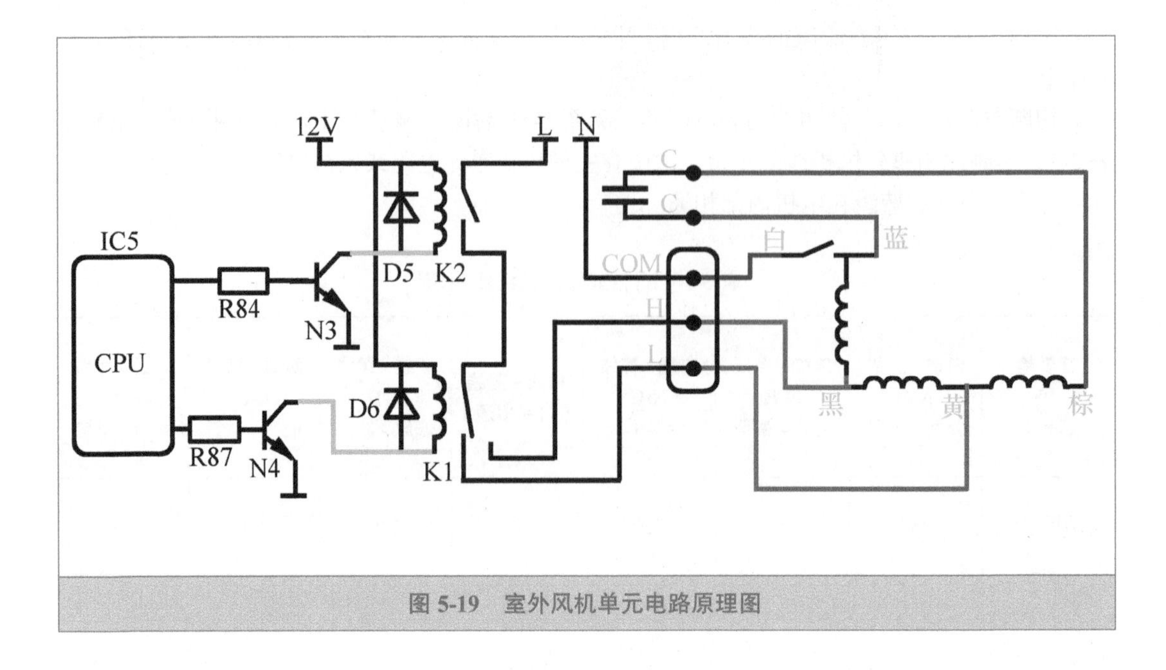

图 5-19　室外风机单元电路原理图

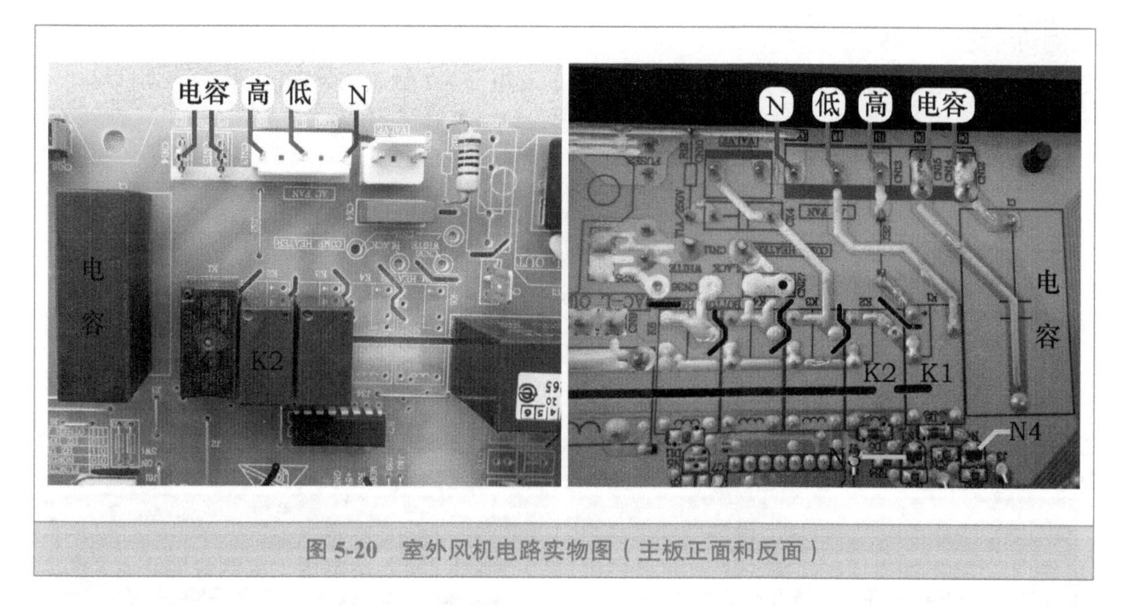

图 5-20 室外风机电路实物图（主板正面和反面）

4. 测量室外风机高风和低风端子电压

将空调器重新上电开机，待压缩机运行后，使用万用表交流电压档，见图 5-21，黑表笔接 N 端零线，红表笔接和高风 H 端子相通的铜箔走线测量电压（K1 常开触点），实测约为 0V；黑表笔不动依旧接 N 端零线，红表笔改接和低风 L 端子相通的铜箔走线测量电压（K1 常闭触点），实测仍约为 0V，说明室外机主板未输出交流供电，故障在室外风机单元电路。

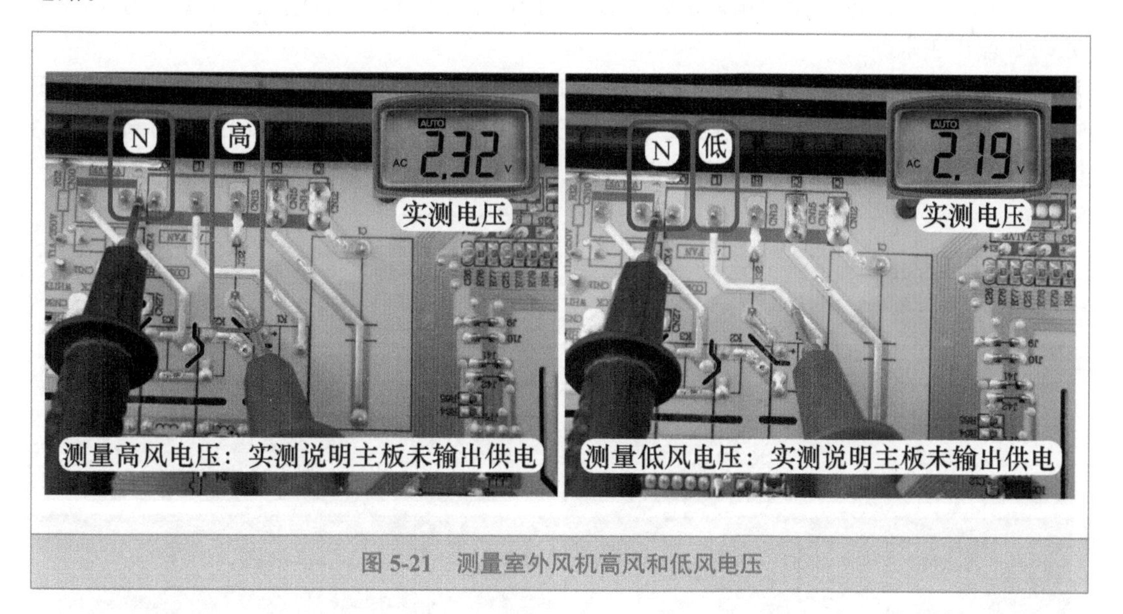

图 5-21 测量室外风机高风和低风电压

5. 测量 K2 输出端和输入端电压

依旧使用万用表交流电压档，见图 5-22 左图，黑表笔接 N 端，红表笔接继电器 K2 的输出端触点测量电压，实测约为 0V。

见图 5-22 右图，黑表笔依旧接 N 端，红表笔改接继电器 K2 的输入端即 L 端测量电压，实测约为交流 220V。

根据两次测量结果，说明为室外风机供电的继电器 K2 触点未导通。

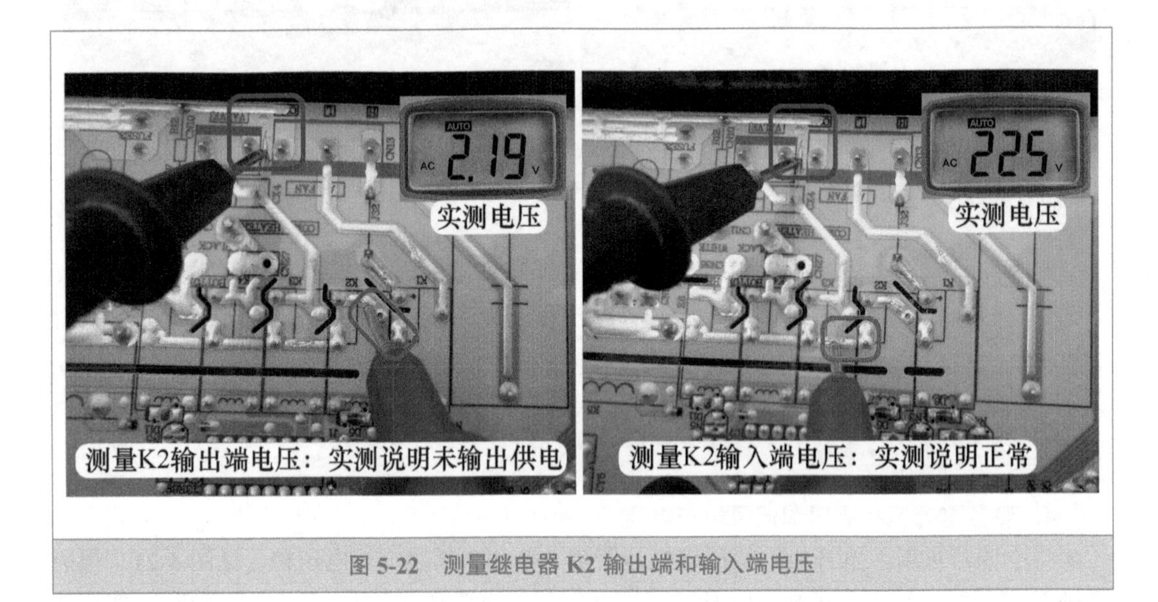

图 5-22　测量继电器 K2 输出端和输入端电压

6. 测量 CPU 输出电压和集电极电压

将万用表档位改为直流电压档，见图 5-23 左图，黑表笔接直流电源地（实接 2003 反相驱动器的⑧脚地），红表笔接电阻 R84 上端，相当于测量 CPU 引脚电压，实测约为 5V，说明 CPU 输出正常。

黑表笔依旧接直流地，红表笔接晶体管 N3 基极 B 测量电压，实测正常为 0.7V。见图 5-23 右图，再将红表笔改接集电极 C 测量电压，实测约为 72mV（0.07V），说明晶体管 N3 集电极和发射极已深度导通，故障在继电器。

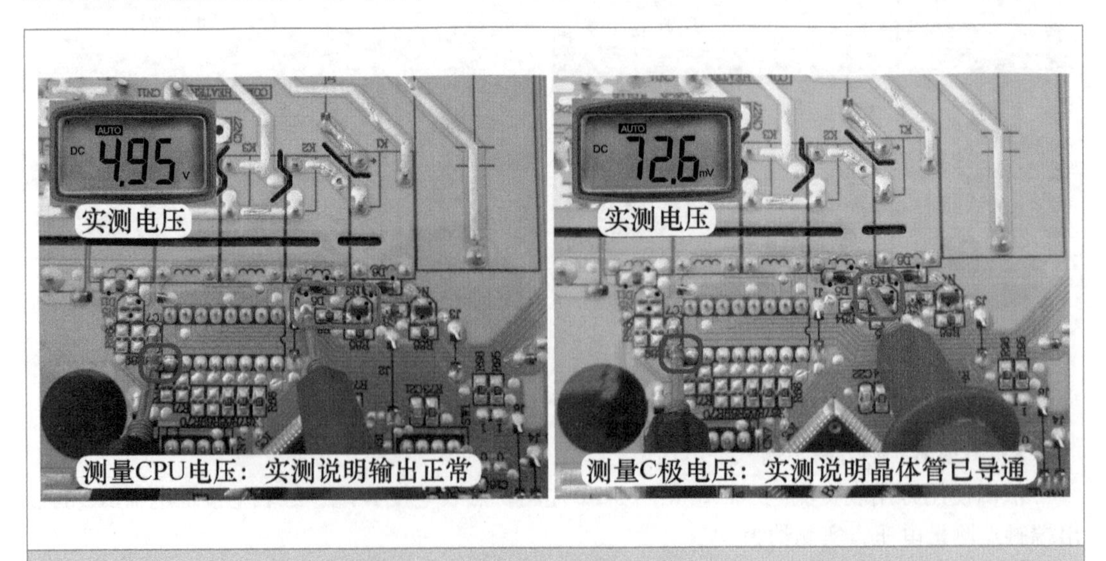

图 5-23　测量 CPU 电压和集电极电压

7. 测量继电器线圈电压和阻值

使用万用表直流电压档，见图 5-24 左图，测量继电器 K2 线圈电压，红表笔接供电端直流 12V（并联二极管的负极），黑表笔接驱动端（接晶体管的集电极 C），实测为 12.81V，说明电压已经送至继电器线圈，也说明晶体管已导通，故障在继电器。

断开空调器电源，待滤波电容直流 300V 放电完成后，使用万用表电阻档，见图 5-24 右图，测量继电器线圈阻值，实测约为 340Ω，说明线圈正常，故障为继电器触点锈蚀损坏。

➡ 说明：图 5-24 左图中，如果红表笔和黑表笔接反，显示值为负数，即 –12.81V。

图 5-24 测量继电器线圈电压和阻值

➡ 维修措施：见图 5-25，原机主板使用的继电器型号为 JZC-32F，线圈工作电压为直流 12V，触点电流为 5A，使用参数相同的配件继电器进行代换，型号为 0JE-SS-112DM，代换后上电试机，室外风机和压缩机均开始运行，制冷恢复正常，长时间运行不再停机保护，说明故障排除。

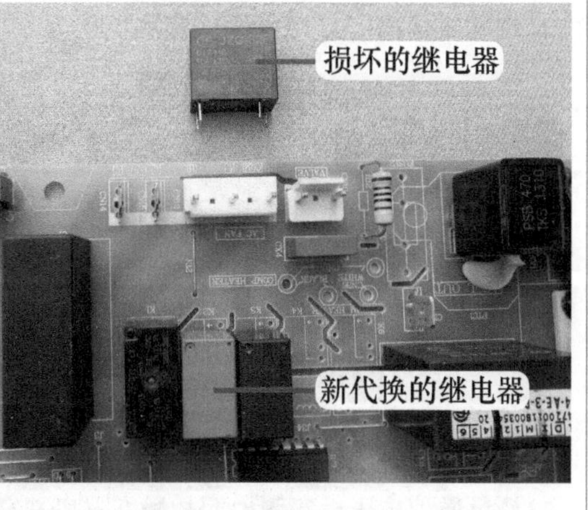

图 5-25 损坏继电器和代换继电器实物外形

总 结：

本例为继电器损坏，不能为室外风机供电，室外风机不能运行，压缩机在运行时，冷凝器热量由于不能及时散出导致温度很高，使得系统压力升高，压缩机运行电流也相应增加，超过 CPU 保护值或触发模块保护电路工作，模块输出保护信号至室外机 CPU，CPU 判断为模块保护，因而停机进行保护，待 3min 后室外机主板再次控制压缩机运行，当检测到电流过大或模块输出保护信号后则再次停机保护，如果 10min 内连续 3 次检测到电流过大或模块保护，则停机不再起动，室内机显示 F1 代码。

第二节　开关电源电路和格力空调器模块保护故障

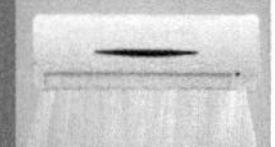

一、开关电源电路损坏，海尔空调器报通信故障

➡ 故障说明：海尔 KFR-26GW/（BP）2 挂式交流变频空调器，用户反映不制冷。上门检查，用遥控器开机，电源指示灯亮，运转指示灯不亮，同时室内风机运行，但室外机不运行，约 2min 后，室内机显示板组件以“电源 - 定时指示灯灭、运转指示灯闪”报出故障代码，查看代码含义为“通信故障”。

1. 测量室内机和室外机通信电压

将空调器重新上电开机，使用万用表交流电压档，黑表笔接 1 号零线 N 端，红表笔接 2 号相线 L 端测量电压，实测约为 220V，说明室内机已向室外机输出供电。将万用表档位改为直流电压档，黑表笔依旧接 1 号零线 N 端，红表笔改接 3 号 C 端测量通信电压，实测约为 0V，而正常应为 0 ~ 70V 跳动变化的电压，说明通信电路出现故障。

由于本机通信电路直流 140V 专用电源设计在室外机主板，为判断是室内机还是室外机故障，见图 5-26 左图，将室内外机连接线中的红线从 3 号通信 C 端上取下，黑表笔依旧接零线 N 端，红表笔接红线测量电压，实测仍约为 0V，说明故障在室外机或室内外机连接线。

检查室外机，使用万用表交流电压档，测量 1 号 L 端和 2 号 N 端电压为 220V，说明室内机输出的供电已送至室外机。将万用表档位改为直流电压档，见图 5-26 右图，测量 1 号零线 N 端和 3 号通信 C 端电压，实测仍约为 0V，确定故障在室外机。

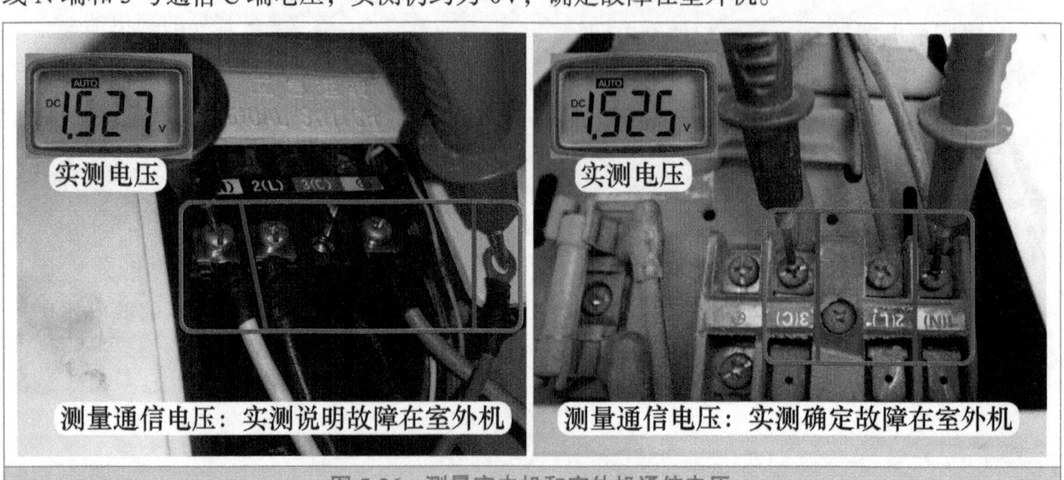

图 5-26　测量室内机和室外机通信电压

2. 查看室外机电控系统和指示灯不亮

取下室外机上盖，见图 5-27 左图，室外机电控系统主要由主板和模块组成，其中主控继电器、PTC 电阻、滤波电容、硅桥均为外置元器件，未设计在室外机主板上。

本机室外机主板设有直流 12V 和 5V 指示灯，见图 5-27 右图，在室外机接线端子交流 220V 电压供电正常时，查看两个指示灯均不亮，也说明室外机电控系统有故障。

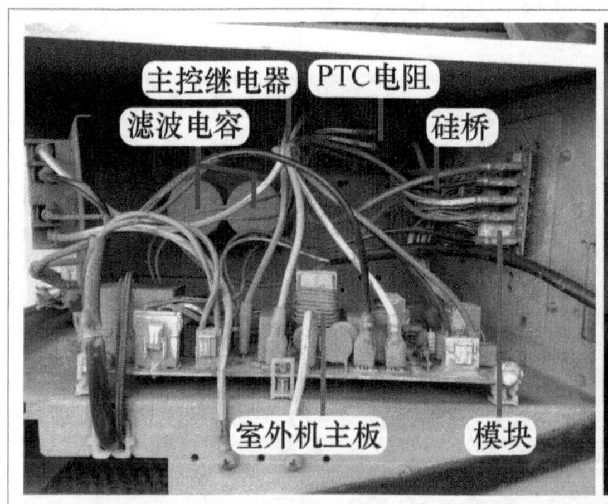

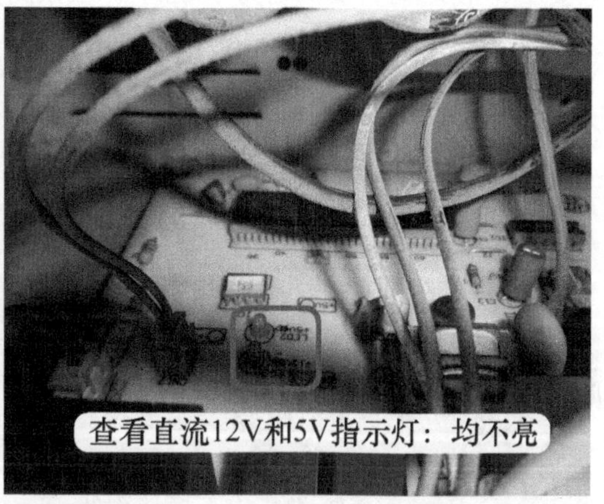

图 5-27　室外机电控系统和指示灯不亮

3. 测量直流 300V 电压和手摸 PTC 电阻

当直流 12V 和 5V 指示灯均不亮时，说明开关电源电路没有工作，应首先测量其工作电压直流 300V，使用万用表直流电压档，见图 5-28 左图，黑表笔接模块上的 N 端黑线，红表笔接 P 端红线测量电压，正常应为 300V，实测约为 0V，判断电源电路开路或直流 300V 负载有短路故障。

为区分是开路还是短路故障，见图 5-28 右图，用手摸 PTC 电阻，感觉表面很烫，说明直流 300V 负载有短路故障。

➡ 说明：如果 PTC 电阻表面为常温，通常为电源电路开路故障。

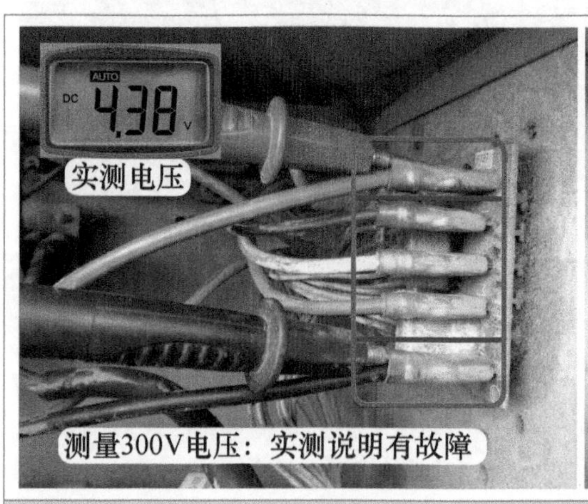

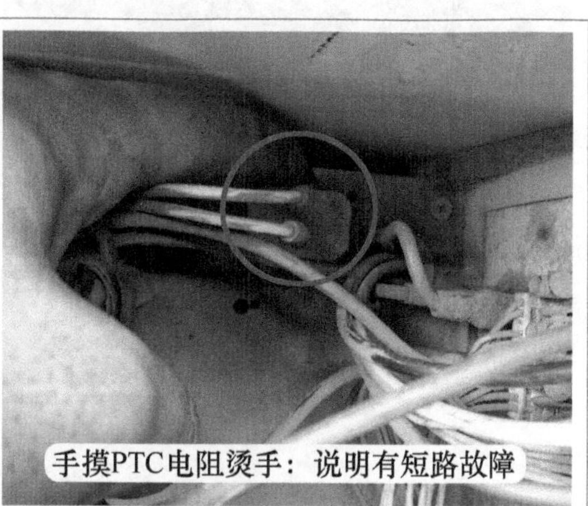

图 5-28　测量 300V 电压和手摸 PTC 电阻

4. 测量模块

直流 300V 主要为模块和开关电源电路供电，而模块在实际维修中故障率较高。切断空调器电源，见图 5-29，拔下模块的 P 端红线、N 端黑线、U 端黑线、V 端白线、W 端红线共 5 根引线，使用万用表二极管档，测量 5 个端子，红表笔接 N 端，黑表笔接 P 端，实测为 734mV；红表笔接 N 端，黑表笔接 U-V-W 端时，实测均为 408mV；黑笔表接 P 端，红表笔接 U-V-W 端时，实测均为 408mV；根据测量结果，判断模块正常。

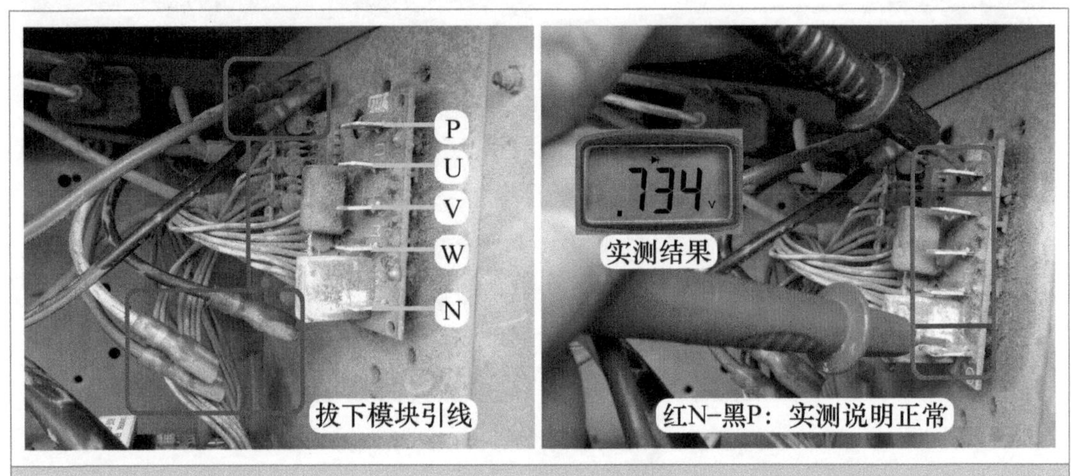

图 5-29　拔下模块引线和测量模块

5. 测量开关电源电路供电插座阻值

直流 300V 的另 1 个负载为开关电源电路，见图 5-30，拔下为其供电的插头（设有红线和黑线共 2 根引线），使用万用表电阻档，直接测量插座引针阻值，实测约为 0Ω，说明开关电源电路短路损坏。

图 5-30　拔下 300V 供电插头和测量插座阻值

➡ 维修措施：见图 5-31 左图，申请同型号的室外机主板进行更换。更换后将空调器插头插入插座，室外机主板的直流12V和5V指示灯即点亮，说明开关电源电路已经工作。使用万用表直流电压档，见图5-31右图，黑表笔接模块N端黑线，红表笔接P端红线测量电压，实测为309V。恢复室内外机连接线中通信红线至室内机3号端子，使用遥控器以制冷模式开机，室外风机和压缩机均开始运行，制冷恢复正常，故障排除。

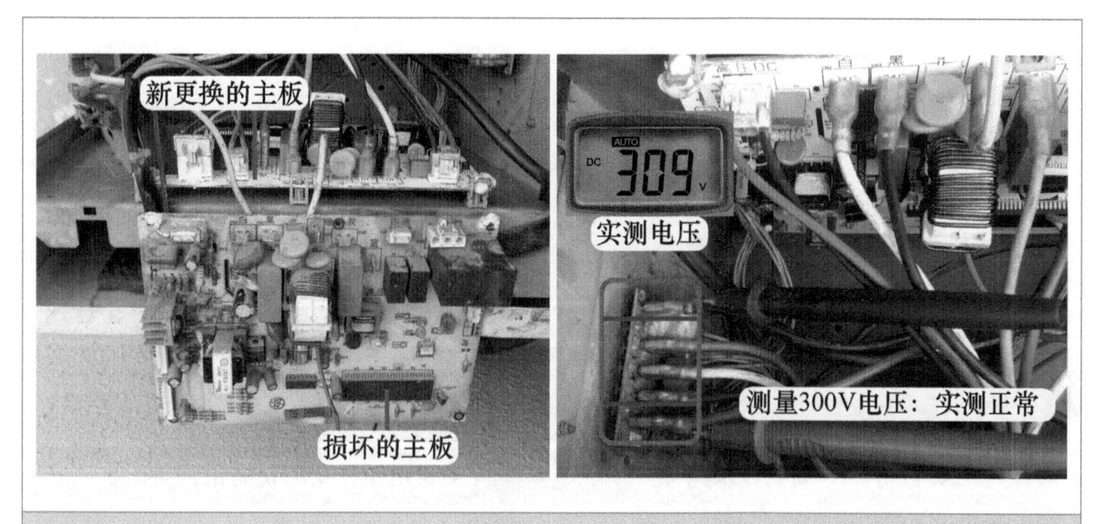

图5-31 更换主板和测量300V电压

总 结：

① 本机室内机主板未设主控继电器，空调器插头插入电源插座，室内机上电后即向室外机供电，开关电源电路一直处于工作状态，故障率相对较高，通常为开关管的集电极C和发射极E短路，造成直流300V电压为0V，室外机主板不能工作，室内机报出通信故障的代码。

② 本机制冷系统使用的四通阀比较特别，四通阀线圈上电时为制冷模式，线圈断电时为制热模式，与常规空调器不同。

二、电源电路取样电阻开路，格力空调器显示E6代码

➡ 故障说明：格力KFR-26GW/（26556）FNDe-3挂式直流变频空调器（凉之静），用户反映开机后不制冷，显示屏显示E6代码，查看代码含义为通信故障。

1. 查看指示灯状况和测量通信电压

上门检查，使用遥控器开机，室内风机运行但吹出风为自然风，检查室外机，室外风机和压缩机均不运行，使用万用表交流电压档，测量N（1）号端子和3号端子电压为交流220V，改用直流电压档，红表笔接2号端子，黑表笔接N（1）号端子测量通信电压，实测约为0V，由于通信电路专用电源设在室外机主板，判断故障在室外机。

取下室外机顶盖，查看室外机主板指示灯，见图5-32左图，绿灯D2、红灯D1、黄灯D3均不亮，说明CPU没有工作或者通信电路有故障。

使用万用表直流电压档，见图 5-32 右图，红表笔接通信电路中 56V 稳压管 ZD132 的负极，黑表笔接蓝线零线 AC-N 端测量电压，实测约为 56V，说明电压产生电路正常，测量室外机接端子 N(1) 号端子和 2 号端子通信电压为 0V 的原因应为发送光耦合器次级侧未导通，并且在室外机主板上电时并没有听到主控继电器触点闭合的声音，初步排除通信电路故障，故障在电源电路。

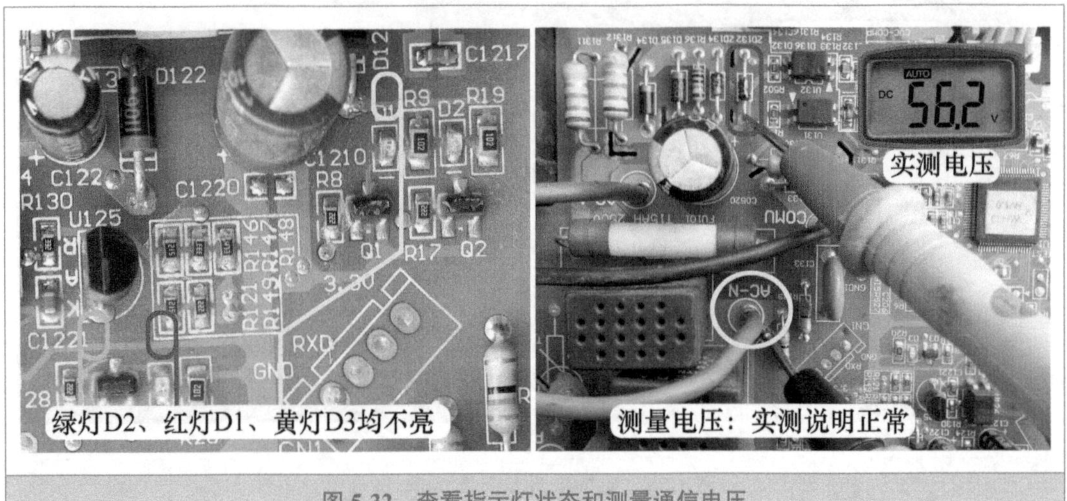

图 5-32　查看指示灯状态和测量通信电压

2. 测量 300V 电压和查看电源电路主要元器件

开关电源电路的 300V 供电由滤波电容提供，使用万用表直流电压档，见图 5-33 左图，红表笔接和快恢复二极管负极相通的电容正极，黑表笔接和硅桥负极相通的电容负极测量 300V 电压，实测为 313V，说明正常，初步判断故障为电源电路损坏。

图 5-33 右图为电源电路元器件，图 5-34 为电路原理图，主要由熔丝管 FU102、集成电路 U121（P1027P65）、开关变压器 T121、5V 整流二极管 D123、15V 整流二极管 D124、12V 整流二极管 D125、光耦合器 U126、稳压取样电路 U125（TL431）、取样电阻等组成。

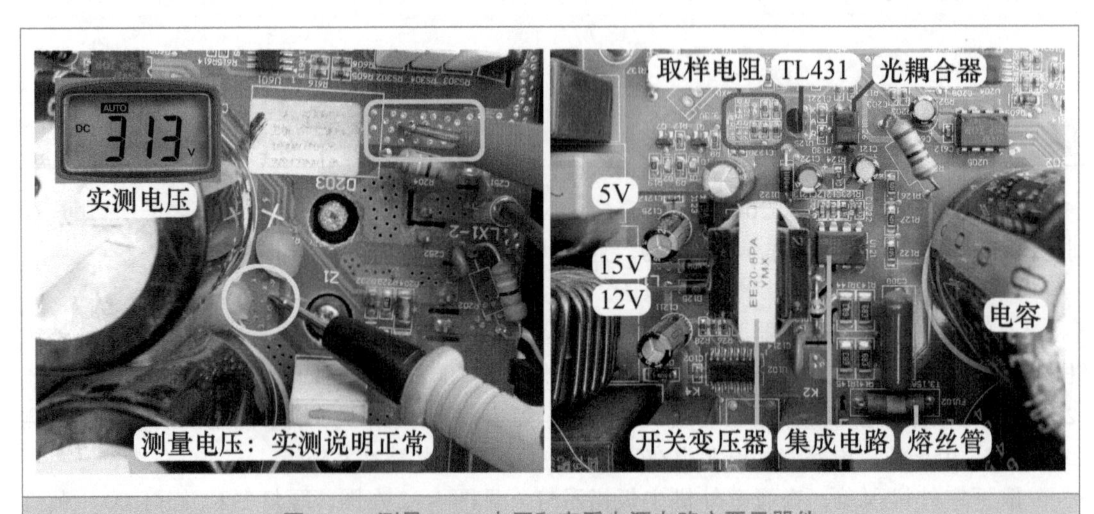

图 5-33　测量 300V 电压和查看电源电路主要元器件

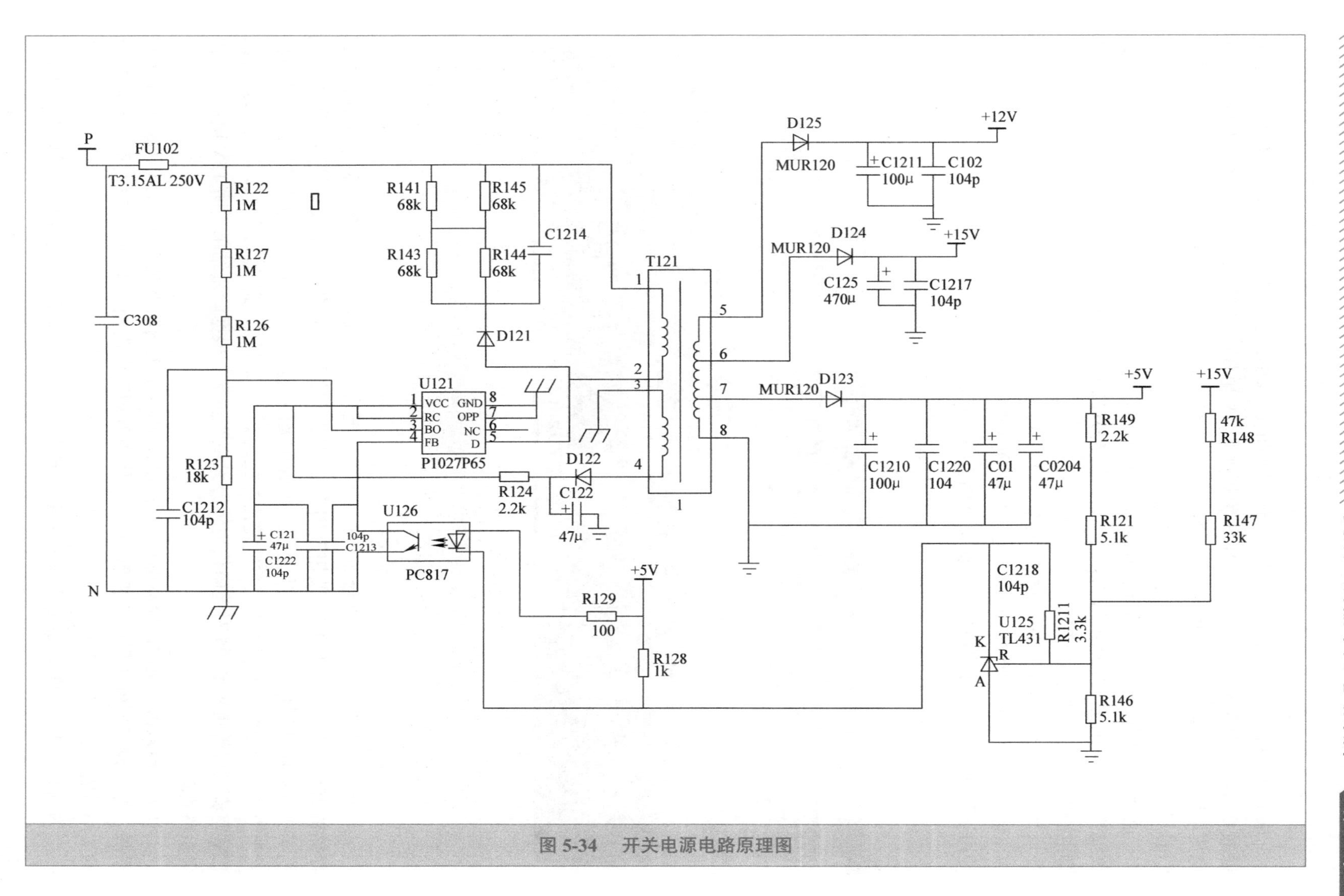

图 5-34　开关电源电路原理图

3．测量输出端电压

使用万用表直流电压档，见图 5-35，测量电源电路输出端电压。黑表笔接电容 C01 附近的 GND1 地测量点，红表笔接 D123 负极测量 5V 电压，实测约为 1.2V，5V 电压经 3.3V 稳压电路 U121 转换后为 CPU 供电，查看指示灯不亮，测量接线端子通信电压为 0V，均为 CPU 没有得到供电不能工作引起。

黑表笔依旧接地，红表笔接 D124 负极测量 15V 电压，实测约为 0.3V；红表笔接 D124 负极测量 12V 电压，实测约为 7.3V；红表笔接 D122 负极测量电压（为集成电路 U121 的①脚电源供电），实测约为 7.8V。

如果 3 路输出电压（5V、15V、12V）均为 0V，说明开关电源电路没有工作，应检查集成电路是否起振等；而实测 12V 和 U121 的①脚供电低于正常值，说明 U121 已经工作，只是由于某种原因引起输出电压低，应检查相应输出支路的对地阻值。

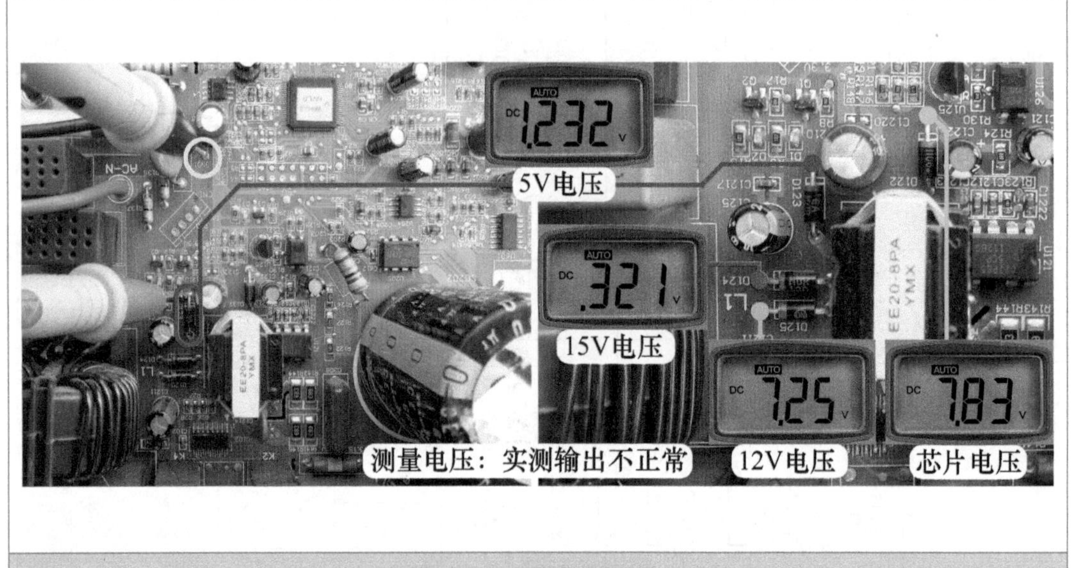

图 5-35　测量输出端电压

4．测量输出电压支路对地阻值

切断空调器电源，测量直流 300V 电压下降至约 0V，或者使用 PTC 电阻直接泄放电容存储的 300V 电压至约为 0V，使用万用表电阻档，见图 5-36 左图，1 表笔接地（图中红表笔实接 GND1 地测量点），另 1 表笔接二极管负极测量阻值，实测 5V 整流二极管 D123 负极对地阻值约为 20kΩ 说明正常，15V 整流二极管 D124 负极对地阻值约为 0Ω 说明对地短路，12V 整流二极管负极 D125 对地阻值为无穷大说明正常，根据测量结果说明 15V 电压支路出现短路故障。

15V 电压只为模块内部控制电路提供电源，顺着主板铜箔走线查看，15V 直接送至模块引脚，外部设有过电压保护二极管 D205，使用万用表电阻档，见图 5-36 中图，测量 D205 的 2 端阻值，实测约为 0Ω。

为判断是 D205 短路还是模块内部电路短路，见图 5-36 右图，使用电烙铁取下 D205，再使用万用表电阻档测量 D205 焊点阻值，实测约 3.7MΩ，说明主板已排除短路，故障在保护二极管。

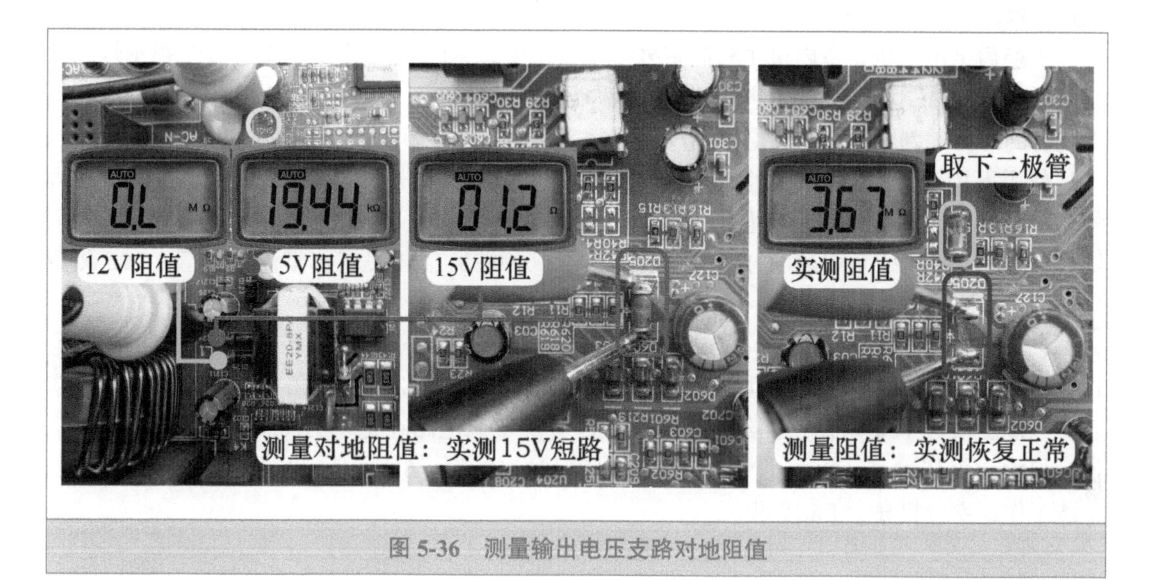

图 5-36 测量输出电压支路对地阻值

5. 测量原机和配件二极管

本机过电压保护二极管使用贴片形式，即没有引脚其直接焊在主板上面，带有圆圈标记的一侧为负极。使用万用表二极管档，测量拆下来的原机二极管，见图 5-37 左图，实测正向结果约为 0mV，说明击穿短路损坏。

依旧使用万用表二极管档，测量同型号的配件二极管，见图 5-37 中图和右图，红表笔接正极，黑表笔接负极为正向测量，实测结果为 646mV（0.646V）；红表笔接负极，黑表笔接正极为反向测量，实测结果为无穷大。

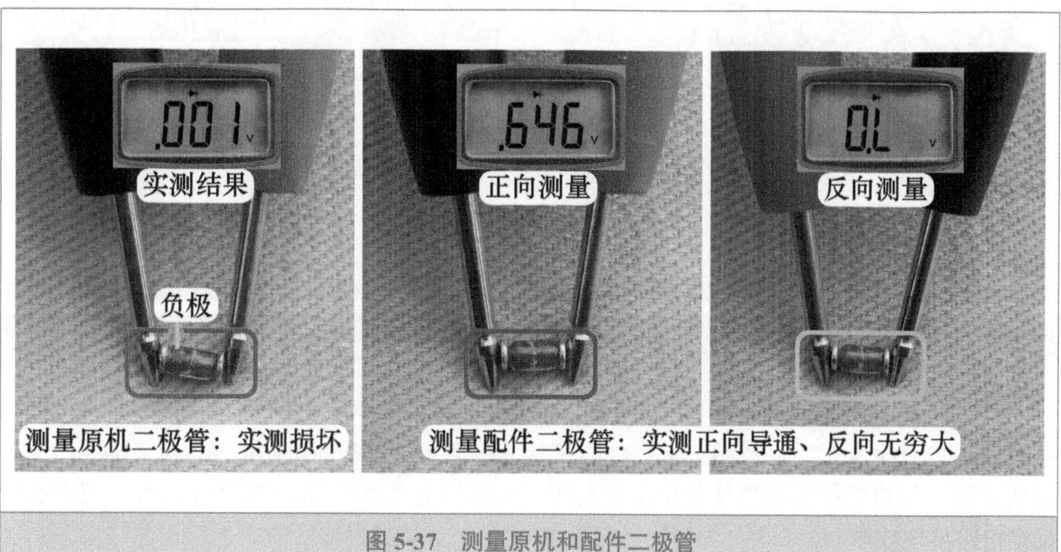

图 5-37 测量原机和配件二极管

6. 更换二极管和上电试机

见图 5-38 左图，将测量正常的配件二极管，正极和负极对应焊接在室外机主板的 D205 焊点位置。

更换后上电试机，室内机主板向室外机主板供电，见图 5-38 中图，查看 3 个指示灯（绿灯 D2、红灯 D1、黄灯 D3）同时闪烁 2 次后便熄灭不再点亮，同时也没有听到主控继电器触点闭合的声音，判断开关电源电路仍没有正常工作。

使用万用表直流电压档测量输出端电压，见图 5-38 右图，黑表笔依旧接电容 C01 附近的 GND1 地测量点，红表笔接整流二极管 D123 负极测量 5V 电压，实测约为 1.4V；红表笔接整流二极管 D124 负极测量 15V 电压，实测约为 0.3V；红表笔接整流二极管 D125 测量 12V 电压，实测约为 20V。

切断空调器电源，待直流 300V 电压下降至约为 0V 时，使用万用表电阻档，再次测量 15V 整流二极管 D124 负极对地阻值，实测约为 0Ω，说明 D205 再次击穿短路损坏，根据指示灯闪烁 2 次和 12V 电压实测约为 20V，判断开关电源电路在更换 D205 上电后已经开始工作，但输出电压过高，再次击穿 D205 过电压保护二极管，5V 电压输出依旧约为 1V，CPU 不能工作，室内机显示 E6 代码。

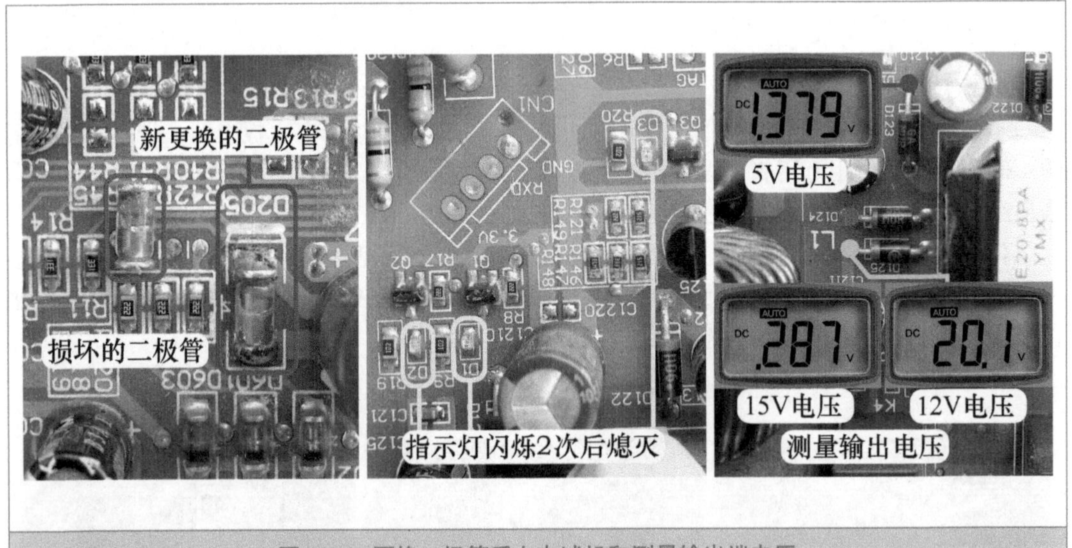

图 5-38 更换二极管后上电试机和测量输出端电压

7. 测量集成电路电压

在不更换 D205 即 15V 输出端短路的情况下，再次上电试机，使用万用表直流电压档，见图 5-39，测量集成电路 U121 电压，测量时黑表笔一直接⑧脚（相当于接地），红表笔接各引脚测量电压。

红表笔接⑤脚测量 300V 电压，实测为 312V，说明正常；红表笔接①脚测量 U121 供电电压，实测约为 7.7V，说明正常；红表笔接③脚测量电压检测电路电压，实测约为 2.2V，说明正常；红表笔接④脚测量稳压反馈电压，实测约为 2.8V，而正常约为 0.6V，判断稳压反馈电路出现故障。

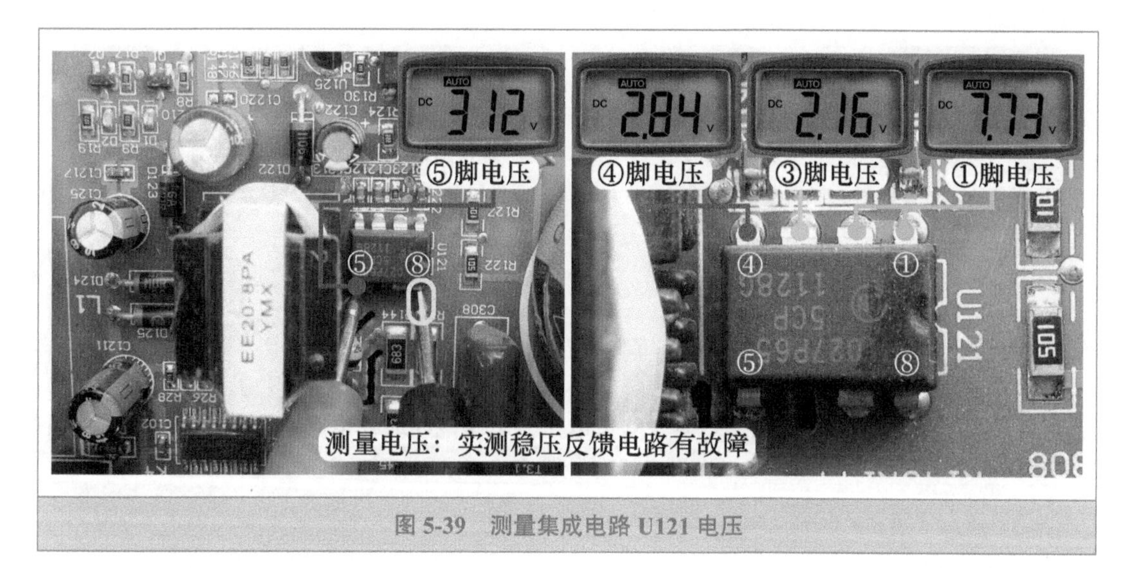

图 5-39 测量集成电路 U121 电压

8. 测量光耦合器初级侧和次级侧电压

集成电路 U121 的④脚连接光耦合器 U126 次级侧光敏晶体管，见图 5-40，使用万用表直流电压档，测量 U126 引脚电压。

红表笔接次级侧④脚集电极 C 引脚，黑表笔接③脚发射极 E 引脚测量电压，实测约为 2.8V，和集成电路 U121 ④脚电压相等，说明 U126 次级侧未导通。

将红表笔改接在初级侧①脚正极（ + ）引脚，黑表笔接②脚负极（ – ）引脚测量电压，实测约为 0.1V（86mV），说明初级侧没有得到供电。

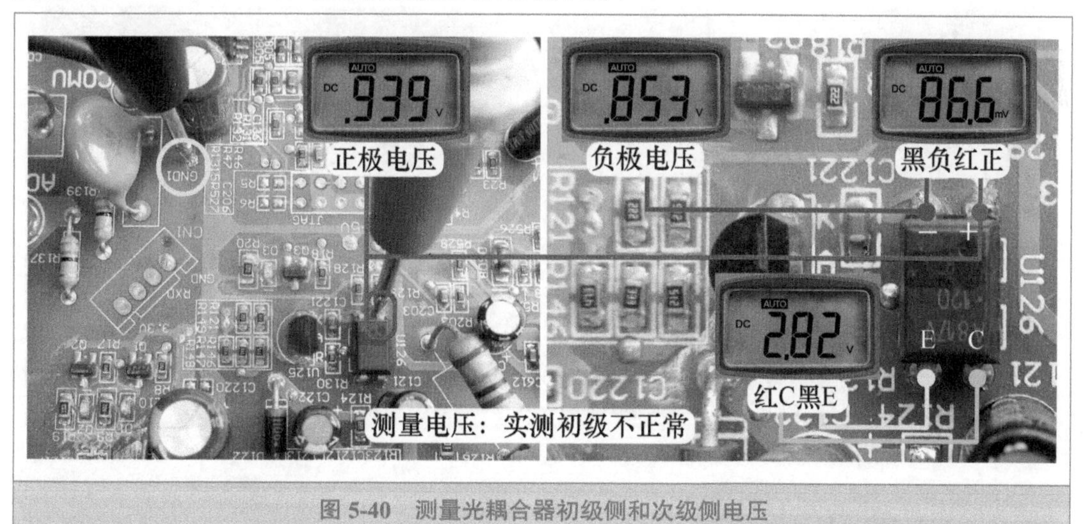

图 5-40 测量光耦合器初级侧和次级侧电压

9. 测量 TL431 电压

U125 稳压取样集成块使用的型号为 TL431，内部设有 2.5V 基准稳压电路，其共有 3 个引脚，参考极 R 接取样电阻、阳极 A 接地、阴极 K 接光耦合器 U126 初级侧②脚负极。

测量时依旧使用万用表直流电压档，见图 5-41，黑表笔接 GND1 地测量点，红表笔接 TL431 的 K 引脚测量阴极电压，实测约为 0.8V；红表笔接 R 引脚测量参考极电压，实测约为 0V，说明取样电路出现故障。

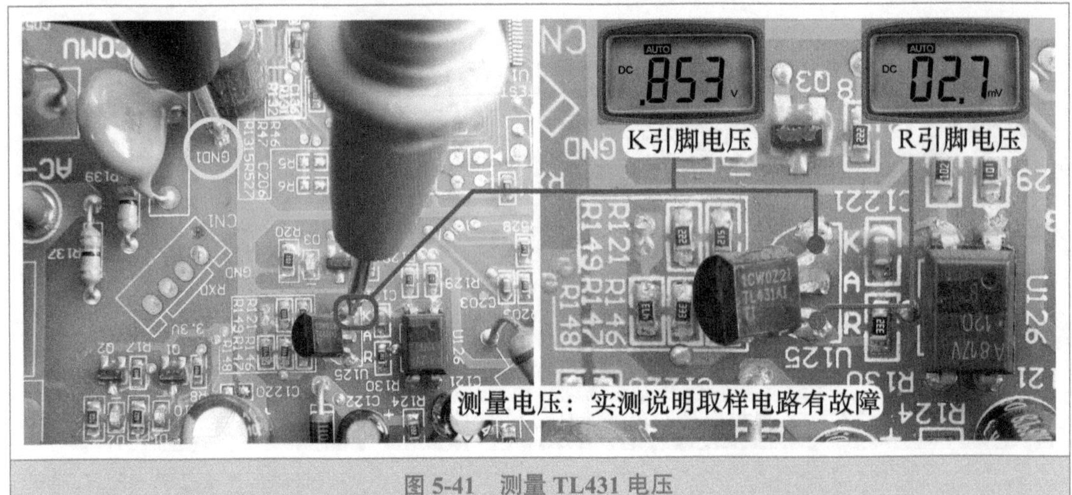

图 5-41　测量 TL431 电压

10. 在路测量电阻阻值

取样电阻共设有 5 个，15V 取样电阻为 R148（2.7kΩ）和 R147（33kΩ），5V 取样电阻为 R149（2.2kΩ）和 R121（5.1kΩ），下偏置电阻为 R146（5.1kΩ）。

切断空调器电源，待室外机主板上直流 300V 电压下降至约为 0V 时，使用万用表电阻档，见图 5-42，表笔接取样电阻 2 端测量阻值，实测 R148 阻值约为 22MΩ，说明开路损坏、R149 阻值约为 2.2kΩ 说明正常，R121 阻值约为 7.3kΩ 说明有故障，R146 阻值约为 5.1kΩ 说明正常，R147 阻值约为 16MΩ 说明开路损坏。

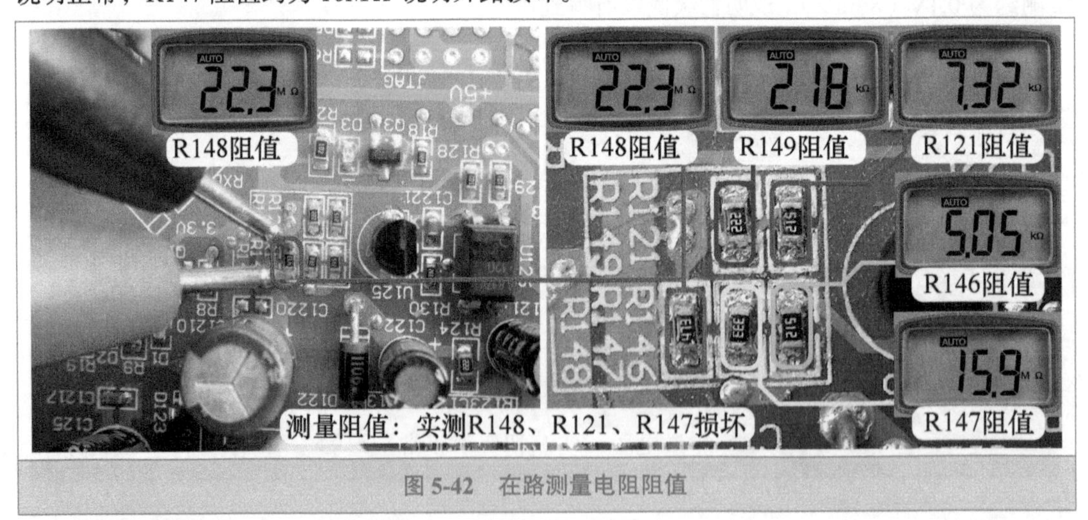

图 5-42　在路测量电阻阻值

11. 单独测量阻值

电阻 R147 标号 333，见图 5-43 左图，第 1 位的 3 和第 2 位的 3 为数值，第 3 位的 3 为 0 的个数，333 阻值为 33000Ω=33kΩ；电阻 R121 标号 512，阻值为 5.1kΩ；电阻 R148 标号 473，阻值为 47kΩ。

使用万用表电阻档，逐个测量拆下的贴片电阻阻值，见图 5-43 中图，R121（标号 512）、R147（标号 333）、R148（标号 473）实测阻值均为无穷大，说明开路损坏。

见图 5-43 右图，测量阻值相同的配件贴片电阻阻值。标号 512 电阻，实测约为 5.1kΩ；

标号 333 电阻，实测为 33kΩ；标号 4702 电阻，实测约为 47kΩ。

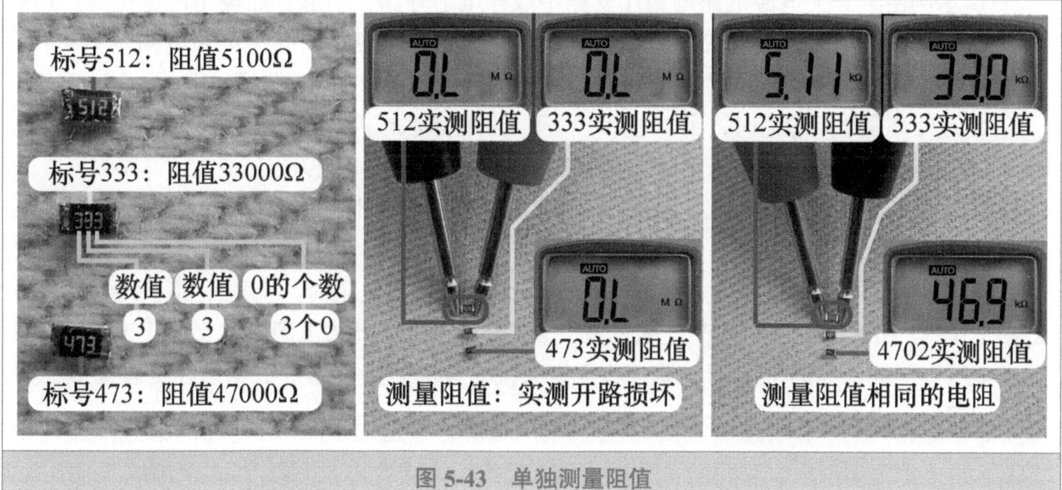

图 5-43　单独测量阻值

12. 更换电阻和二极管

见图 5-44 左图，标号 512 和 333 的贴片电阻，均使用同型号标识的配件电阻；标号 473 的电阻，使用标号为 4702 的电阻代换，其第 1 位的 4、第 2 位的 7、第 3 位的 0 均为数值，第 4 位的 2 为 0 的个数，4702 阻值为 47000Ω=47kΩ，和标号 473 的阻值相同。

见图 5-44 中图，将标号 512 配件电阻焊入 R121 位置，将标号 333 电阻焊入 R147 位置、将标号 4702 电阻焊入 R148 位置。

由于过电压保护二极管也已击穿损坏，见图 5-44 右图，使用型号相同的配件二极管，按正极和负极焊入 D205 焊点。

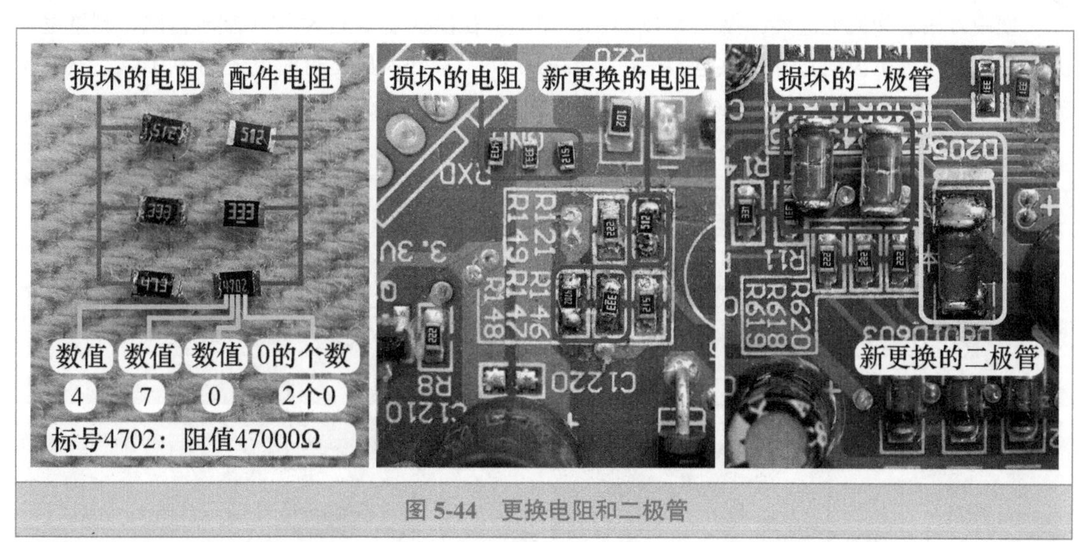

图 5-44　更换电阻和二极管

➡ 维修措施：见图 5-44 中图和右图，更换电阻 R148、R121、R147 和二极管 D205。更换完成后上电试机，室外机主板上电后约 3s 即听到主控继电器触点闭合的声音，随之指示灯开始闪烁，室外风机和压缩机开始运行，制冷恢复正常。

总 结：

① 本例由于开关电源电路的稳压支路中取样电阻开路，引起 3 路输出电压过高，15V 支路击穿过电压保护二极管 D205，相当于 15V 支路对地短路，开关电源电路不能工作，室外机 CPU 不能发送和接收通信信号，因而室内机显示屏显示 E6 代码。

② 在路测量电阻阻值时，由于电路中电子元器件串联或并联的原因，实测阻值一般小于或等于额定阻值，如果大于额定阻值，则说明该电阻有故障，可能为阻值变大或开路损坏。

③ 直流 12V 只为继电器线圈和反相驱动器供电（以及电子膨胀阀线圈），因此对地阻值实测为无穷大。

④ 本例在更换 D205 过电压保护二极管但未更换取样电阻时，上电试机开关电源电路开始工作，3 路输出电压均较高，随后由于 D205 再次击穿开关电源电路又停止工作，3 路输出电压均降低，但因 12V 对地阻值为无穷大没有放电回路，测量 12V 电压为较高值，实测随时间也会逐渐下降。

三、相电流电路电阻开路，格力空调器显示 H5 代码（一）

➡ 故障说明：格力 KFR-35GW/（35556）FNDe-3 挂式直流变频空调器（凉之静），用户反映不制冷，室内机一直吹自然风，一段时间以后显示 H5 代码，查看含义为 IPM（模块）电流保护。

1. 查看室外机运行状况和测量电流

上门检查，重新上电开机，检查室外机，室内机主板向室外机主板供电，见图 5-45 左图，约 15s 时室外风机运行，45s 时停止（运行 30s），3min15s 时室外风机再次运行（间隔 2min30s），3min45s 时停止（运行 30s），但查看压缩机始终不运行。

使用万用表交流电流档，见图 5-45 右图，钳头夹在接线端子上 N（1）端子蓝线，测量室外机电流，室内机主板向室外机供电，待机电流约 0.1A，室外风机运行时电流约为 0.4A，室外风机运行 30s 停止时电流又下降至约 0.1A，从室外机电流数值较低也可以判断压缩机没有运行。

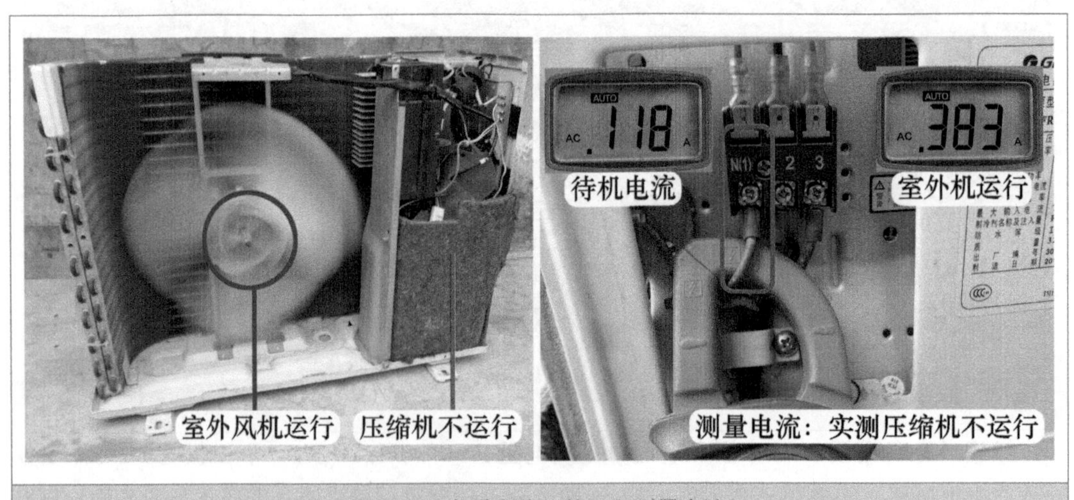

图 5-45 查看室外机状况和测量电流

2. 故障代码

室外风机运行 30s 后停止，间隔 2min30s 再次运行 30s，室内机显示屏一直显示设定温度。在 15min45s 时，室外风机间断运行 6 次停止后，见图 5-46 左图，显示屏才显示 H5 代码，同时制热指示灯闪烁 5 次，查看室内机主板向室外机一直供电，但室外风机也不再运行。

使用格力变频空调器专用检测仪的第 1 项数据监控功能，显示见图 5-46 右图，故障：H5（模块电流保护）。

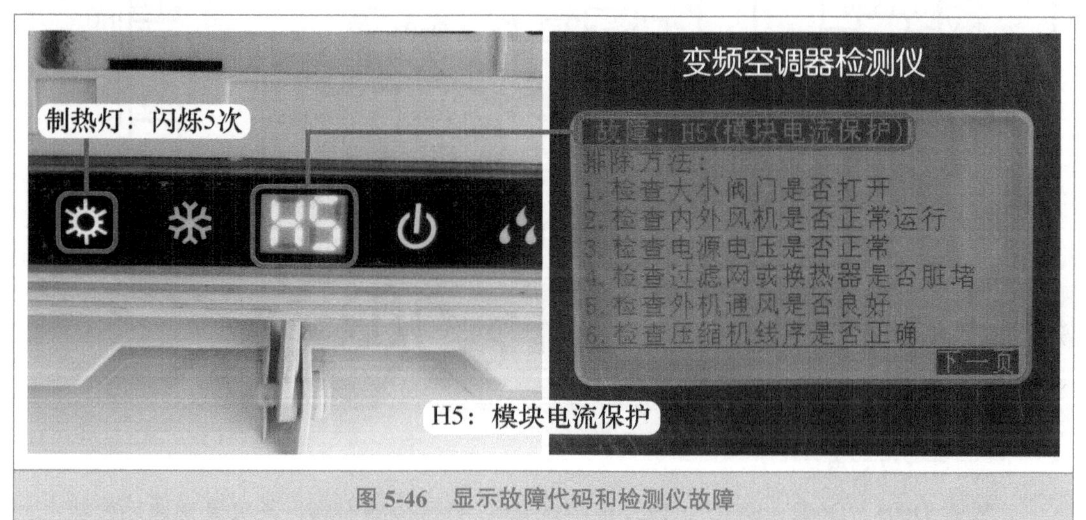

图 5-46 显示故障代码和检测仪故障

3. 查看指示灯和电流检测电路

在室外机主板上电室外风机开始运行、室内机显示屏未显示代码时，查看室外机主板指示灯，见图 5-47 左图，绿灯 D2 持续闪烁，表示为通信正常；红灯 D1 闪烁 8 次，表示为达到开机温度；黄灯 D3 闪烁 4 次，表示为 IPM（模块）电流保护，和 H5 代码内容含义相同，说明室外机 CPU 在刚上电运行时即检测到模块电流不正常，停止驱动压缩机进行保护。

相电流检测电路见图 5-47 右图，电路原理图见图 5-48，其作用是实时检测压缩机转子的位置，同时作为压缩机的相电流电路，输送至室外机 CPU 和模块保护电路。电路主要由 IPM 模块部分引脚、电流检测放大集成电路 U601（OPA4374）、二极管、CPU 电流检测引脚等组成。

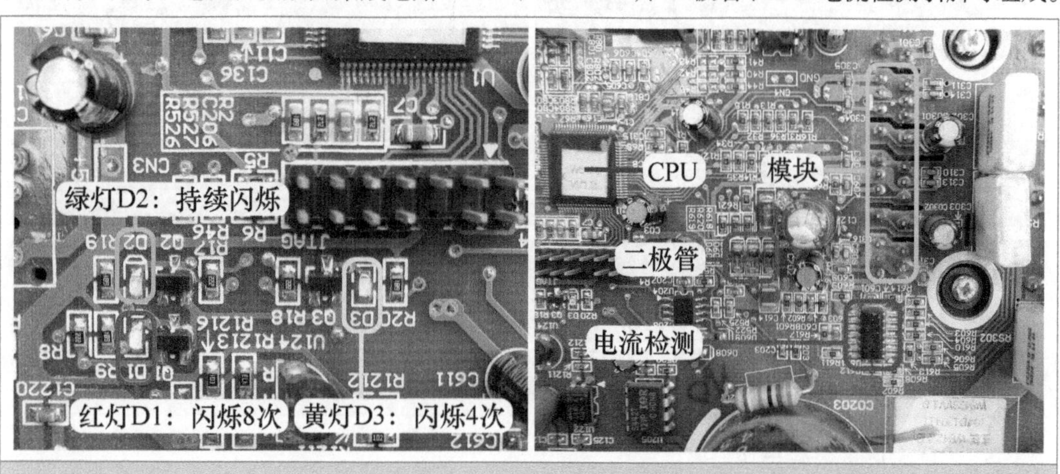

图 5-47 指示灯状态和相电流检测电路

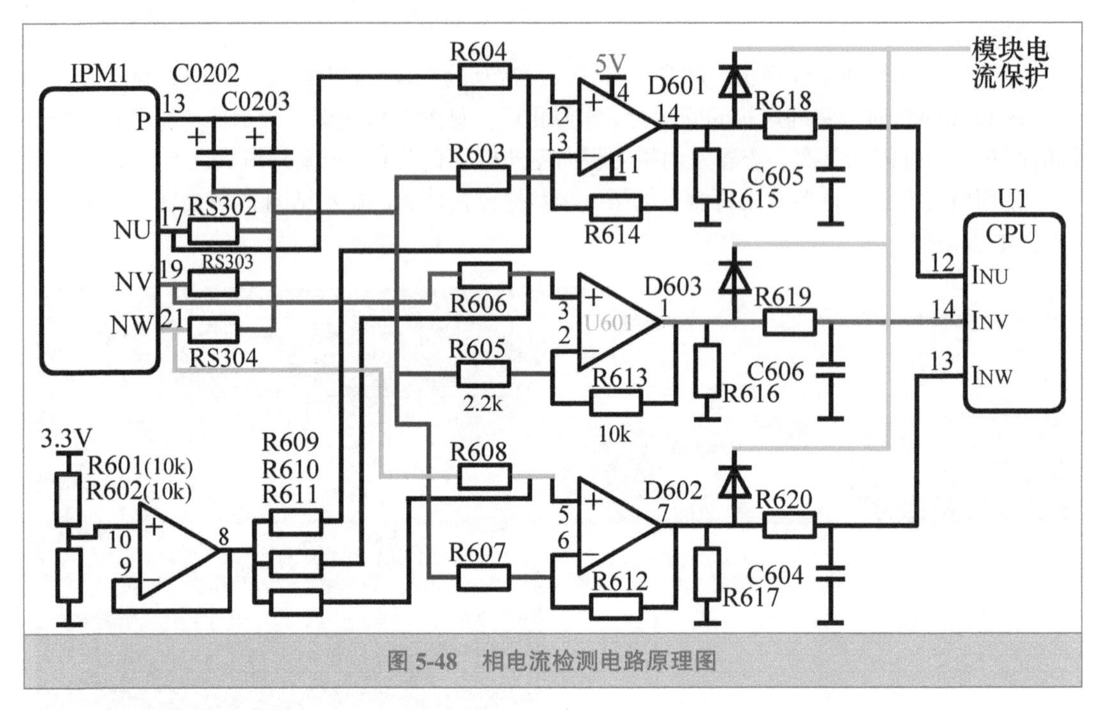

图 5-48　相电流检测电路原理图

4. 测量二极管电压

二极管 D601、D602、D603 正极经电阻接 CPU 电流检测引脚，其负极相通接模块电流保护电路，测量二极管正极电压接近于测量 CPU 电流检测引脚电压。测量时使用万用表直流电压档，见图 5-49，黑表笔接公共端地（实接电容 C614 地脚，或者接 D205 正极），待机状态下测量相电流检测电路电压。

红表笔接 D603 正极测量电压，实测约为 1.6V，说明压缩机 V 相电流支路正常。

红表笔接 D602 正极测量电压，实测约为 1.6V，说明压缩机 W 相电流支路正常。

红表笔接 D601 正极测量电压，实测约为 0.3V，说明压缩机 U 相电流支路出现故障。

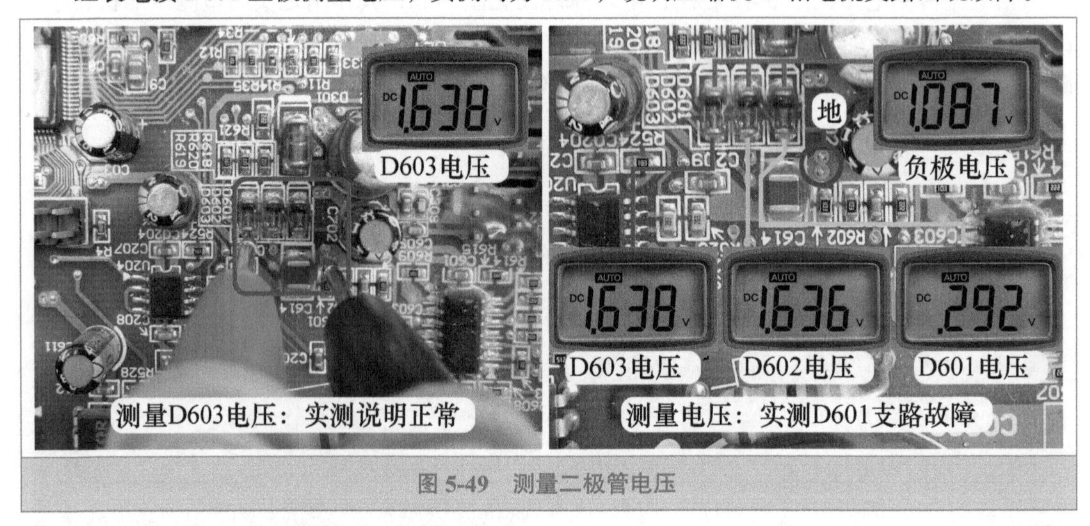

图 5-49　测量二极管电压

5. 测量 U601 引脚电压

电流检测放大集成电路 U601 使用型号为 OPA4374，共有 14 个引脚，④脚为 5V 电源、

⑪ 脚接地。内部设有 4 路相同的放大器，放大器 1A（①脚、②脚、③脚）检测压缩机 V 相电流、放大器 2B（⑤脚、⑥脚、⑦脚）检测 W 相电流、放大器 4D（ ⑫ 脚、⑬ 脚、⑭ 脚）检测 U 相电流，放大器 3C（⑧脚、⑨脚、⑩脚）为放大器 1-2-4 提供基准电压。

见图 5-50，黑表笔依旧接地，红表笔接①脚测量电压，实测约为 1.6V，说明放大器 1 工作正常。

红表笔接⑦脚测量电压，实测约为 1.6V，说明放大器 2 工作正常。

红表笔接⑧脚测量电压，实测约为 1.6V，说明放大器 3 工作正常。

红表笔接 ⑭ 脚测量电压，实测约为 0.3V，和 D601 正极电压相同，说明放大器 4 有故障。

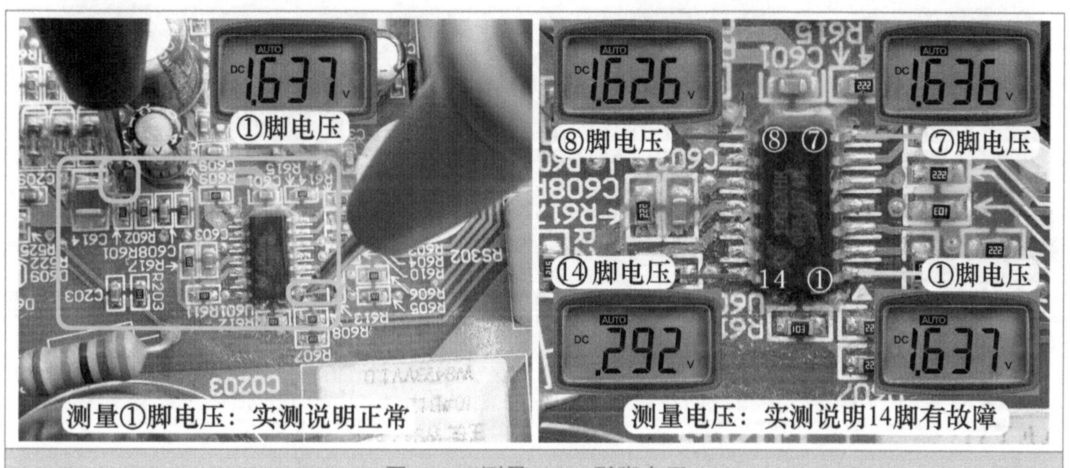

图 5-50 测量 U601 引脚电压

6. 测量放大器 4 电压

见图 5-51 左图，黑表笔依旧接地，红表笔测量放大器 4 引脚电压。红表笔接 ⑫ 脚同相输入端 +，实测约为 0.3V；红表笔接 ⑬ 脚反相输入端 -，实测约为 0.3V，⑫ 脚、⑬ 脚、⑭ 脚电压均相同，说明放大器 4 未工作。

测量正常的放大器 1 引脚电压作为比较，见图 5-51 右图，实测③脚同相输入端 + 约为 0.3V、②脚反向输入端 - 约为 0.3V，①脚输出端约为 1.6V，也可说明放大器 4 未工作。

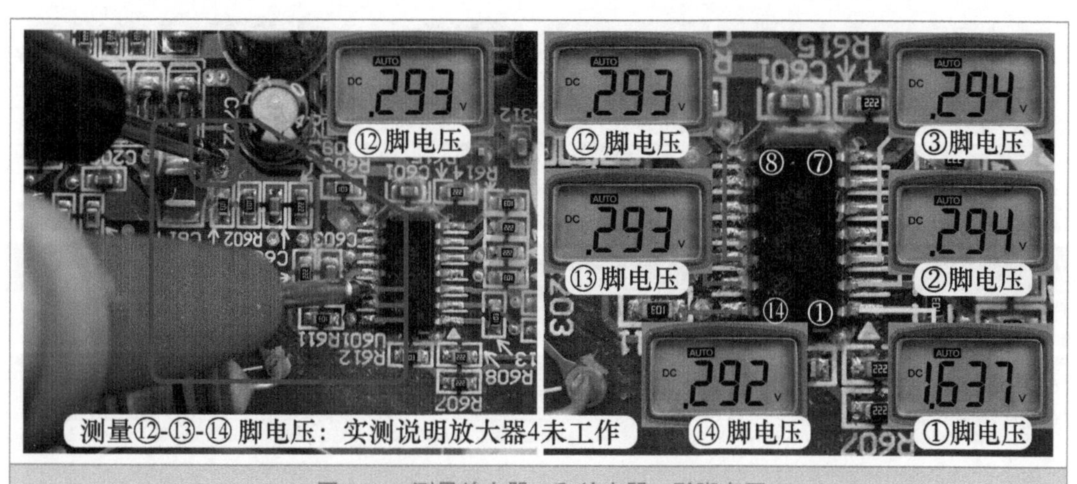

图 5-51 测量放大器 4 和放大器 1 引脚电压

7. 在路测量阻值

切断空调器电源，待约1min后直流300V电压下降至约0V时，使用万用表电阻档，见图5-52，测量放大器4的引脚外围电阻阻值。

表笔接电阻R611（标号103、10kΩ）两端测量阻值，实测约为4.5kΩ，判断正常。

R608（标号222、2.2kΩ）实测阻值约为1.9kΩ，判断正常。

R612（标号103、10kΩ）实测阻值约为10kΩ，判断正常。

R607（标号222、2.2kΩ）实测阻值约为17MΩ，大于正常值较多，判断开路损坏。

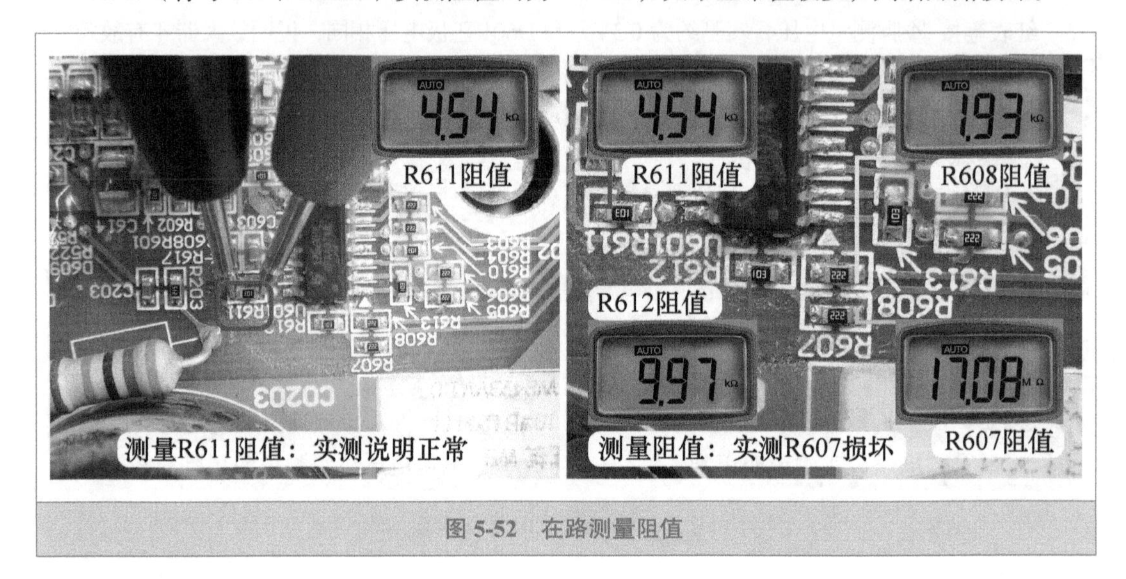

图5-52 在路测量阻值

8. 单独测量阻值

R607为贴片电阻，标号222，见图5-53左图，第1位的2和第2位的2为数值，第3位的2为0的个数，222阻值为2200Ω=2.2kΩ。

见图5-53中图，使用万用表电阻档，单独测量阻值，实测仍为无穷大，确定开路损坏。

见图5-53右图，测量型号相同（标号222）的电阻阻值，实测约为2.2kΩ。

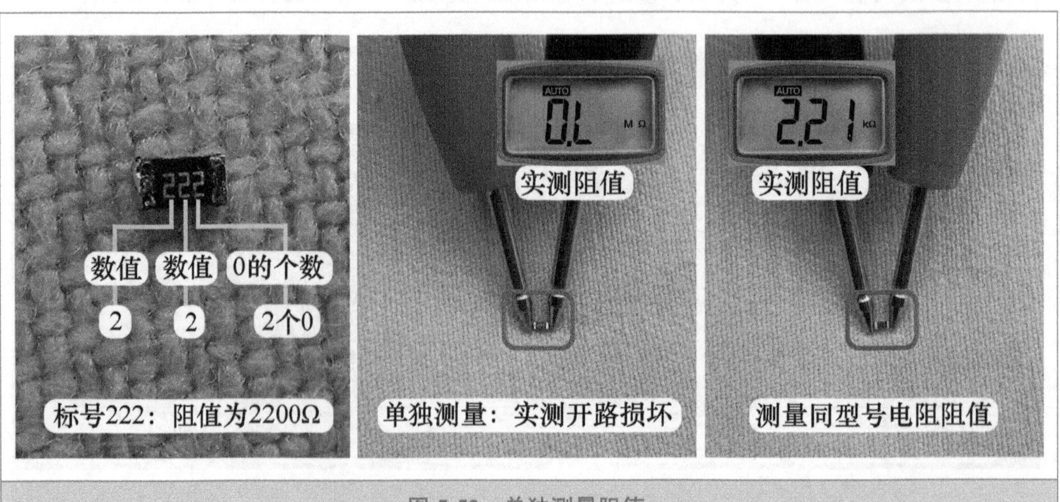

图5-53 单独测量阻值

➡ 维修措施：见图 5-54 左图和中图，将标号 222 的配件贴片电阻焊至主板 R607 焊点，更换损坏的电阻。更换后上电试机，使用万用表直流电压档，见图 5-54 右图，在压缩机未运行时，测量 U601 的 ⑭ 脚和 D601 正极电压均约为 1.6V，和 D602、D603 的正极电压相同，约 15s 后室外风机运行，压缩机也随之运行，查看黄灯 D3 闪烁 1 次，表示为压缩机起动，说明故障已排除，制冷也恢复正常。

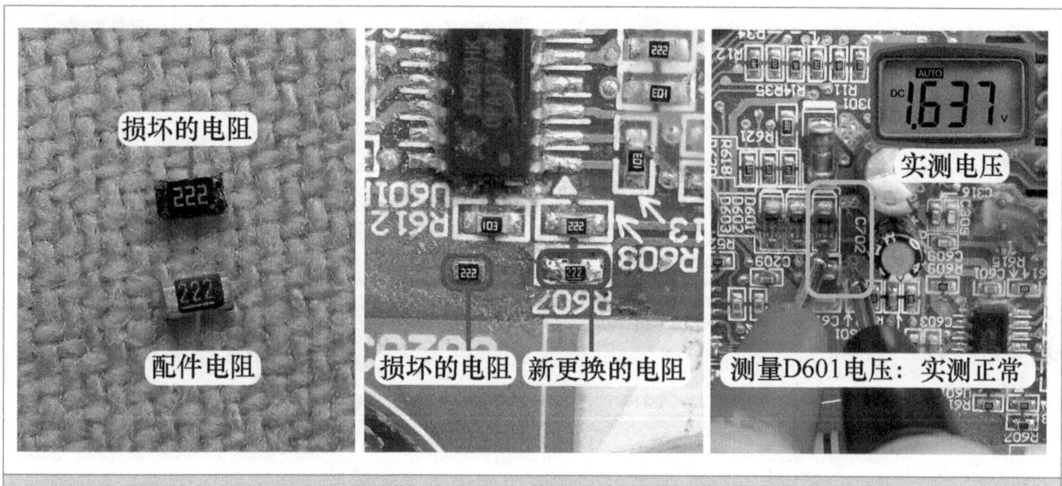

图 5-54 更换电阻和测量电压

总 结：

① 本例为 R607 开路损坏，放大器 4 未工作，压缩机的三相电流检测电路电压不相同，CPU 检测后判断有故障，不起动压缩机进行保护，约 15min 后显示 H5 代码。

② 室外机主板 CPU 起动运行时检测压缩机三相电流不正常时，即通过黄灯 D3 闪烁 4 次显示代码内容，但由于程序设定，室外风机间隔运行 6 次后，约 15min 时室内机显示屏才显示 H5 代码。

③ 在实际维修中，假如压缩机始终不起动，显示屏显示 H5 代码，通常为电控系统故障，可更换室外机电控盒或检修相电流检测电路。

四、相电流电路电阻开路，格力空调器显示 H5 代码（二）

➡ 故障说明：格力 KFR-32GW/（32556）FNDe-3 挂式直流变频空调器（凉之静），用户反映不制冷，室内机显示 H5 代码，查看代码含义为 IPM（模块）电流保护。

1. 测量压力和手摸管道

上门检查，用户正在使用空调器，查看显示屏显示 H5 代码，在室内机出风口感觉温度为自然风，说明不制冷，在室外机三通阀检修口接上压力表，使用万用表交流电流档，钳头夹住接线端子 N（1）蓝线测量室外机电流，切断电源等待约 2min 重新上电开机，室内风机运行，室外机主板得到供电后约 15s 时室外风机运行，查看室外机电流，由待机刚上电时约 0.1A 上升至约 0.4A，见图 5-55，查看系统压力，室外机未上电时静态压力约为 1.8MPa，室外风机运行后压力一直保持不变，和静态压力相同约为 1.8MPa，手摸二通阀和三通阀均为常温，根据电流、压力、温度判断压缩机未起动运行。

室外风机运行 30s 后停止，间隔 2min30s 后再次运行 30s 后停止，再间隔 2min30s 后开始运行，室外机主板上电后约 6min20s 时室内机显示屏显示 H5 代码，制热指示灯闪烁 5 次，室外风机不再运行，只要不关机，室内机主板一直向室外机供电。

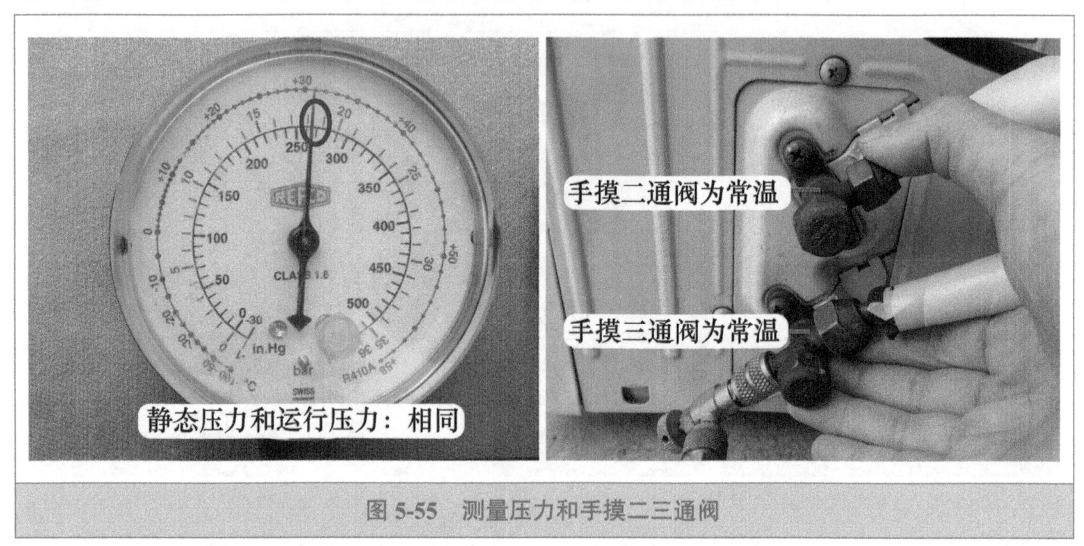

图 5-55　测量压力和手摸二三通阀

2. 查看指示灯和相电流检测电路

在室外机主板得到供电，约 15s 室外风机运行时，查看室外机主板指示灯，见图 5-56 左图，黄灯 D3 闪烁 4 次，含义为 IPM（模块）电流保护，和 H5 代码含义相同。室外机主板上电即显示模块电流保护，常见原因有相电流检测电路故障或模块保护电路起作用。

相电流检测电路和模块保护电路实物图见图 5-56 右图，模块保护电路原理图见图 5-57，相电流检测电路主要由模块相关引脚、电流检测放大集成电路（OPA4374）、二极管、CPU 电流检测引脚等组成，模块保护电路主要由模块相关引脚、保护集成电路 U206（10393）、CPU 的模块保护引脚等组成。

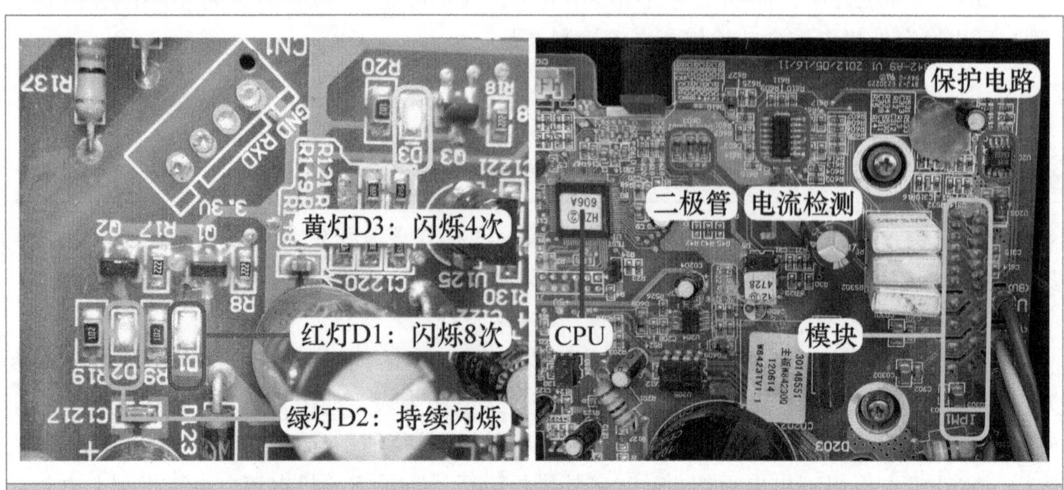

图 5-56　查看指示灯状态和相电流检测及模块保护电路

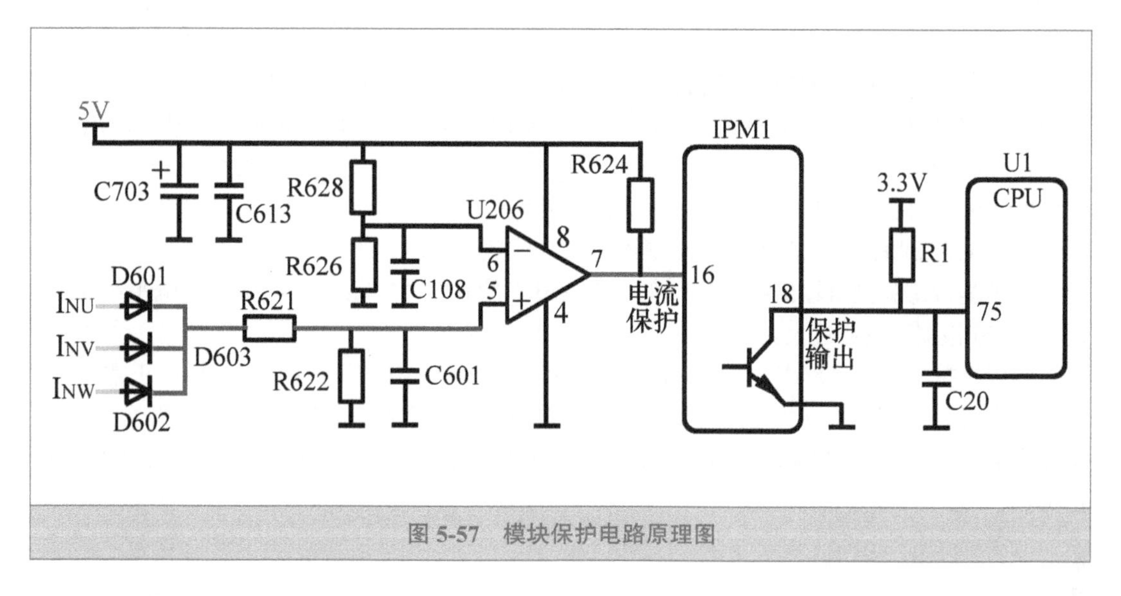

图 5-57 模块保护电路原理图

3. 测量模块引脚电压

本机模块（板号 IPM1）使用的型号为 IRAM136-1061A2，单列封装，标称 29 个引脚（实际共设有 21 个引脚）。其 ⑱ 脚为故障保护输出，接 CPU 引脚；⑯ 脚为电流保护输入，接 U206 集成电路。测量模块引脚电压时，使用万用表直流电压档，黑表笔接 15V 过电压保护二极管 D205 正极地相通的焊孔。

见图 5-58 左图，红表笔接模块 ⑱ 脚测量故障保护输出电压，正常时为高电平约 3.1V，实测为低电平约 0.1V（68.5mV），说明模块输出故障电压至 CPU，CPU 检测后控制压缩机不运行进行保护。

向前级检查，见图 5-58 右图，红表笔接模块 ⑯ 脚测量电流保护电压，正常时为低电平约 0V（73.5 mV），实测为高电平约为 4.9V，说明模块 ⑱ 脚输出低电平是由于 ⑯ 脚为高电平所致。

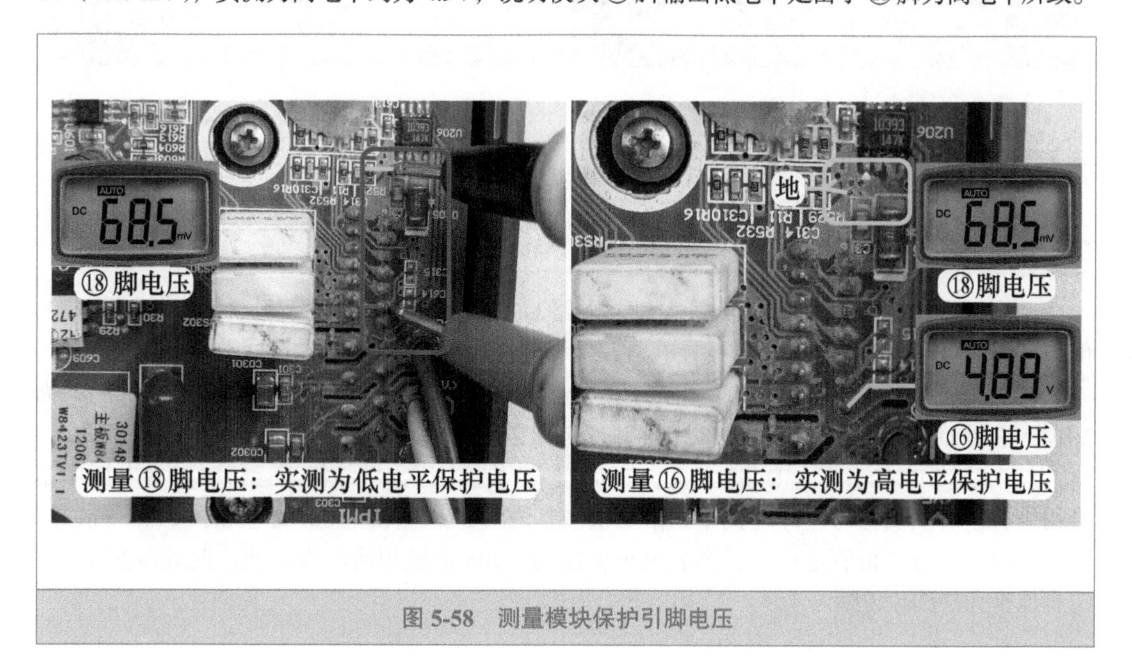

图 5-58 测量模块保护引脚电压

4. 测量模块保护集成电路电压

模块保护集成电路U206使用的型号为10393，双列8个引脚，⑧脚为电源接5V，④脚接地。内部设有两个相同的电压比较器。比较器1A（①脚、②脚、③脚）本机未使用，只使用比较器2B，⑤脚为同相输入+，⑥脚为反相输入-，⑦脚为输出端接模块⑯脚。测量时依旧使用万用表直流电压档，见图5-59，黑表笔接地。

红表笔接⑧脚测量电源电压，实测约为4.9V，说明正常。

红表笔接⑦脚测量输出端电压，正常为低电平约0V（73.7mV），实测为高电平约4.9V，说明U206检测到电流过大。

红表笔接⑥脚测量反相输入即基准电压，正常为1.5V，实测约为1.5V，说明正常。

红表笔接⑤脚测量同相输入即电流检测取样电压，正常约为0.8V即低于⑥脚基准电压，实测约2V，高于⑥脚电压，说明⑦脚输出高电平是由于⑤脚电压过高引起，间接说明U206正常。

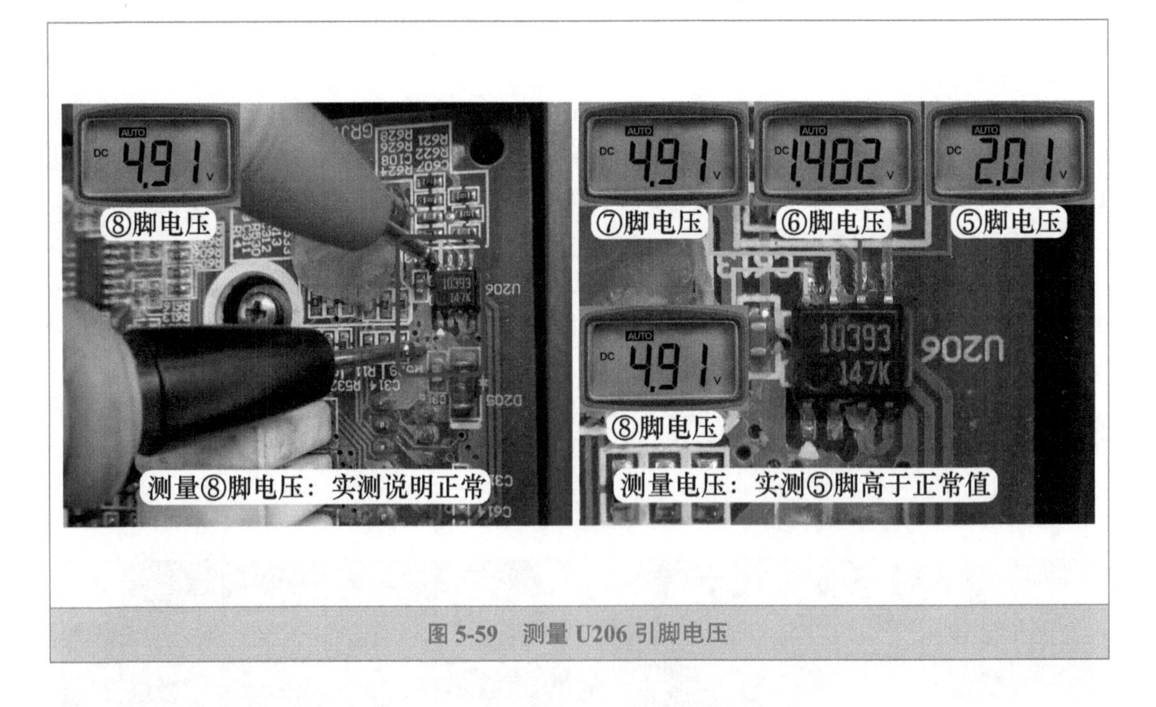

图5-59 测量U206引脚电压

5. 测量二极管电压

U206的⑤脚电压由电流检测放大集成电路U601输出端经二极管负极提供，见图5-60，使用万用表直流电压档，测量二极管电压，黑表笔接地（实接存储器U5①脚地）。

红表笔接负极（D602、D603、D601的负极相通）测量电压，正常约为1.1V，实测约为2.8V，说明U206的⑤脚电压值较高，是由于二极管负极电压较高输出所致。

红表笔接D602正极、D603正极、D601正极测量电压，压缩机不运行时正常电压应相等约为1.6V，实测均约为3.3V高于正常值很多，说明电流检测放大集成电路U601出现故障。

➡ 说明：测量二极管电压时，黑表笔可实接与D205正极相通的焊孔地，此处改接U5的①脚地是为使图片清晰。

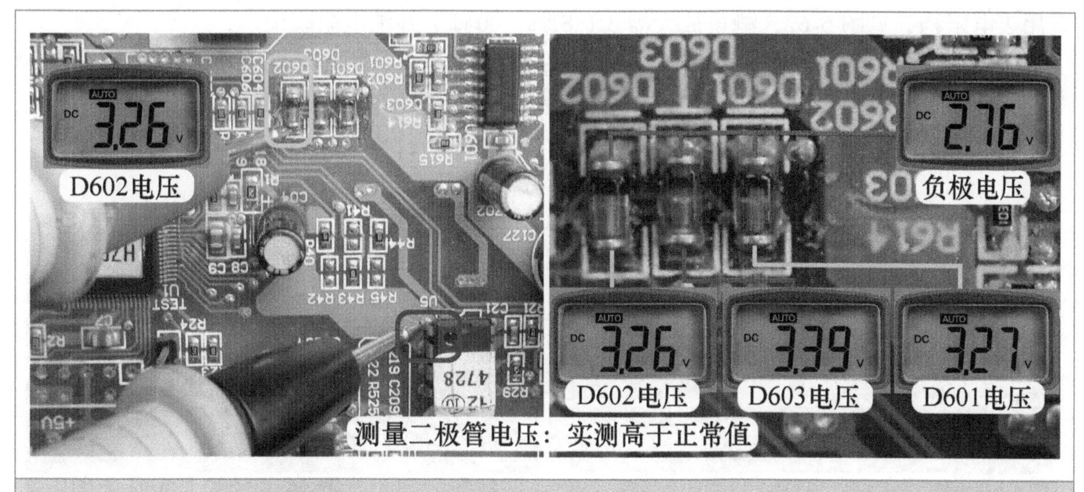

图 5-60 测量二极管电压

6. 测量 U601 引脚电压

依旧使用万用表直流电压档，黑表笔接地公共端，测量 U601 引脚电压。见图 5-61 左图，红表笔接放大器 1 输出端①脚、放大器 2 输出端⑦脚、放大器 4 输出端 ⑭ 脚测量电压，正常约为 1.6V，实测均为 3.3V，和二极管 D602、D603、D601 正极相等。压缩机 U、V、W 相电流支路（放大器 1、2、4）输出电压均较高，应检查提供基准电压的放大器 3。

见图 5-61 右图，红表笔接放大器 3 输出端⑧脚（⑧脚和⑨脚相通）测量电压，正常约为 1.6V，实测约为 3.3V，说明放大器 3 输出的基准电压高，使得放大器 1、2、4 输出电压均较高。

红表笔接放大器 3 的⑩脚测量电压，正常为 1.65V 即 CPU 供电 3.3V 的一半，实测约为 3.3V 和供电相同，说明⑩脚电路有故障。

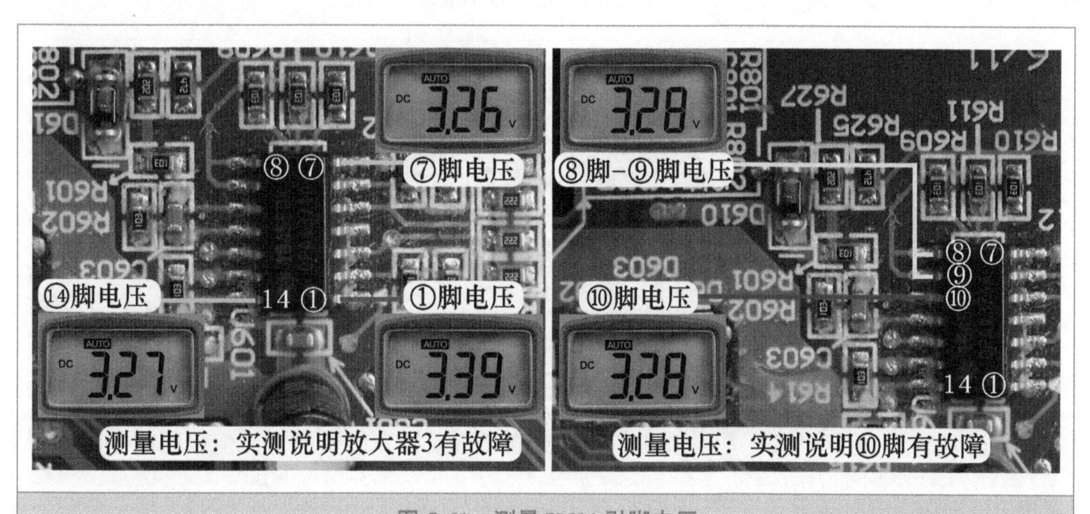

图 5-61 测量 U601 引脚电压

7. 在路测量阻值

切断空调器电源，使用 PTC 电阻或等待约 1min 使直流 300V 电压下降至约 0V 时，使用万用表电阻档，见图 5-62，测量放大器 3（⑧脚、⑩脚）外围电阻阻值。

表笔接电阻 R601（标号 103、10kΩ）2 端测量阻值，实测约为 10kΩ，判断正常。

R602（标号 103、10kΩ）实测阻值约为 17kΩ，大于额定值，判断有故障。

R609、R610、R611（标号 103、10kΩ）实测阻值均约为 4.5kΩ，判断正常。

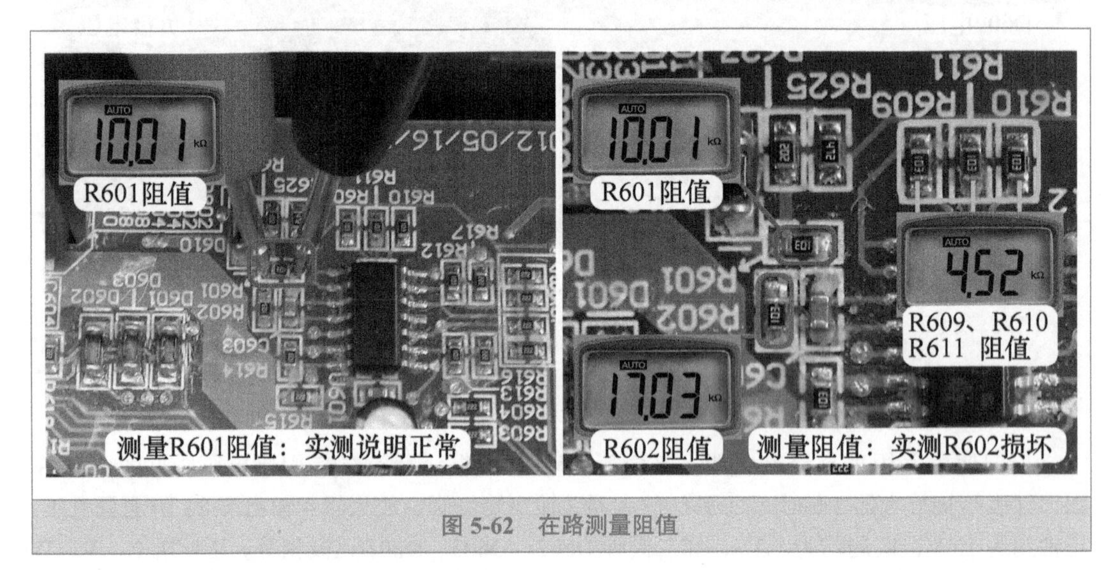

图 5-62 在路测量阻值

8. 单独测量阻值

R602 为贴片电阻，标号 103，见图 5-63 左图，第 1 位的 1 和第 2 位的 0 为数值，第 3 位的 3 为 0 的个数，103 阻值为 10000Ω=10kΩ。

见图 5-63 中图，使用万用表电阻档，单独测量阻值，实测为无穷大，确定开路损坏。

见图 5-63 右图，测量阻值相同的电阻，实测为 10kΩ。

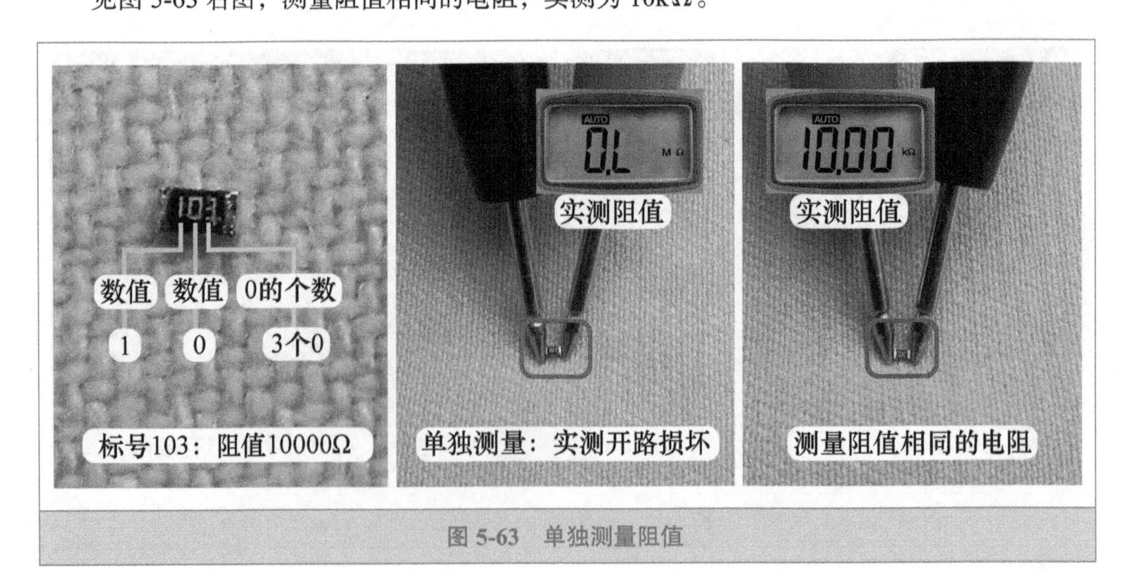

图 5-63 单独测量阻值

9. 更换电阻和测量电压

见图 5-64 左图，阻值 10kΩ 的贴片电阻标号为 01C，其未使用 3 位或 4 位的数字标识法，而是使用数字和字母组合的方式，01 表示为 100，C 表示为 10 的 2 次方（10^2）=100，01C=100 × 100=10000 =10kΩ。

见图 5-64 中图，使用标号 01C（阻值 10kΩ）的贴片电阻，更换标号为 103 的贴片电阻。

更换后上电试机，使用万用表直流电压档，见图 5-64 右图，测量 U601 的⑩脚电压，实测约为 1.6V，测量①脚、⑦脚、⑭ 脚电压均约为 1.6V，和二极管 D602、D603、D601 相同，二极管负极电压约为 1.1V，U206 的⑤脚电压约为 0.8V，U206 的⑦脚电压和模块 ⑯ 脚相同约为 0.1V，模块 ⑱ 脚电压约为 3.1V，均为正常值。室外风机和压缩机均开始运行，制冷恢复正常。

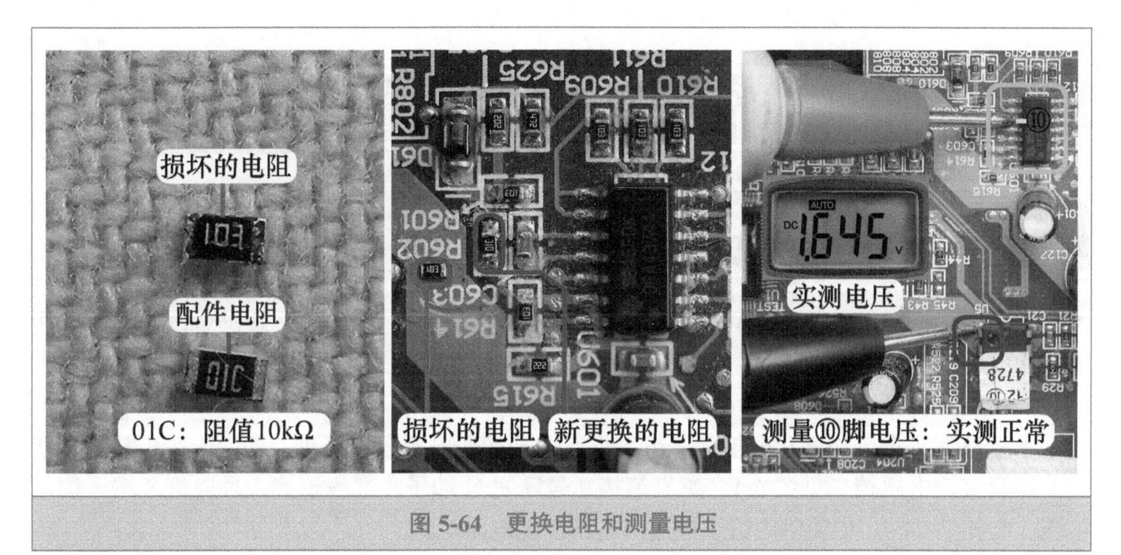

图 5-64 更换电阻和测量电压

➡ 维修措施：使用电阻（标号 01C）更换 R602（标号 103）。

总 结：

① 本例 R602 开路，使得电流检测放大集成电路 U601 的基准电压由约 1.6V 上升至 3.3V，静态压缩机不运行时放大器输出端输出电压过高，使输送到二极管正极（相当于 CPU 电流检测引脚）也过高，二极管负极电压送至 U206 比较器 2 的同相输入⑤脚，高于反相输入的基准电压⑥脚，输出端⑦脚输出高电平约 4.9V 送至模块电流检测输入 ⑯ 脚，模块内部电路检测后判断电流过大，其 ⑱ 脚输出低电平送至 CPU 引脚，CPU 检测后判断模块电流过大，控制压缩机不起动进行保护，室外风机运行间隔 3 次后室内机显示屏显示 H5 代码。

② 本例测量模块 ⑱ 和 ⑯ 脚电压（见图 5-58）、U206 比较器电压（见图 5-59）是为了叙述模块保护电路的检修流程，实际维修时可省略这些步骤，直接测量二极管 D601、D602、D603 的正极电压，也可判断出故障部位。

第六章 Chapter 6

变频空调器强电负载和开关管故障

第一节 强电负载故障

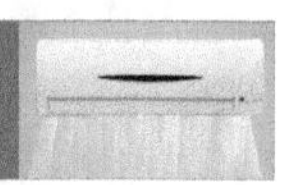

一、20A 熔丝管开路，海信空调器报通信故障

➡ 故障说明：海信 KFR-60LW/29BP 柜式交流变频空调器，用遥控器开机后室外风机和压缩机均不运行，空调器不制冷。

1. 测量室内机接线端子电压

取下室内机进风格栅和电控盒盖板，将空调器接通电源但不开机，即处于待机状态，使用万用表直流电压档，见图 6-1，黑表笔接 2 号零线 N 端子，红表笔接 4 号通信 S 端子测量电压，实测为 24V，说明室内机主板通信电压产生电路正常。

万用表的表笔不动，使用遥控器开机，听到室内机主板继电器触点闭合的声音，说明已向室外机供电，但实测通信电压仍为 24V 不变，而正常为 0 ~ 24V 跳动变化的电压，判断室外机由于某种原因没有工作。

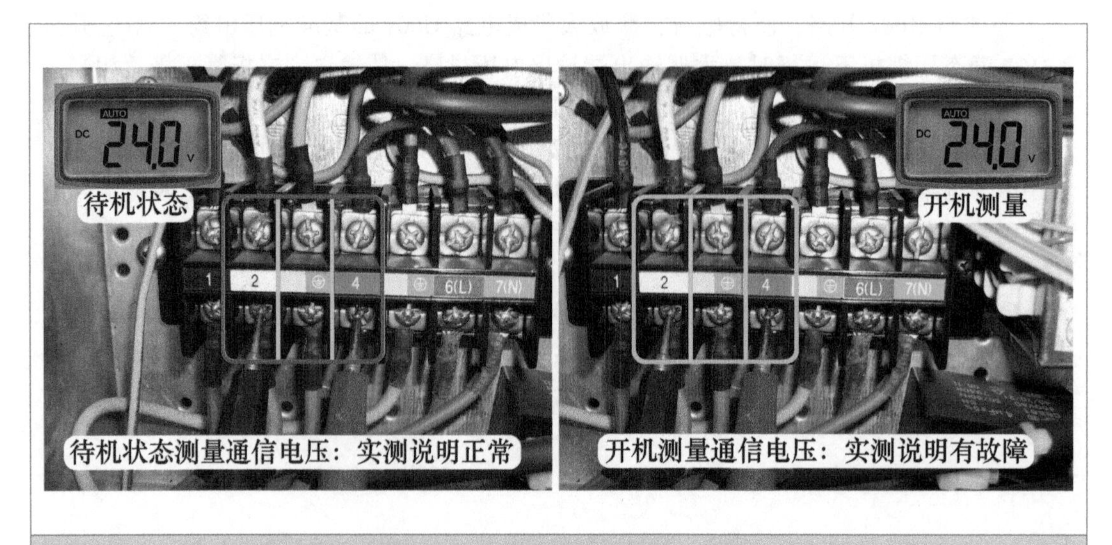

图 6-1 测量室内机接线端子电压

2. 测量室外机接线端子电压

检查室外机，见图 6-2 左图，使用万用表交流电压档测量接线端子上 1 号相线 L 端和 2 号零线 N 端间的电压为交流 220V，使用万用表直流电压档测量 2 号零线 N 端和 4 号通信 S 端间的电压为直流 24V，说明室内机主板输出的交流 220V 和通信 24V 电压已送到室外机接线端子。

见图 6-2 右图，观察室外机电控盒上方设有 20A 熔丝管（俗称保险管），使用万用表交流电压档，黑表笔接 2 号端子 N 零线，红表笔接熔丝管输出端引线测量电压，正常为 220V，而实测为 0V，判断熔丝管存在开路故障。

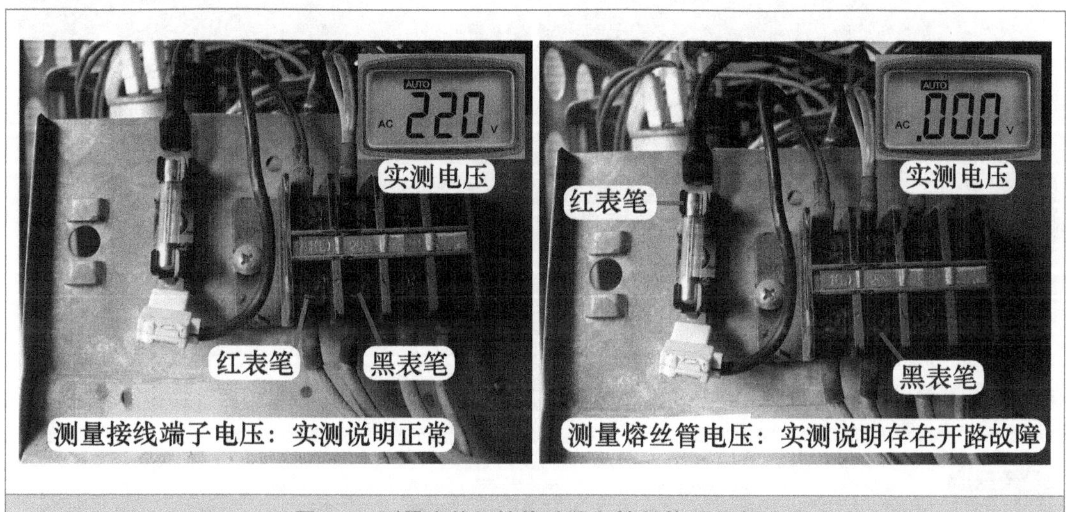

图 6-2 测量室外机接线端子和熔丝管后端电压

3. 查看熔丝管

切断空调器电源，取下熔丝管，见图 6-3 左图，发现一端焊锡已经熔断，烧出一个大洞，使得内部熔丝与金属外壳脱离，表现为开路故障。

正常熔丝管接口处焊锡平滑，焊点良好，见图 6-3 右图，也说明本例熔丝管开路为自然损坏，不是由于过电流或短路故障引起。

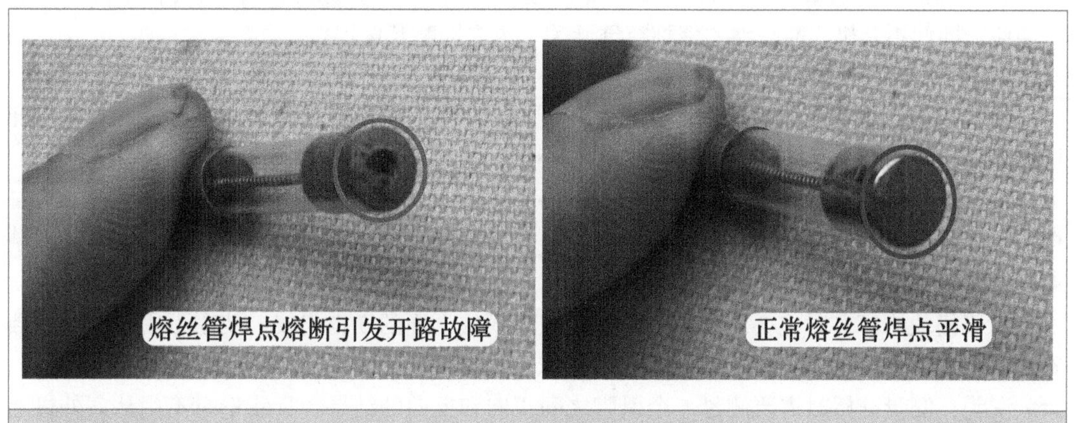

图 6-3 损坏的熔丝管和正常的熔丝管

4. 应急试机

为检查室外机是否正常，应急为室外机供电，见图 6-4 左图，将熔丝管管座的输出端子引线拔下，直接插在输入端子上，相当于短接熔丝管，再次上电开机，室外风机和压缩机均开始运行，空调器制冷良好，判断只是熔丝管损坏。

➡ 维修措施：更换熔丝管，见图 6-4 右图，更换后恢复线路上电开机，制冷正常，故障排除。

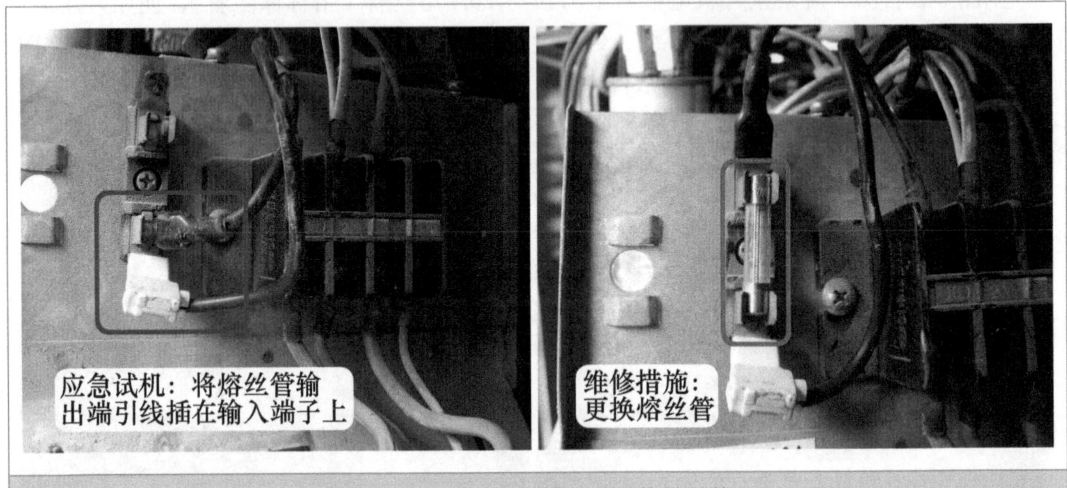

图 6-4 短接熔丝管试机和更换熔丝管

总 结：

熔丝管在实际维修中由于过电流引发内部熔丝开路的故障很少出现，熔丝管常见故障如本例，由于空调器运行时电流过大，熔丝发热使得焊口部位焊锡开焊而引发开路故障，并且多见于柜式空调器，也可以说是一种通病，通常出现在使用几年之后的空调器。

二、 滤波电感线圈漏电，断路器跳闸

➡ 故障说明：海信 KFR-2601GW/BP×2 一拖二挂式交流变频空调器，只要将电源插头插入插座，即使不开机，断路器（俗称空气开关）也立即断开保护。

1. 断路器断开和测量硅桥

上门检查，将空调器插头插入插座，见图 6-5 左图，断路器立即断开保护，此时并未开机但断路器也即断开保护，说明故障出现在强电通路上。

由于硅桥连接交流 220V，其短路后容易引起断路器上电跳闸故障，使用万用表二极管档，见图 6-5 右图，正向和反向测量硅桥的 4 个引脚，即测量内部 4 个整流二极管，实测结果说明硅桥正常，未出现击穿故障。

由于模块击穿有时也会出现跳闸故障，拔下模块上面的 5 根引线，使用万用表二极管档测量 P/N/U/V/W 的正向和反向结果均符合要求，说明模块正常。

➡ 说明：测量硅桥时需要测量 4 个引脚之间正向和反向的结果，且测量时不用从室外机上取下，本例只是为使图片清晰才拆下，图中只显示正向测量硅桥的正极和负极引脚结果。

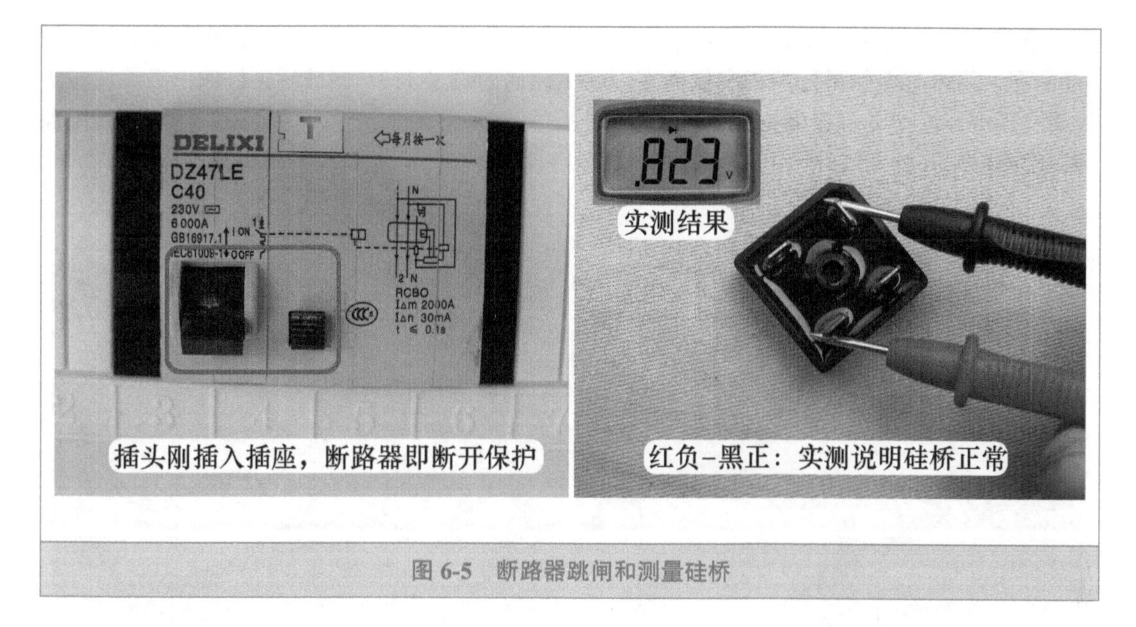

图 6-5 断路器跳闸和测量硅桥

2. 测量滤波电感线圈阻值

此时交流强电通路中只有滤波电感未测量，拔下滤波电感的橙线和黄线，使用万用表电阻档，测量两根引线阻值，实测接近 0Ω，说明线圈正常导通。

见图 6-6，1 表笔接外壳地（本例红表笔实接冷凝器铜管），1 表笔接线圈（本例黑表笔接橙线），测量滤波电感线圈对地阻值，正常为无穷大，实测约为 300kΩ，说明滤波电感线圈出现漏电故障。

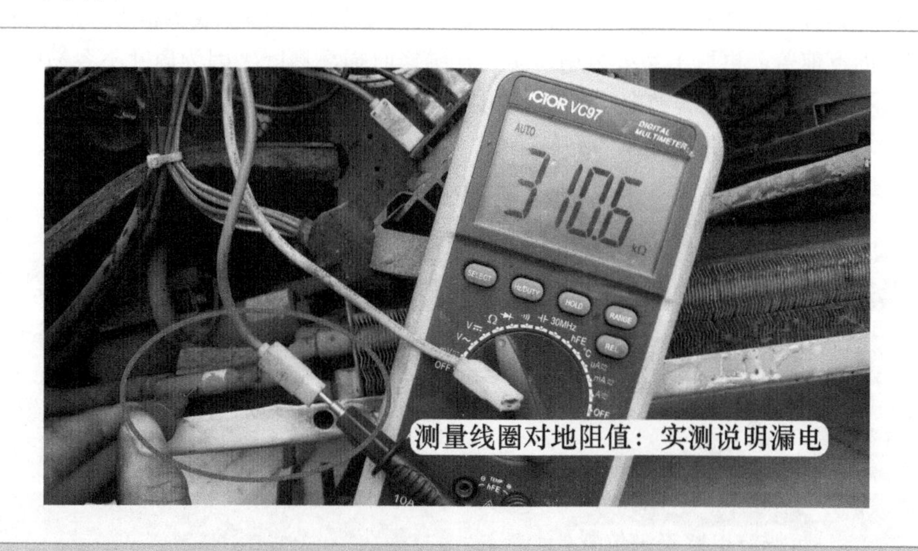

图 6-6 测量滤波电感线圈对地阻值

3. 短接滤波电感线圈试机

见图 6-7 左图，硅桥正极输出经滤波电感线圈后返回至滤波板上，再经过上面线圈送至滤波电容正极，然后再送至模块 P 端。

查看滤波电感的两根引线插在 60μF 电容的两个端子，拔下滤波电感的引线后，见图 6-7 右图，将电容上的另外两根引线插在一起（相通的端子上），即硅桥正极输出经滤波板上线圈直接送至滤波电容正极，相当于短接滤波电感，将空调器接通电源，断路器不再跳闸保护，用遥控器开机，室外风机和压缩机开始运行且制冷正常，确定为滤波电感漏电损坏。

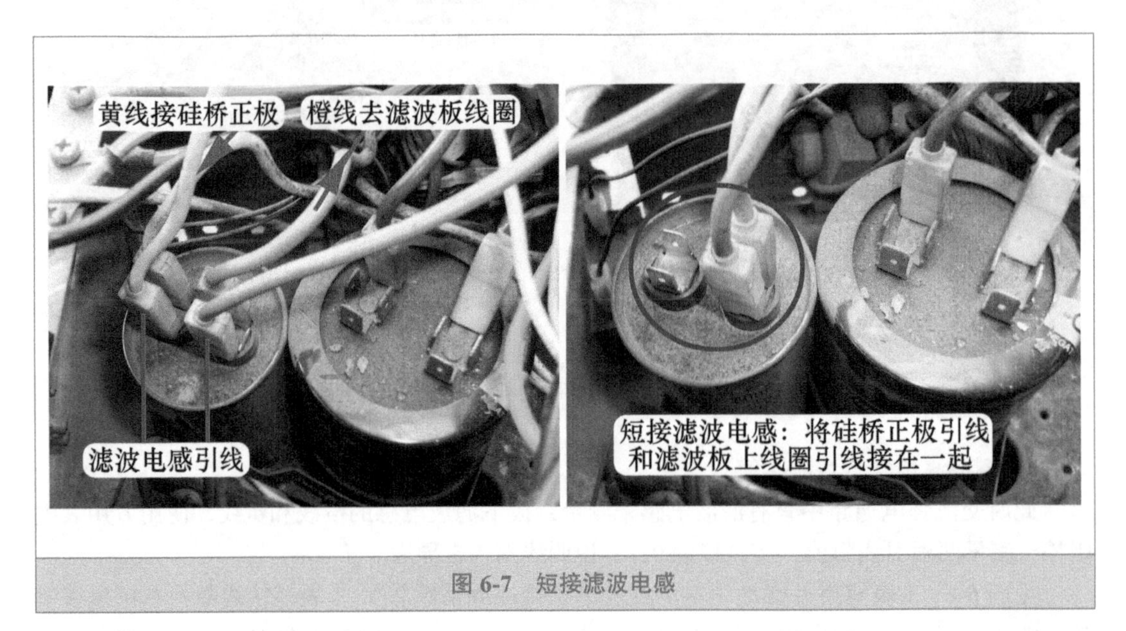

图 6-7　短接滤波电感

4. 取下滤波电感

滤波电感位于室外机底座最下部，见图 6-8 左图，距离压缩机底脚很近。取下滤波电感时，首先拆下前盖，再取下室外风扇（防止在维修时损坏扇叶，因为扇叶不容易配到），再取下挡风隔板，即可看见滤波电感，将 4 个固定螺钉全部松开后，取下滤波电感。

由于维修时刚下过大雨，见图 6-8 右图，可见室外机底座上面很潮湿。

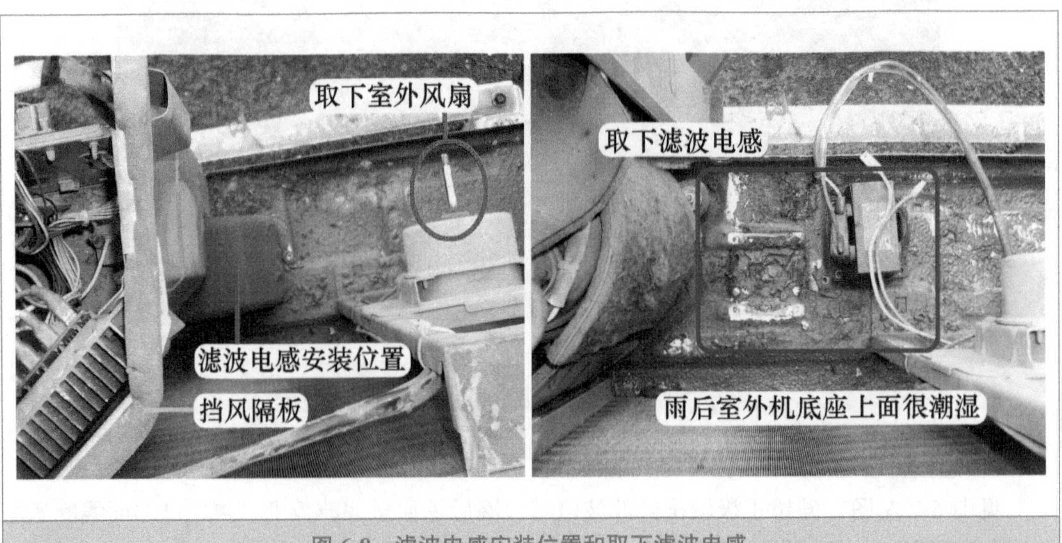

图 6-8　滤波电感安装位置和取下滤波电感

5. 测量损坏的滤波电感和更换滤波电感

使用万用表电阻档，见图 6-9 左图，黑表笔接线圈端子，红表笔接铁心测量阻值，正常为无穷大，实测约为 360kΩ，从而确定滤波电感线圈对地漏电损坏。

见图 6-9 右图，更换型号相同的滤波电感试机，上电后断路器不再断开保护，遥控器开机，室外机运行，制冷恢复正常，故障排除。

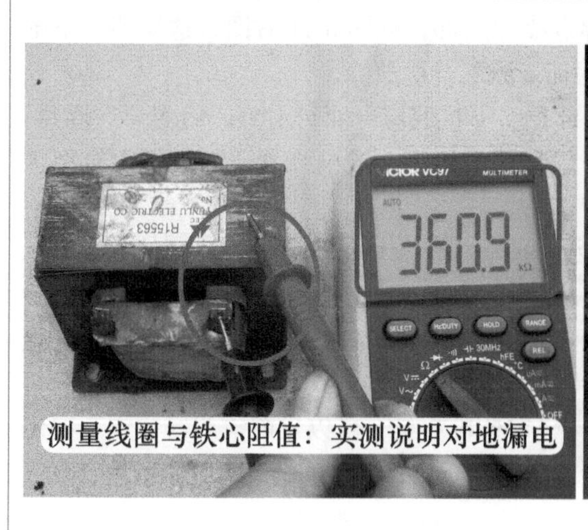

图 6-9 测量滤波电感对地阻值和更换滤波电感

➡ 维修措施：见图 6-9 右图，更换滤波电感。由于滤波电感不容易更换，在判断其出现故障之后，如果有相同型号的配件，见图 6-10，可使用连接引线，接在电容的两个端子上进行试机，在确定为滤波电感出现故障后，再拆壳进行更换，以避免无谓的工作。

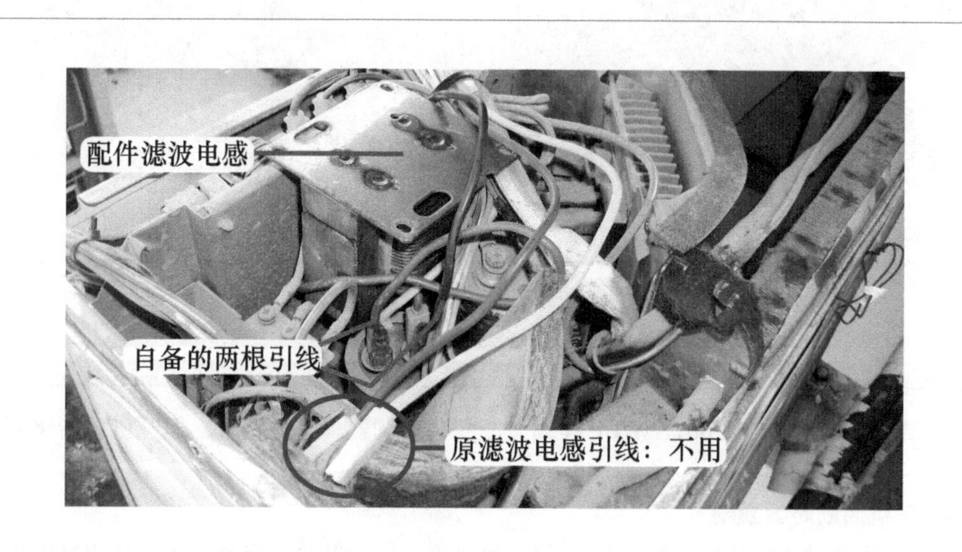

图 6-10 使用新的滤波电感试机

总 结：

① 本例是1个常见故障，也是1个通病，在很多品牌的空调器机型均出现过类似现象，原因有两个。一是滤波电感位于室外机底座的最下部，因下雨或制热时化霜水将其浸泡，其经常被雨水或化霜水包围，导致线圈绝缘下降。二是早期滤波电感封口部位于下部，见图 6-11 左图，时间长了以后，封口部位焊点开焊，铁心坍塌与线圈接触，引发漏电故障，出现上电后或开机后断路器断开保护的故障现象。

② 目前生产的滤波电感将封口部位的焊点改在上部，见图 6-11 右图，这样即使下部被雨水包围，也不会出现铁心坍塌和线圈接触而导致的漏电故障。

③ 本例为早期变频空调器，滤波电感设计在室外机底座，而目前生产的变频空调器，滤波电感通常设在挡风隔板的中间位置（海尔和美的机型）或电控盒顶部（格力机型），可从根本上避免本例故障。

④ 本例滤波电感的作用只是增加功率因数，使硅桥整流后输送至滤波电容的直流电压更加平滑纯净，因此短接后对电控系统基本没有影响；而目前空调器滤波电感除了增加功率因数，还和 IGBT 开关管、快恢复二极管、滤波电容等组成 PFC 电路，用于动态提升直流 300V 电压，假如在维修时短接滤波电感线圈，即使正常的空调器，开机后 IGBT 开关管也将立即爆裂短路损坏，需要更换相关配件或室外机主板，所以目前空调器一定不要短接滤波电感线圈。

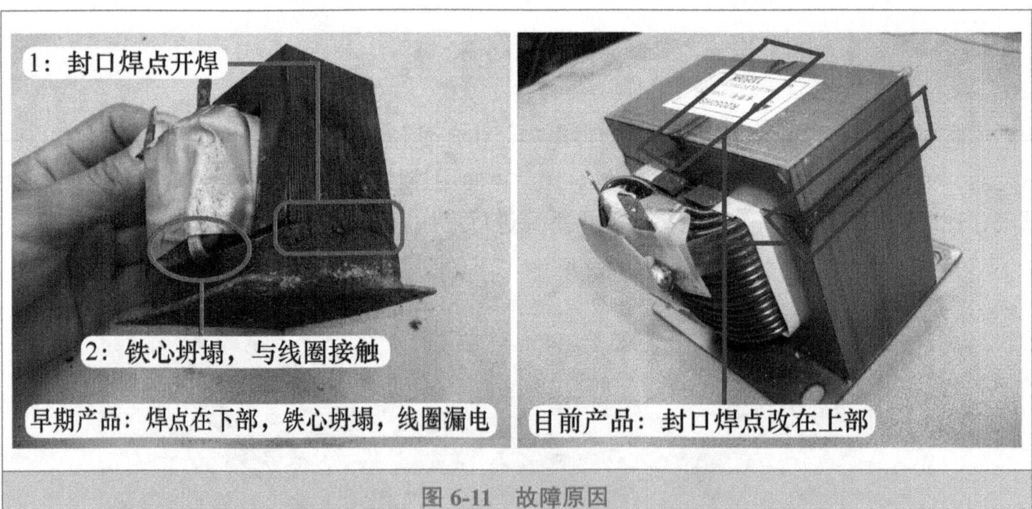

图 6-11 故障原因

三、硅桥击穿短路，断路器跳闸

➡ 故障说明：海信 KFR-2601GW/BP 挂式交流变频空调器，上电正常，但开机后断路器（俗称空气开关）跳闸。

1. 开机后断路器跳闸

将电源插头插入插座，见图 6-12 左图，导风板（风门叶片）自动关闭，说明室内机主板 5V 电压正常，CPU 工作后控制导风板自动关闭。

使用遥控器开机，导风板自动打开，室内风机开始运行，但室内机主板主控继电器触点闭合向室外机供电时，见图 6-12 右图，断路器立即跳闸保护，说明空调器有短路或漏电故障。

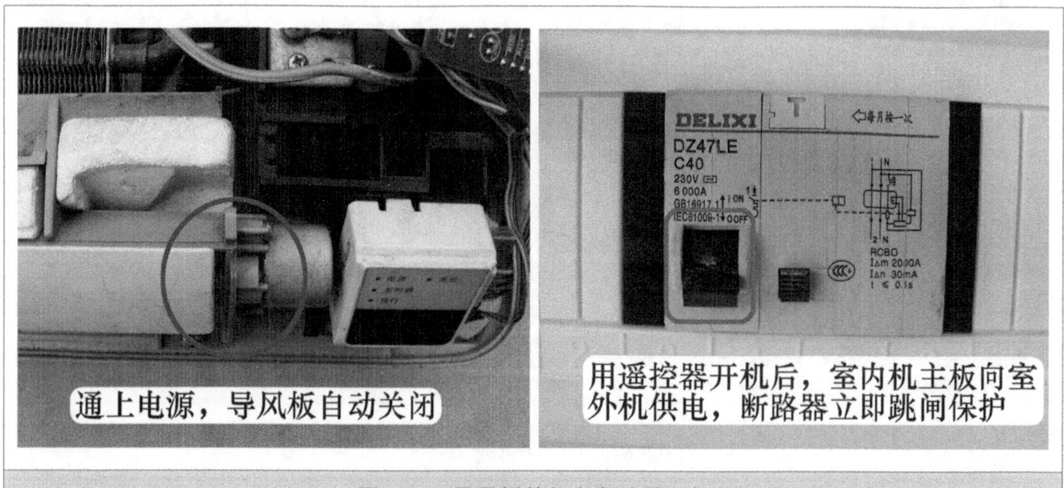

图 6-12　导风板关闭和断路器跳闸

2. 常见故障原因

开机后断路器跳闸保护，主要是向室外机供电时因电流过大而跳闸，见图 6-13，常见原因有硅桥击穿短路、滤波电感漏电（绝缘下降）、模块击穿短路、压缩机线圈与外壳短路等。

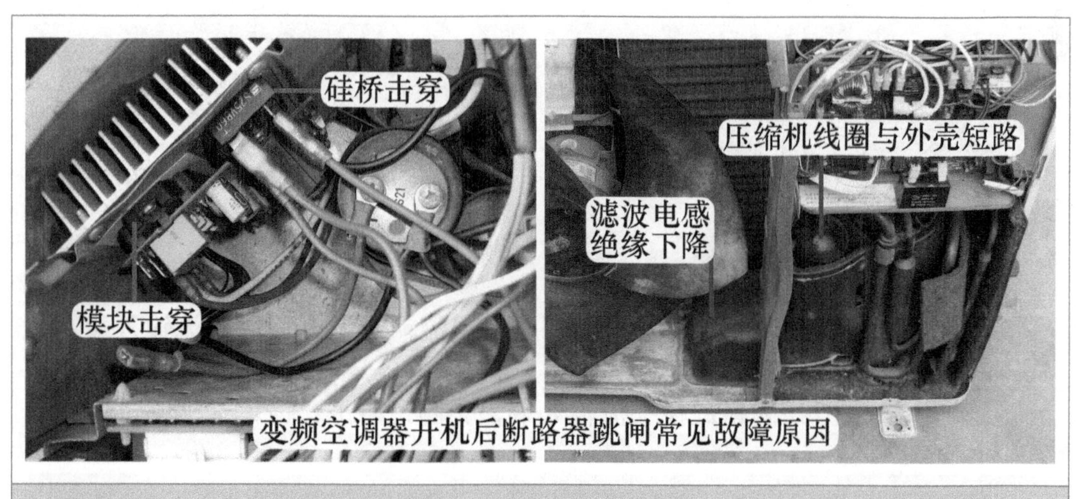

图 6-13　跳闸故障常见原因

3. 测量硅桥

开机后断路器跳闸故障首先需要测量硅桥是否被击穿。拔下硅桥上面的 4 根引线，使用万用表二极管档测量硅桥，见图 6-14，红表笔接两个交流输入端，黑表笔接正极端子时，正常时应为正向导通，而实测结果均为 3mV。

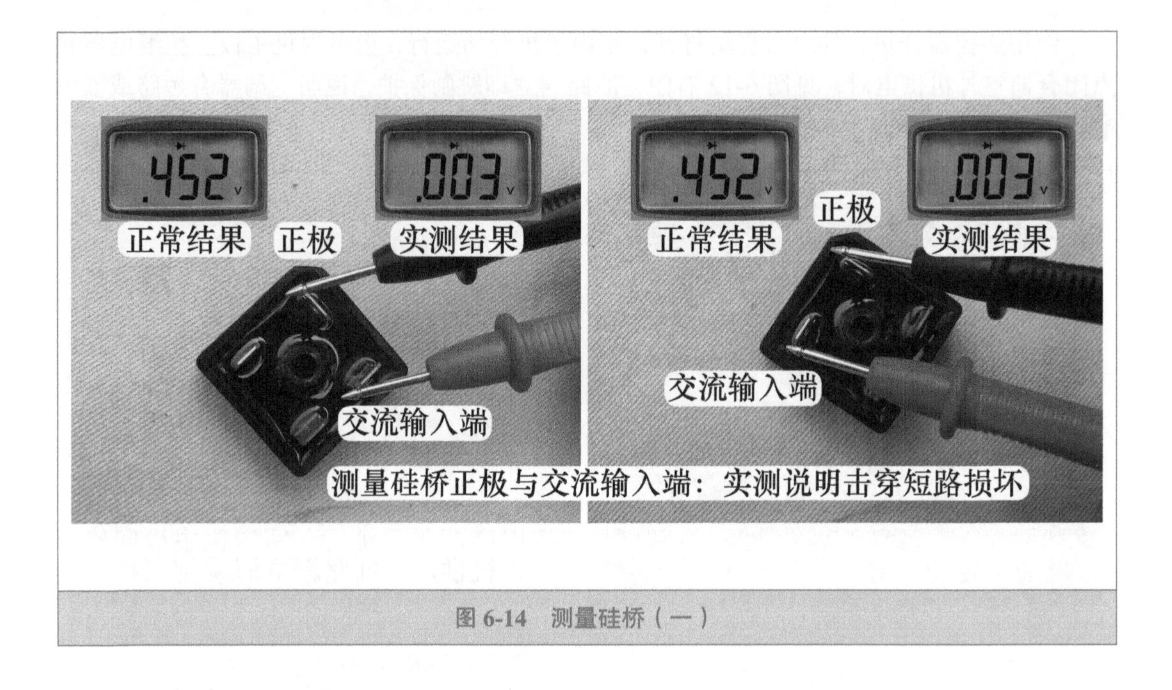

图 6-14　测量硅桥（一）

红、黑表笔分别接两个交流输入端子，见图 6-15，正常时应为无穷大，而实测结果均为 0mV，根据实测结果判断硅桥击穿损坏。

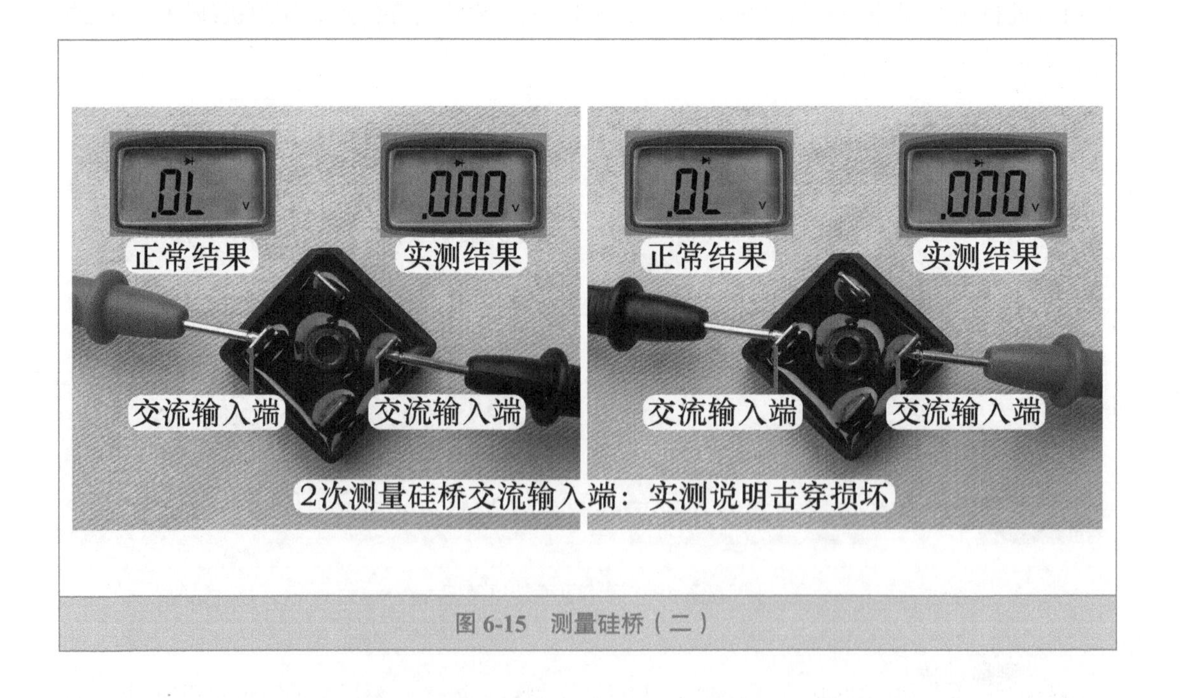

图 6-15　测量硅桥（二）

➡ 维修措施：见图 6-16，更换硅桥。将空调器接通电源，用遥控器开机，断路器不再跳闸保护，室外风机和压缩机均开始运行，制冷正常，故障排除。

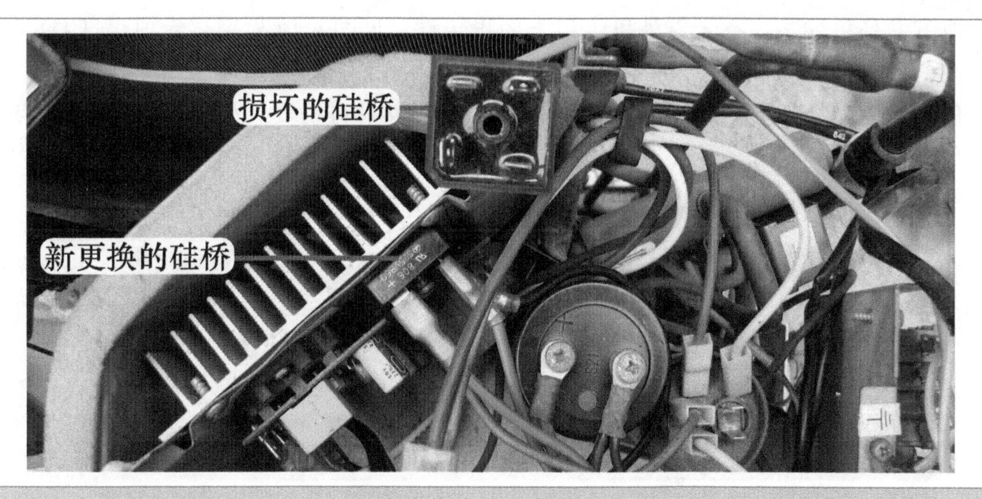

图 6-16 更换硅桥

总 结：

① 硅桥内部有 4 个整流二极管，有些品牌型号的变频空调器如只击穿 3 个，有 1 个未损坏，则有可能表现为室外机上电后断路器不会跳闸保护，但直流 300V 电压为 0V，同时手摸 PTC 电阻发烫，其断开保护，表现和模块 P-N 端击穿相同，室内机显示故障代码含义为通信故障。

② 也有些品牌型号的变频空调器，如硅桥只击穿内部 1 个二极管，而另外 3 个正常，室外机上电时断路器也会跳闸保护。

③ 有些品牌型号的变频空调器，如硅桥只击穿内部 1 个二极管，而另外 3 个正常，也有可能表现为室外机刚上电时直流 300V 电压约为直流 200V，而后逐渐下降至直流 30V 左右，同时 PTC 电阻烫手。

④ 同样为硅桥击穿短路故障，根据不同品牌型号的空调器、损坏的程度（即内部二极管被击穿的数量）、PTC 电阻特性、断路器容量大小，所表现的故障现象也各不相同，在实际维修时应加以判断。但总的来说，硅桥击穿一般表现为开机后断路器跳闸或直流 300V 电压下降至约为 0V。

四、硅桥击穿短路，格力空调器显示 E6 代码

➡ 故障说明：格力 KFR-32GW/（32556）FNDe-3 挂式直流变频空调器（凉之静），用户反映上电开机后室内机吹出的是自然风，显示屏显示 E6 代码，查看代码含义为通信故障。

1. 查看指示灯状态和测量 300V 电压

上门检查，重新上电开机，室内风机运行但不制冷，约 15s 后显示屏显示 E6 代码。检查室外机，室外风机和压缩机均不运行，使用万用表交流电压档，测量接线端子 N（1）蓝线和 3 号棕线电压，实测约为 220V，说明室内机主板已向室外机输出供电。使用万用表直流电压档，黑表笔接 N（1）号端子蓝线，红表笔接 2 号端子黑线测量通信电压，实测约为 0V，由于通信电路专用电源由室外机提供，初步判断故障在室外机。

取下室外机外壳，查看室外机主板上的指示灯，见图 6-17 左图，发现绿灯 D2、红灯 D1、黄灯 D3 均不亮，而正常时为闪烁状态，也说明故障在室外机。

使用万用表直流电压档，见图 6-17 右图，黑表笔接和硅桥负极水泥电阻相通的焊点（即电容负极），红表笔接快恢复二极管的负极（即电容正极）测量 300V 电压，实测约为 0V，说明强电通路出现故障。

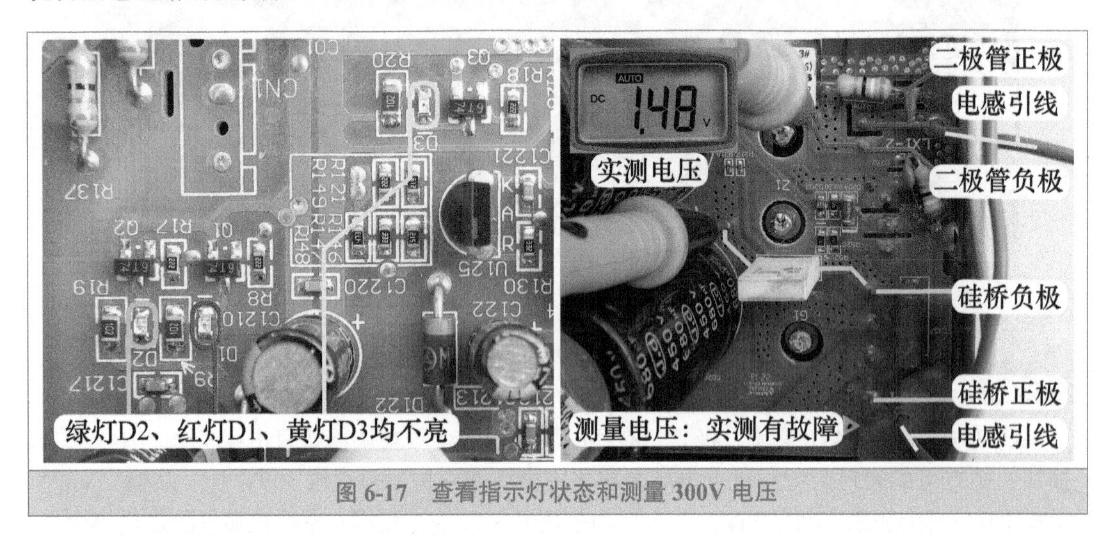

图 6-17　查看指示灯状态和测量 300V 电压

2. 测量硅桥输入端电压和手摸 PTC 电阻

硅桥位于室外机主板的右侧最下方位置，其共有 4 个引脚，中间的两个引脚为交流输入端（～ 1 引脚接电源 N 端、～ 2 引脚经 PTC 电阻和主控继电器触点接电源 L 端），上方引脚接水泥电阻为负极（经水泥电阻接电容负极），下方引脚接滤波电感引线（图中为蓝线）为正极，经 PTC 升压电路（滤波电感、快恢复二极管、IGBT 开关管）接电容正极。

将万用表档位改为交流电压档，见图 6-18 左图，表笔接中间两个引脚测量交流输入端电压，实测约为 0V，正常应为市电 220V 左右。

为区分故障部位，见图 6-18 右图，用手摸 PTC 电阻表面，感觉很烫，说明其处于开路状态，判断为强电负载有短路故障。

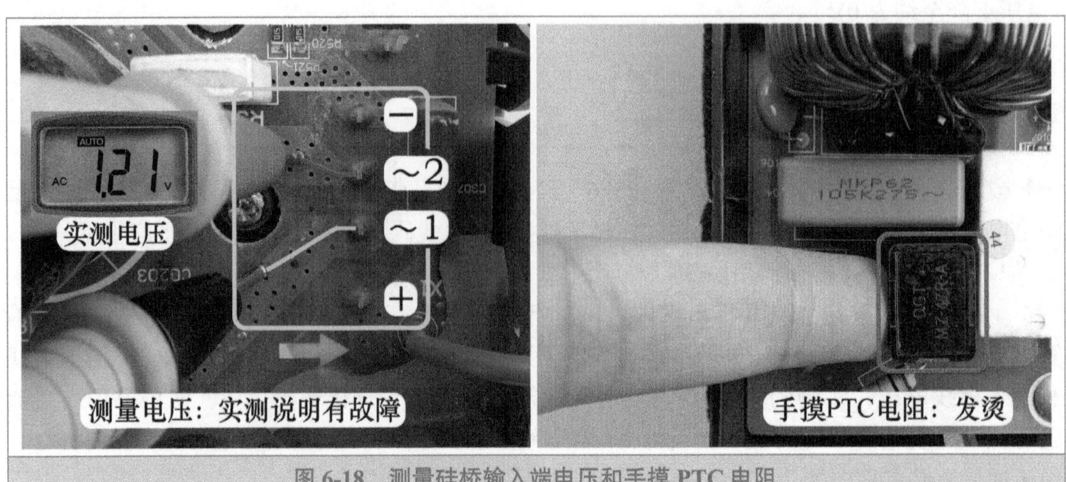

图 6-18　测量硅桥输入端电压和手摸 PTC 电阻

3. 300V 负载主要部件

直流 300V 负载主要部件见图 6-19，电路原理图见图 6-20，由模块 IPM、快恢复二极管 D203、IGBT 开关管 Z1、硅桥 G1、电容 C0202 和 C0203 等组成，安装在室外机主板上右侧位置，最上方为模块，向下依次为二极管和开关管，最下方为硅桥，两个滤波电容安装在靠近右侧的下方位置。

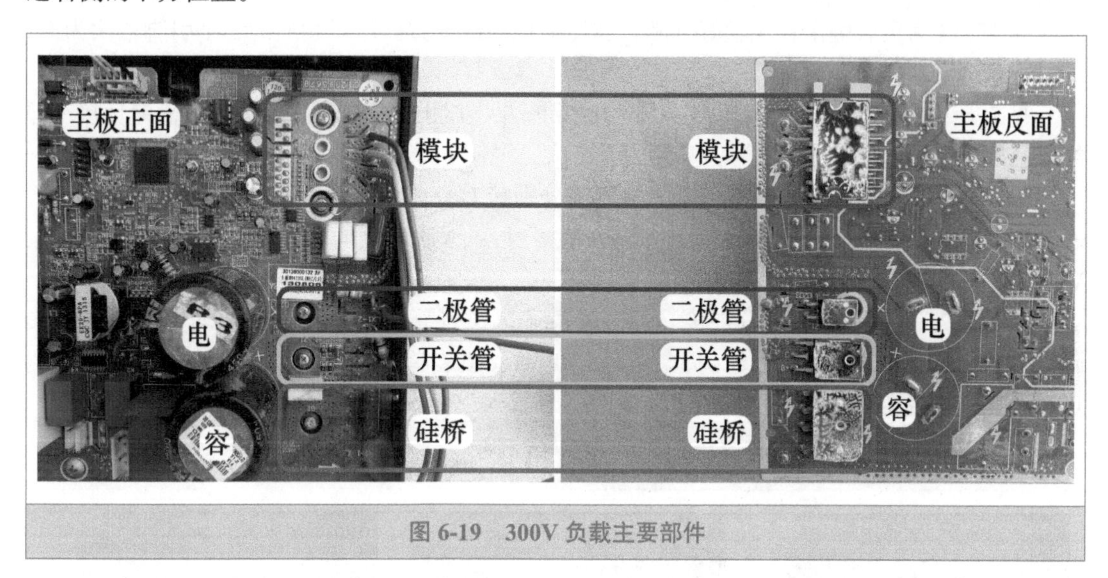

图 6-19　300V 负载主要部件

图 6-20　300V 负载电路原理图

4. 测量模块

切断空调器电源，使用万用表直流电压档测量滤波电容 300V 电压，确认约为 0V 时，再使用万用表二极管档，测量模块是否正常，测量前应拔下滤波电感的 2 根引线和压缩机的 3 根引线（或对接插头）。测量模块时主要测量 P、N、U、V、W 共 5 个引脚，假如主板未标识引脚功能，可按以下方法判断。

P 端为正极接 300V 正极，和电容正极引脚相通，比较明显的标识是，和引脚相连的铜箔走线较宽且有很多焊孔（或者焊孔已镀上焊锡）；假如铜箔走线在主板反面，可使用万用表电阻档，测量电容正极（或 300V 熔丝管）和模块阻值为 0Ω 的引脚即为 P 端。

N 端为负极接 300V 负极地，通常通过 1 个或 3 个水泥电阻接电容负极，因此和水泥电阻相通的引脚为 N，目前模块通常设有 3 个引脚，只使用 1 个水泥电阻时 3 个 N 端引脚相通，使用 3 个水泥电阻时，3 个引脚分别接 3 个水泥电阻，但测量模块时只接其中 1 个引脚即为 N 端。

U、V、W 为负载输出，比较好判断，和压缩机引线或接线端子相通的 3 个引脚依次为 U、V、W。

见图 6-21 左图，红表笔接 N 端，黑表笔接 P 端，实测为 475mV（0.475V），表笔反接（即红表笔接 P 端、黑表笔接 N 端），实测为无穷大，说明 P 端、N 端正常。

见图 6-21 中图，红表笔接 N 端，黑表笔分别接 U、V、W 端子，3 次实测均为 446mV，表笔反接即红表笔分别接 U、V、W 端、黑表笔接 N 端，3 次实测均为无穷大，说明 N 端和 U、V、W 端正常。

见图 6-21 右图，红表笔分别接 U、V、W 端子，黑表笔接 P 端，3 次实测均为 447mV（实际显示 446 或 447），表笔反接（即红表笔接 P 端、黑表笔分别接 U、V、W 端），3 次实测均为无穷大，说明 P 端和 U、V、W 端正常。

根据上述测量结果，判断模块正常，无短路故障。

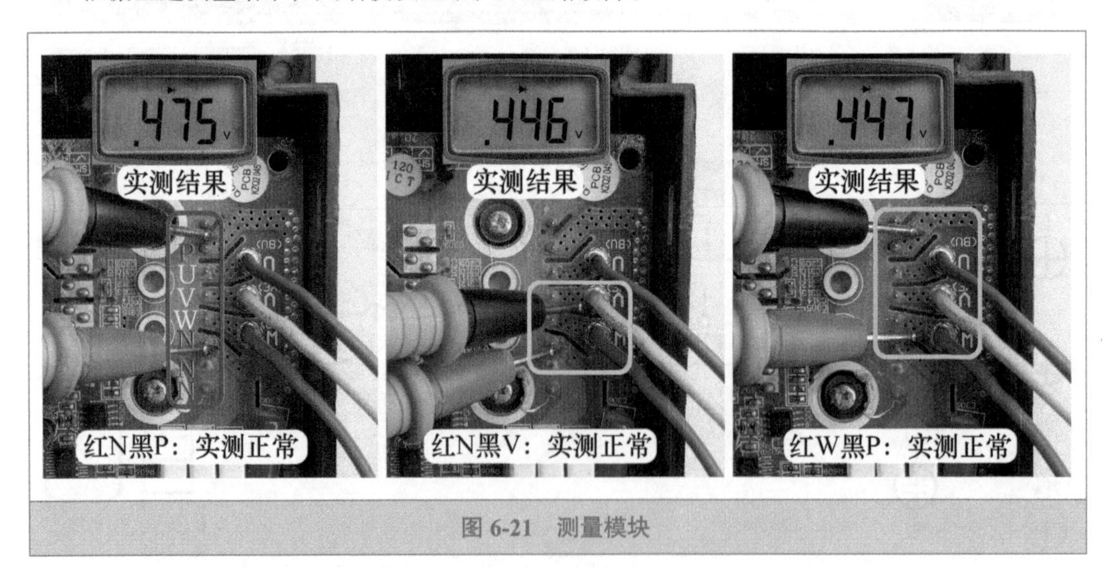

图 6-21　测量模块

5. 测量开关管和二极管

IGBT 开关管 Z1 共有 3 个引脚，源极 S、漏极 D、门极 G。S 和 D 与直流 300V 并联，漏极 D 接硅桥正极连接的滤波电感引线另一端（棕线），相当于接正极，源极 S 接电容负极。见图 6-22 左图，测量时使用万用表二极管档，红表笔接 D（电感棕线），黑表笔接 S 实测为无穷大，红表笔接 S，黑表笔接 D 实测为无穷大，没有出现短路故障，说明开关管正常。

快恢复二极管 D203 共有两个引脚，正极接硅桥正极连接的滤波电感引线另一端（棕线），负极接电容正极。测量时使用万用表二极管档，见图 6-22 右图，红表笔接正极（电感棕线），黑表笔接负极，正向测量实测为 308mV，红表笔接负极，黑表笔接正极，反向测量实测为无穷大，两次实测说明二极管正常。

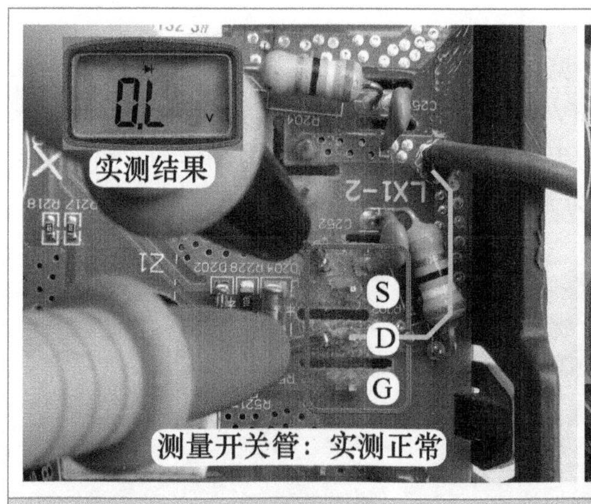

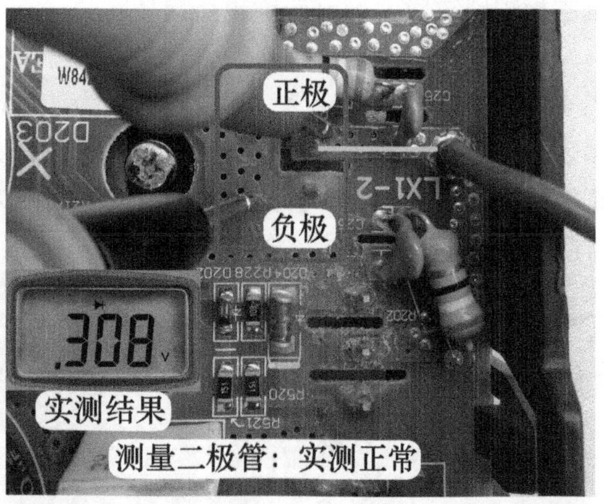

图 6-22　测量开关管和二极管

6. 在路测量硅桥

测量硅桥 G1 依旧使用万用表二极管档，见图 6-23 左图，红表笔接负极（ – ），黑表笔接交流输入端 ~ 2，实测为 479mV，说明正常。

红表笔依旧接负极（ – ），黑表笔接 ~ 1，见图 6-23 中图，实测接近 0mV，正常时应正向导通，结果和红表笔接负极（ – ）、黑表笔接 ~ 2 时相等为 479mV。

见图 6-23 右图，红表笔接 ~ 1、黑表笔接正极（ + ），实测接近 0mV，正常时应正向导通，结果和红表笔接负极（ – ）、黑表笔接 ~ 2 时相等为 479mV，根据 2 次实测为 0mV，说明硅桥短路损坏。

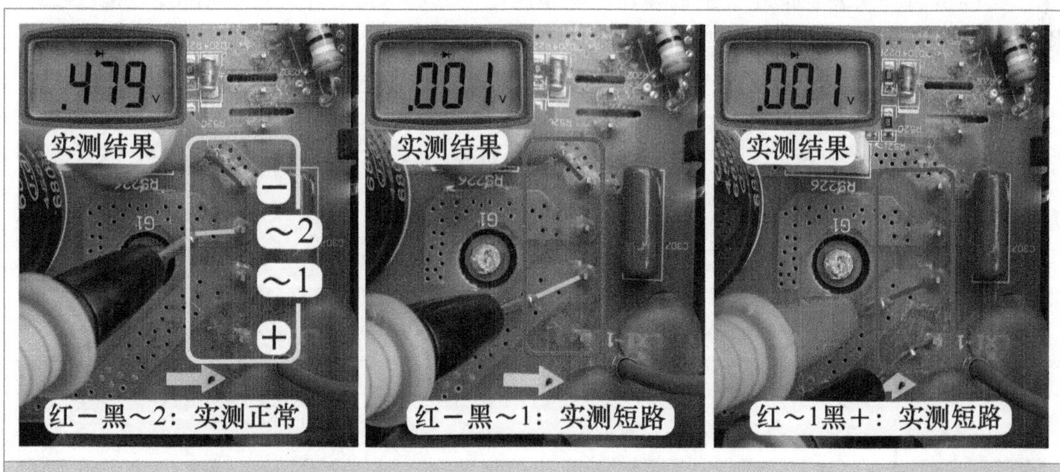

图 6-23　在路测量硅桥

7. 单独测量硅桥

取下固定模块的两个螺钉、快恢复二极管的 1 个螺钉、IGBT 开关管的 1 个螺钉、硅桥的 1 个螺钉共 5 个安装在散热片的螺钉，以及固定室外机主板的自攻螺钉，在室外机电控盒中取下室外机主板，使用电烙铁焊下硅桥，型号为 GBJ15J，见图 6-24 左图，使用万用表二极管档，单独测量硅桥，红表笔接负极（ – ），黑表笔接 ~ 1 时，实测仍接近 0V，排除室外机主板短路故障，确定硅桥短路损坏。

测量型号为D15XB60的正常配件硅桥，见图6-24中图和右图，红表笔接负极（-），黑表笔分别接~1和~2，两次实测均为480mV，表笔反接为无穷大；红表笔接负极（-），黑表笔接正极+，实测为848mV，表笔反接为无穷大；红表笔分别接~1和~2，黑表笔接正极（+），两次实测均为480mV，表笔反接为无穷大。

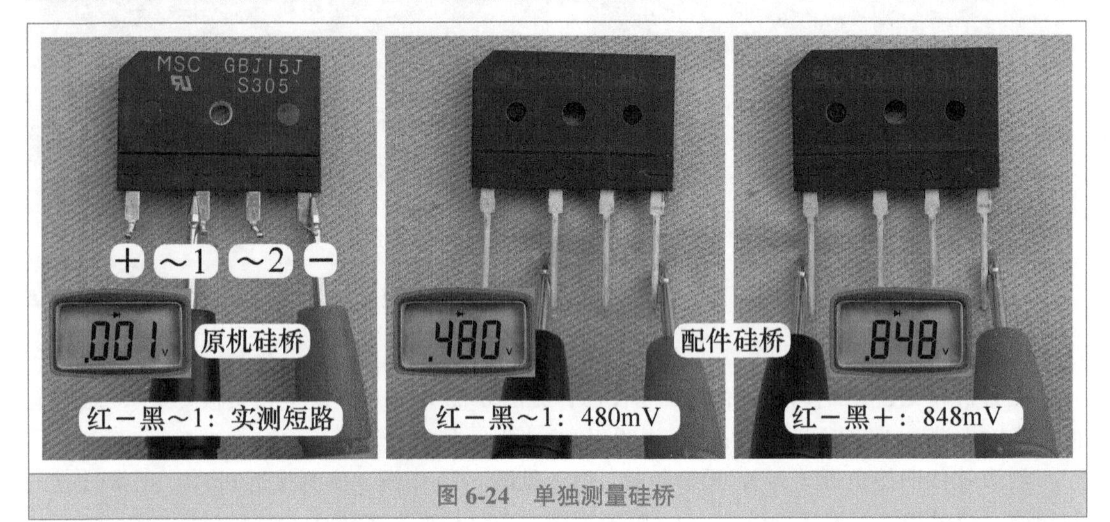

图6-24 单独测量硅桥

8. 安装硅桥

参照原机硅桥引脚，见图6-25左图和中图，首先将配件硅桥的4个引脚掰弯，再使用尖嘴钳子剪断多余的引脚，使配件硅桥引脚长度和原机硅桥相接近。

将硅桥引脚安装至室外机主板焊孔，调整高度使其和IGBT开关管等相同，见图6-25右图，使用电烙铁焊接4个引脚。

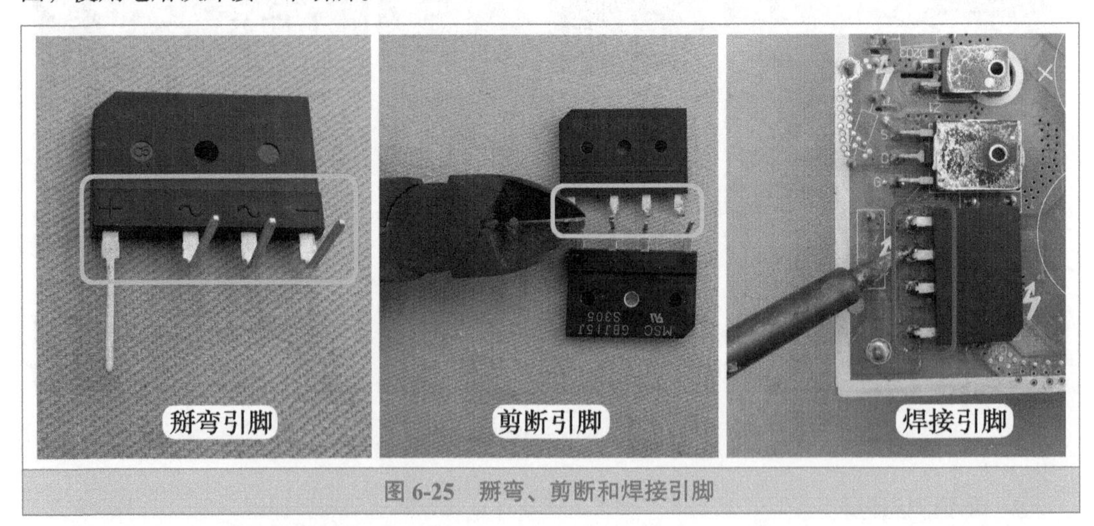

图6-25 掰弯、剪断和焊接引脚

图6-26左图为损坏的硅桥和焊接完成的配件硅桥。

由于硅桥运行时热量较高，见图6-26中图，应在表面涂抹散热硅脂，使其紧贴散热片，降低表面温度，减少故障率，并同时查看模块、开关管、二极管表面的硅脂，如已经干涸时应擦掉，再涂抹新的散热硅脂至表面。

将室外机主板安装至电控盒，调整位置使硅桥、模块等的螺钉眼对准散热片的螺钉孔，见图 6-26 右图，使用螺钉旋具安装螺钉并均匀地拧紧，再安装其他的自攻螺钉。

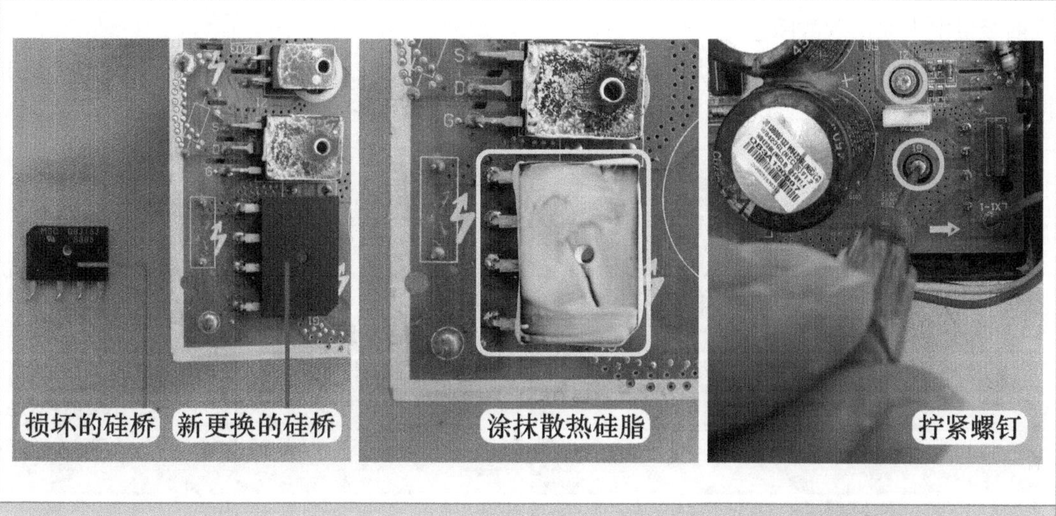

图 6-26　涂抹散热硅脂和拧紧螺钉

➡ 维修措施：更换硅桥。更换安装完成后上电开机，测量 300V 电压恢复正常约为直流 323V，3 个指示灯按规律闪烁，室外风机和压缩机开始运行，空调器制冷恢复正常。

总　结：

① 硅桥内部设有 4 个大功率的整流二极管，本例部分损坏（即 4 个没有全部短路），在室外机主板上电时，因短路电流过大使得 PTC 电阻温度逐渐上升，其阻值也逐渐上升直至无穷大，输送至硅桥交流输入端的电压逐渐下降直至约为 0V，直流输出端电压约为 0V，开关电源电路不能工作，因而 CPU 也不能工作，不能接收和发送通信信号，室内机主板 CPU 判断为通信故障，在显示屏显示 E6 代码。

② 由于硅桥工作时通过的电流较大，表面温度相对较高，焊接硅桥时应在室外机主板正面和反面均焊接引脚焊点，以防止引脚虚焊。

③ 原机硅桥型号为 GBJ15J，其最大正向整流电流为 15A；配件硅桥型号为 D15XB60，其最大正向整流电流为 15A，最高反向工作电压为 600V，两者参数相同，因此可以进行代换。

五、模块 P-N 端子击穿，海信空调器报通信故障

➡ 故障说明：海信 KFR-2601GW/BP 挂式交流变频空调器，用遥控器以制冷模式开机，“电源、运行”灯亮，室内风机运行，但室外风机和压缩机均不运行，室内机指示灯显示故障代码内容为通信故障，使用万用表交流电压档测量室内机接线端子上 1 号 L 和 2 号 N 端子电压为交流 220V，说明室内机主板已输出交流电源，由于室外风机和压缩机均不运行，室内机又报出通信故障的代码，因此应检查室外机。

1. 测量直流 300V 电压和室外机主板输入电压

使用万用表直流电压档，见图 6-27 左图，黑表笔接主滤波电容负极，红表笔接正极测量直流 300V 电压，正常为 300V，实测为 0V，判断故障部位在室外机，可能为后级负载短路或前级供电电路出现故障。

向前级检查故障，使用万用表交流电压档，见图 6-27 右图，测量室外机主板输入端电压，正常为交流 220V，实测为 220V，说明室外机主板供电正常。

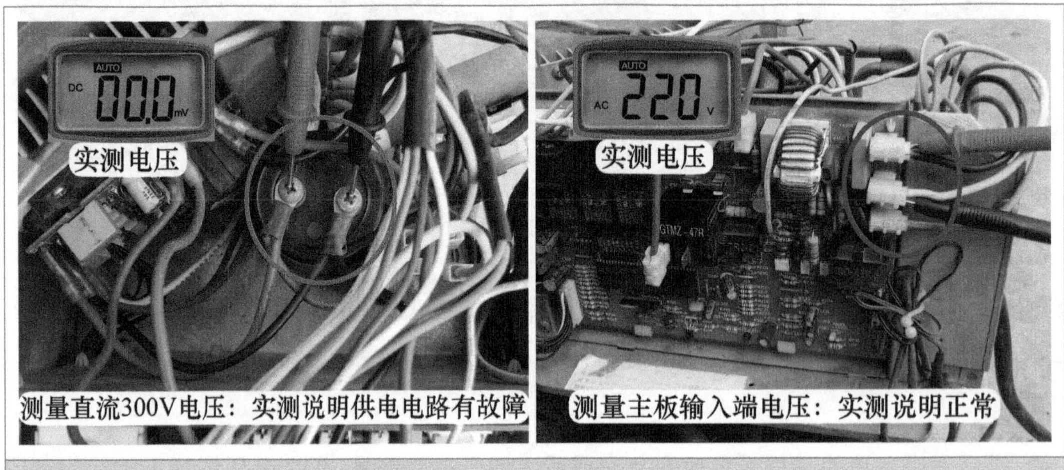

图 6-27 测量直流 300V 和室外机主板输入端电压

2. 测量硅桥输入端电压和手摸 PTC 电阻

使用万用表交流电压档，见图 6-28 左图，黑表笔和红表笔接硅桥的两个交流输入端子测量电压，正常为交流 220V，实测为 0V，判断直流 300V 电压为 0V 的原因由硅桥输入端无交流供电引起。

室外机主板输入电压交流 220V 正常，但硅桥输入端电压为 0V，而室外机主板输入端到硅桥的交流输入端只串接有 PTC 电阻，见图 6-28 右图，用手摸 PTC 电阻表面，感觉很烫，说明后级负载有短路故障。

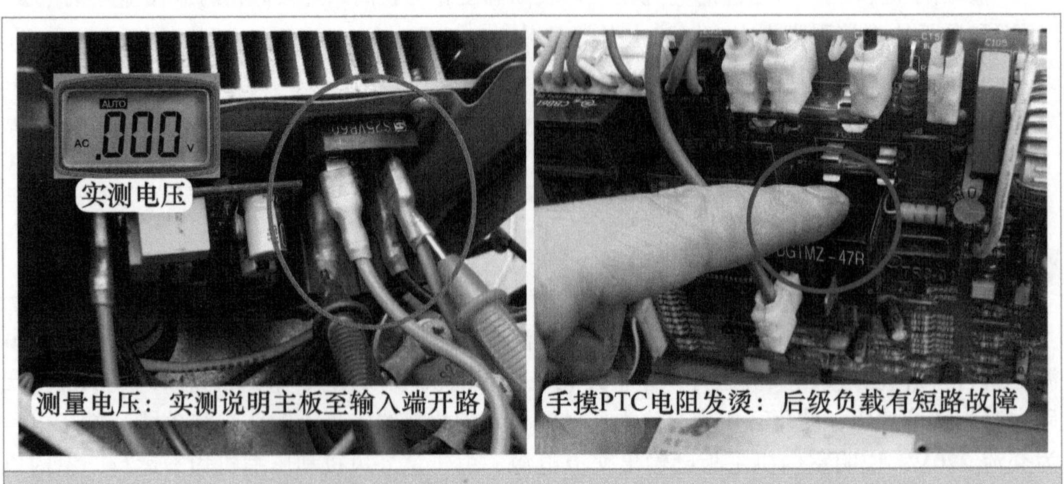

图 6-28 测量硅桥输入端电压和手摸 PTC 电阻

3. 断开模块 P–N 端子引线

引起 PTC 电阻发烫的原因主要是模块短路、开关电源电路的开关管击穿、硅桥击穿等。见图 6-29，拔下模块上的 P 端红线和 N 端蓝线，再次上电开机，使用万用表直流电压档测量直流 300V 电压已恢复正常，初步判断模块出现短路故障。

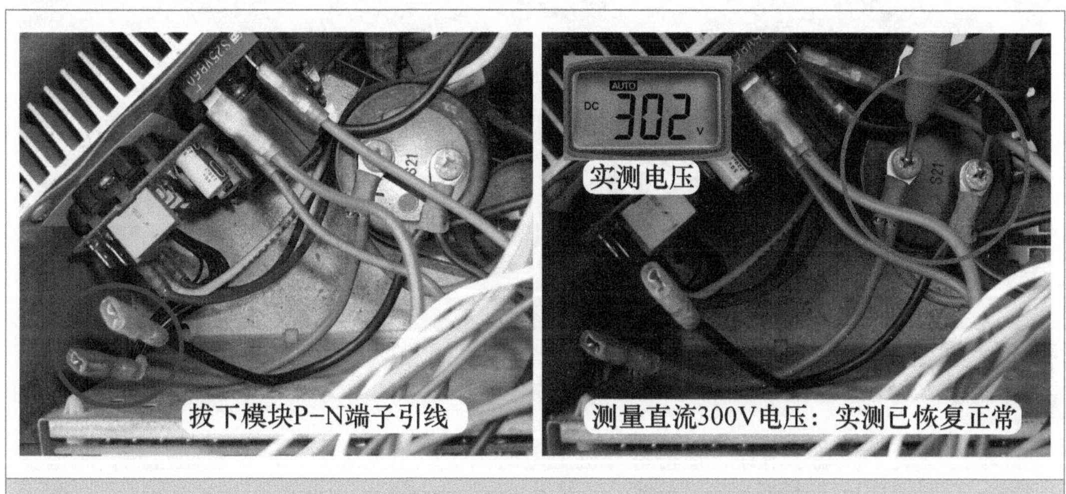

图 6-29　拔下模块 P-N 端子引线和测量直流 300V 电压

4. 测量模块

断开空调器电源，使用万用表二极管档，见图 6-30，测量 P、N 端子，模块正常时应符合正向导通、反向无穷大的特性，但实测正向和反向均为 58mV，说明模块 P、N 端子已短路。

➡ 说明：此处为使用图片清晰，将模块拆下测量；实际维修时模块不用拆下，只需要将模块 P、N、U、V、W 共 5 个端子的引线拔下，即可测量。

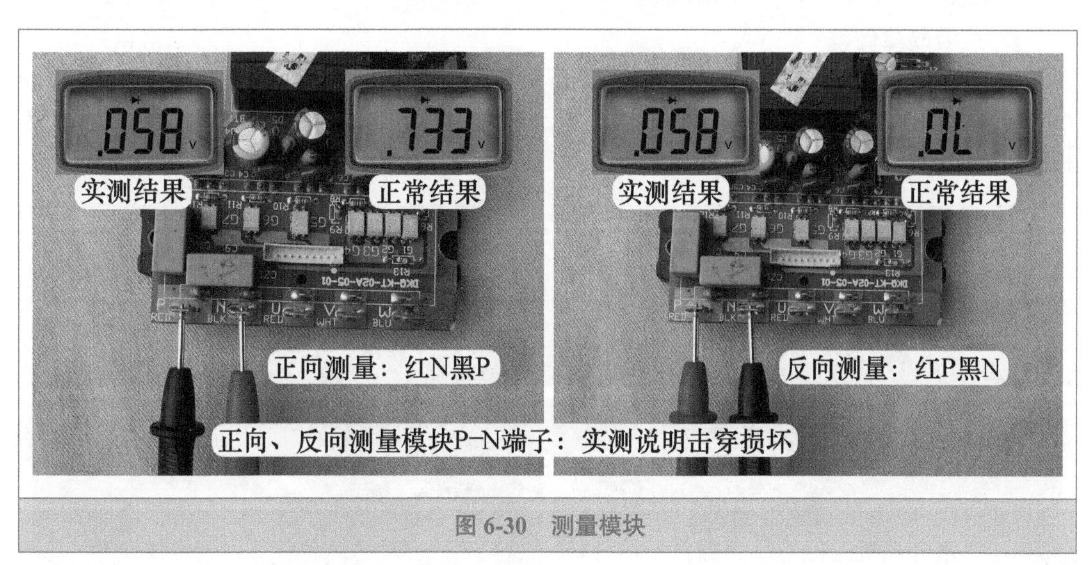

图 6-30　测量模块

➡ 维修措施：更换模块，见图 6-31，再次上电开机，室外风机和压缩机均开始运行，空调器开始制冷，使用万用表直流电压档测量直流 300V 电压已恢复正常。

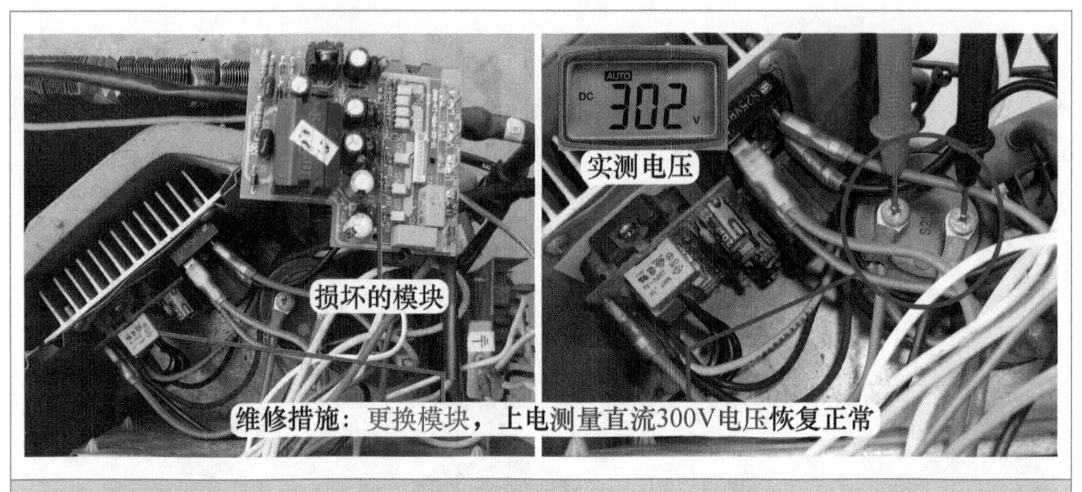

图 6-31　更换模块和测量直流 300V 电压

总　结：

本例模块 P-N 端子击穿，使得室外机上电时因负载电流过大，PTC 电阻过热，阻值变为无穷大，室外机无直流 300V 电压，室外机主板 CPU 不能工作，室内机 CPU 因接收不到通信信号，报出通信故障的故障代码。

六、模块 P-U 端子击穿，海信空调器报模块故障

➡ 故障说明：海信 KFR-28GW/39MBP 挂式交流变频空调器，用遥控器开机后室外风机运行，但压缩机不运行，空调器不制冷。

1. 查看故障代码

用遥控器开机后室外风机运行，但压缩机不运行，见图 6-32，室外机主板直流 12V 电压指示灯点亮，说明开关电源电路已正常工作，模块板上以 LED1 和 LED3 灭、LED2 闪的方式报故障代码，查看代码含义为模块故障。

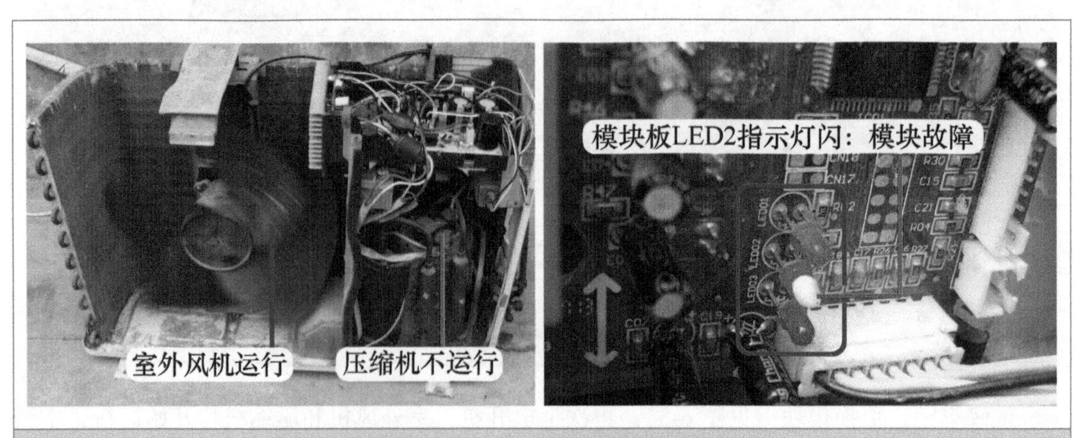

图 6-32　压缩机不运行和报模块故障

2. 测量直流 300V 电压

使用万用表直流电压档，见图 6-33，红表笔接室外机主板上滤波电容输出红线，黑表笔接蓝线测量直流 300V 电压，实测 297V 说明正常，由于代码含义为模块故障，应拔下模块板上的 P、N、U、V、W 的 5 根引线，使用万用表二极管档测量模块。

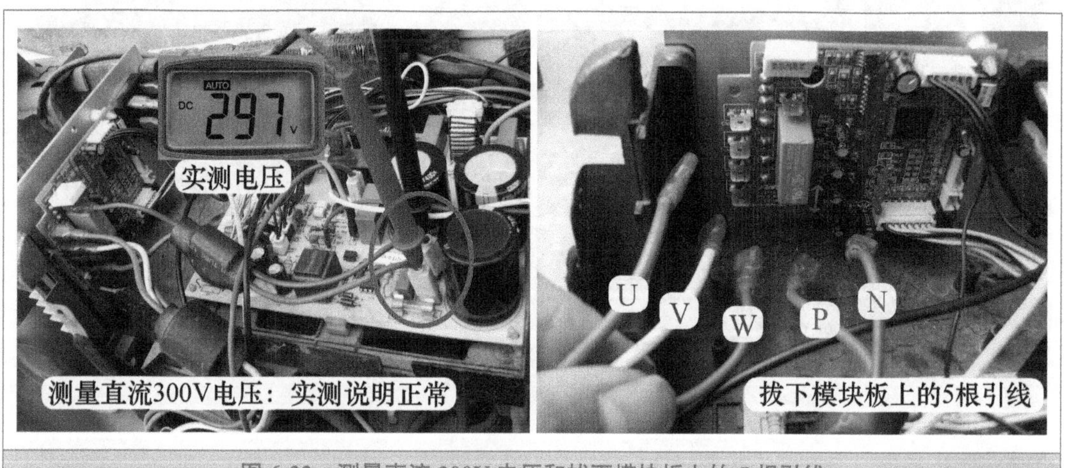

图 6-33 测量直流 300V 电压和拔下模块板上的 5 根引线

3. 测量模块

使用万用表二极管档，见图 6-34，测量模块的 P、N、U、V、W 的 5 个端子，测量结果见表 6-1，在路测量模块的 P 和 U 端子，正向和反向测量均为 0V，判断模块 P 和 U 端子击穿；取下模块，单独测量 P 与 U 端子正向和反向均为 0V，确定模块击穿损坏。

表 6-1 测量模块

	模块端子											
万用表（红）	P			N			U	V	W	U	V	W	P	N
万用表（黑）	U	V	W	U	V	W	P			N			N	P
结果 /mV	0	无	无	436			0	436	436	无穷大			无	436

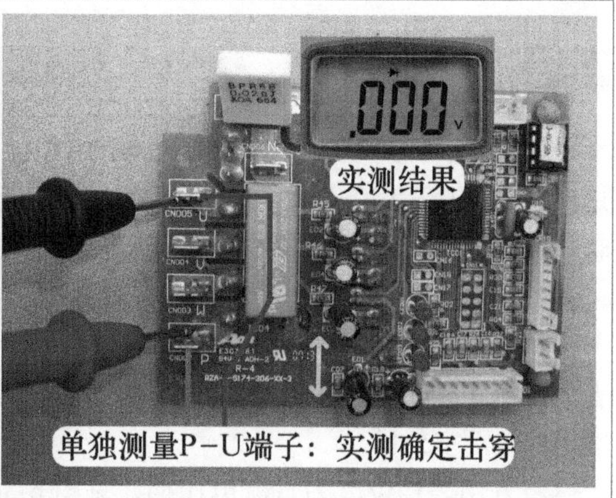

图 6-34 测量模块得出 P 和 U 端子击穿

➡ 维修措施：见图 6-35，更换模块板，更换后上电试机，室外风机和压缩机均开始运行，制冷恢复正常，故障排除。

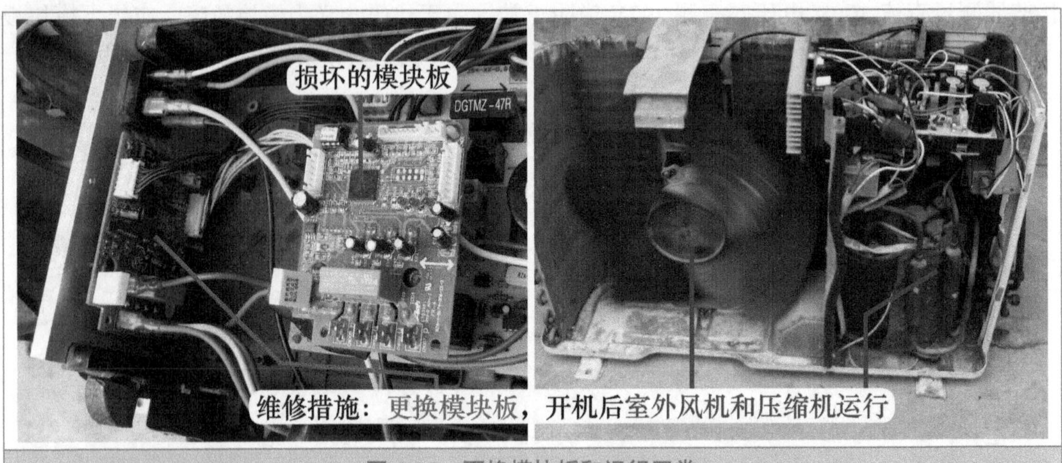

图 6-35　更换模块板和运行正常

总　结：

① 本例模块 P 和 U 端子击穿，在待机状态下由于 P-N 未构成短路，因而直流 300V 电压正常，而用遥控器开机后室外机 CPU 驱动模块时，立即检测到模块故障，瞬间就会停止驱动模块，并报出模块故障的代码。

② 如果为早期模块，同样为 P 和 U 端子击穿，则直流 300V 电压可能会下降至 260V 左右，出现室外风机运行、压缩机不运行的故障。

③ 如果模块为 P 和 N 端子击穿，相当于直流 300V 短路，则室内机主板向室外机供电后，室外机直流 300V 电压为 0V，PTC 电阻发烫，室外风机和压缩机均不运行。

第二节　开关管故障

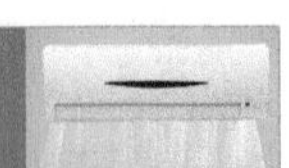

一、开关管短路，三菱重工空调器报通信故障

➡ 故障说明：三菱重工 KFR-35GW/QBVBp（SRCQB35HVB）挂式全直流变频空调器，用户反映不制冷。用遥控器开机后，室内风机运行，但指示灯立即显示代码为运行灯点亮、定时灯每 8 秒闪 6 次，查看代码含义为通信故障。

1. 测量室外机接线端子电压

检查室外机，发现室外机不运行。使用万用表交流电压档，见图 6-36 左图，红表笔和黑表笔接接线端子上 1 号 L 端子和 2(N) 端子测量电压，实测为交流 219V，说明室内机主板已输出供电至室外机。

将万用表档位改为直流电压档，见图 6-36 右图，黑表笔接 2(N) 端子，红表笔接 3 号通信 S 端子测量电压，实测约为直流 0V，说明通信电路出现故障。

➡ 说明：本机室内机和室外机距离较远，中间加长了连接管道和连接线，其中加长连接线使用 3 芯线，只连接 L 端相线、N 端零线、S 端通信线，未使用地线。

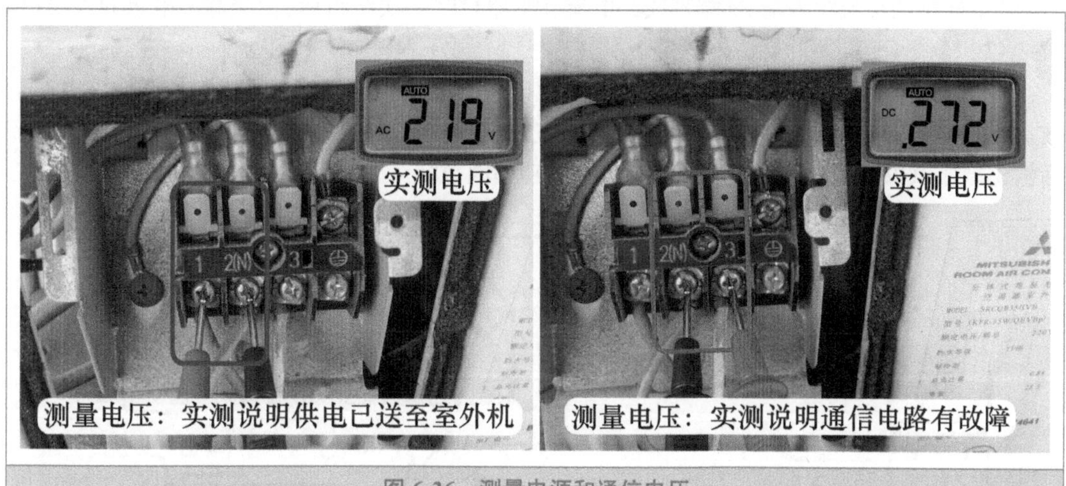

图 6-36　测量电源和通信电压

2. 断开通信线测量通信电压

为区分是室内机故障还是室外机故障，切断空调器电源，见图 6-37 左图，使用螺钉旋具取下 3 号端子上的通信线，使用万用表直流电压档，再次上电开机，同时测量通信电压，实测结果依旧约为直流 0V，由于通信电路专用电源由室外机提供，确定故障在室外机。

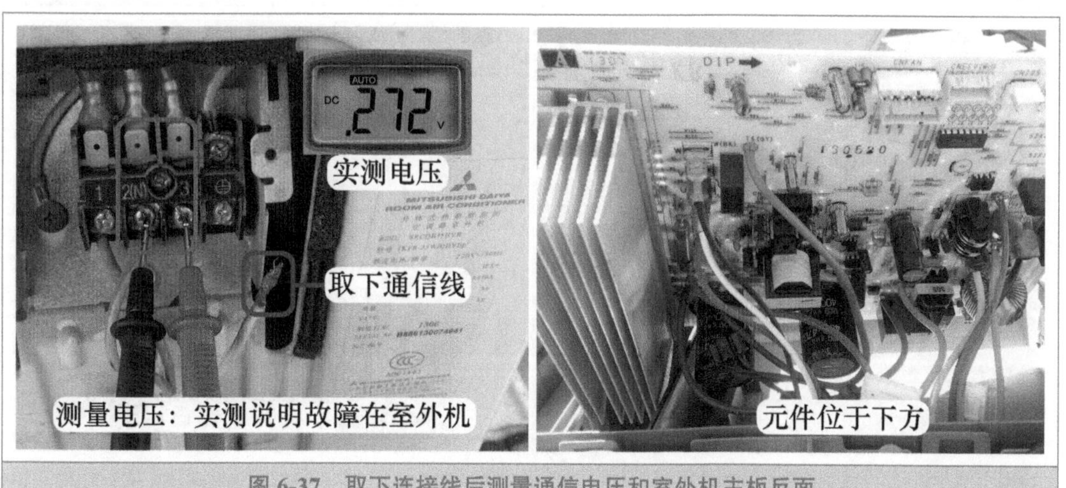

图 6-37　取下连接线后测量通信电压和室外机主板反面

3. 室外机主板

取下室外机顶盖和电控盒盖板，见图 6-37 右图，发现室外机主板为卧式安装，焊点在上面，元件位于下方。

室外机强电通路电路原理简图见图 6-38，实物图见图 6-39，主要由扼流圈 L1、PTC 电阻 TH11、主控继电器 52X2、电流互感器 CT1、滤波电感、PFC 硅桥 DS1、IGBT 开关管 Q3、熔丝管 F4（10A）、整流硅桥 DS2、滤波电容 C85 和 C75、熔丝管 F2（20A）、模块 IC10 等组成。

室外机接线端子上L端相线（黑线）和N端零线（白线）送至主板上扼流圈L1滤波，L端经由PTC电阻TH11和主控继电器52X2组成的防瞬间大电流充电电路，由蓝色跨线T3-T4至硅桥的交流输入端、N端零线经电流互感器CT1一次绕组后，由接滤波电感的跨线(T1黄线-T2橙线)至硅桥的交流输入端。

L端和N端电压分为2路，1路送至整流硅桥DS2，整流输出直流300V经滤波电容滤波后为模块、开关电源电路供电，作用是为室外机提供电源；1路送至PFC硅桥DS1，整流后输出端接IGBT开关管，作用是提高供电的功率因数。

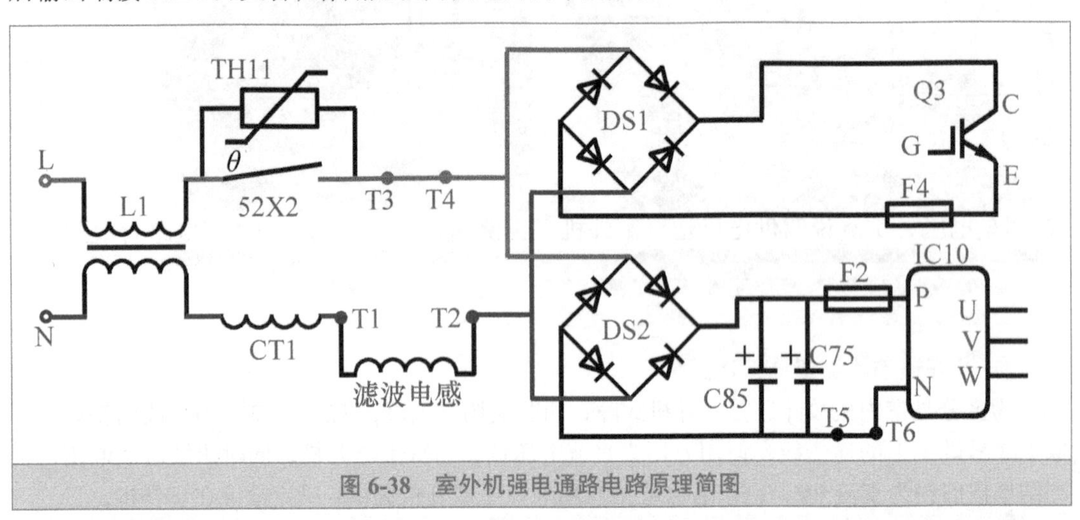

图6-38 室外机强电通路电路原理简图

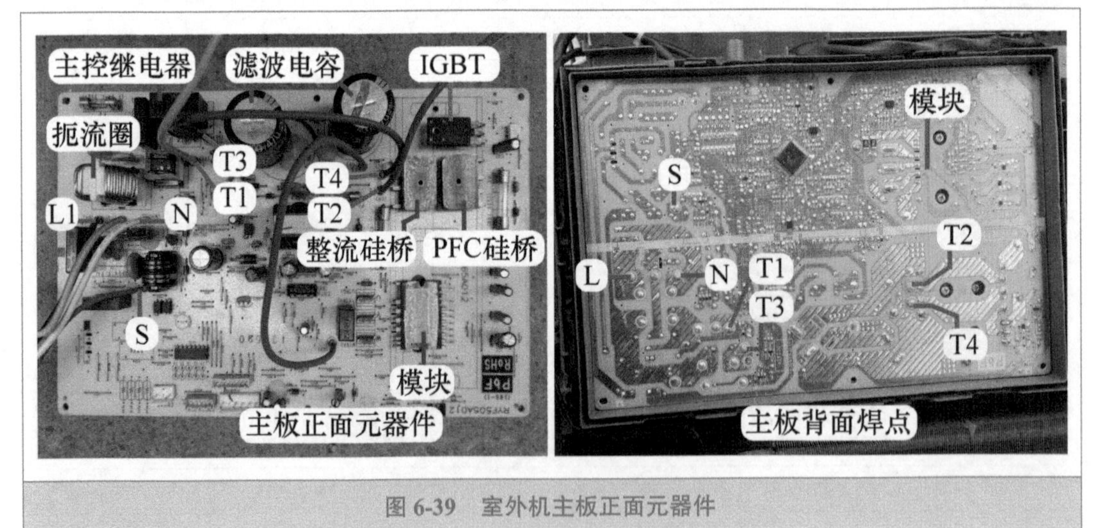

图6-39 室外机主板正面元器件

4. 测量直流300V和硅桥输入端电压

由于直流300V为开关电源电路供电，间接为室外机提供各种电源，使用万用表直流电压档，见图6-40左图，黑表笔接滤波电容负极（和整流硅桥负极相通的端子），红表笔接正极（和整流硅桥正极相通的端子）测量直流300V电压，实测约为0V，说明室外机强电通路有故障。

将万用表档位改为交流电压档，见图6-40右图，测量硅桥交流输入端电压，由于两个硅桥并联，测量时表笔可接和T2-T4跨线相通的位置，正常电压为交流220V，实测约为0V，说明前级供电电路有开路故障。

➡ 说明：本机室外机主板表面涂有防水胶，测量时应使用表笔尖刮开防水胶后，再测量和连接线或端子相通的铜箔走线。

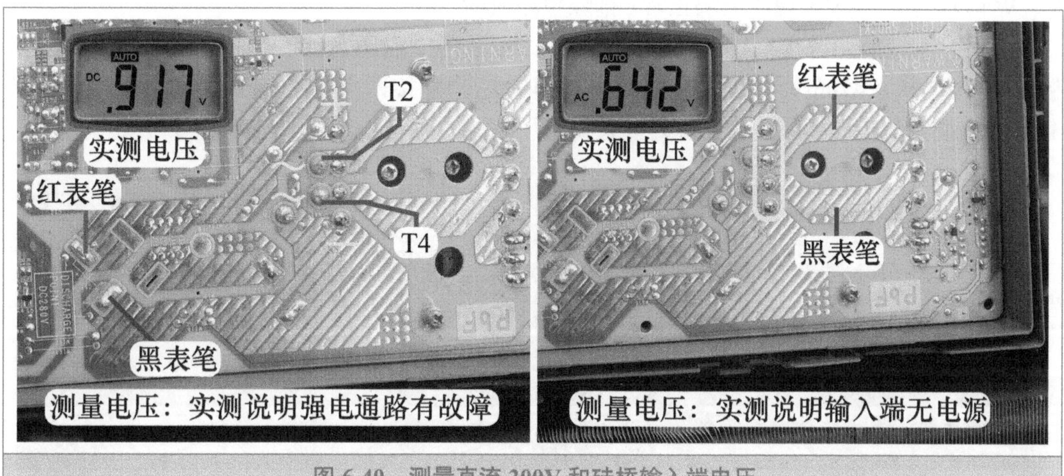

图 6-40　测量直流 300V 和硅桥输入端电压

5. 测量主控继电器输入和输出端交流电压

向前级检查，仍旧使用万用表交流电压档，见图 6-41 左图，测量室外机主板输入 L 端相线和 N 端零线电压，红表笔和黑表笔接扼流圈 L1 焊点，实测为交流 219V，和室外机接线端子相等，说明供电已送至室外机主板。

见图 6-41 右图，黑表笔接电流互感器后端跨线 T1 焊点，红表笔接主控继电器后端触点跨线 T3 焊点测量电压，实测约为交流 0V，初步判断 PTC 电阻因电流过大断开保护，断开空调器电源，手摸 PTC 电阻感到发烫，也说明后级负载有短路故障。

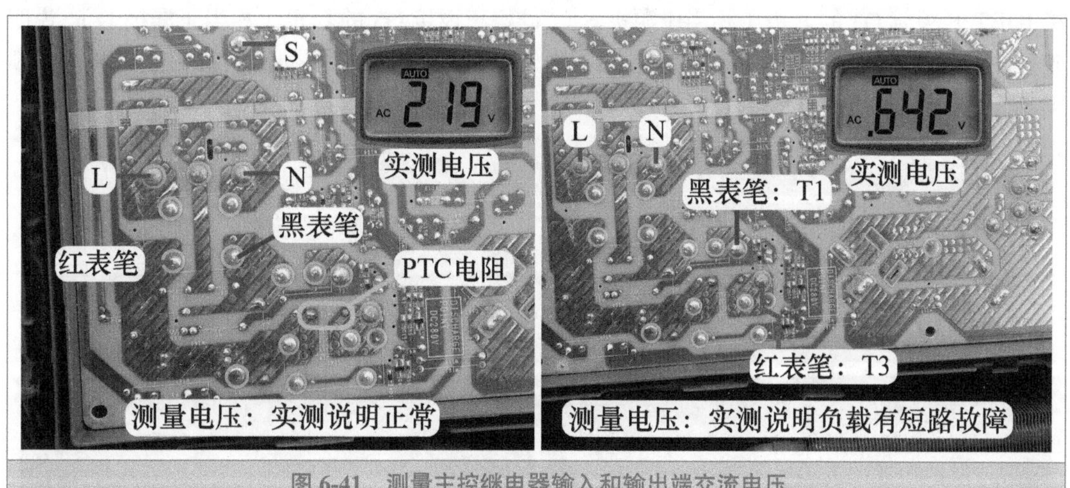

图 6-41　测量主控继电器输入和输出端交流电压

6. 测量模块和整流硅桥

引起 PTC 电阻发烫的主要原因为直流 300V 短路，后级负载原因主要有模块 IC10、整流硅桥 DS2、PFC 硅桥 DS1、IGBT 开关管 Q3、开关电源电路短路等。

切断空调器电源，由于直流300V电压约为0V，因此无需为滤波电容放电。拔下压缩机和滤波电感的连接线，使用万用表二极管档，见图6-42左图，首先测量模块P、N、U、V、W共5个端子，红表笔接N端，黑表笔接P端时为471mV，红表笔接N端，黑表笔分别接U、V、W时均为462mV，说明模块正常，排除短路故障。

使用万用表二极管档测量整流硅桥DS2，见图6-42右图，红表笔接负极，黑表笔接正极，实测结果为470mV；红表笔接负极，黑表笔分别接两个交流输入端，实测结果均为427mV，说明整流硅桥正常，排除短路故障。

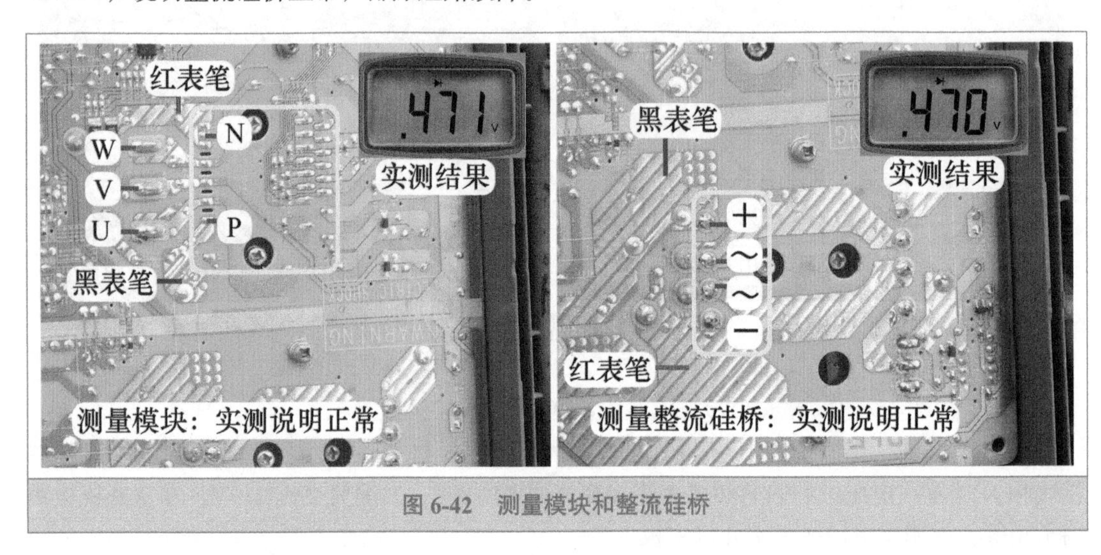

图6-42 测量模块和整流硅桥

7. 测量PFC硅桥

再使用万用表二极管档测量PFC硅桥DS1，见图6-43，红表笔接负极，黑表笔接正极，实测结果为0mV，说明PFC硅桥有短路故障，查看PFC硅桥负极经F4熔丝管（10A）连接IGBT开关管Q3的E极（相当于源极S），硅桥正极接Q3的C极（相当于漏极D），说明硅桥正负极和IGBT开关管的CE极并联，由于IGBT开关管损坏的比例远大于硅桥，判断IGBT开关管的C-E极击穿。

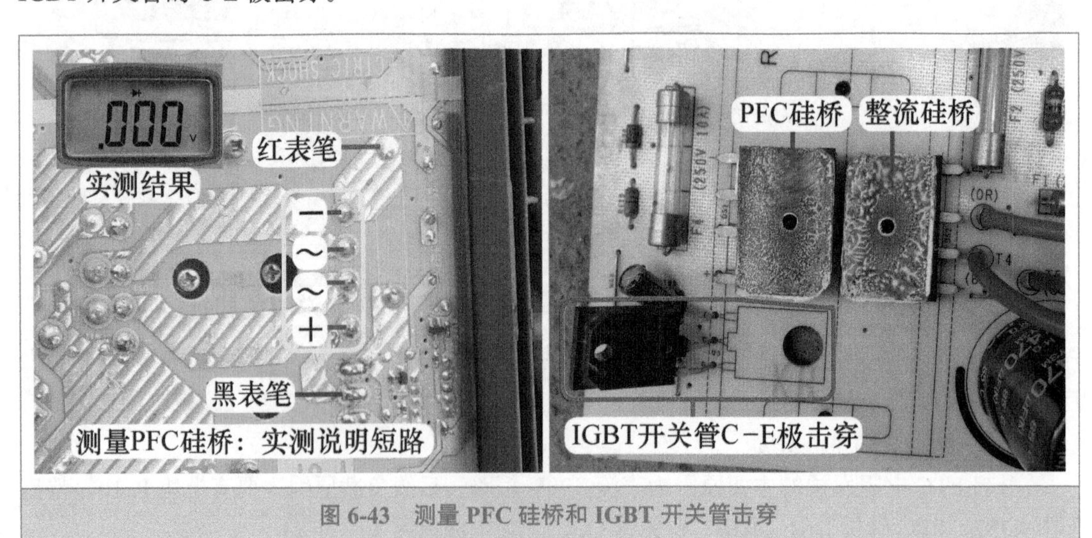

图6-43 测量PFC硅桥和IGBT开关管击穿

➡ 维修措施：本机维修方法是应当更换室外机主板或IGBT开关管（型号为东芝RJP60D0），但由于暂时没有室外机主板和配件IGBT开关管更换，而用户又着急使用空调器，见图6-44，使用尖嘴钳子剪断IGBT的E极引脚（或同时剪断C极引脚、或剪断PFC硅桥DS1的两个交流输入端），这样相当于断开短路的负载，即使PFC电路不能工作，空调器也可正常运行在制冷模式或制热模式，待到有配件时再更换即可。

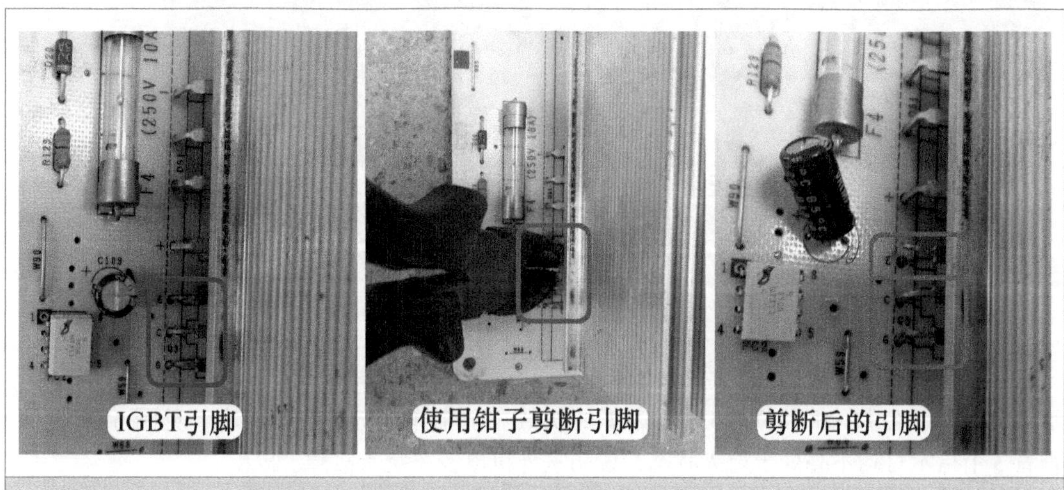

图6-44 剪断IGBT开关管引脚

总 结：

本机设有两个硅桥，整流硅桥的负载为直流300V，PFC硅桥的负载为IGBT开关管，当任何负载有短路故障时，均会引起电流过大，PTC电阻在上电时阻值逐渐变大直至开路，后级硅桥输入端无电源，室外机主板CPU不能工作，引起室内机报故障代码为通信故障。

二、开关管短路，格力空调器显示E6代码

➡ 故障说明：格力KFR-35GW/（35561）FNCa-2挂式全直流变频空调器（U雅），用户反映正在使用时突然断路器跳闸，合上断路器后使用遥控器开机，室内风机运行但不制冷，约1min后显示屏显示E6代码，查看代码含义为通信故障。

1. 测量室外机供电和通信电压

变频空调器正在使用中断路器跳闸，故障一般在室外机。上门检查，首先查看室外机，使用万用表交流电压档测量供电电压，见图6-45左图，表笔接接线端子上的1号零线N端和3号相线L端，实测为229V，说明室内机主板已输出供电至室外机。

使用万用表直流电压档测量通信电压，见图6-45右图，黑表笔接1号零线N端，红表笔接2号通信端子，实测约为0V，由于本机通信电路专用电源直流56V设在室外机主板，也初步判断故障在室外机。

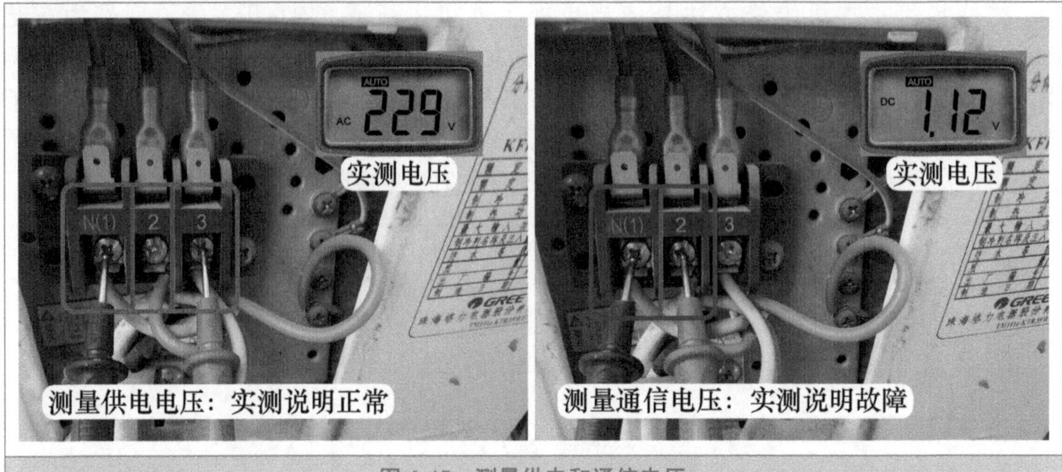

图 6-45　测量供电和通信电压

2. 查看指示灯状态和室外机主板

取下室外机上盖，室外机主板设有 3 个指示灯显示室外机信息，绿灯 D2 以持续闪烁显示通信状态，红灯 D1 和黄灯 D3 以闪烁的次数显示工作状态和故障内容，见图 6-46 左图，查看 3 个指示灯均不亮处于熄灭状态，说明室外机电控系统有故障。

本机室外机电控系统主要由室外机主板和外置滤波电感组成，室外机主板为一体化设计，主要元器件和单元电路均集成在一块电路板上面，见图 6-46 右图，驱动压缩机的模块、PFC 电路中的快恢复二极管和 IGBT 开关管、整流硅桥、电容、开关电源电路设计在左侧位置，驱动直流风机的风机模块、CPU、指示灯、PTC 电阻、熔丝管等位于右侧位置。电路原理图参见图 6-20。

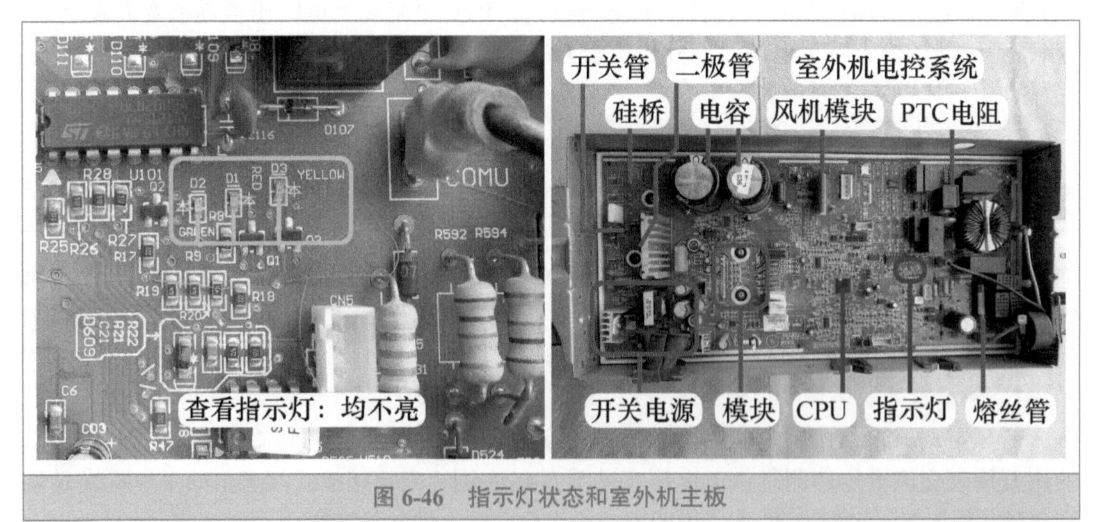

图 6-46　指示灯状态和室外机主板

3. 测量直流 300V 电压和手摸 PTC 电阻

使用万用表直流电压档，见图 6-47 左图，黑表笔接滤波电容负极地铜箔，红表笔接滤波电感橙线（硅桥正极输出经滤波电感至 PFC 电路）相当于接正极，测量直流 300V 电压，实测约为 0V，说明前级供电有开路或负载有短路故障。

为区分故障部位，见图 6-47 右图，用手摸 PTC 电阻（主板标号 RT1）表面，感觉发烫温度较高，说明通过电流过大，负载有短路故障，常见为模块、硅桥、IGBT 开关管短路损坏。

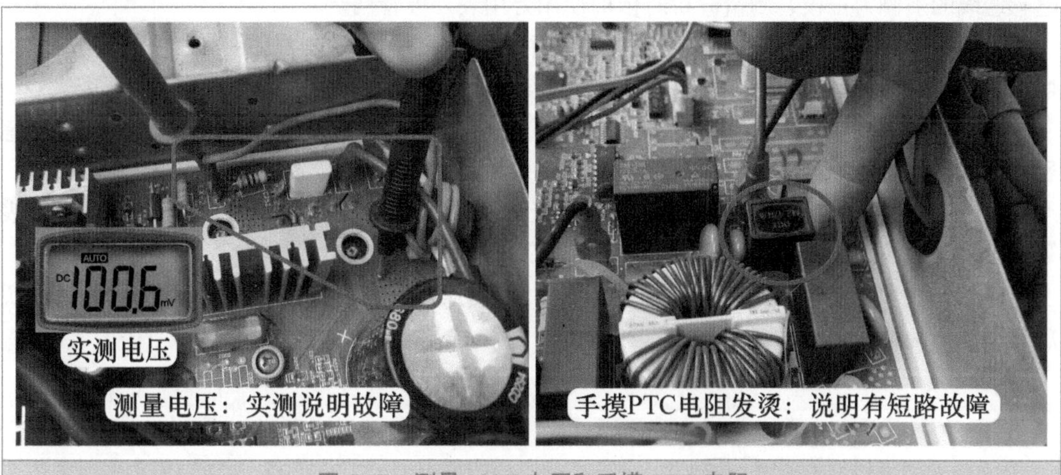

图 6-47 测量 300V 电压和手摸 PTC 电阻

4. 测量模块

切断空调器电源，拔下压缩机和滤波电感等引线，使用万用表二极管档测量模块（主板标号 IPM），3 个水泥电阻连接的模块引脚为 N 端，滤波电容正极连接的引脚为 P 端。

将红表笔接 N 端，黑表笔分别接压缩机端子 U、V、W，见图 6-48 左图，实测结果均为 460mV；表笔反接，即黑表笔接 N 端，红表笔分别接 U、V、W 端子，实测结果均为无穷大。

将红表笔接 N 端不动，黑表笔接 P 端，见图 6-48 右图，实测结果为 518mV，表笔反接，即红表笔接 P 端，黑表笔接 N 端，实测结果为无穷大。

将红表笔接模块 P 端、黑表笔分别接 U、V、W 端子时，实测结果均为无穷大，表笔反接即黑表笔接 P 端、红表笔分别接 U、V、W 端子，实测结果均为 460mV。

根据几次测量结果，判断模块正常。假如测量时有任意 1 次结果接近 0mV，则说明模块短路损坏。

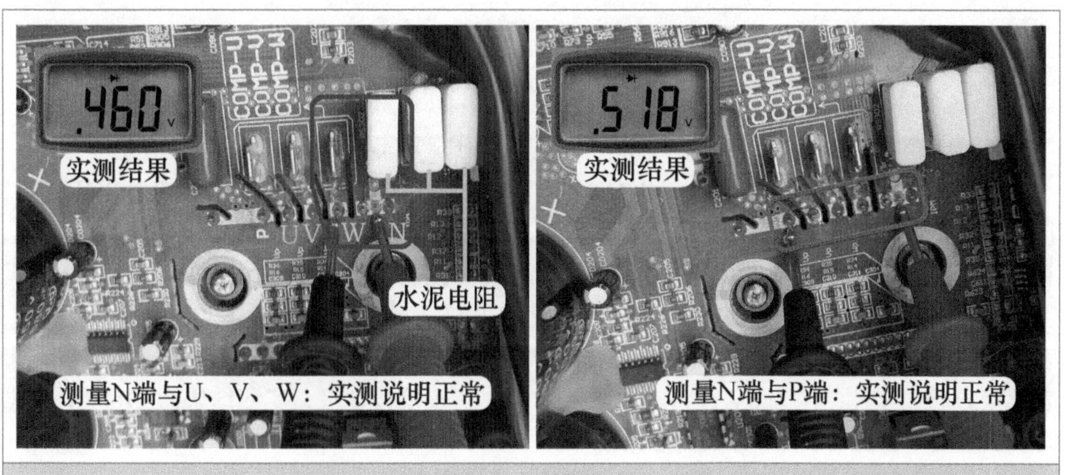

图 6-48 测量模块

5. 测量硅桥

接水泥电阻的引脚为硅桥（主板标号 DB1）负极，中间两个引脚为交流输入端，接滤波电感蓝线的引脚为正极，测量硅桥时依旧使用万用表二极管档。

将红表笔接负极（－），黑表笔分别接两个交流输入端（～），见图 6-49 左图，实测结果均为 504mV；表笔反接即黑表笔接负极，红表笔接两个交流输入端，实测结果为无穷大。

将红表笔接负极不动，黑表笔接正极（＋），见图 6-49 右图，实测结果为 937mV，表笔反接即红表笔接正极，黑表笔接负极，实测结果为无穷大。

将红表笔接正极，黑表笔分别接两个交流输入端，实测结果为无穷大，表笔反接即红表笔接两个交流输入端，黑表笔接负极，实测结果均为 504mV。

根据几次实测结果，判断硅桥正常。假如测量时有任意 1 次结果接近 0mV，则说明硅桥短路损坏。

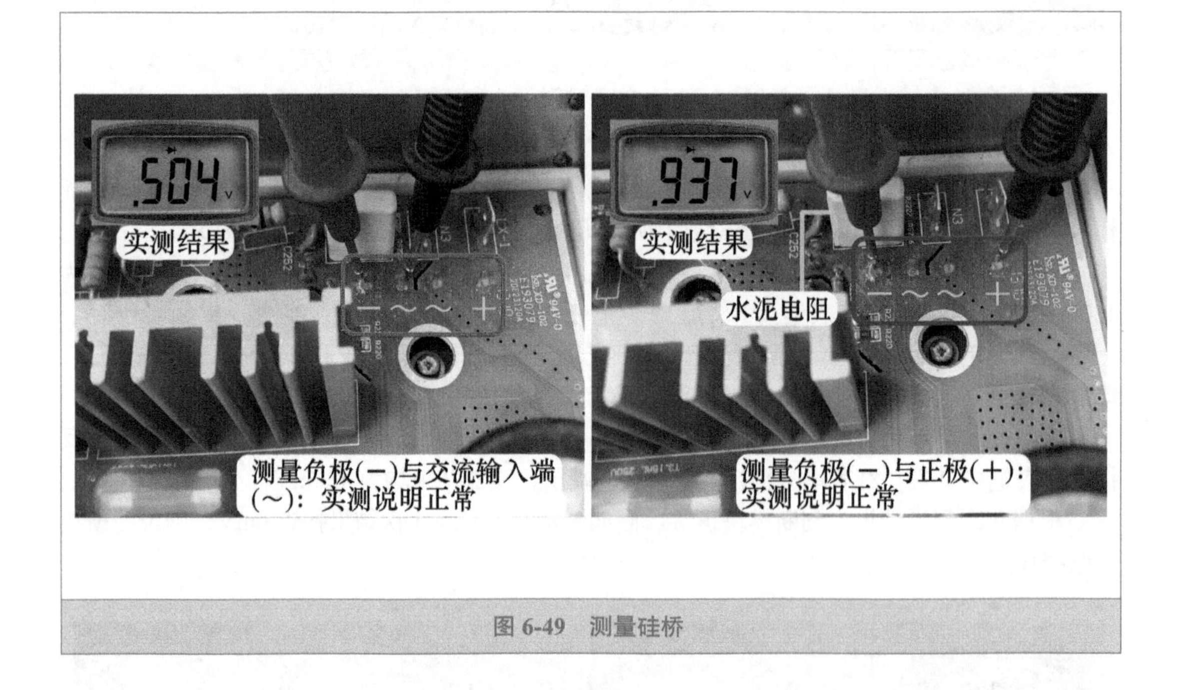

图 6-49 测量硅桥

6. 测量开关管

IGBT 开关管（主板标号 Z1）共有 3 个引脚，中间引脚漏极 D 接直流 300V 电压正极，接硅桥正极经滤波电感的输出橙线，和快恢复二极管正极相通；右侧引脚源极 S 接负极即地，和滤波电容负极、硅桥负极相通；左侧引脚门极 G 为控制，接 CPU 输出的驱动电路。

使用万用表二极管档，见图 6-50，红表笔接 S 极，黑表笔接 D 极，实测结果为 11mV，表笔反接（即红表笔接 D 极、黑表笔接 S 极），实测结果仍为 11mV；将红表笔接 G 极，黑表笔接 D 极，实测结果为 0V；将红表笔接 G 极，黑表笔接 S 极，实测结果为 11mV；根据几次测量结果，说明 IGBT 开关管短路损坏。

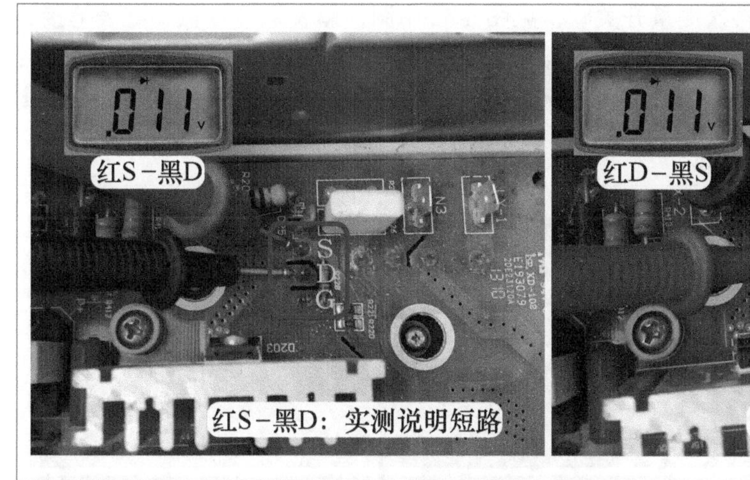

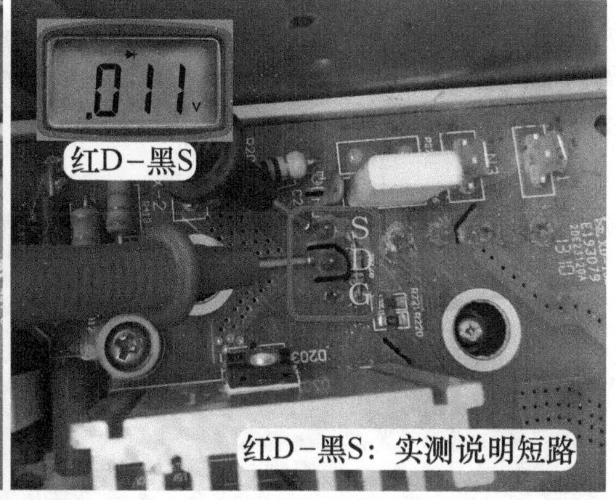

图 6-50 测量开关管

7. 测量二极管

一般开关管损坏时，有时会附带将快恢复二极管（主板标号 D203）短路或开路损坏，二极管共有两个引脚，和开关管 D 极、滤波电感橙线相通的引脚为正极，接滤波电容正极的引脚为二极管负极。

测量时使用万用表二极管档，见图 6-51，红表笔接正极，黑表笔接负极为正向测量，实测结果为无穷大，表笔反接（即红表笔接负极、黑表笔接正极），实测结果仍为无穷大，两次测量均为无穷大，判断开路损坏。

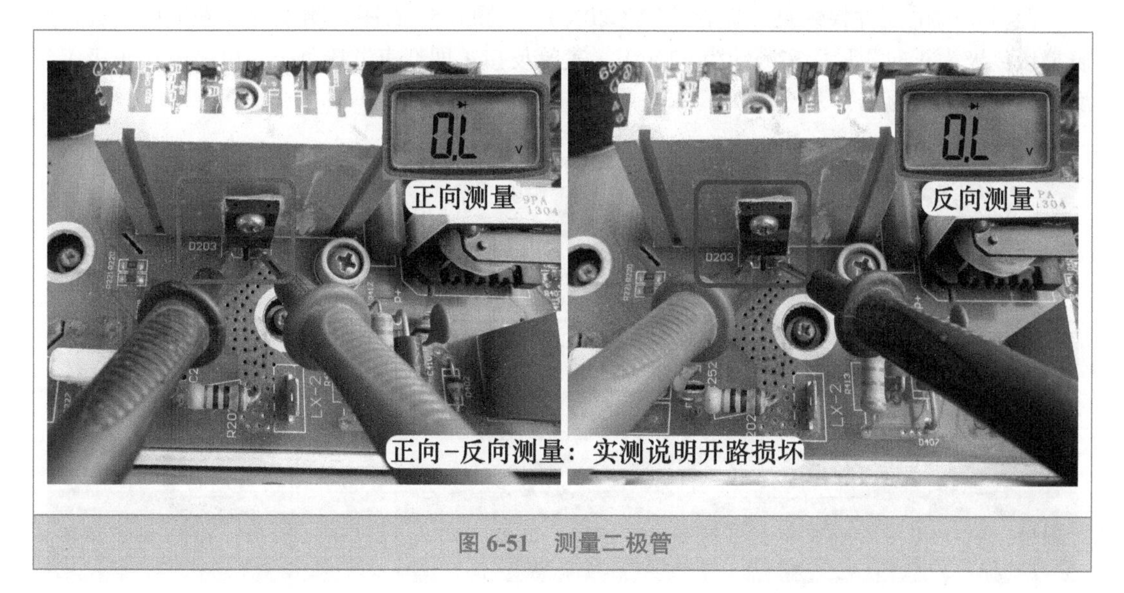

图 6-51 测量二极管

8. 取下开关管单独测量

从室外机上取下室外机电控盒，再取出室外机主板，取下模块、硅桥、开关管的固定螺钉，拿掉散热片后，见图 6-52 左图，看到开关管引脚有熏黑的痕迹，也说明其已损坏。使用烙铁取下开关管，型号为东芝 GT30J122，查看右下角已炸裂轻微向上翘起。

使用万用表二极管档，再次测量开关管，见图 6-52 中图，黑表笔接 G 极，红表笔接 D 极，实测结果为 1mV，表笔反接（即红表笔接 G 极、黑表笔接 D 极，实测结果仍为 1mV；见图 6-52 右图，红表笔接 D 极，黑表笔接 S 极，实测结果为 10mV，表笔反接（即红表笔接 S 极、黑表笔接 D 极），实测结果仍为 10mV，确定开关管短路损坏。

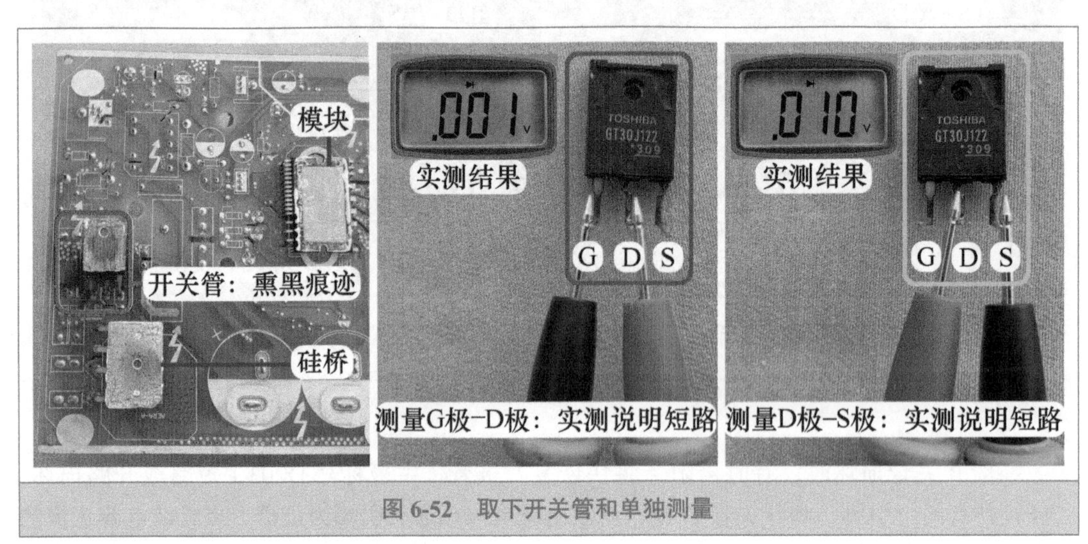

图 6-52　取下开关管和单独测量

9. 测量正常开关管和二极管

使用万用表二极管档，测量正常的配件 IGBT 开关管（GT30J122），见图 6-53 左图和中图，测量 G 极和 D 极、D 极和 S 极、G 极和 S 极，实测均为无穷大，没有短路故障。

测量正常的配件快恢复二极管（BYC20X），见图 6-53 右图，测量时红表笔接正极，黑表笔接负极为正向测量，实测约为 422mV，表笔反接（即红表笔接负极、黑表笔接正极）为反向测量，实测为无穷大。

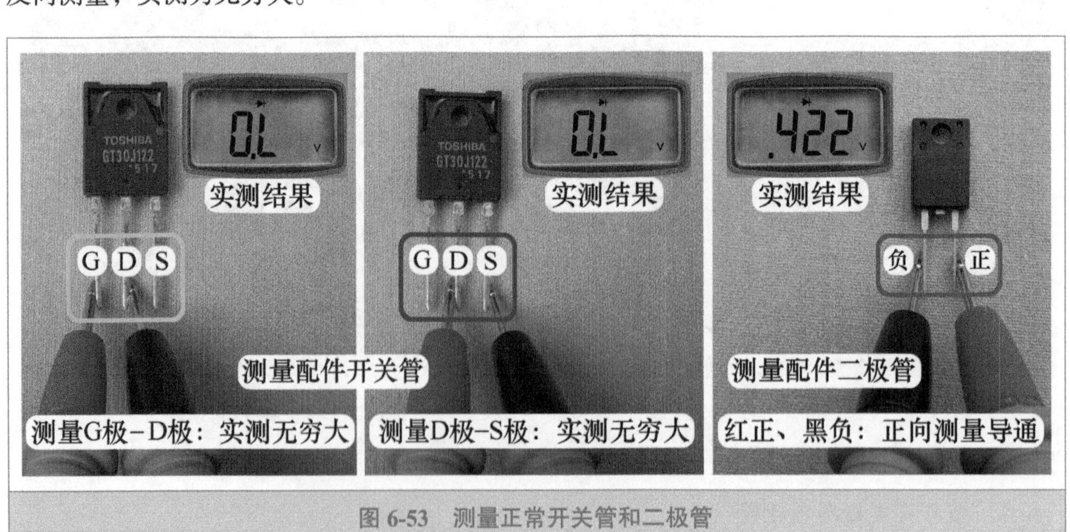

图 6-53　测量正常开关管和二极管

10. 更换开关管和二极管

见图 6-54 左图和中图，将正常的配件 IGBT 开关管（GT30J122）引脚按原开关管的引脚掰弯，并焊至 Z1 焊孔，将配件二极管反面涂抹散热硅脂，引脚穿入 D203 焊孔，拧紧固定螺钉后使用电烙铁焊接；再将开关管、硅桥、模块表面均涂抹散热硅脂，室外机主板安装至电控盒后，拧紧固定螺钉。

恢复线路后上电试机，测量直流 300V 电压已正常，见图 6-54 右图，查看绿灯 D2 持续闪烁，说明通信正常；红灯 D1 闪烁 8 次，表示已达到开机温度；黄灯 D3 闪烁 1 次，表示压缩机起动，同时室外风机和压缩机均开始运行，制冷恢复正常，故障排除。

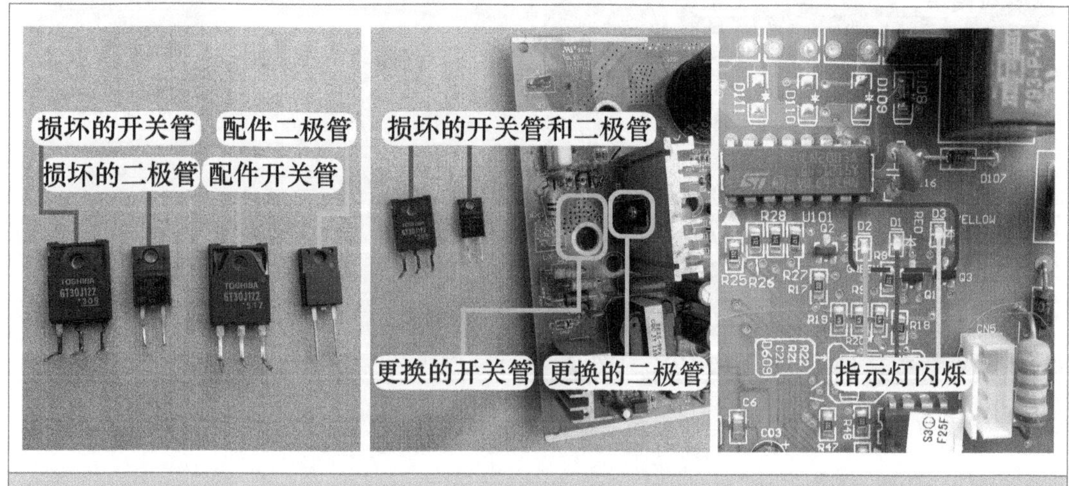

图 6-54 更换配件和指示灯状态

总 结：

① 本机为全直流变频空调器，室外风机使用直流电机，驱动线圈的模块没有集成在电机内部，而是设计在室外机主板上面。

② 维修时测量直流 300V 电压实测为 0V 时，可用手摸 PTC 电阻来区分故障部位：如果手摸为常温，说明 PTC 电阻中无电流通过，常见为前级供电电路开路故障；如果手摸烫手，说明通过电流较大，常见为后级负载短路故障。

③ 目前的主板通常为一体化设计，滤波电容和模块均直接焊接在主板上面，且电容引脚和模块 PN 引脚相通。因此在测量模块时，应测量直流 300V 电压待其下降至约 0V，再使用万用表二极管档测量模块，以防止误判或者损坏万用表。

三、开关管短路，海尔空调器显示 E7 代码

➡ 故障说明：卡萨帝（海尔高端品牌）KFR-72LW/01S（R2DBPQXF）-S1 柜式全直流变频空调器，用户反映正在使用时断路器忽然跳闸，后将断路器合上，再将空调器接通电源，开机后室内风机运行但不再制冷，约 4min 后显示 E7 代码，查看代码含义为通信故障。根据正在使用时断路器跳闸断开，初步判断室外机强电通路出现短路故障。

1. 测量直流 300V 电压

上门检查，用遥控器开机，室内风机运行，但吹出的是自然风，空调器不制冷。检查室

外机，取下室外机上盖和电控盒盖板，见图 6-55 左图，查看室外机主板上直流 300V 电压指示灯不亮。

使用万用表直流电压档，见图 6-55 右图，黑表笔接滤波电容负极，红表笔接正极测量 300V 电压，实测约为 0V，说明强电通路有开路或短路故障。

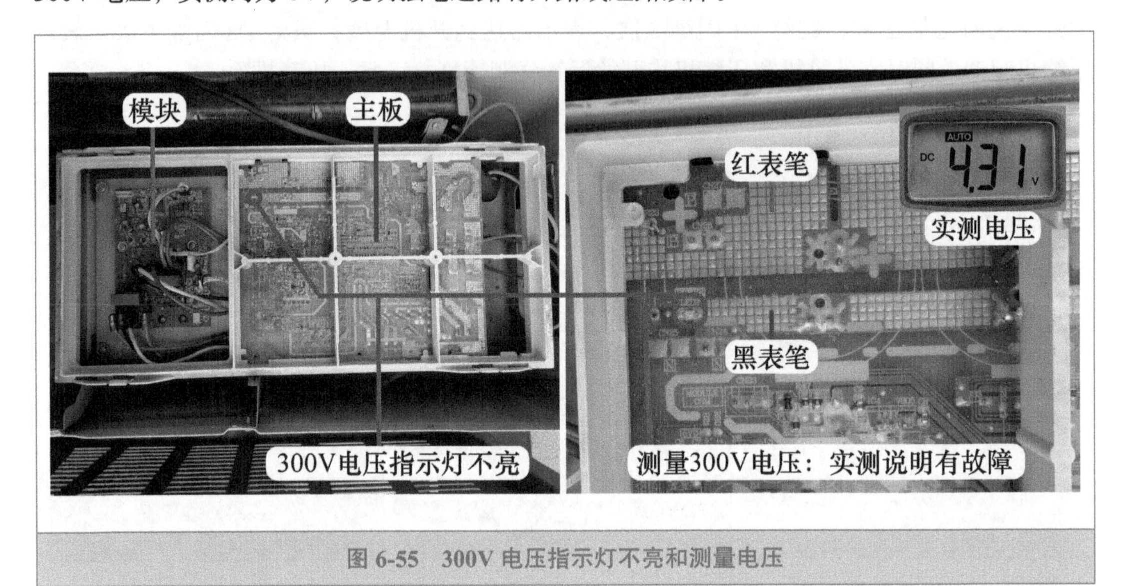

图 6-55　300V 电压指示灯不亮和测量电压

2. 手摸 PTC 电阻和查看模块板背面元件

本机 PTC 电阻位于主板边缘，为防止触电，切断空调器电源，迅速用手摸 PTC 电阻表面，见图 6-56 左图，感觉温度很高，说明强电通路元器件有短路故障。

强电通路主要由硅桥、模块、PFC 电路（IGBT 开关管和快恢复二极管）、开关电源电路等组成，开关电源电路位于室外机主板，其余部件均位于模块板组件，实物外形见图 6-56 右图。

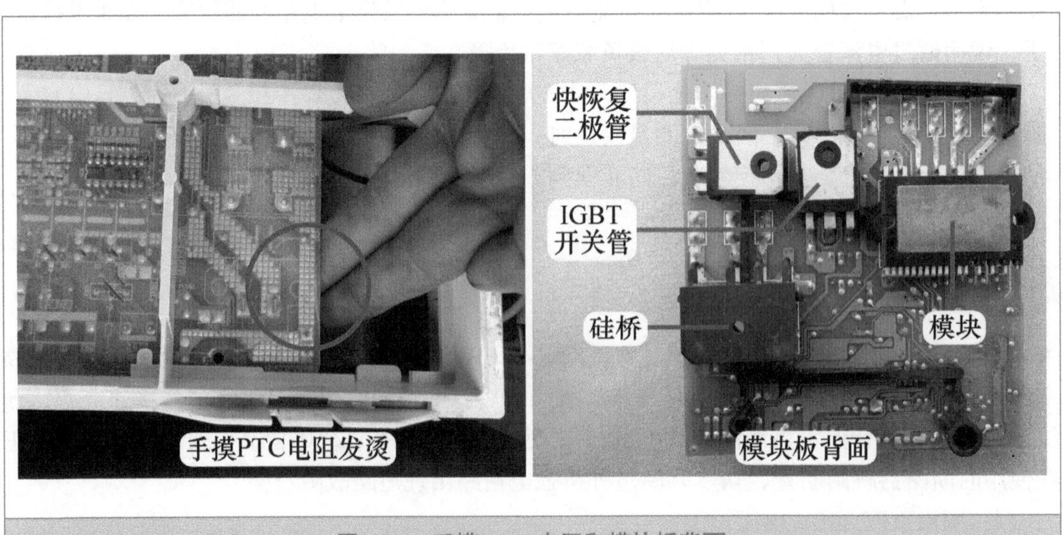

图 6-56　手摸 PTC 电阻和模块板背面

3. 测量模块端子

拔下模块板组件上的所有引线，使用万用表二极管档，首先测量模块的 5 个端子（即 P、N、U、V、W）。

见图 6-57，红表笔接模块 N 端，黑表笔接 P 端，实测为 368mV；红表笔依旧接 N 端，黑表笔分别接 U、V、W 端时，实测均为 394mV，根据实测结果说明模块正常。

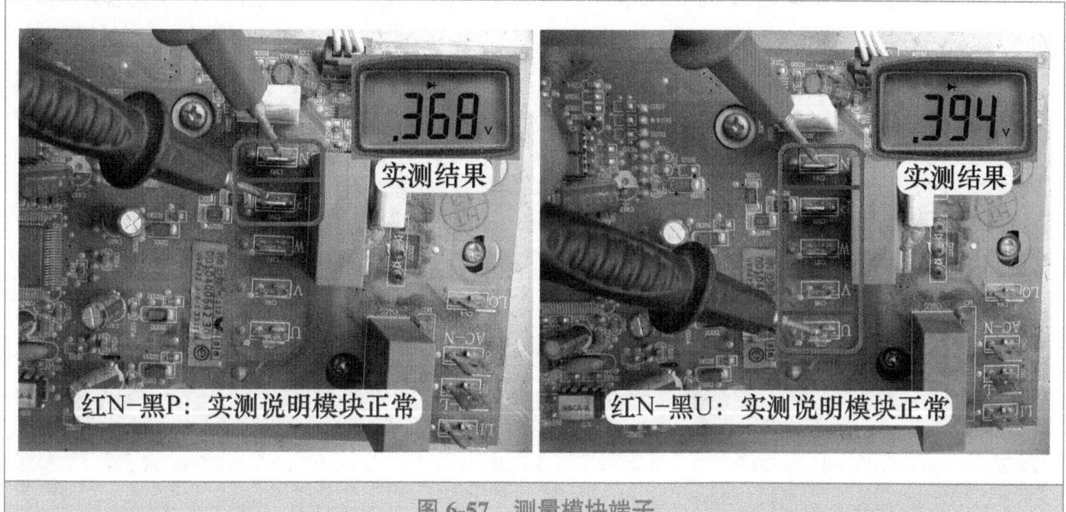

图 6-57 测量模块端子

4. 测量硅桥端子

硅桥直流输出的负极经 5W/10mΩ（0.01Ω）的无感电阻接 IGBT 开关管负极，再经过 1 个 5W/10mΩ 无感电阻接模块的 N 端，模块板组件未设计硅桥负极端子，因此测量硅桥时接模块 N 端相当于接硅桥的负极端子，测量硅桥时依旧使用万用表二极管档。

见图 6-58，红表笔接模块 N 端，黑表笔接 AC N（零线输入端），实测为 482mV；红表笔接模块 N 端，黑表笔接 LI（硅桥正极输出），实测为 858mV，根据实测结果说明硅桥正常。

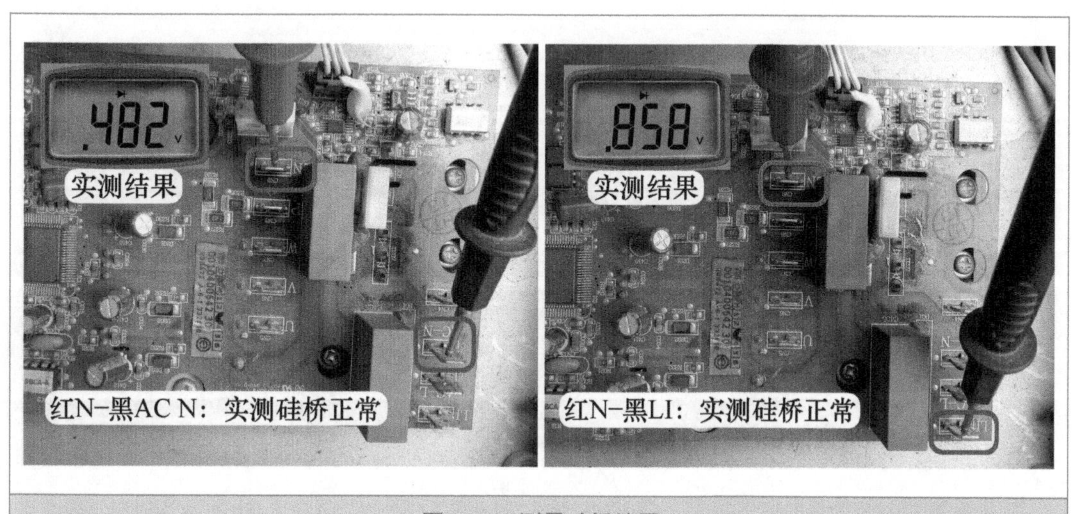

图 6-58 测量硅桥端子

5. 测量 IGBT 开关管端子

IGBT 开关管集电极（漏极 D）接 300V 电压正极 LO（经滤波电感接硅桥正极 LI）、发射极（源极 S）经电阻接模块 N 端。

测量 IGBT 开关管时依旧使用万用表二极管档，见图 6-59，红表笔接模块 N 端（相当于接 IGBT 发射极），黑表笔接 LO 端（相当于接 IGBT 集电极），实测为 0mV，表笔反接（即红表笔接 LO 端、黑表笔接 N 端），实测仍为 0mV，根据测量结果说明 IGBT 开关管短路。

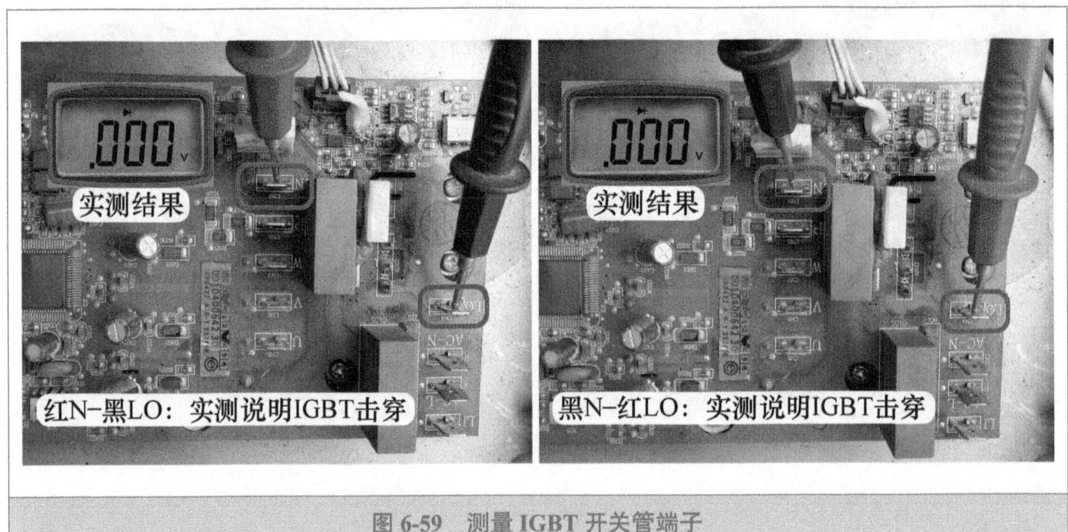

图 6-59　测量 IGBT 开关管端子

➡ 维修措施：由于暂时没有同型号的 IGBT 开关管配件更换，维修时申请同型号的模块板组件，见图 6-60 左图，使用万用表二极管档，红表笔接模块 N 端，黑表笔接 LO 端实测为 386mV，当表笔反接（红表笔接 LO 端、黑表笔接 N 端）实测为无穷大。

见图 6-60 右图，经更换模块板组件后上电开机，室外机主板 300V 指示灯点亮，随后室外风机和压缩机运行，制冷恢复正常，故障排除。

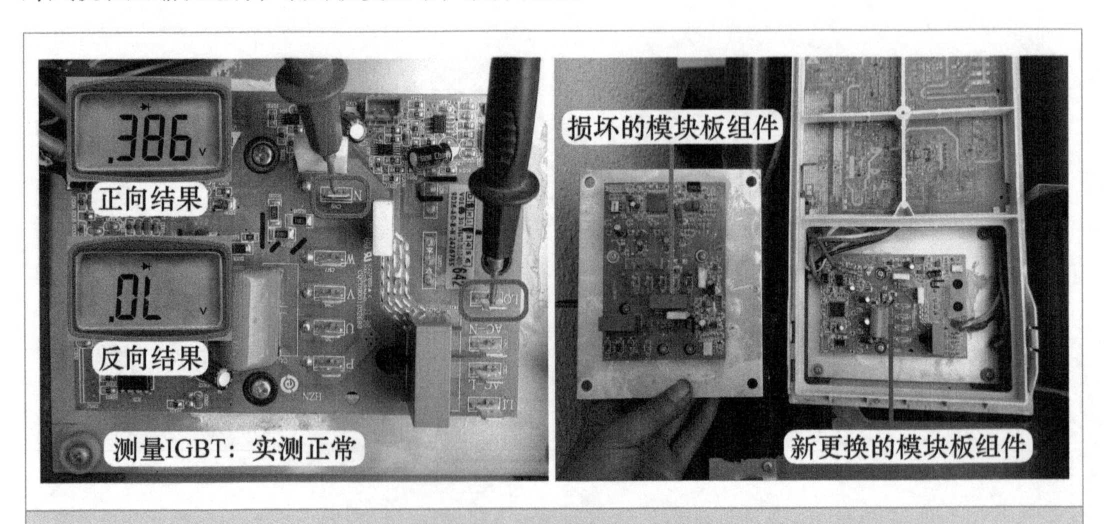

图 6-60　测量 IBGT 开关管和更换模块板组件

四、安装模块板组件引线

本部分以卡萨帝（海尔高端品牌）KFR-72LW/01S（R2DBPQXF）-S1 柜式全直流变频空调器的模块板组件为例，介绍更换模块板组件时，需要安装引线的步骤。

示例模块板组件包含硅桥、模块、IGBT 开关管、模块驱动 CPU 等主要元器件，主要端子和插座见图 6-61。

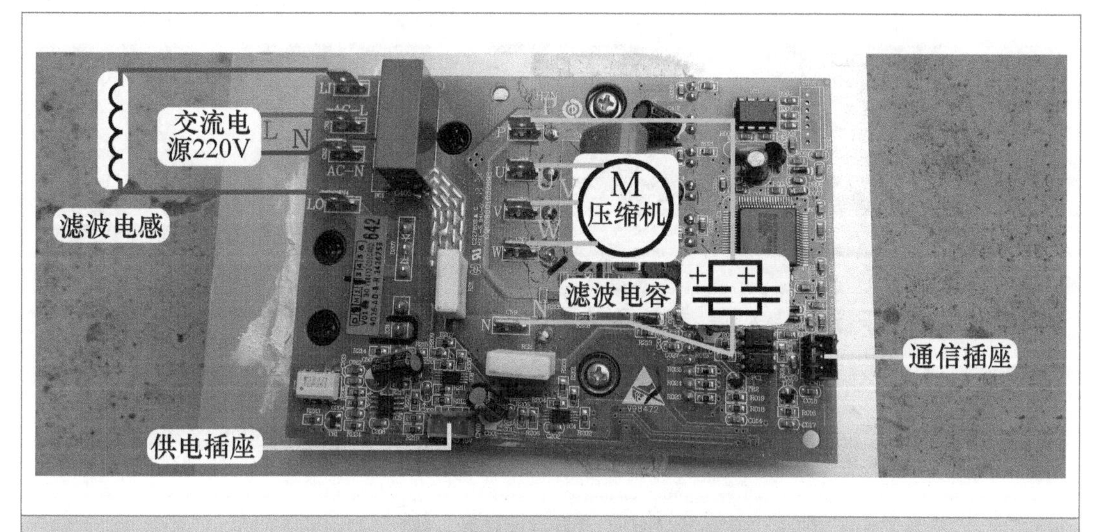

图 6-61　模块板组件主要端子和插座

1. 安装交流供电引线

交流供电引线接硅桥的两个交流输入端，标号 AC-L 的端子为相线，标号 AC-N 的端子为零线。

见图 6-62，将零线白线接至 AC-N 端子，将相线黑线接至 AC-L 端子。

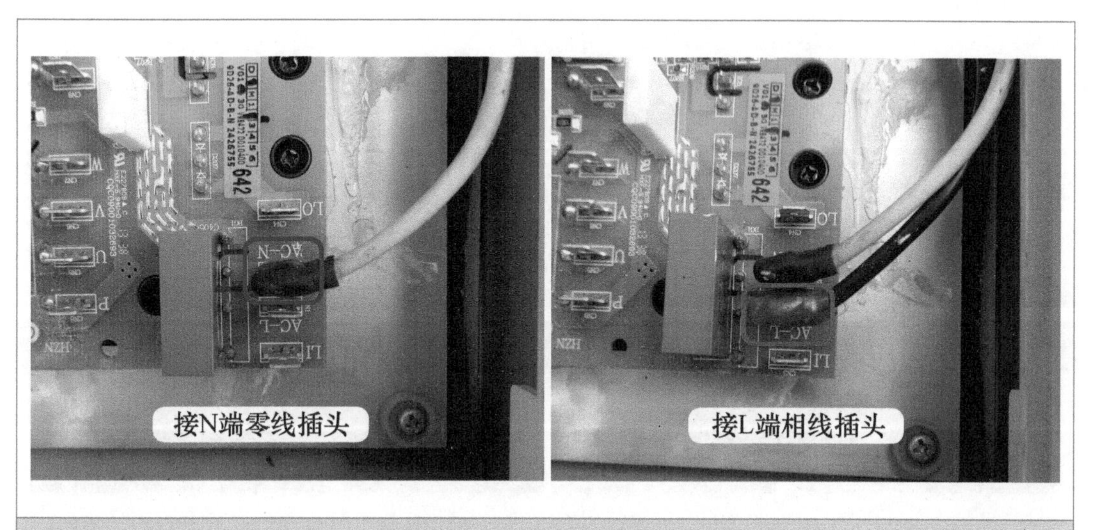

图 6-62　安装交流供电引线

2. 安装滤波电感引线

滤波电感和模块板组件的快恢复二极管、IGBT 开关管等组成 PFC 电路，主要作用是提高功率因数，共设有两个端子，标号 LO 的端子为滤波电感输出，标号 LI 的端子为滤波电感输入（硅桥正极输出）。

见图 6-63，将滤波电感的灰线接在 LO 端子，将另 1 根灰线接在 LI 端子。安装滤波电感的 2 根灰线时，不分正反或正负极，随便接在 LO 和 LI 端子即可。

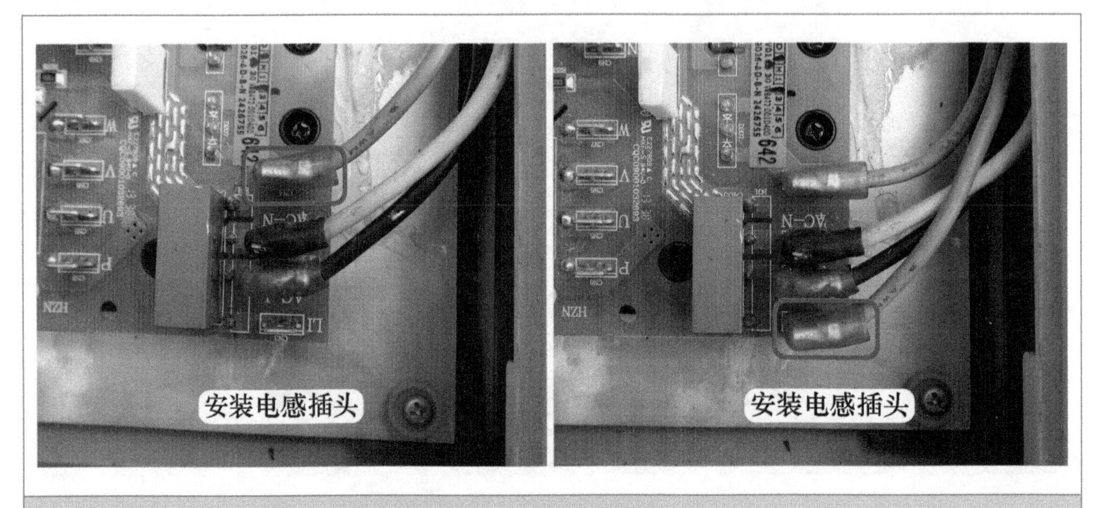

图 6-63　安装滤波电感引线

3. 安装直流供电（滤波电容）引线

滤波电容为模块提供直流 300V 电压，其安装在室外机主板，通过引线连接至模块板组件，共有 2 根引线，标号为 P 的端子接滤波电容正极，标号为 N 的端子接负极。

见图 6-64，将滤波电容正极橙线接至模块的 P 端子，将负极蓝线接至 N 端子，2 根引线安装时不能接反。

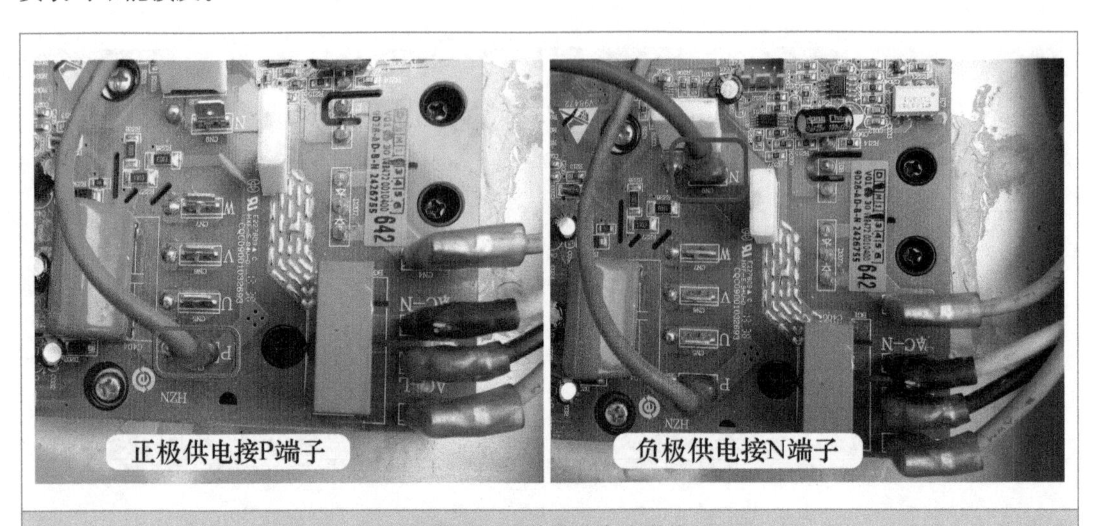

图 6-64　安装滤波电容引线

4. 安装压缩机引线

模块的主要作用是驱动压缩机，共有 3 个端子，标号为 U、V、W，通过 3 根引线连接压缩机线圈。

见图 6-65，将压缩机黑线接至模块 U 端子，将压缩机白线接至 V 端子，将压缩机红线安装至 W 端子。

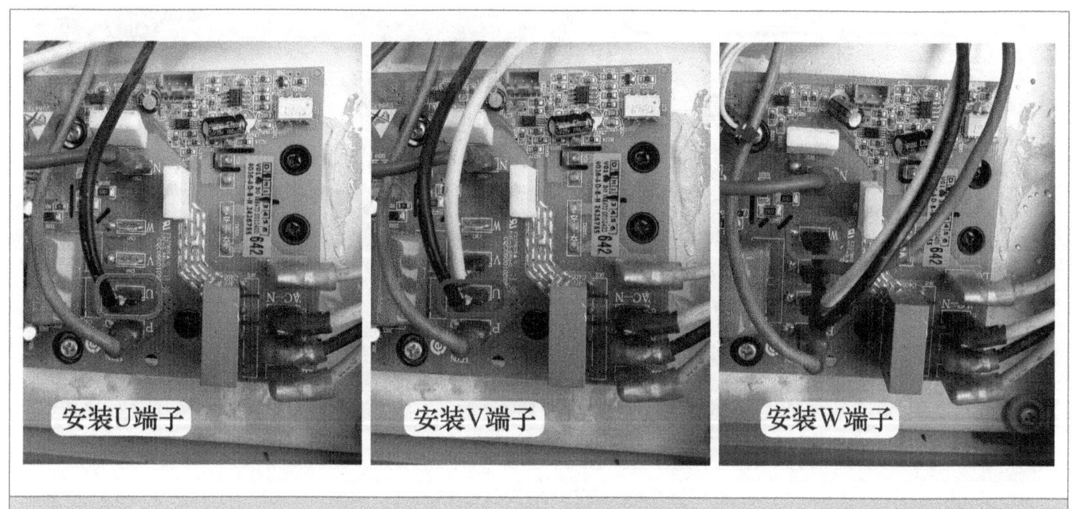

图 6-65 安装压缩机引线

5. 安装弱电电路供电和通信插头

由于模块板组件设有模块板 CPU 控制电路，室外机主板要为其提供电压，设有 1 个供电插座；室外机上电后，模块板 CPU 和室外机主板 CPU 要进行通信，进行数据交换，设有 1 个通信插座。

见图 6-66，将室外机主板开关电源电路输出直流 15V 和 5V 供电的蓝色插头，安装至模块板组件蓝色插座；将连接室外机主板 CPU 引脚的通信黑色插头，安装至黑色插座。

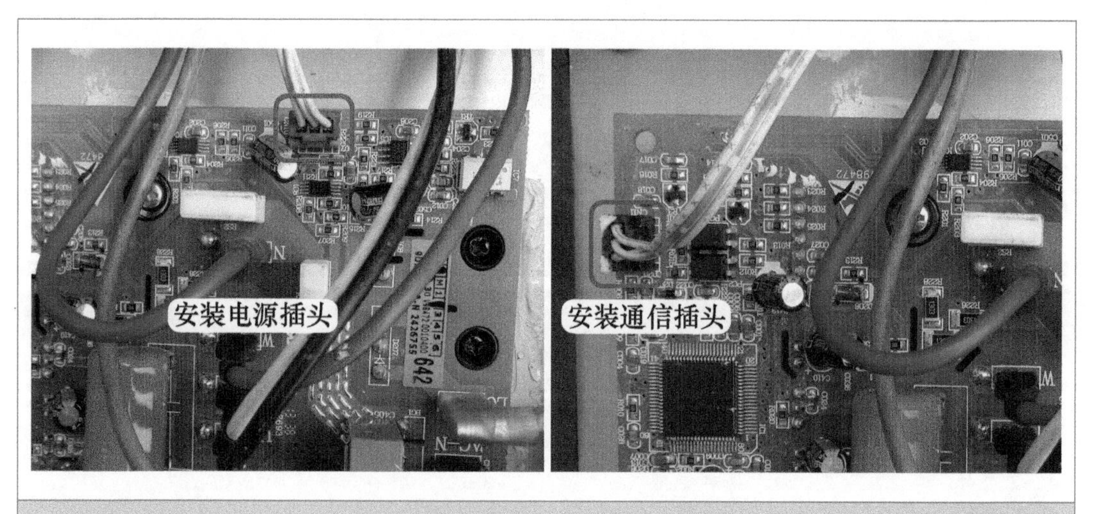

图 6-66 安装弱电电路供电和通信插头

6. 安装完成

将模块的5个端子、硅桥的两个端子、滤波电感的两个端子、室外机主板和模块板组件的供电和通信插头全部连接完成，见图6-67，更换模块板组件时的引线安装工作即全部完成。

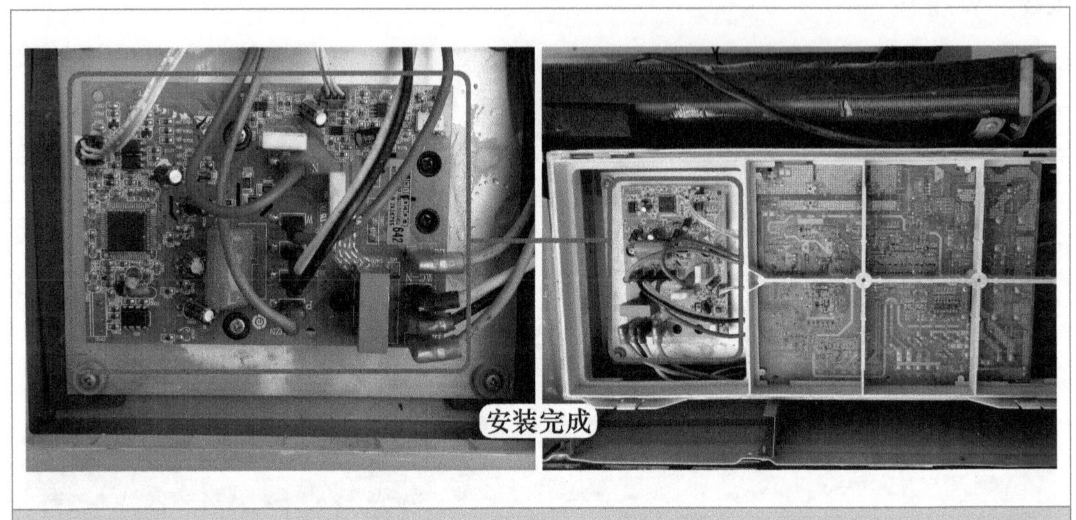

图6-67　安装模块板引线完成

第七章 Chapter 7

变频空调器室外风机和压缩机故障

第一节　室外风机故障

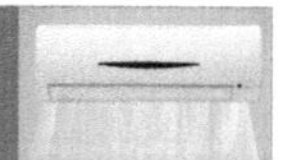

一、轴承卡死，不制冷

➡ 故障说明：海信 KFR-26GW/11BP 挂式交流变频空调器，用遥控器开机后室内机主板向室外机供电，室内机显示板组件运行灯点亮，说明压缩机已开始运行，室内机也开始吹凉风，但吹风温度逐渐上升，约 5min 后室内机吹出的风为热风，然后逐渐变为自然风，运行指示灯熄灭，表示压缩机已停止运行。

1. 测量室外风机电压和电流

切断空调器电源，待约 3min 后重新上电，用遥控器开机后检查室外机，压缩机运行，但室外风机不运行，手摸冷凝器烫手，压缩机运行频率也逐渐下降。由于室外风机不运行，冷凝器过热，压缩机容易过热损坏。切断空调器电源，在室外机拔下模块板上的压缩机 3 根引线，再次上电开机，室外风机和压缩机均不运行，使用万用表交流电压档，见图 7-1 左图，测量室外风机线圈供电电压，实测约为交流 220V，说明室外机主板供电正常。

使用万用表交流电流档，见图 7-1 右图，测量室外风机公共端 C 白线电流约为 0.4A，可说明室外机主板已输出供电，且室外风机公共端 C 白线与运行绕组 R 棕线的线圈阻值正常，否则电流为 0A。

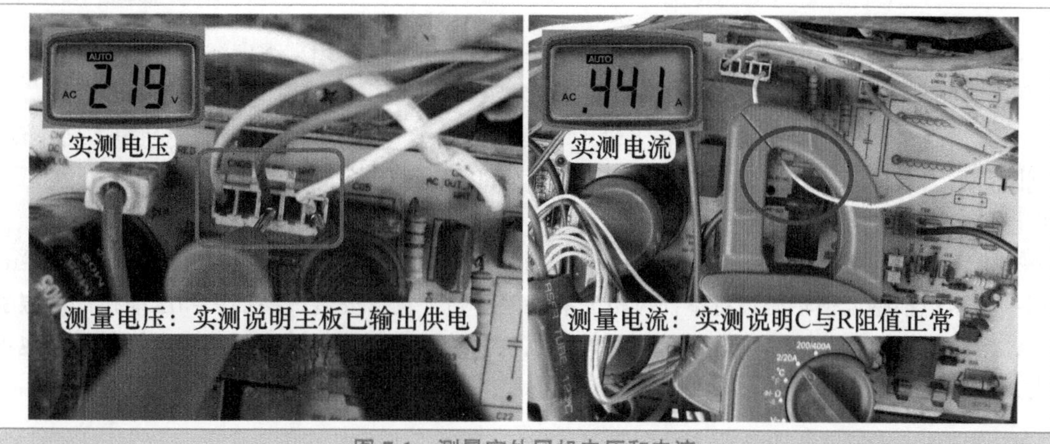

图 7-1　测量室外风机电压和电流

2. 拨动室外风扇和测量阻值

室外风机得到供电后仍不运行，常见原因有 3 个，一是轴承卡死，二是电容损坏，三是起动绕组开路。为判断故障，用手拨动室外风扇，感觉很沉重，室外风机仍不运行，判断轴承卡死，因为电容损坏引起的室外风机不运行时，如果用手拨动室外风扇，相当于增加起动转矩，室外风机应能运行起来。切断空调器电源，见图 7-2 左图，再用手转动室外风扇仍然感觉很沉重，确定室外风机内部轴承卡死，维修时可更换轴承处理。

使用万用表电阻档测量室外风机线圈阻值，如果线圈开路或短路损坏，再更换轴承已经没有意义，因此在更换前应确定线圈阻值是否正常，见图 7-2 右图，实测公共端 C 白线与运行绕组 R 棕线阻值为 203Ω，公共端 C 白线与起动绕组 S 橙线阻值为 241Ω，运行绕组 R 棕线与起动绕组 S 橙线阻值为 444Ω，说明室外风机线圈阻值正常。

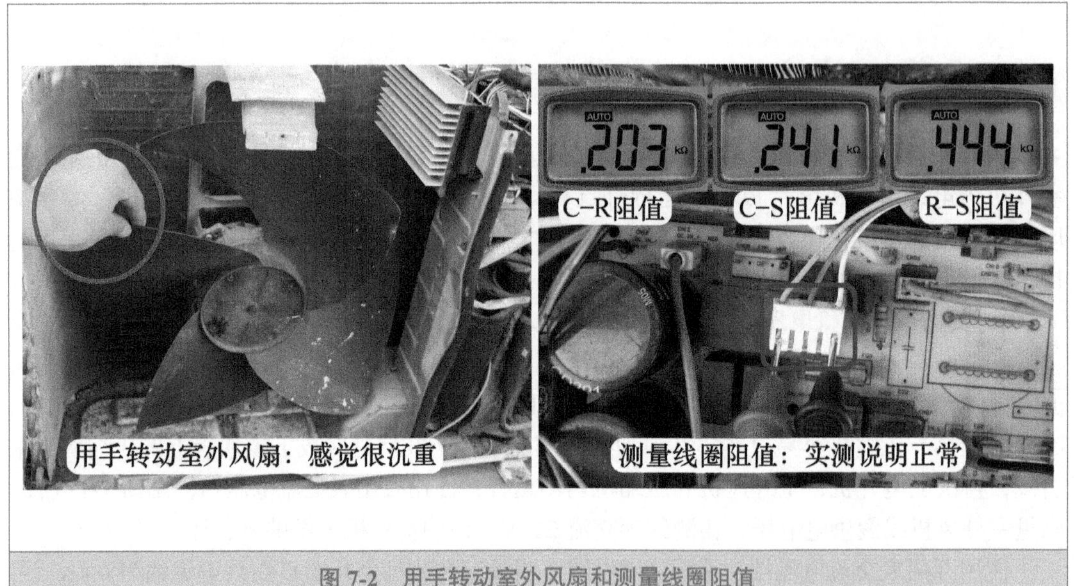

图 7-2　用手转动室外风扇和测量线圈阻值

3. 更换轴承

本机室外风机使用塑封电机即线圈、定子、外壳、下盖使用高强度塑料封装为一体，和室内风机类似，因此结构较为简单，见图 7-3 左图，主要由定子、转子、上盖组成。

取出转子，用手转动上轴承和下轴承，发现下轴承阻力较大，如果不使劲根本转不动，判断为下轴承损坏，见图 7-3 中图，轴承型号为 608Z，但考虑到下轴承损坏时一般上轴承也将严重磨损，因此将上下两个轴承一起更换。

➡ 维修措施：更换室外风机转子的上下两个轴承，更换后组装室外风机，见图 7-3 右图，用手转动转轴感觉很轻松，将室外风机安装在室外机上面，安装线圈插头和压缩机的 3 根引线，再次上电开机，压缩机运行后，室外风机也开始运行，并且转速正常，运行时噪声也不大，在出风框处感觉出风量很大，制冷恢复正常，故障排除。

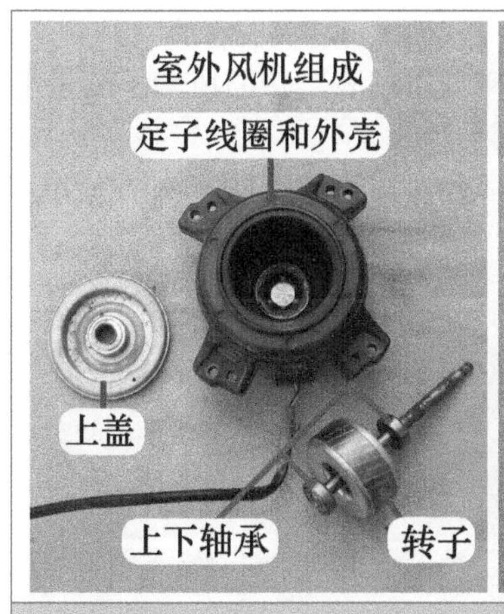

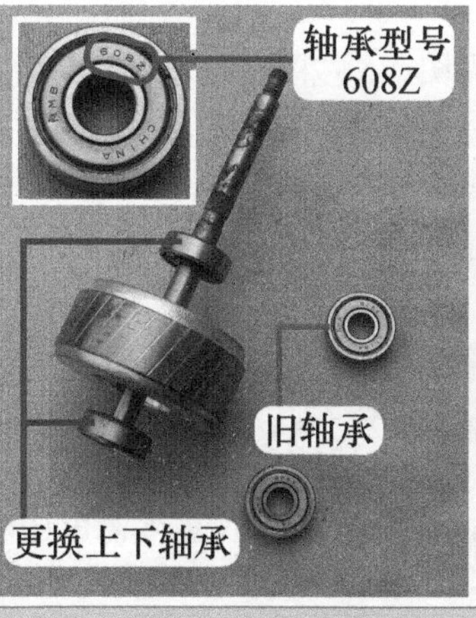

图 7-3　更换轴承后用手转动转轴

二、线圈开路，海尔空调器显示 F1 代码

➡ 故障说明：海尔 KFR-35GW/01（R2DB0）-S3 挂式直流变频空调器，用户反映不制冷，开机一段时间后显示 F1 代码，查看代码含义为模块故障。

1. 测量室外机电流和查看室外机主板

上门检查，使用遥控器开机，在室外机 1 号 N 端零线接上电流表测量室外机电流，室内机主板向室外机供电后，约 30s 后电流由 0.5A 逐渐上升，空调器开始制冷，手摸室外机开始振动，且连接管道中的细管开始变凉，说明压缩机正在运行，用手在室外机出风口感觉无风吹出，说明室外风机不运行。

在室外机运行 5min 之后，见图 7-4 左图，测量电流约 6A 时，压缩机停止运行，查看室外机主板指示灯闪烁 2 次，代码含义为模块故障。

约 3min 后压缩机再次运行，但室外风机仍然不运行，手摸冷凝器烫手，判断室外风机或室外机主板单元电路出现故障，应先检查室外风机的供电电压是否正常，因室外机主板表面涂有一层薄薄的绝缘胶，应使用万用表的表笔尖刮开涂层，见图 7-4 右图，以便万用表测量。

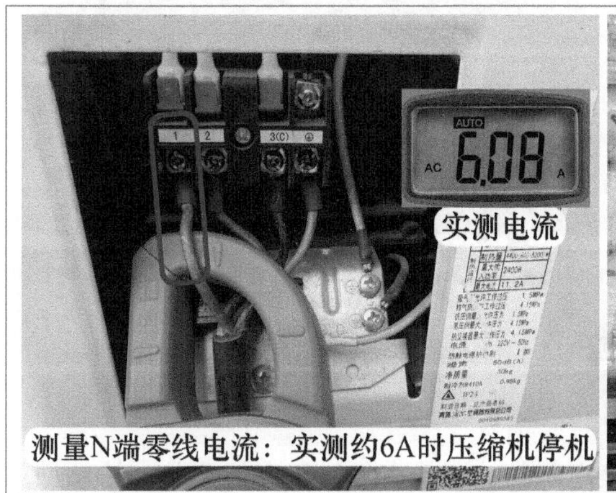

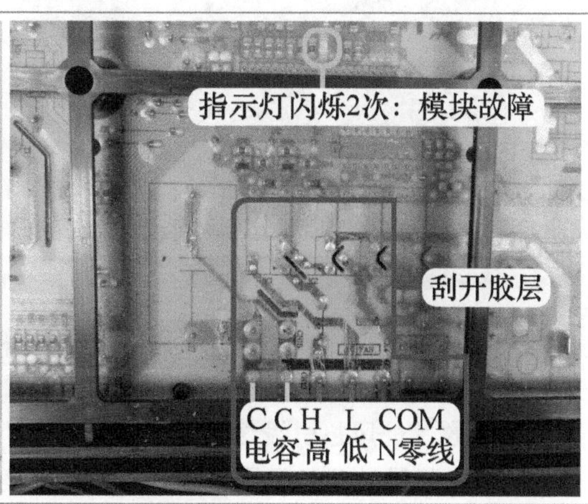

图 7-4　测量室外机电流和查看室外风机电路

2. 测量室外风机供电电路

使用万用表交流电压档，见图 7-5 左图，黑表笔接零线 N 端，红表笔接高风端子测量电压，实测约为 220V。

见图 7-5 右图，黑表笔不动接 N 端，红表笔改接低风端子测量电压，实测仍约为 220V，说明室外机主板已输出供电，排除供电电路故障。

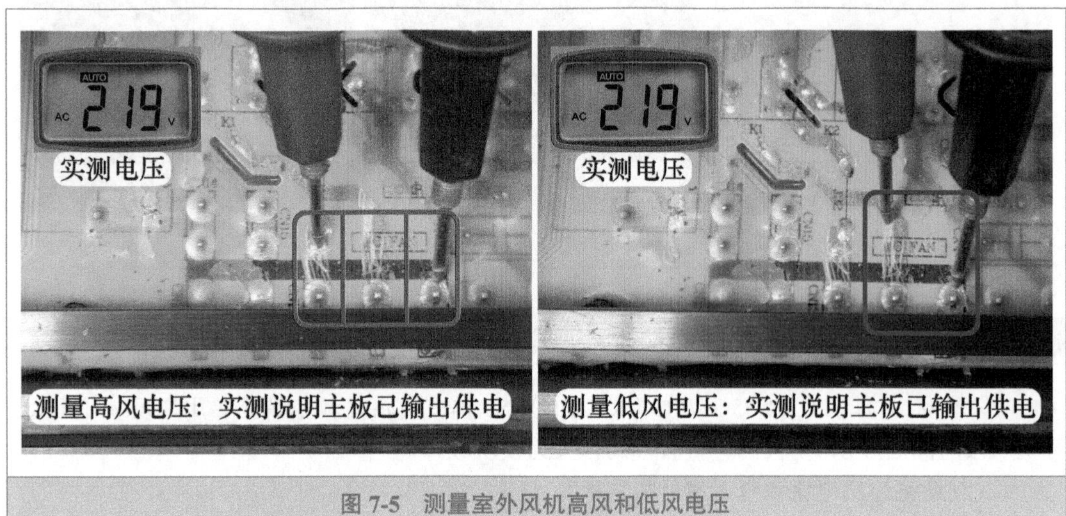

图 7-5 测量室外风机高风和低风电压

3. 用手拨动风扇

由于风机电容损坏也会引起室外风机不能运行的故障，见图 7-6，用手摸室外风扇时，感觉没有振动；再用手拨动室外风扇，仍不能运行，从而排除风机电容故障。

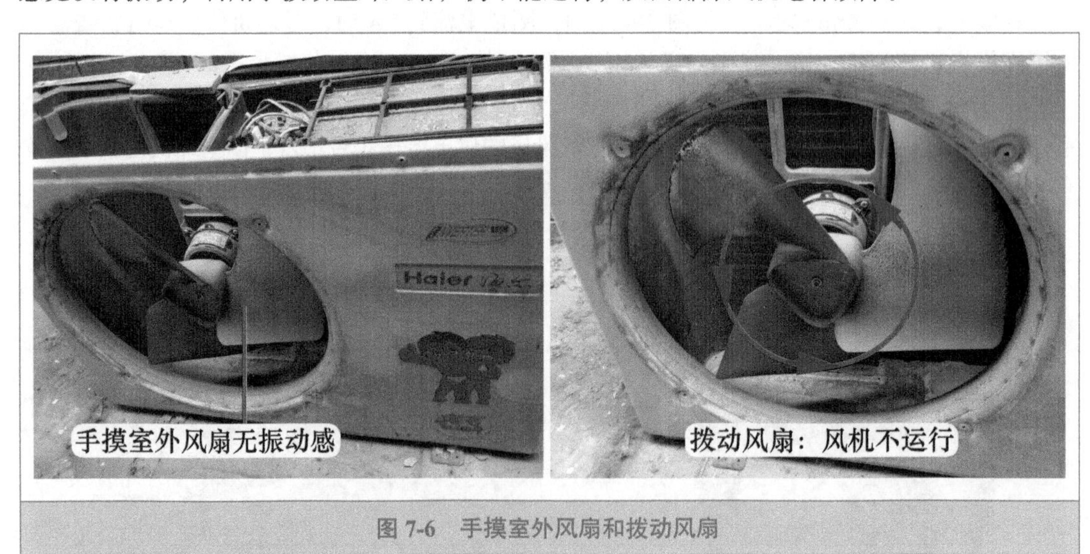

图 7-6 手摸室外风扇和拨动风扇

4. 测量室外风机引线阻值

断开空调器电源，见图 7-7，使用万用表电阻档，测量室外风机引线阻值，结果见表 7-1，测量公共端接零线 N 的白线和高风抽头黄线阻值为无穷大，白线和低风抽头的黄线阻值也为无穷大，说明室外风机内部的线圈开路损坏，可能为与白线串接的温度熔丝开路。

表 7-1 测量室外风机引线阻值

红表笔和黑表笔	白线 - 黄线 N-L 公共 - 低风	白线 - 黑线 N-H 公共 - 高风	白线 - 棕线 N-C 公共 - 电容	白线 - 蓝线 (内部相通)	黄线 - 黑线 L-H 低风 - 高风	黄线 - 棕线 L-C 低风 - 电容	黑线 - 棕线 H-C 高风 - 电容
结果	无穷大	无穷大	无穷大	无穷大	166Ω	174Ω	339Ω

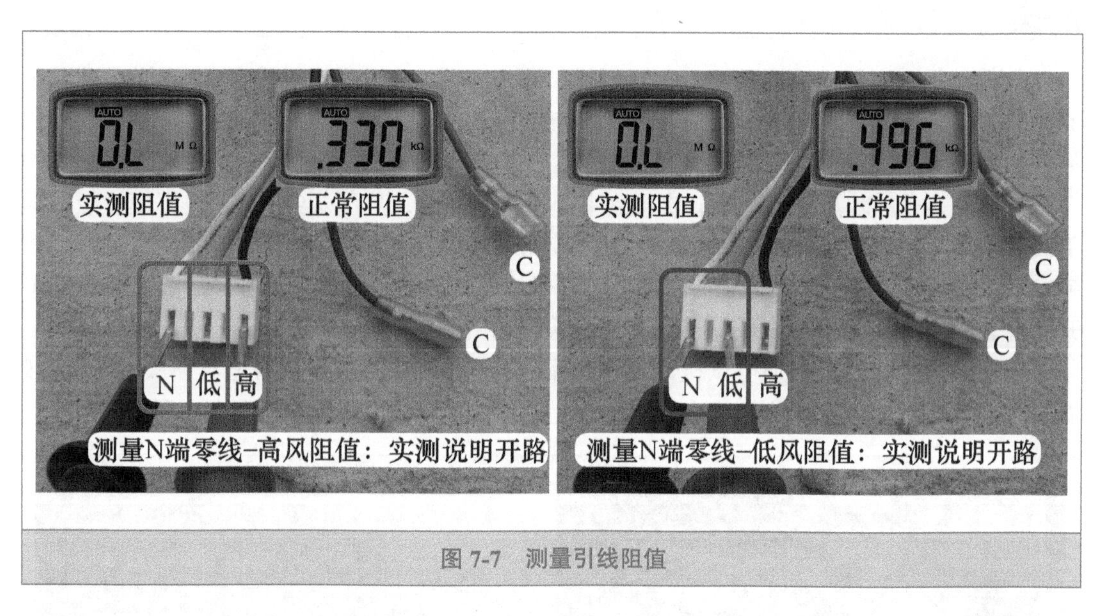

图 7-7 测量引线阻值

➡ 维修措施：见图 7-8，更换室外风机。更换后上电开机，室外风机和压缩机均开始运行，制冷恢复正常。

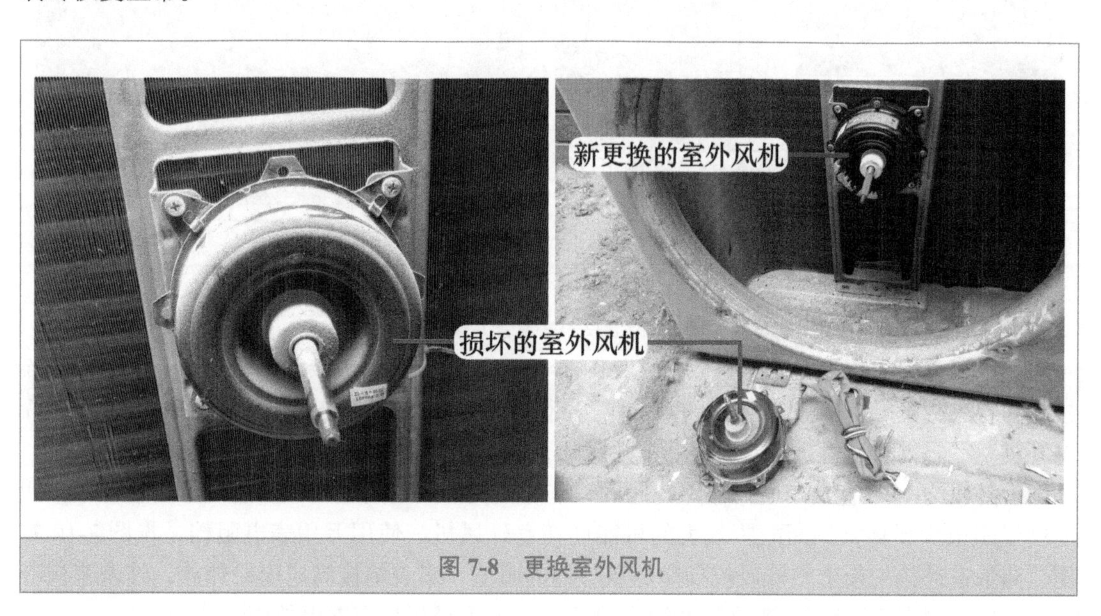

图 7-8 更换室外风机

总 结：

本例室外风机线圈开路，室外机主板输出供电后不能运行，压缩机运行时冷凝器因无法散热，表面温度很高，使得压缩机运行电流迅速上升，相对应模块电流也迅速上升，超过一定值后输出保护信号至室外机 CPU，室外机 CPU 检测后停止驱动压缩机进行保护，并显示代码为模块故障。

三、线圈漏电，断路器跳闸

➡ 故障说明：海尔 KFR-35GW/05GJC23-DS 挂式直流变频空调器，用户反映接通电源约 30s 后断路器跳闸，经其他网点维修人员检查后判断为模块损坏，要求上门更换。

1. 检查模块和测量电源插头阻值

申请同型号模块后上门检查，直接到室外机取下顶盖，见图 7-9 左图，拔下模块板上的引线，使用万用表二极管档测量模块 P-N-U-V-W 正向和反向均符合二极管特性，无击穿故障；测量硅桥 AC-N、AC-L、LI、N 共 4 个端子均符合二极管特性，无击穿故障；测量 PFC 开关管 LO、N 端也无击穿故障，从而排除模块损坏。

恢复引线后将空调器通电试机，约 30s 后断路器跳闸，拔下空调器电源插头，见图 7-9 右图，使用万用表电阻档测量 N 与地的阻值，实测约为 7kΩ，确定空调器存在漏电故障。

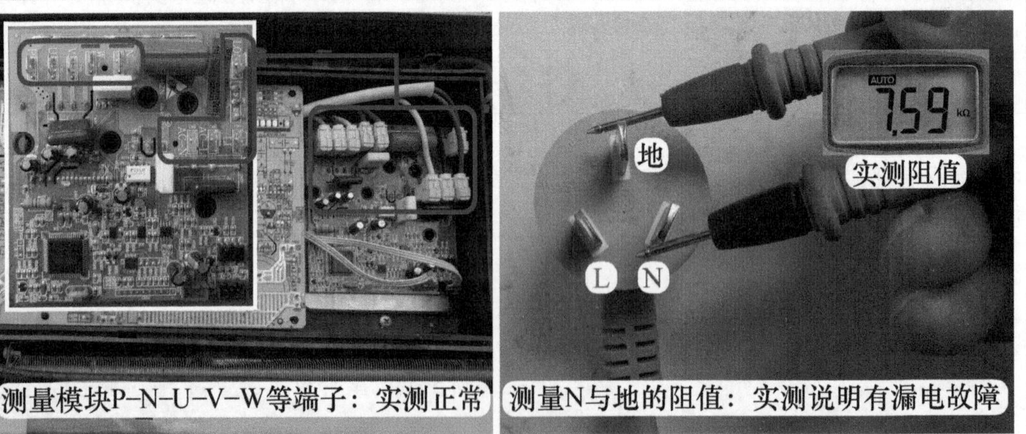

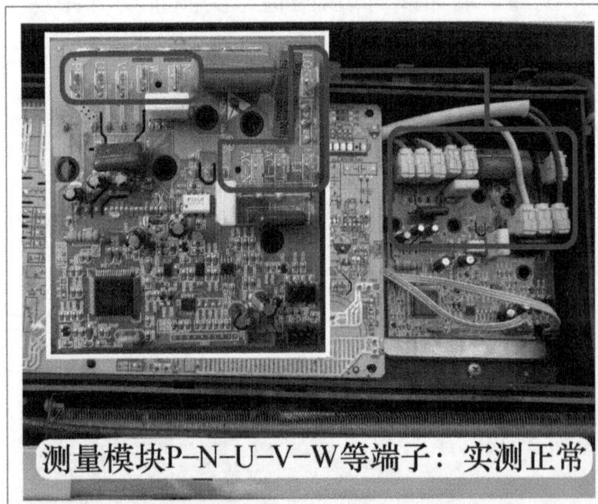

图 7-9 测量模块端子和插头 N- 地的阻值

2. 区分故障范围和测量室外风机线圈对地阻值

为区分是室内机还是室外机故障，见图 7-10 左图，在室内机接线端子处断开室内外机连接线，再次测量电源插头 N 与地的阻值，实测结果为无穷大，将电源插头插入插座，用遥控器开机，室内风机运行，同时断路器不再跳闸，说明故障在室外机。

室外机与 N 端直接相通的器件有硅桥、室外风机、四通阀线圈，而硅桥已测量正常，四通阀线圈很少损坏，判断故障最大的可能性在室外风机。使用万用表电阻档，见图 7-10 右图，测量室外机主板上室外风机插座焊点与地的阻值，黑表笔接高风引线焊点，红表笔接冷凝器铁皮（相当于接地），实测阻值约为 7kΩ，说明室外风机有漏电故障。

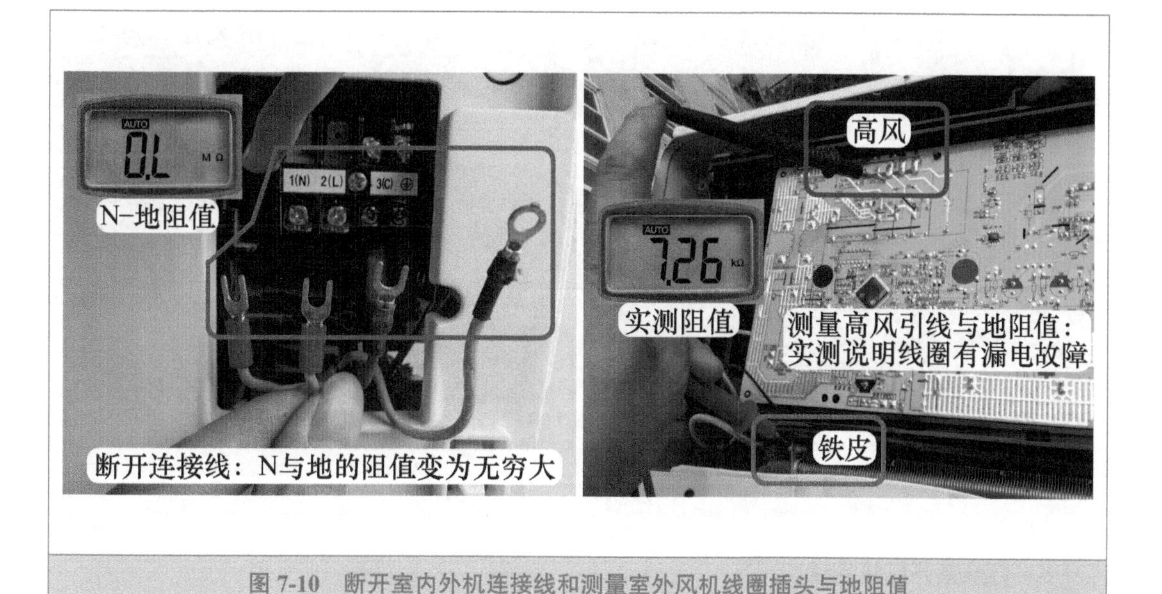

图 7-10 断开室内外机连接线和测量室外风机线圈插头与地阻值

3. 取下室外风机插头单独测量

见图 7-11，取下室外机主板上的室外风机线圈插头和电容插头，依旧使用万用表电阻档测量阻值，黑表笔接公共端白线，红表笔接室外风机支架固定螺钉（相当于接地），实测结果仍约为 7kΩ，从而确定室外风机线圈存在漏电故障。

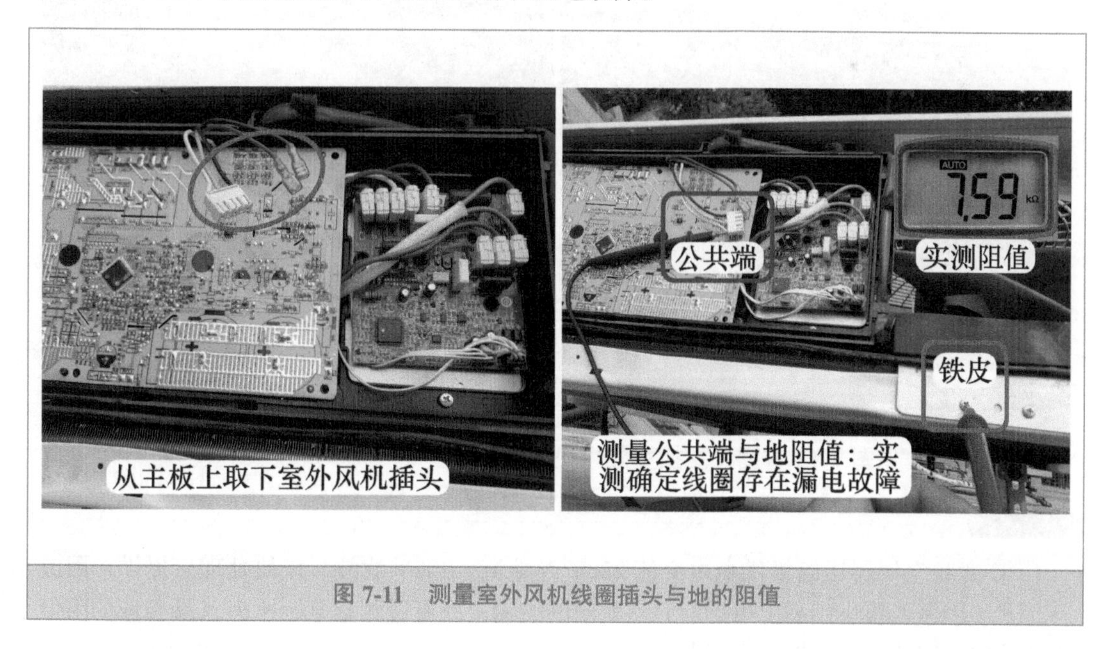

图 7-11 测量室外风机线圈插头与地的阻值

4. 测量线圈插头与外壳的阻值

取下室外风机，使用万用表电阻档，见图 7-12，一表笔接铁壳，一表笔分别接室外风机线圈公共端蓝线（蓝线和白线相通）和电容棕线，实测阻值均约为 7kΩ，正常阻值应为无穷大，从而确定室外风机损坏。

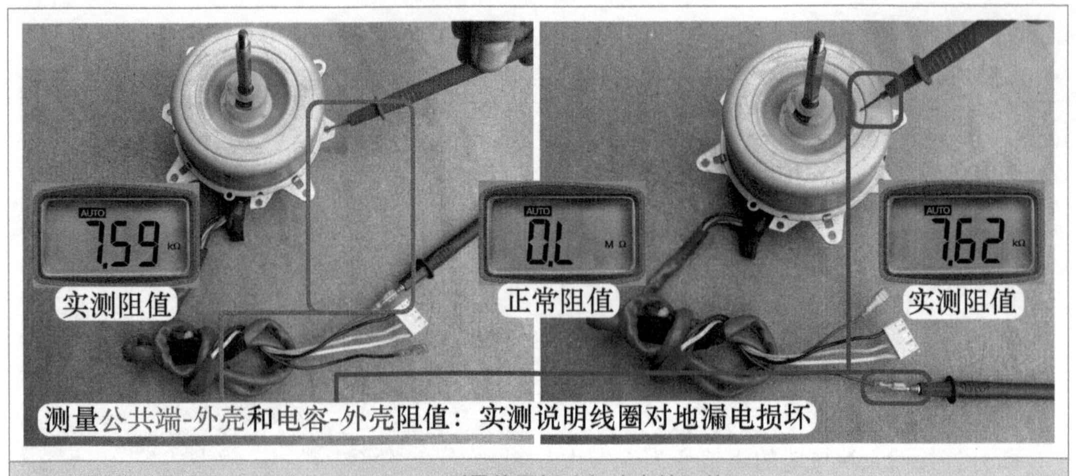

图 7-12　测量线圈插头与外壳的阻值

5. 更换室外风机后试机

申请同型号室外风机后，见图 7-13 左图，将室外风机线圈插头和电容插头插在室外机主板，再次上电开机，室外风机和压缩机均开始运行，同时断路器不再跳闸。

图 7-13　更换室外风机

➡ 维修措施：见图 7-13 右图，更换室外风机。

总　结：

① 变频空调器压缩机供电由交流 220V 经整流、300V 滤波、模块处理后提供，因此压缩机线圈漏电很少出现上电即断路器跳闸的故障，或者说测量电源插头 N 端与地的阻值时不为漏电阻值，而是接近无穷大。

② 模块的直流 300V 供电由滤波电容提供，而滤波电容上电充电时经 PTC 电阻限流，因而模块短路或硅桥短路时，PTC 电阻由于负载短路电流过大，其温度急剧上升、阻值开路，室外机无供电，因此不会引起上电即断路器跳闸的故障。

四、直流风机线圈开路，格力空调器显示 L3 代码

➡ 故障说明：格力 KFR-32GW/（32561）FNCa-2 挂式全直流变频空调器（U 雅），用户反映不制冷，显示屏显示 L3 代码，查看代码含义为直流风机故障或室外风机故障保护。

1. 显示屏显示代码和检测仪故障

上门检查，用户正在使用空调器，室内风机运行，但室外机不运行，见图 7-14 左图，显示屏处显示 L3 代码，同时“运行”指示灯灭 3s 闪烁 23 次，含义为室外直流风机故障。

切断空调器电源，在室外机接线端子接上格力变频空调器专用检测仪的 3 根连接线，使用万用表交流电流档，钳头卡住 3 号棕线测量室外机电流，再重新上电开机，室内机风机运行，室内机主板向室外机主板供电后，首先电子膨胀阀复位，查看电流约为 0.1A，约 40s 时压缩机起动运行，但室外风机不运行，电流逐渐上升，约 1min30s 时电流约为 3.2A，压缩机停止（共运行约 50s），室内机显示 L3 代码，查看检测仪显示信息如下，见图 7-14 右图，故障:L3(室外风机 1 故障)。查看室外机主板指示灯状态，绿灯 D3 持续闪烁，表示为通信正常；黄灯熄灭，表示为压缩机停止；红灯闪烁 8 次，表示为达到开机温度。根据 3 个指示灯含义，说明室外机主板未报出故障代码。

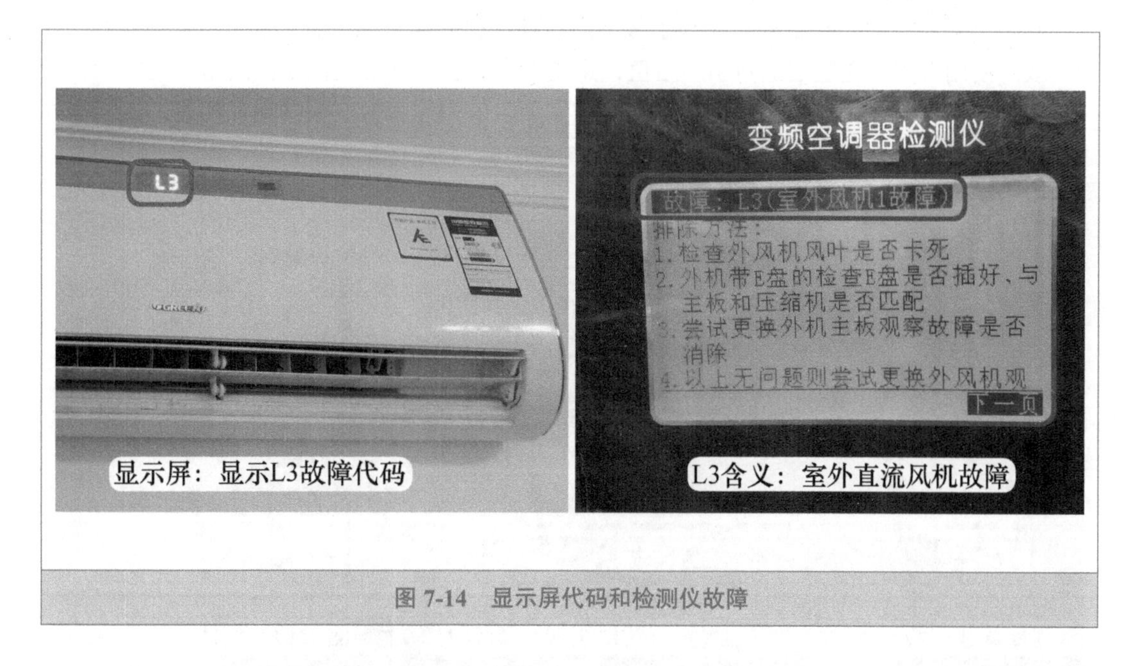

图 7-14 显示屏代码和检测仪故障

2. 转动室外风扇和查看室外风机铭牌

显示屏和检测仪均显示故障为室外直流风机故障，说明室外风机电路有故障。在压缩机停止运行后，见图 7-15 左图，用手转动室外风扇，感觉很轻松没有阻力，排除异物卡住室外风扇或电机内部轴承卡死故障。

见图 7-15 右图，查看室外风机铭牌，使用松下公司生产的直流电机（风扇用塑封直流电动机），型号为 ARL8402JK（FW30J-ZL），其连接线只设有 3 根，分别为黄线 U、红线 V、白线 W，U-V-W 为模块输出，说明电机内部未设置电路板，只有电机绕组的线圈。

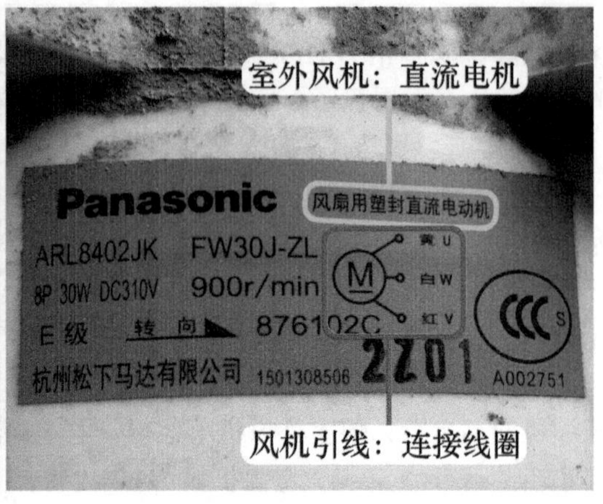

图 7-15 转动室外风扇和查看室外风机铭牌

3. 测量引线阻值

切断空调器电源，在室外机主板上拔下风机插头，和风机铭牌标识相同，只有黄白红 3 根引线。使用万用表电阻档测量引线阻值，见图 7-16，黄线和红线间实测阻值为无穷大，黄线和白线间实测阻值为无穷大，白线和红线间实测阻值为无穷大，根据测量结果，说明室外风机线圈开路损坏。

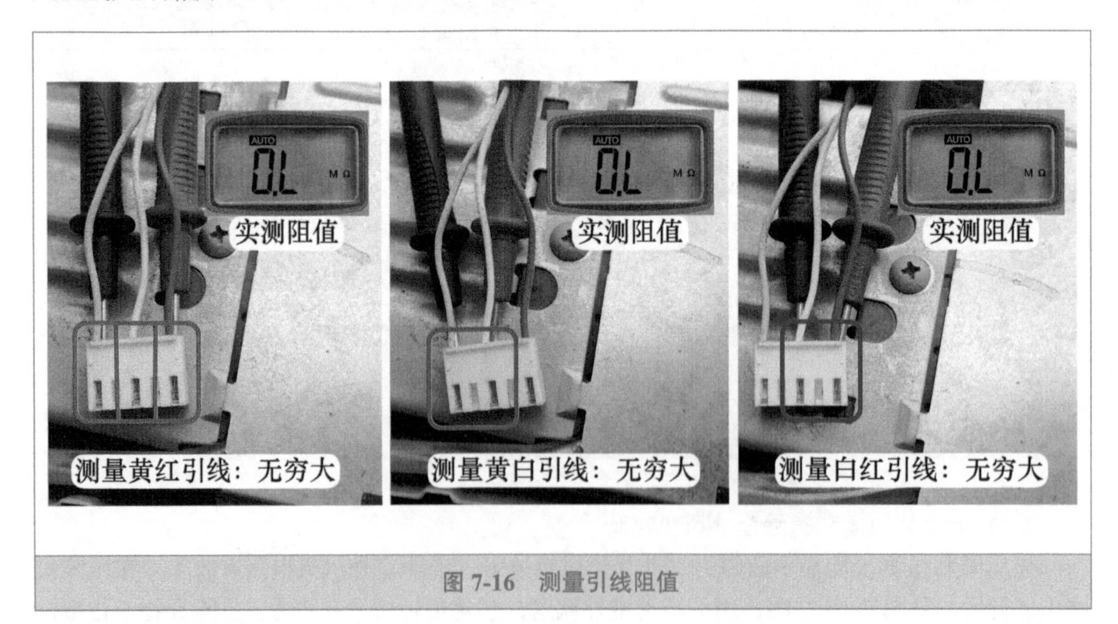

图 7-16 测量引线阻值

4. 配件电机和铭牌

按空调器型号和条码申请室外风机，发过来的配件实物外形和铭牌标识见图 7-17，由凯邦公司生产的直流电机（无刷直流塑封电动机），型号为 ZWR30-J（FW30J-ZL），共有 3 根引线，分别为黄线 U、红线 V、白线 W，引线插头和原机相同。

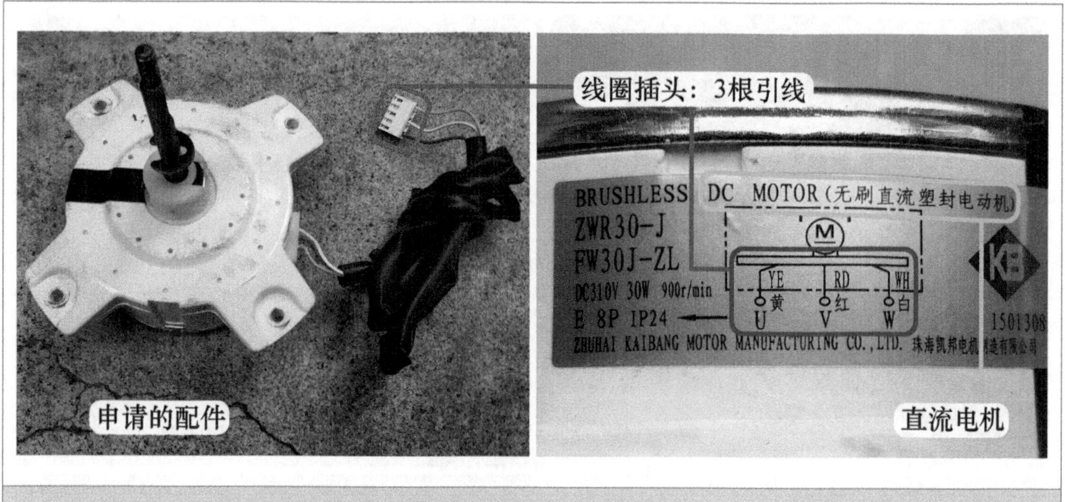

图 7-17 配件电机和铭牌

5. 测量配件电机引线阻值

使用万用表电阻档，测量配件电机插头引线阻值，见图 7-18，黄线和红线间实测阻值约为 82Ω，黄线和白线间实测阻值约为 82Ω，白线和红线间实测阻值约为 82Ω，根据测量结果也说明直流电机内部只有绕组线圈，没有设计电路板，也确定原机直流电机线圈开路损坏。

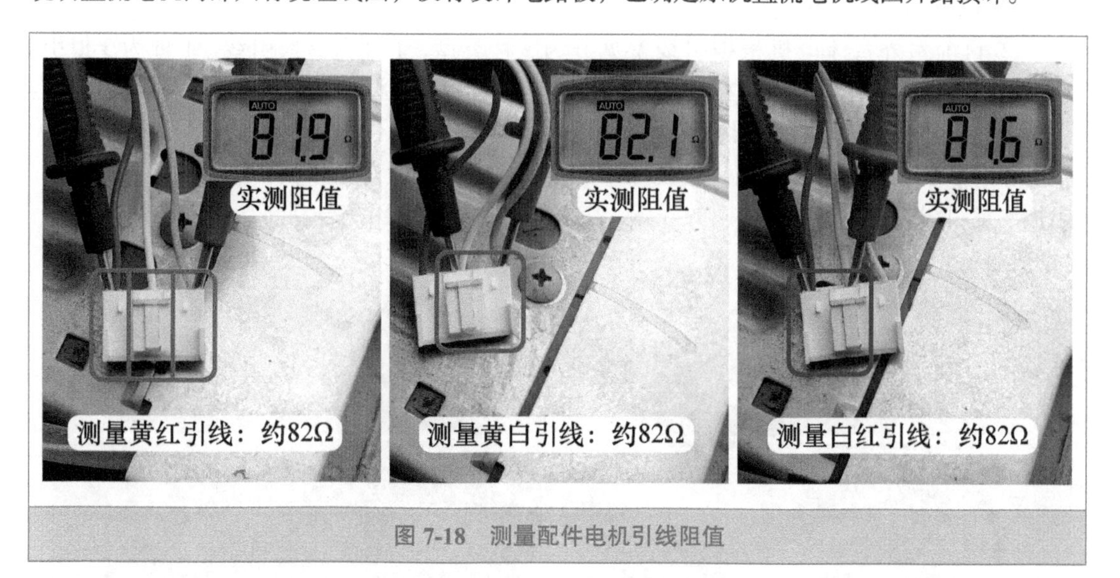

图 7-18 测量配件电机引线阻值

6. 更换室外风机

见图 7-19 左图，将配件电机引线插头安装至室外机主板插座，再次上电试机，待电子膨胀阀复位过后，压缩机开始运行并逐渐升频，室外风机开始运行转速并逐渐加快，手摸冷凝器温度逐渐上升，同时室内机显示屏不再显示 L3 代码。

使用遥控器关机，并切断空调器电源，由于室外机前方安装有防盗窗并且距离过近，无法取下前盖，见图 7-19 右图，维修时取下室外风扇后慢慢取下原机的直流电机，再将配件电机安装至固定支架，再安装室外风扇并拧紧螺钉。

图 7-19　更换室外风机

➡ 维修措施：更换室外直流风机。更换后再次上电试机，室外风机和压缩机均开始运行，制冷恢复正常。

总　结：

① 本例线圈开路，室外风机不能运行，室外机主板 CPU 检测后停止压缩机运行，并在室内机显示屏显示 L3 代码。

② 目前室外直流电机根据引线常见分为 2 种类型，1 种为 5 根引线，1 种为 3 根引线。5 根引线的直流电机应用在早期和目前的全直流变频空调器，实物外形和内部结构见图 7-20，其内部设有驱动线圈的模块电路板，室外机主板提供电源和驱动信号，内部电路板工作后驱动电机运行，并输出转速反馈信号；由于内部设有电路板，因而仅凭万用表电阻档测量引线阻值不能判断线圈的好坏，应上电试机根据电压综合判断。

图 7-20　5 根引线直流电机和内部结构

③ 3 根引线的直流电机应用在目前的全直流变频空调器，见图 7-21，将驱动线圈的模块电路设计在室外机主板，电机内部未设计电路板，插头作用和压缩机插头相同，引线只连接线圈，因此可使用万用表电阻档测量阻值判断线圈是否损坏。

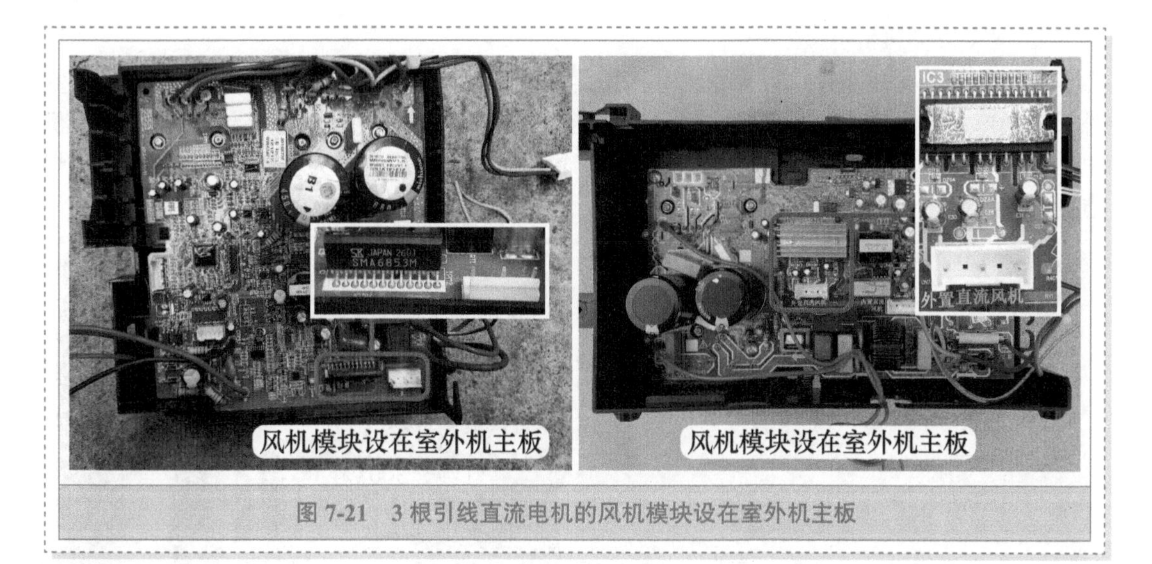

图 7-21　3 根引线直流电机的风机模块设在室外机主板

五、15V 熔丝管开路，三菱重工空调器报室外风机异常

➡ 故障说明：三菱重工 SRCQI25H(KFR-25GW/QIBp) 挂式全直流变频空调器，用户反映开机后不制冷。

1. 室外风机不运行和查看室外机主板

上门检查，将空调器重新接通电源，使用遥控器以制冷模式开机，室内风机运行，但吹出的风为自然风，检查室外机，待室外机主板上电对电子膨胀阀复位后，压缩机开始运行，手摸细管感觉已经开始变凉，见图 7-22 左图，室外风机始终不运行，一段时间以后压缩机也停止运行。

再检查室内机，室内机依旧吹自然风，显示板组件报出故障代码：运转指示灯点亮、定时指示灯每 8 秒闪 7 次，查看含义为室外风扇电机异常。

取下室外机外壳，见图 7-22 右图，室外机主板为一体化设计，即室外机电控系统均集成在一块电路板上，电源电路使用开关电源形式，输出部分设有 7815 稳压块。

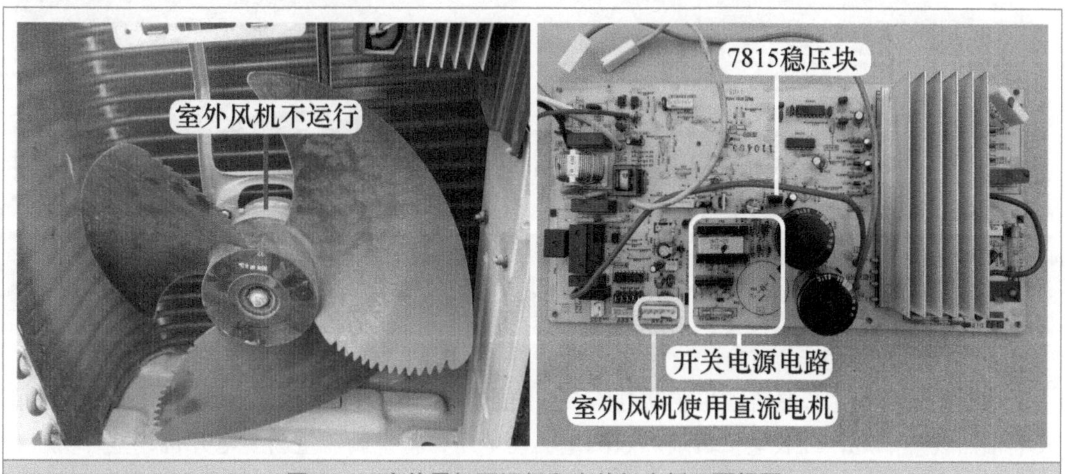

图 7-22　室外风机不运行和室外机主板正面视图

2. 查看室外风机引线

见图 7-23，本机室外风机为直流电机，共设有 5 根引线，室外机主板设有 1 个 5 针的室外风机插座。风机引线和主板插座焊点的功能相对应：红线对应最左侧焊点为直流 300V 供电，黑线对应焊点为地，白线对应焊点为 15V 供电，黄线对应焊点为驱动控制，蓝线对应焊点为转速反馈。

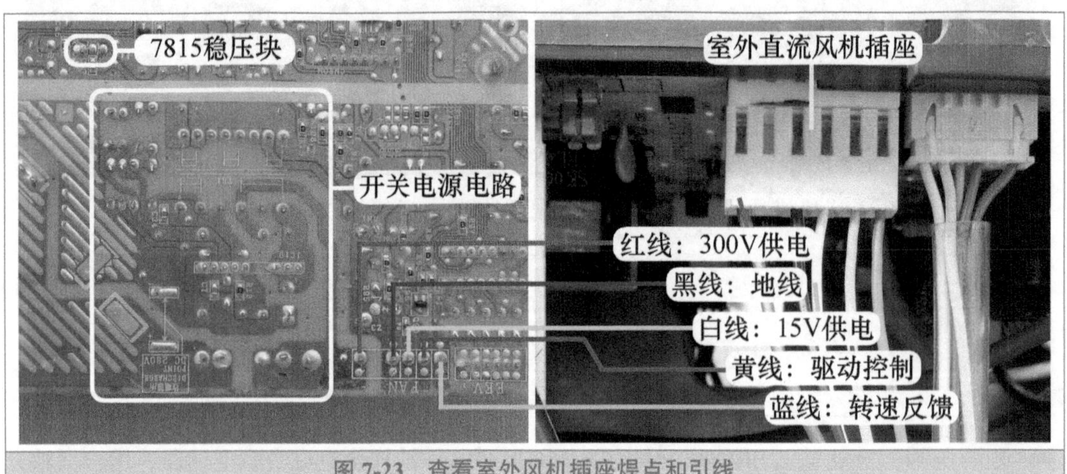

图 7-23 查看室外风机插座焊点和引线

3. 测量 300V 和 15V 电压

由于室外风机始终不运行，使用万用表直流电压档，测量插座焊点电压。见图 7-24 左图，黑表笔接黑线焊点地，红表笔接红线焊点测量 300V 电压，实测为 315V，说明正常。

见图 7-24 右图，黑表笔仍旧接黑线焊点地，红表笔改接白线焊点测量 15V 电压，正常应为 15V，实测约为 0V，说明 15V 供电支路有故障。

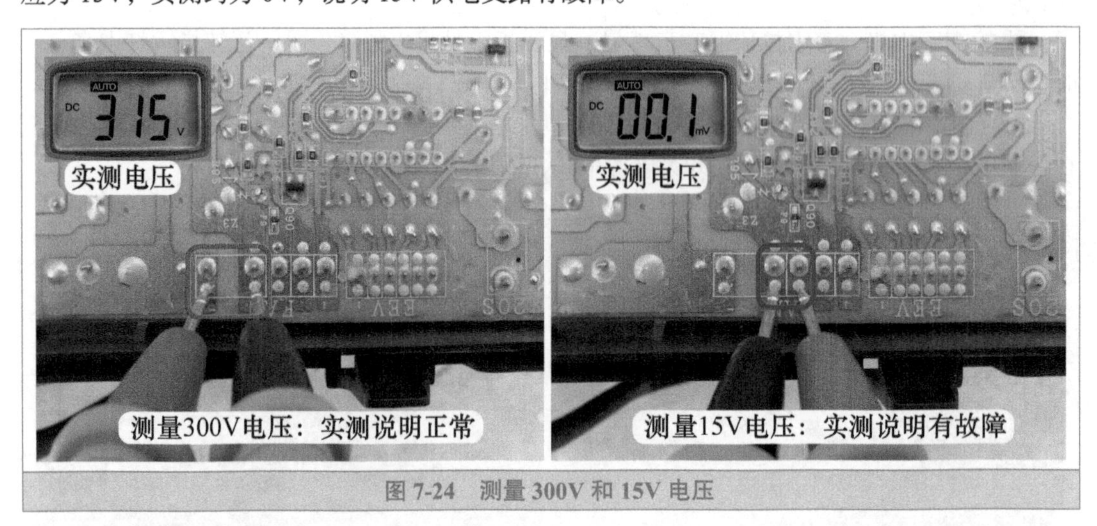

图 7-24 测量 300V 和 15V 电压

4. 测量驱动电压和稳压块 7815 输出端电压

为判断室外机主板是否输出驱动电压，依旧使用万用表直流电压档，见图 7-25 左图，黑表笔接黑线焊点地，红表笔接黄线焊点测量驱动电压，将空调器重新上电开机，室外机主板对电子膨胀阀复位结束后，驱动电压由 0V 逐渐上升至 1V、2V，约 40s 时上升至最大值 3.2V，再约 10s 后下降至 0V。驱动电压由 0V 上升至约 3.2V，说明室外机主板已输出驱动电压，故障为 15V 供电支路故障。

查看室外风机 15V 供电，由开关电源电路输出部分 15V 支路的 15V 稳压块 7815 输出端提供，使用万用表直流电压档，见图 7-25 右图，黑表笔接 7815 中间引脚焊点地，红表笔接输出端焊点测量电压，实测约为 15V，说明开关电源电路正常。

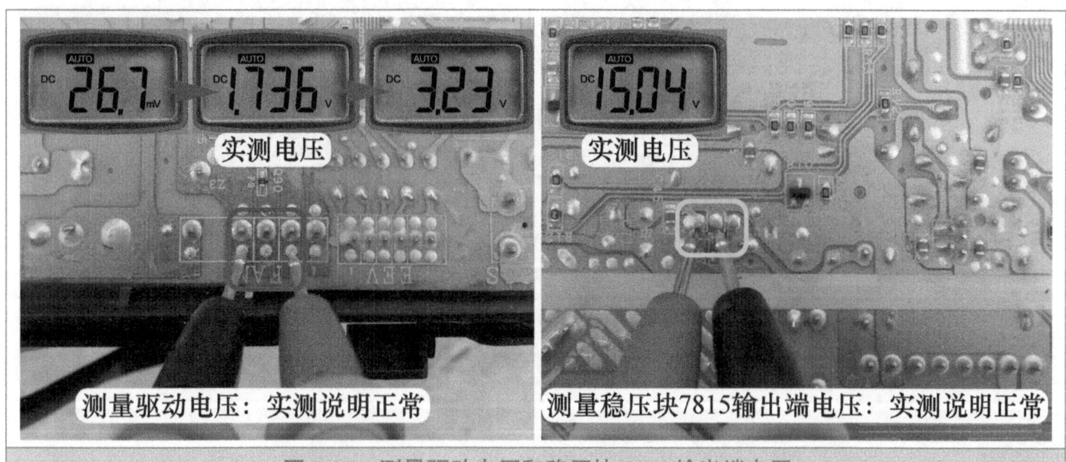

图 7-25 测量驱动电压和稳压块 7815 输出端电压

5. 测量 F9 前端电压和阻值

查看室外机主板上稳压块 7815 输出端 15V 至室外风机 15V 白线焊点的铜箔走线，只设有 1 个标号为 F9 的贴片熔丝管。使用万用表直流电压档，见图 7-26 左图，黑表笔接黑线焊点地，红表笔接 F9 前端焊点测量电压，实测约为 15V，说明 15V 电压已送至室外风机电路，故障可能为 F9 熔丝管损坏。

断开空调器电源，待室外机主板 300V 电压下降至约为 0V 时，使用万用表电阻档，见图 7-26 右图，在路测量 F9 熔丝管阻值，正常应为 0Ω，实测约为 28kΩ，说明开路损坏。

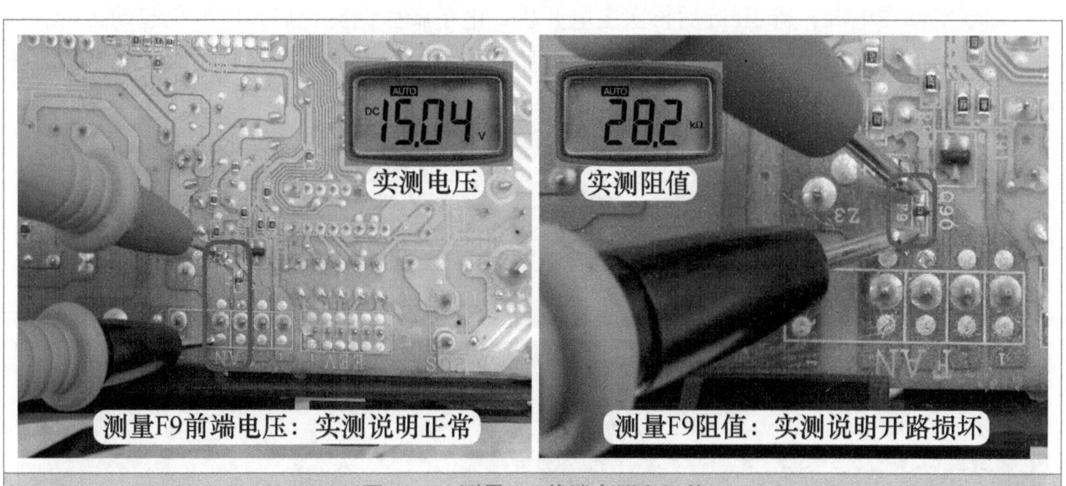

图 7-26 测量 F9 前端电压和阻值

➡ 维修措施：F9 熔丝管表面标注为 CB，表示额定电流约为 0.35A，由于没有相同型号的配件更换，见图 7-27，维修时使用阻值为 0Ω 的电阻代换，代换后上电开机，使用万用表直流电压档，黑表笔接黑线焊点地，红表笔接白线焊点测量 15V 电压，实测约为 15V 说明正常，同时室外风机和压缩机均开始运行，制冷恢复正常，故障排除。

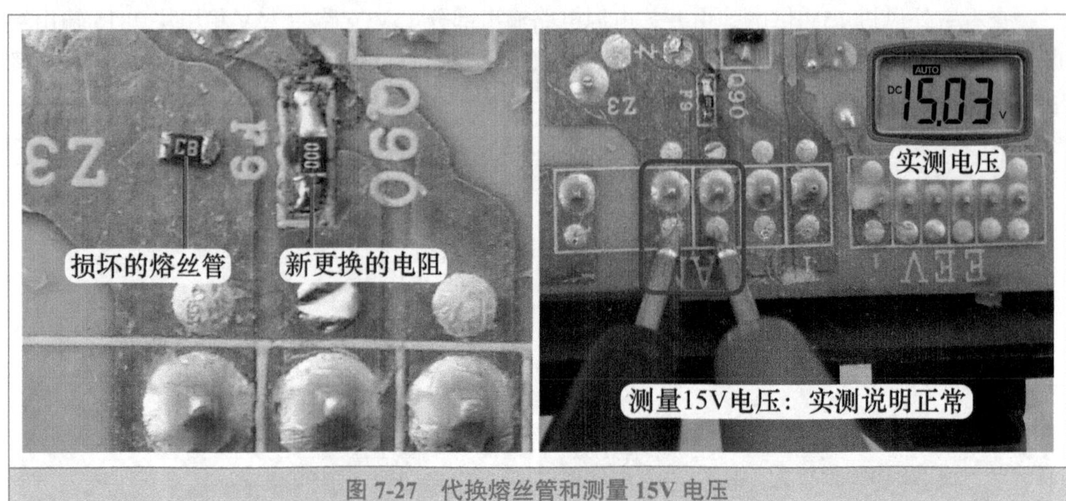

图 7-27　代换熔丝管和测量 15V 电压

六、直流电机线束磨断，海尔空调器报直流风机异常

➡ 故障说明：海尔 KFR-72LW/62BCS21 柜式全直流变频空调器，用户反映不制冷，要求上门维修。

1. 查看室外机和室外风机不运行

上门检查，使用万用表交流电流档，钳头卡在为空调器供电的断路器上的相线引线，上电使用遥控器开机，室内风机运行，最高电流约为 0.7A，说明室外机没有运行。检查室外机，室外风机和压缩机均不运行，见图 7-28 左图，查看室外机主板指示灯闪烁 9 次，查看代码含义为室内直流风机异常。

切断空调器电源，待 3min 后再次上电开机，电子膨胀阀复位后，压缩机起动运行，但约 5s 后随即停机，见图 7-28 右图，室外风机始终不运行，室外机主板指示灯闪烁 9 次报出故障代码，同时室内机未显示故障代码。

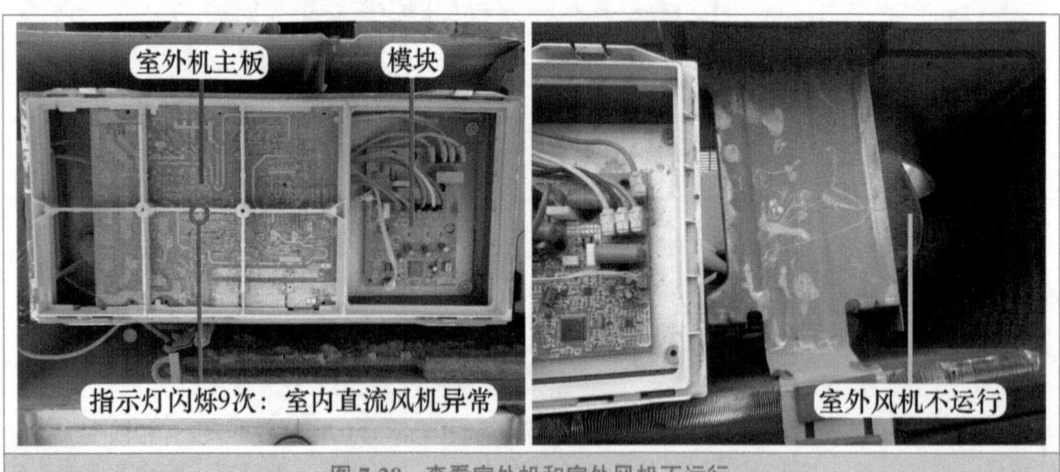

图 7-28　查看室外机和室外风机不运行

2. 卡住门开关和更换室内机主板

检查室内机，掀开前面板，由于门开关保护，室内风机停止运行，排除方法见图 7-29 左图，用手将门开关向里按压到位后，再使用牙签顶住，使其不能向外移动，门开关触点一直处于闭合状态，CPU 检测前面板处于关闭的位置，控制室内风机运行，才能检修空调器。

本机室内风机（离心电机）使用直流电机，共设有 5 根引线，红线为直流 300V 供电，黑线为地线，白线为直流 15V 供电，黄线为驱动控制，蓝线为转速反馈。

使用万用表直流电压档，黑表笔接黑线地线，红表笔接红线测量 300V 电压，实测约为 300V；黑表笔接地线，红表笔接白线测量 15V 电压，实测约为 15V，2 次测量说明供电正常。

在室内风机运行时，黑表笔依旧接黑线地线，红表笔接黄线测量驱动电压，实测约为 2.8V，红表笔接蓝线测量反馈电压，实测约为 7.5V。使用遥控器关机，室内风机停止运行，红表笔接黄线测量驱动电压，实测为 0V；红表笔接蓝线测量反馈电压，同时用手慢慢转动室内风扇（离心风扇），实测为 0.2V ~ 15V ~ 0.2V ~ 15V 跳动变化，说明室内风机正常，故障为室内机主板损坏。

申请同型号室内机主板更换后，见图 7-29 右图，重新上电试机，依旧为室内风机运行正常，压缩机运行 5s 后停机，室外风机不运行，室外机主板指示灯依旧闪烁 9 次报出代码，仔细查看故障代码本，发现闪烁 9 次故障代码含义包括室外直流风机异常，即闪烁 9 次代码的含义为室内或室外直流风机异常。

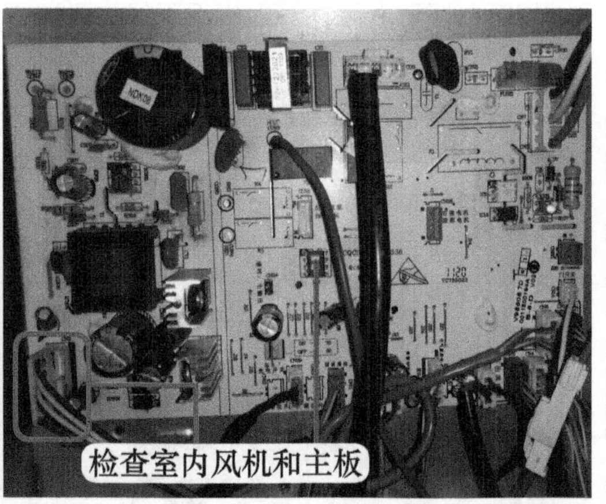

图 7-29　卡住门开关和检查室内机

3. 测量室外风机

再次检查室外机，本机室外风机使用直流电机。使用万用表直流电压档，见图 7-30 左图，黑表笔接室外风机插头中的黑线地线，红表笔接红线测量 300V 电压，实测为 304V，说明正常；黑表笔不动，红表笔接白线测量 15V 电压，实测约 15V，说明室外机主板已输出直流 300V 和 15V 电压。

首先接好万用表表笔，见图 7-30 右图，即黑表笔依旧接黑线地线，红表笔接黄线测量驱动电压，然后重新上电开机，电子膨胀阀复位结束后，压缩机开始运行，同时黄线驱动电压由 0V 迅速上升至 6V，再下降至约 3V，最后下降至 0V，但室外风机始终不运行，约 5s 后压缩机停机，室外机主板指示灯闪烁 9 次报出代码。

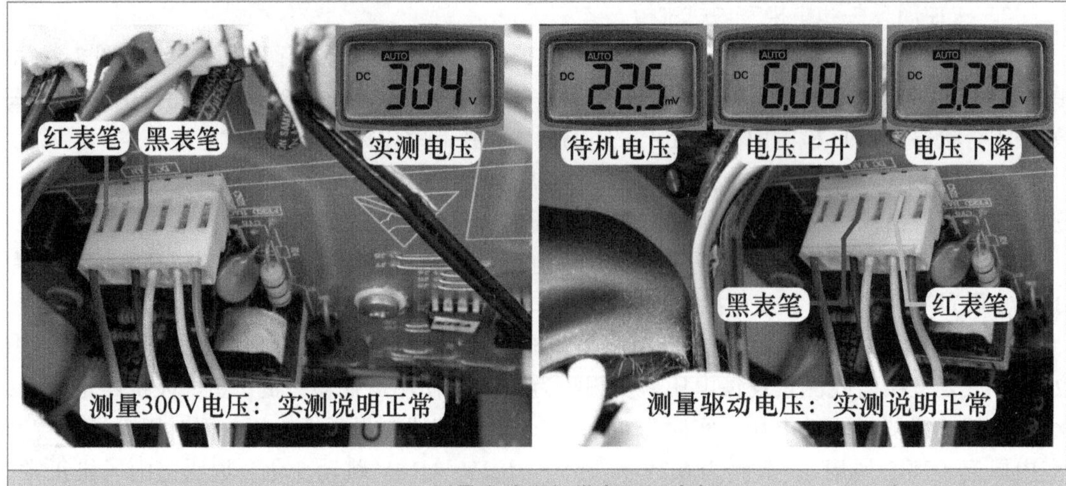

图 7-30 测量室外风机供电和驱动电压

4. 查看室外风机引线磨断

室外机主板已输出直流 300V、15V 的供电电压和驱动电压，但室外风机仍不运行，用手拨动室外风扇，以判断是否因轴承卡死造成的堵转时，感觉有异物卡住室外风扇，见图 7-31 左图，仔细查看为室外风机的连接线束和室外风扇相摩擦，目测已有引线断开。

切断空调器电源，仔细查看引线，见图 7-31 右图，发现为 15V 供电的白线断开。

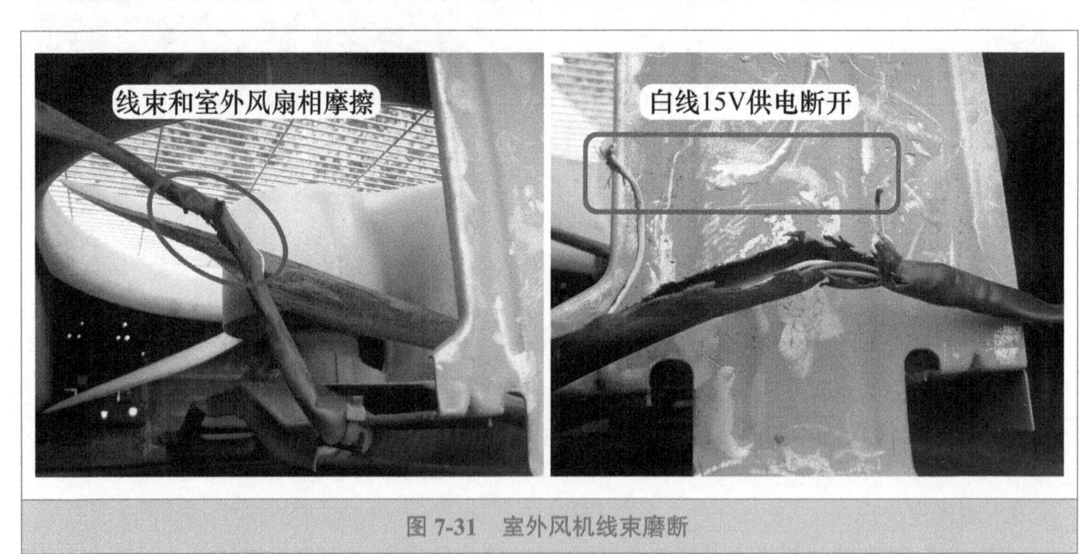

图 7-31 室外风机线束磨断

➡ 维修措施：见图 7-32，连接白线，使用绝缘胶布包好接头，再将线束固定在相应位置，使其不能移动。再次上电开机，电子膨胀阀复位结束后，压缩机运行，约 1s 后室外风机也开始运行，长时运行不再停机，制冷恢复正常。

在室外风机运行时，使用万用表直流电压档，黑表笔接黑线地线，红表笔接红线测量 300V 电压约为 300V，红表笔接白线测量 15V 电压约为 15V，红表笔接黄线测量驱动电压为 4.3V，红表笔接蓝线测量反馈电压为 9.9V。

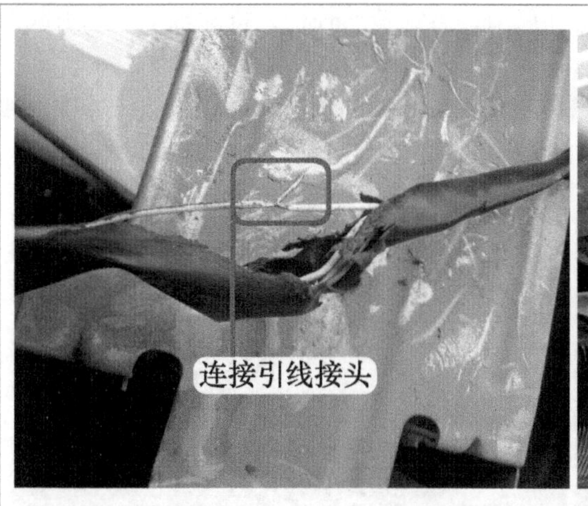

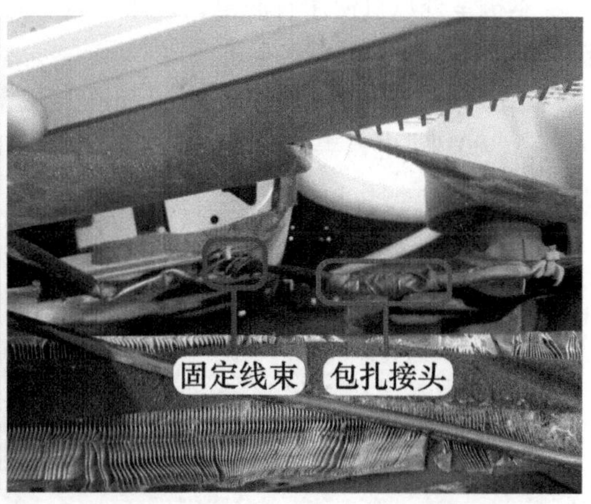

图 7-32 连接引线接头和固定线束

总 结：

① 本例在维修时走了弯路，查看故障代码时不细心以及太相信代码内容。代码本上“室内直流风机异常”的序号位于上方，查看室外机指示灯闪烁 9 次时，在室内风机运行正常、室外风机不运行的前提下，判断室内风机出现故障，以至于更换室内机主板仍不能排除故障时，才再次认真查看故障代码本，发现室外机指示灯闪烁 9 次也代表“室外直流风机异常”，才去检查室外风机。

② 本例在压缩机运行、室外风机不运行时，未首先检查室外风机的原因是，首次接触此型号的全直流变频空调器，误判为室外风机不运行是由于冷凝器温度低、室外管温传感器检测温度低才控制室外风机不运行，需要管温传感器温度高于一定值后才控制室外风机运行。但实际情况是压缩机运行后立即控制室外风机运行，不检测室外管温传感器的温度。

③ 本例室外风机线束磨损、引线断开的原因为，前一段时间维修人员更换压缩机，安装电控盒时未将室外风机的线束整理固定，线束和室外风扇相摩擦，导致 15V 供电白线断开，室外风机内部电路板的控制电路因无供电而不能工作，室外风机不运行，室外机 CPU 因检测不到室外风机的转速反馈信号，停机进行保护。

七、 直流电机损坏，海尔空调器报直流风机异常

➡ 故障说明：卡萨帝（海尔高端品牌）KFR-72LW/01B（R2DBPQXFC）-S1 柜式全直流变频空调器，用户反映不制冷。

1. 查看室外机主板指示灯和直流电机插头

上门检查，使用遥控器开机，室内风机运行但不制冷，出风口吹出的为自然风。检查室外机，室外风机和压缩机均不运行，取下室外机外壳和顶盖，见图 7-33 左图，查看室外主板指示灯闪烁 9 次，查看代码含义为室外或室内直流电机异常。由于室内风机运行正常，判断故障在室外风机。

本机室外风机使用直流电机，用手转动室外风扇，感觉转动轻松，排除轴承卡死引起的机械损坏，说明故障在电控部分。

见图 7-33 右图，室外直流电机和室内直流电机的插头相同，均设有 5 根引线，其中红线为直流 300V 供电，黑线为地线，白线为直流 15V 供电，黄线为驱动控制，蓝线为转速反馈。

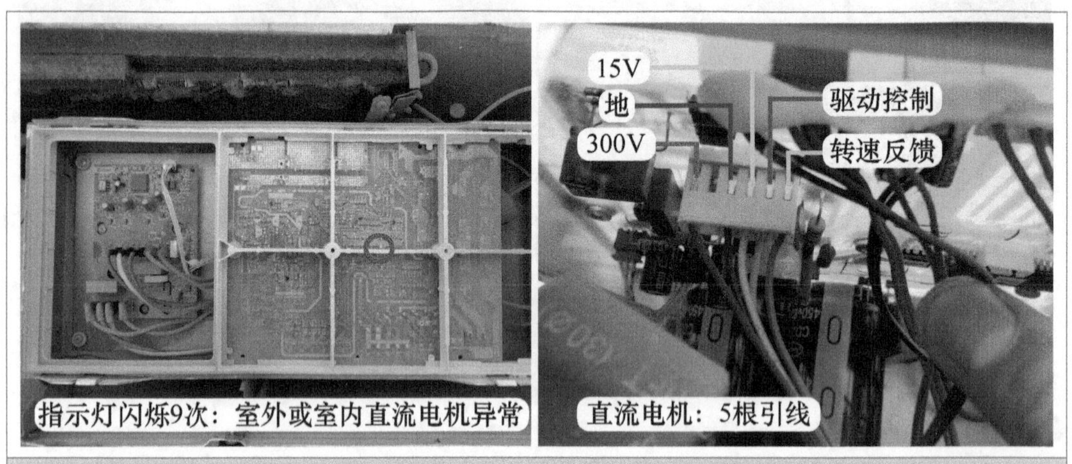

图 7-33　室外机主板指示灯闪烁 9 次和室外直流电机引线

2. 测量 300V 和 15V 电压

使用万用表直流电压档，见图 7-34 左图，黑表笔接黑线地线，红表笔接红线测量 300V 电压，实测为 312V，说明主板已输出 300V 电压。

见图 7-34 右图，黑表笔依旧接黑线地线，红表笔接白线测量 15V 电压，实测约为 15V，说明主板已输出 15V 电压。

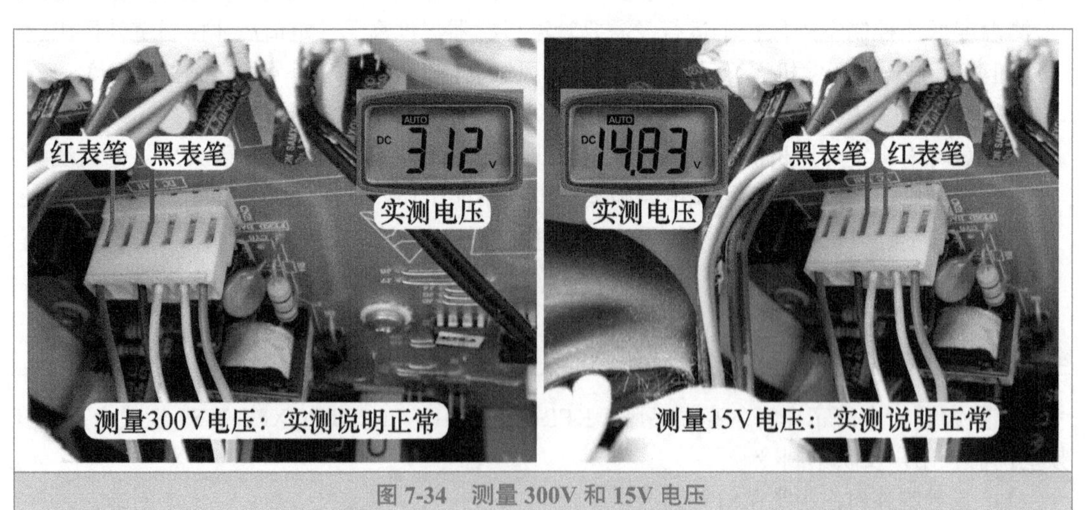

图 7-34　测量 300V 和 15V 电压

3. 测量反馈电压

见图 7-35，黑表笔依旧接黑线地线，红表笔接蓝线测量反馈电压，实测约为 1V，慢慢用手拨动室外风扇，同时测量反馈电压，蓝线电压约为 1V ~ 15V ~ 1V ~ 15V 跳动变化，说明室外风机输出的转速反馈信号正常。

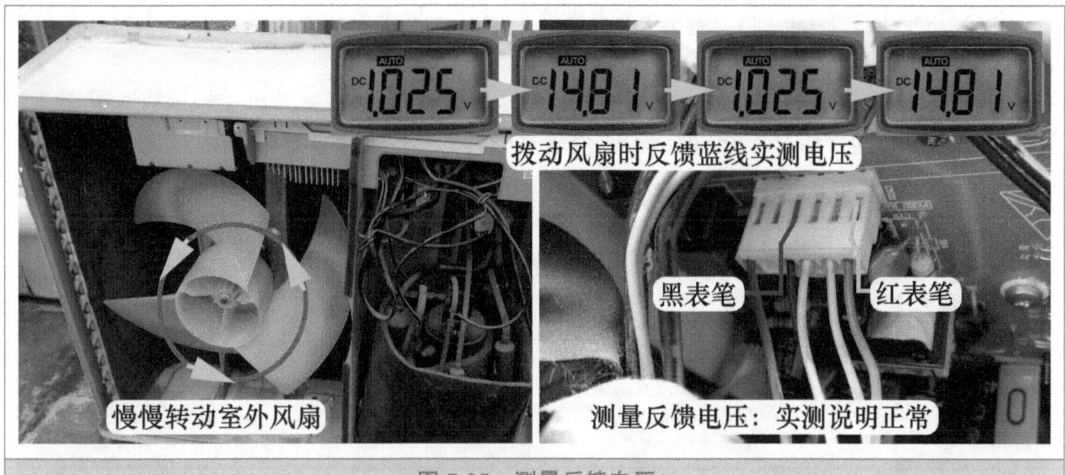

图 7-35 测量反馈电压

4. 测量驱动电压

将空调器重新上电开机，见图 7-36，黑表笔依旧接黑线地线，红表笔接黄线测量驱动电压，电子膨胀阀复位后，压缩机开机始运行，约 1s 后驱动电压由 0V 上升至 2V，再上升至 4V，最高约为 6V，再下降至 2V，最后变为 0V，但同时室外风机始终不运行，约 5s 后压缩机停机，室外机主板指示灯闪烁 9 次报出故障代码。

根据上电开机后驱动电压由 0V 上升至最高约 6V，同时在直流 300V 和 15V 供电电压正常的前提下，室外风机仍不运行，判断室外风机内部控制电路或线圈开路损坏。

➡ 说明：由于空调器重新上电开机，室外机运行约 5s 后即停机保护，因此应先接好万用表表笔，再上电开机。

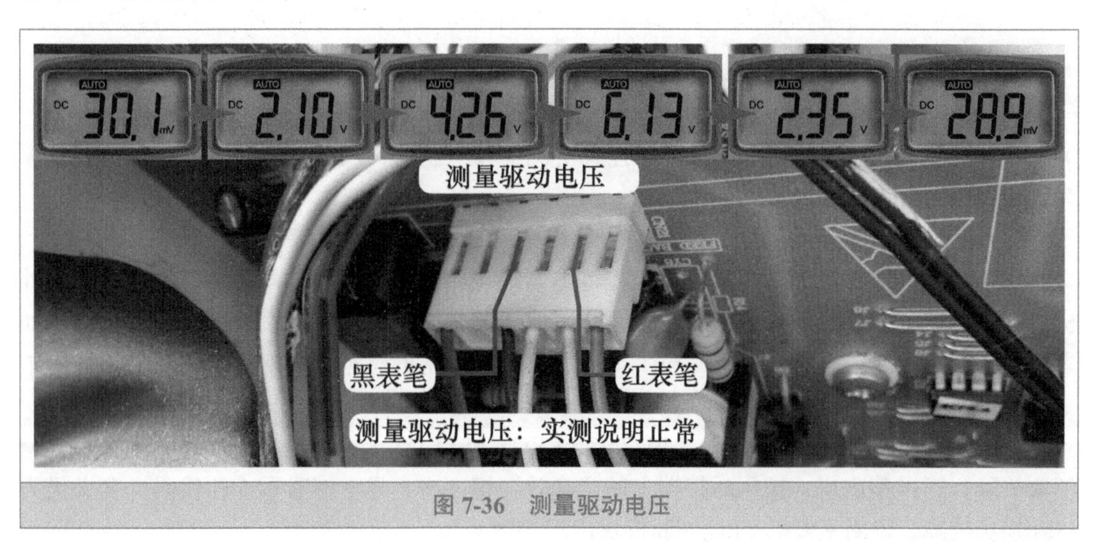

图 7-36 测量驱动电压

➡ 维修措施：本机室外风机由松下公司生产，型号为 EHDS31A70AS，见图 7-37，申请同型号电机，将插头安装至室外机主板，再次上电开机，压缩机运行，室外机主板不再停机保护，也确定室外风机损坏，经更换室外风机后上电试机，室外风机和压缩机一直运行不再停机，制冷恢复正常。

在室外风机运行正常时，使用万用表直流电压档，黑表笔接黑线地线，红表笔接黄线测量驱动电压为 4.2V，红表笔接蓝线测量反馈电压为 10.3V。

➡ 说明：本机如果不安装室外风扇，只将室外风机插头安装在室外机主板试机（见图 7-37 左图），室外风机运行时抖动严重，转速很慢且时转时停，但不再停机显示代码；将室外风机安装至室外机固定支架，再安装室外风扇后，室外风机运行正常，转速较快。

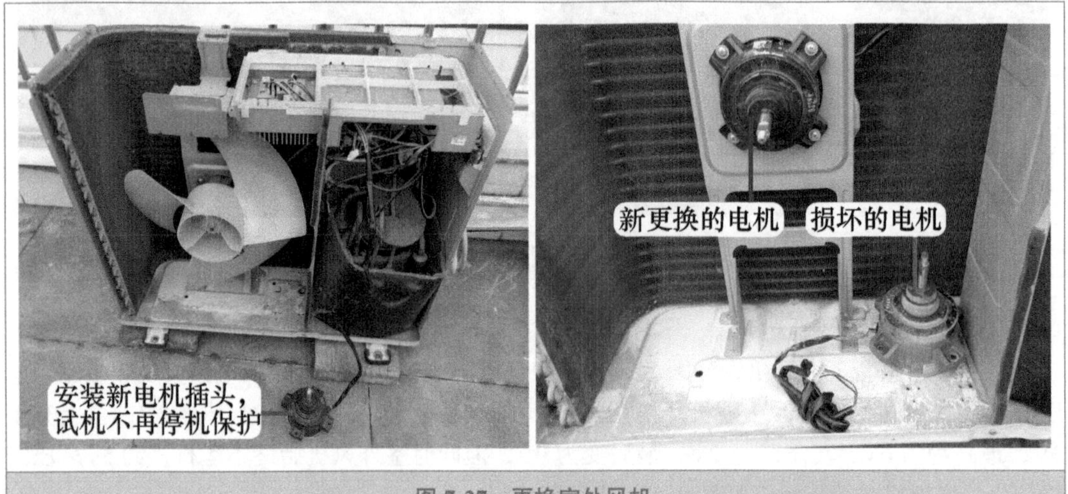

图 7-37　更换室外风机

第二节　压缩机故障

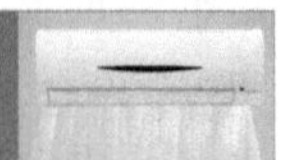

一、线圈对地短路，海信空调器显示 5 代码

➡ 故障说明：海信 KFR-50GW/09BP 挂式交流变频空调器，用遥控器开机后不制冷，检查为室外风机运行，但压缩机不运行。

1. 测量模块

用遥控器开机，听到室内机主板主控继电器触点闭合的声音，判断室内机主板已向室外机供电，检查室外机，观察到室外风机运行，但压缩机不运行，取下室外机外壳过程中，如果一只手摸窗户的铝合金外框，一只手摸冷凝器时有电击的感觉，判断此空调器电源插座中地线未接或接触不良。

查看室外机主板上指示灯以“LED2 闪、LED1 和 LED3 灭”报出故障代码，含义为 IPM 模块故障；对准室内机，按压遥控器上的“高效”键 4 次，显示屏显示 5 的代码，含义仍为 IPM 模块故障，说明室外机 CPU 判断模块出现故障。

切断空调器电源，拔下压缩机 U、V、W 端的 3 根引线及室外机主板连接滤波电容的正极（接模块 P 端子）和负极（接模块 N 端子）引线，使用万用表二极管档，见图 7-38，测量模块 5 个端子，实测结果均符合正向导通、反向截止的二极管特性，判断模块正常。

使用万用表电阻档，测量压缩机 U（红）、V（白）、W（蓝）端的 3 根引线阻值，3 次均为 0.8Ω，也说明压缩机线圈阻值正常。

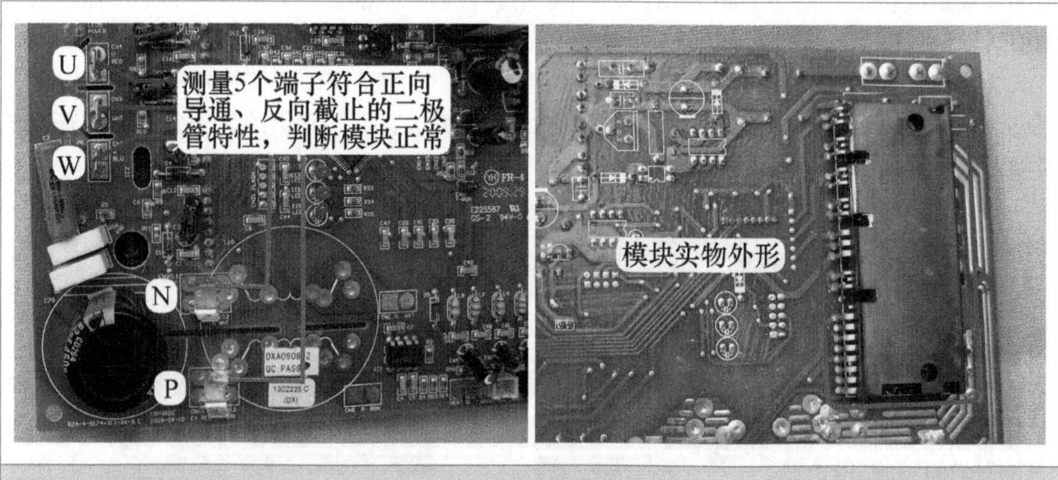

图 7-38　测量模块和模块实物外形

2. 更换室外机主板

由于测量模块和压缩机线圈均正常，所以判断室外机 CPU 误判或相关电路出现故障，此机室外机只有一块电路板，集成了 CPU 控制电路、模块、开关电源等所有电路，试更换室外机主板，见图 7-39，开机后室外风机运行但压缩机仍不运行，故障依旧，指示灯依旧为 LED2 闪、LED1 和 LED3 灭，报故障代码含义仍为 IPM 模块故障。

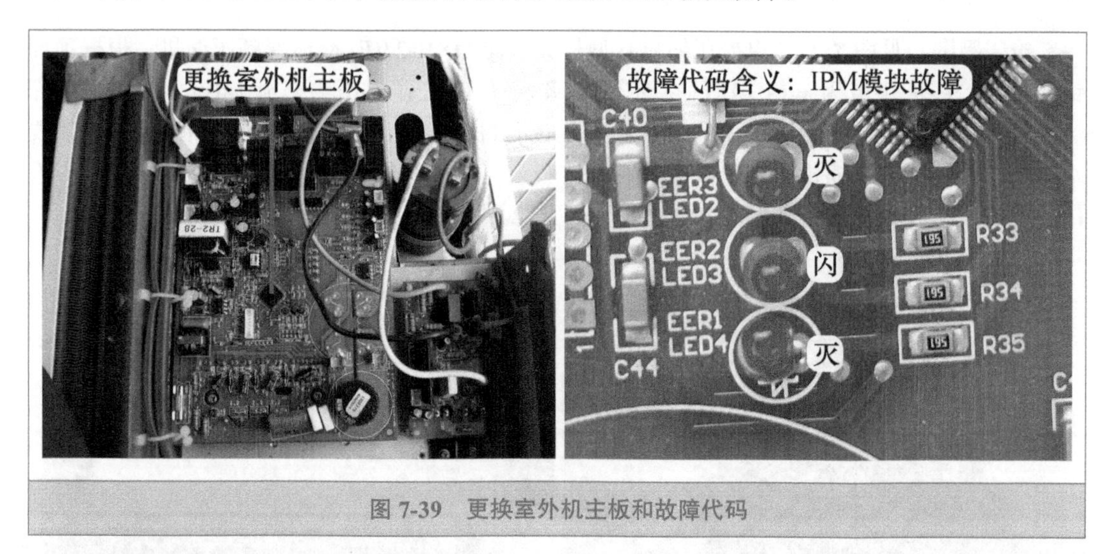

图 7-39　更换室外机主板和故障代码

3. 测量压缩机线圈对地阻值

引起 IPM 模块故障的原因有模块、开关电源直流 15V 供电、压缩机故障，现室外机主板已更换可以排除模块和直流 15V 供电故障，故障原因还有可能为压缩机，为判断故障，拔下压缩机线圈的 3 根引线，再次上电开机，室外风机运行，室外机主板上 3 个指示灯同时闪，含义为压缩机正常升频即无任何限频因素，一段时间以后室外风机停机，报故障代码含义为无负载，因此判断故障为压缩机损坏。

切断空调器电源，使用万用表电阻档测量 3 根引线阻值，UV、UW、VW 间阻值均为 0.8Ω，说明线圈阻值正常。见图 7-40 左图，将一表笔接冷凝器（相当于接地），一表笔接压缩机线圈引线测量阻值，正常应为无穷大，而实测约为 25Ω，判断压缩机线圈对地短路损坏。

为准确判断，取下压缩机接线端子上的引线，直接测量压缩机接线端子和排气管铜管（外壳相当于接地）阻值，见图 7-40 右图，正常为无穷大，而实测仍约为 25Ω，确定压缩机线圈对地短路损坏。

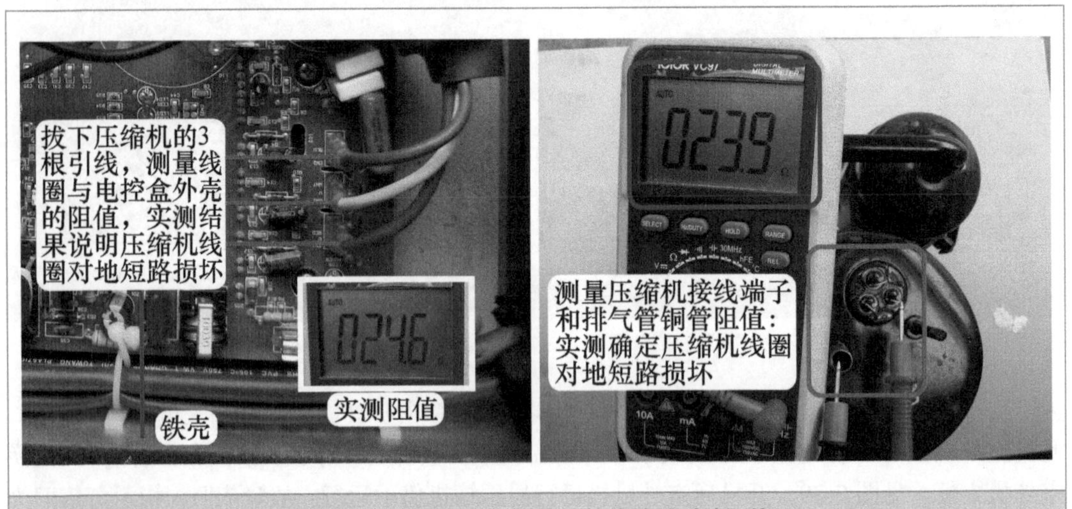

图 7-40　测量压缩机引线和接线端子对地阻值

➡ 维修措施：见图 7-41，更换压缩机。型号为三洋 QXB-23(F) 交流变频压缩机，根据顶部钢印可知，线圈供电为三相（PH3），定频频率 60Hz 时工作电压为交流 140V，线圈与外壳（地）正常阻值大于 2MΩ。拔下吸气管和排气管的封塞，将 3 根引线安装在新压缩机的接线端子上，上电开机压缩机运行，吸气管有气体吸入，排气管有气体排出，室外机主板不再报 IPM 模块故障，更换压缩机后对系统顶空，加 R22 制冷剂至 0.45MPa 时试机制冷正常。

图 7-41　压缩机实物外形和铭牌

总 结：

① 本例在维修时走了弯路，在室外机主板报出 IPM 模块故障时，测量模块正常后仍判断室外机 CPU 误报或有其他故障，而更换室外机主板。假如在维修时拔下压缩机线圈的 3 根引线，室外机主板不再报 IPM 模块故障，改报无负载故障时，就可能会仔细检查压缩机，可减少一次上门维修次数。

② 本例在测量压缩机线圈时，只测量引线之间的阻值，而没有测量线圈对地阻值，这也说明在检查时不仔细，也从另外一个方面说明压缩机故障时会报出 IPM 模块故障的代码，且压缩机线圈对地短路时也会报出相同的故障代码。

③ 本例断路器不带漏电保护功能，开机后报故障代码含义为 IPM 模块故障。假如本例断路器带有漏电保护功能，故障现象则有可能表现为上电后断路器跳闸。

二、线圈短路，海信空调器显示 05 代码

➡ 故障说明：海信 KFR-26GW/27BP 挂式交流变频空调器，开机后不制冷，查看室外机，室外风机运行，但压缩机运行 15s 后停机。

1. 查看故障代码

拔下电源插头，约 1min 后重新上电，室内机 CPU 和室外机 CPU 复位，用遥控器以制冷模式开机，在室外机观察，压缩机首先运行，但约 15s 后停止运行，室外风机一直运行，见图 7-42 左图，模块板上指示灯为“LED1 和 LED3 灭、LED2 闪”，查看代码含义为 IPM 模块故障；对准室内机，按压遥控器上的“高效”键 4 次，显示屏显示代码为 05，含义同样为 IPM 模块故障。

切断空调器电源，待室外机主板开关电源停止工作后，拔下模块板上 P、N、U、V、W 端子的 5 根引线，使用万用表二极管档，见图 7-42 右图，测量模块 5 个端子均符合正向导通、反向截止的二极管特性，判断模块正常。

图 7-42　查看故障代码和测量模块

2. 测量压缩机线圈阻值

使用万用表电阻档，测量压缩机线圈阻值，压缩机线圈共有 3 根引线，分别为红（U）、

白（V）、蓝（W），见图 7-43，测量 UV 引线阻值为 1.6Ω，UW 引线阻值为 1.7Ω，VW 引线阻值为 2.0Ω，实测阻值不平衡，相差约 0.4Ω。

图 7-43 测量压缩机线圈阻值

3. 测量室外机电流和模块电压

恢复模块板上的 5 根引线，使用两块万用表，一块为 UT202，见图 7-44，选择交流电流档，钳头夹住室外机接线端子上 1 号电源 L 相线，测量室外机的总电流；一块为 VC97，见图 7-45，选择交流电压档，测量模块板上红线 U 和白线 V 间的电压。

重新上电开机，室内机主板向室外机供电后，电流为 0.1A；室外风机运行，电流为 0.4A；压缩机开始运行，电流开始直线上升，由 1A → 2A → 3A → 4A → 5A，电流约为 5A 时压缩机停机，从压缩机开始运行到停机总共只有约 15s 的时间。

查看红线 U 和白线 V 电压，压缩机未运行时电压为 0V，运行约 5s 时电压为交流 4V，运行约 15s 电流约为 5A 时电压为交流 30V，模块板 CPU 检测到运行电流过大后，停止驱动模块，压缩机停机，并报代码为 IPM 模块故障，此时室外风机一直运行。

图 7-44 测量室外机电流

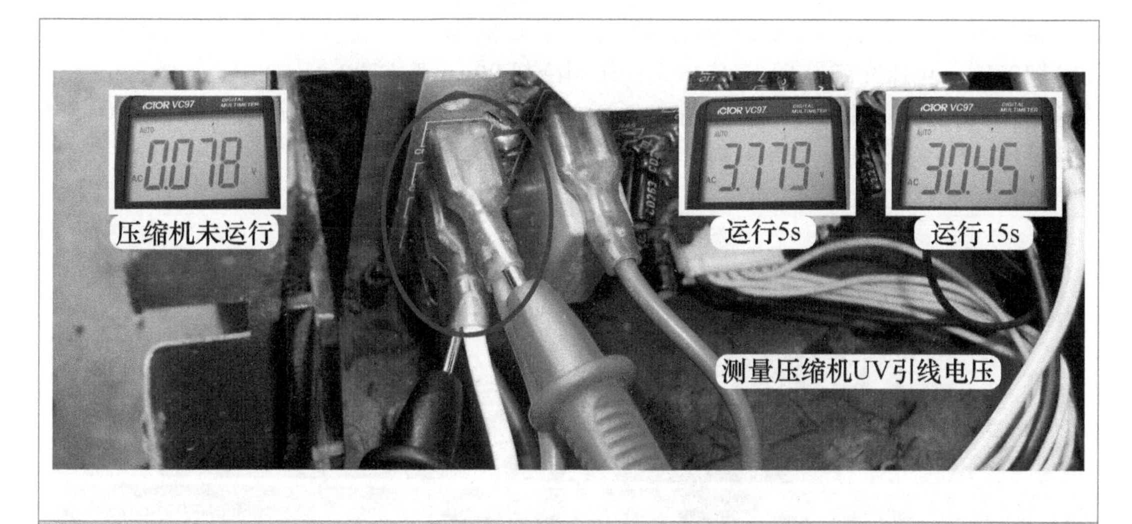

图 7-45 测量压缩机线圈 UV 电压

4. 手摸二通阀和测量模块空载电压

在三通阀检修口接上压力表，此时显示静态压力约为 1.2MPa，约 3min 后 CPU 再次驱动模块，压缩机开始运行，系统压力逐步下降，当压力降至0.6MPa时压缩机停机，见图 7-46 左图，此时手摸二通阀感觉已经变凉，说明压缩机压缩部分正常（系统压力下降、二通阀变凉），为电机中线圈短路引起（测量线圈阻值相差 0.4Ω、室外机运行电流上升过快）。

试将压缩机的 3 根引线拔掉，重新上电开机，室外风机运行，模块板的 3 个指示灯同时闪，含义为正常升频无限频因素，模块板不再报 IPM 模块故障；对准室内机，按遥控器上的“高效”键 4 次，显示屏显示 00，含义为无故障，使用万用表交流电压档，见图 7-46 右图，测量模块板 UV、UW、VW 间的电压均衡，开机 1min 后测量电压约为交流 160V，也说明模块输出正常，综合判断压缩机线圈短路损坏。

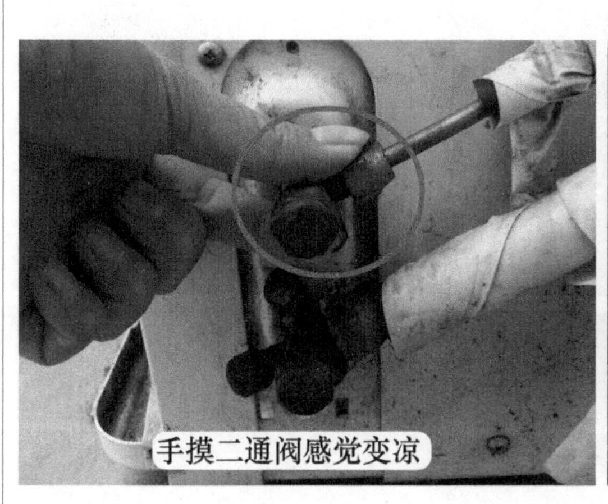

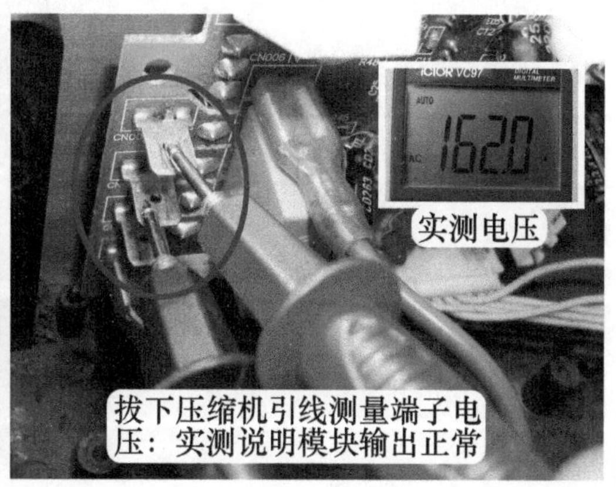

图 7-46 手摸二通阀和测量模块空载电压

➡ 维修措施：见图 7-47，更换压缩机。压缩机型号为庆安 YZB-18R，工作频率为 30 ~ 120Hz，电压交流为 60 ~ 173V，使用制冷剂 R22。英文“Rotary Inverter Compressor”含义为旋转式变频压缩机。更换压缩机后顶空加制冷剂至 0.45MPa，模块板不再报 IPM 模块故障，压缩机一直运行，空调器制冷正常，故障排除。

图 7-47 新的压缩机实物外形和铭牌